国家出版基金项目
NATIONAL PUBLICATION FOUNDATION

"十二五"国家重点图书

现代农业科技专著大系

中国东北土壤革螨

殷绥公　贝纳新　陈万鹏　主编

中国农业出版社

图书在版编目（CIP）数据

中国东北土壤革螨 / 殷绥公，贝纳新，陈万鹏主编
. —北京：中国农业出版社，2013.10
（现代农业科技专著大系）
ISBN 978-7-109-18162-5

I. ①中⋯ II. ①殷⋯②贝⋯③陈⋯ III. ①蜱螨目
-研究-东北地区 IV. ①Q969.91

中国版本图书馆 CIP 数据核字（2013）第 176083 号

中国农业出版社出版
（北京市朝阳区农展馆北路 2 号）
（邮政编码 100125）
责任编辑 张洪光 傅 辽 阎莎莎

北京通州皇家印刷厂印刷 新华书店北京发行所发行
2013 年 11 月第 1 版 2013 年 11 月北京第 1 次印刷

开本：787mm×1092mm 1/16 印张：24.25 插页：2
字数：540 千字
定价：150.00 元
（凡本版图书出现印刷、装订错误，请向出版社发行部调换）

主　　编　　殷绥公　　贝纳新　　陈万鹏

编写人员　　殷绥公　　贝纳新　　陈万鹏

　　　　　　王　彭　　石承民　　李寒松

　　　　　　周　雪　　赵盈月　　胡　强

　　　　　　顾丽嫱　　高　萍

序

　　《中国东北土壤革螨》的出版仅靠我年逾八旬的耄耋老人的菲薄之力难以完成，幸有以贝纳新、吴元华教授和他们率领的由陈万鹏等人组成的研究生团队，经多年辛勤努力，刻苦钻研，才得以完成。

　　我于 1947 年考入东吴大学生物系，在恩师徐荫祺的教诲下，才步入了动物学殿堂，初步了解动物界的庞大和多样性。1951 年毕业，适逢全国高校毕业生统一分配，被分配到辽宁省，先后在辽宁省卫生学校、辽宁省医学专科学校任教，后调入吉林医科大学，在恩师王凤振教授指导下，开始研究蜱螨学。王凤振教授是蜘蛛学专家，在德国获博士学位。1963 年在长春召开了全国第一届蜱螨学术会议，当时参加者仅 20 余人。除 1978 年在苏州召开的第二届蜱螨学术会议没参加外，其余各届和各种学术会议我均参加。

　　1978 年我调入沈阳农业大学植保系工作，除给本科生和研究生讲课外，主要从事螨类研究。由恩师徐荫祺举荐，我于 1984 年 11 月 1 日赴美，在美国农业部下属的位于马里兰州的 Agricultural Research Service 下属的 Systematic Entomology Laboratory，以访问学者的身份在著名螨类学家 E. Baker 指导下学习并做研究，1 年后，于 1985 年 10 月末回国。在此期间开阔了眼界，锻炼了观察和探索科学知识的能力。1986 年向国家自然科学基金申请课题，获批准研究我国的细须螨分类。1983 年开始培养研究生，现在的贝纳新教授即我培养的研究生。1985 年我被评为教授，1992 年起获国家特殊津贴，其间曾参加多部著作的编写和翻译工作，前后于国内外刊物上发表论文近百篇，鉴定螨类新种近 60 种，1993 年 9 月退休。

　　退休前后，曾于 1992 年 7 月至 1996 年 12 月在云南农业大学做合作研究并被聘为客座教授，为研究生授课，合作研究项目"云南农林螨种类及分布研究"于 2000 年获云南省科学技术进步三等奖。1992—1995 年，又参加了由尹文英院士领导的国家自然科学基金的重点课题"中国典型地带土壤动物研究"，吉林省长白山自然保护区被定为东北地区的一个基点，持续三年的研究，获得了大量的土壤动物标本和系统的不同深度的土壤动物的数量和季节变动数据，为尹文英等所著三本中国土壤动物专著贡献了一部分资料和数据。

2000 年到 2008 年受中国科学院沈阳应用生态研究所的委托，代培养了两名土壤动物的博士研究生。

从 1998 年起，贝纳新教授率领她的研究生队伍，继续为土壤动物中的螨类搜寻资料和采集标本，奔走于辽宁省各地和黑龙江省一些地区，采样千余份，获得了大量土壤螨类标本并开始专攻革螨这一类群，使《中国东北土壤革螨》一书得以完成，成绩卓越，功不可没。

《中国东北土壤革螨》一书的出版，具有开拓性的意义，可为今后的土壤螨类研究提供参考。

由于时间和地域的限制，《中国东北土壤革螨》一书中所介绍的吉林省和辽宁省的种类数量较多，而黑龙江省因地处偏远，采集样本较少，是一个有待进一步调查的地区，也是本书的缺憾。

由于时间紧迫和对事物认识的局限，书中错误和缺点在所难免，希望读者多多指正。

殷绥公

2009 年

前　言

　　蜱螨（ticks and mites）是一类生活习性和栖息地多样性的小型节肢动物，隶属于蛛形纲。它们体形微小，种类繁多，数量仅次于昆虫。由于微小，一直很少受到人们的重视。随着科学的日益发展和人类对微观世界的探索，许多螨类新种不断被发现，数量急速增加。螨类可以生活在地球上的每一个角落。从寒冷的两极到沙漠、海洋，从空气中到土壤内部都可以发现它们的足迹。它们食性多样，有的是植食性的，有的是捕食性的，有的是腐食性的，有的寄生于无脊椎动物和脊椎动物的体表或器官内部，这就使它们在形态、大小、结构和习性上表现出不同种类之间存在着极大差异和多样性。

　　早在公元前 1 000 多年就有了关于蜱螨的记载，但直到 17 世纪才开始有人研究和报道。1735 年瑞典科学家林奈在他的 *Systema Naturae* 的第一版中开始把蜱螨作为一个属 *Acarus* 来描述，1758 年他记述了 *Acarus siro* 这一种，在 *Systema Natura* 的第十版中，他把 30 种都归属于 *Acarus* 属内。18 世纪至 19 世纪，不断有科学家对蜱螨进行研究，使记述的蜱螨数量快速增加，并逐渐形成一门学科。前人的研究，为蜱螨学（Acarology）科发展奠定了基础。

　　Baker 和 Wharton 在美国分别于 1952 年和 1958 年出版了 *An Introduction to Acarology* 和 *A Guide to the families of mites*，这两本书使庞大而无序的蜱螨开始集合成一个有序而成系统的学科，为蜱螨学的发展开创了广阔的前景。此后，经过各国科学家的努力和各抒己见，1970 年 G. W. Krantz 出版 *A Manual of Acarology* 一书，把蜱螨提升为亚纲，下设 3 个目 7 个亚目 105 个总科，进一步完善了蜱螨学，并推动创立形成普通蜱螨学（*General Acarology*）、农业蜱螨学（*Agricultural Acarology*）、医牧蜱螨学（*Medical and Animal Hasbandry Acarology*）和贮藏物蜱螨学（*Stored Products Acarology*）等，并出版了多种语言的蜱螨学期刊。国际蜱螨学学术讨论会每 4 年举行一次，我国也于 1963 年在长春召开了第一次蜱螨学术讨论会。近四五十年来蜱螨学进一步发展，在国内外涌现出了众多蜱螨学家和出版了许多著作。至今全世界已发现蜱螨约 4 万余种，有人估计地球上的螨类超过 100 万种（Walter and Proctor，1999）。

　　土壤螨类是土壤中十多种无脊椎动物中的一个主要类群，在尹文英等所著的三本土壤动物著作中，土壤动物最主要的三大类群为弹尾类、线虫类和螨类，其中螨类数量最多。土壤是螨类最适宜的栖息场所，也是螨类种类和数量最丰富的生活居所，从表层的落叶层至土壤10cm处都有螨类分布。一类螨栖息在各种动物如鼠类和昆虫的体上或其巢穴中，与疾病的传播有密切关系；而另一类螨则生活在土壤的表层直到深层，它们以土壤中的微生物和其他不断分解的生物残体或微小的动物（包括成虫、幼虫和卵）为食物。土壤的物理和化学性质在土壤动物包括螨类的作用下不断地发生变化，使土壤成为一个不断变化、物质不断循环的特殊的生态系统，这种变化在各个自然保护区，特别是东北地区尤其明显。

　　土壤中的螨有三大类，即甲螨、革螨和辐螨，本书主要描记的是革螨。革螨是螨类中较大的一个类群，广泛分布于世界各地和各种生态系统中，其中有寄生的、捕食的、菌食的和腐食的，因而是一类食性多样，栖息地各异，形态差异明显的类群。我国早期对革螨的研究起始于20世纪60年代，主要研究与人类疾病有关，寄生于各类脊椎动物主要是鼠类和其巢穴中的革螨，同时也研究一些寄生于昆虫体上的革螨；到1980年潘综文、邓国藩两人所著的《中国经济昆虫志：第十七册　蜱螨目　革螨股》出版，记述了厉螨科、血革螨科和皮刺螨科等11科42属112种。此后，由邓国藩等人于1993年所著的《中国经济昆虫志：第四十册　蜱螨亚纲　皮刺螨总科》出版，其中描记了三个部分，包括7科23属232种，这两部书记述的大部分为寄生性螨类，与疾病有关。1997年由吴伟南、梁来荣、蓝文明编著《中国经济动物志：第五十三册　植绥螨科》出版，其中记述的为捕食性螨类，共计3亚科10属159种（4种从国外引进），这些种类都以捕食害螨或其他昆虫（成虫、幼虫、卵）为生。

　　至于土壤中的螨类在国外如俄罗斯、美国、德国、日本、匈牙利等都有专著，我国虽有许多新种、新记录发表，但尚无一部有关土壤螨类的专著，虽有尹文英等出版了3本土壤动物的著作，但并无深入细微的有关分类的专著或区系的著作。我们出版这一本东北地区的土壤革螨是作为一个探索和开创性的工作，我们的工作主要集中在吉林省长白山地区和辽宁省许多地区，采集近千份样品，获得了大量螨类标本。革螨是我们开展研究最早也是最长久的一个类群，此外，马立名等人在吉林省对土壤螨类也进行了大量的研究。

这些研究集合成为我们的这一本书的主要内容，但对黑龙江省的研究则较少，还有一些标本有待进一步研究和分类。由于时间匆促，缺点在所难免。土壤中其他两大螨类甲螨和辐螨，我们计划下一步完成。

按中国自然地理区域可将我国分为古北区及东洋区两大区系。属于古北区的可再分为东北区、蒙新区和华北区，其余部属于东洋区。东北区主要包括吉林、辽宁和黑龙江三省及内蒙古极少一部分。《中国东北土壤革螨》的内容，主要以辽宁、吉林、黑龙江三省为重点。

特别感谢长白山森林生态系统定位站为本书的形成提供了大量的标本。

在本书的撰写过程中，要感谢已故的恩师徐荫祺教授和王凤振教授，没有他们的教诲，就没有我们这支研究队伍。此外，还应感谢的有国内外的学者、同事和各界好友的帮助和支持，其中有著名的螨类学家 Dr. E. W. Baker, Dr. R. L. Smiley, Dr. S. Ehara, Dr. A. J. Ryke, Dr. K. Ishikawa, Dr. E. E. Linquist, Dr. P. Ma, Dr. Wisneiski, D. W. Karg, Dr. Ting-Kui Qin, Dr. Zhi-Qiang Zhang, 陈智良教授、张家祺教授、王慧芙研究员、张荣祖研究员、杨明宪教授、王世彰研究员、尹文英院士、胡成业教授、马立名研究员、温廷桓教授、顾以铭教授、郭宪国教授、陈鹏教授、李隆术教授、李云瑞教授、林坚贞研究员、白学礼研究员、张新虎教授、孙宝业研究员。《蛛形学报》编辑部为本书编写赠送了大量相关文献，在此表示诚挚的谢意。向所有对这本书出版作出贡献的研究生本科生致以谢意。

在本书编写过程中，得到沈阳农业大学及植物保护学院领导与同志们的鼓励和支持，在此一并表示感谢。

作　者

2010 年

目 录

序

前言

第一章　土壤革螨概述 ··· 1

　第一节　土壤革螨的经济意义 ·· 1

　第二节　土壤革螨的分类系统 ·· 2

　　一、革螨的分类系统 ··· 2

　　　（一）蜱螨分类阶元的历史沿革 ··· 2

　　　（二）革螨分类的历史沿革 ··· 3

　　二、国内外研究概况 ··· 4

　第三节　生物学特性 ··· 4

　　一、生殖方式和寿命 ··· 5

　　二、生活史 ·· 5

　　三、生活方式和食性 ··· 5

　第四节　研究方法 ··· 6

　　一、土样的采集及螨类的分离 ··· 6

　　二、螨类标本的保存 ··· 6

第二章　革螨的形态特征 ··· 8

　第一节　外部形态特征 ·· 8

　　一、成螨 ·· 8

　　　（一）革螨股形态特征简述 ··· 8

　　　（二）尾足螨股形态特征概述 ·· 13

　　二、幼螨 ··· 17

　　三、前若螨 ·· 18

四、后若螨 ·· 18

第二节　内部解剖结构 ······································· 19

一、消化和排泄系统 ·· 19

二、呼吸系统 ·· 20

三、神经系统 ·· 20

四、循环系统 ·· 20

五、生殖系统 ·· 20

第三章　分类 ·· 22

第一节　革螨股 Gamasina ···································· 22

一、裂胸螨科 Aceosejidae Baker et Wharton, 1952 ·········· 22

（一）北绥螨属 Arctoseius Thor, 1930 ····················· 23

1. 疏毛北绥螨 Arctoseius oligotrichus Ma et Yin, 1999 ····· 23

2. 半裂北绥螨 Arctoseius semiscissus (Berlese, 1892), rec. nov.（中国新记录种） ··· 24

（二）蟑螨属 Blattisocius Keegan, 1944 ··················· 25

3. 齿蟑螨 Blattisocius dentriticus (Berlese, 1918) ·········· 25

4. 基氏蟑螨 Blattisocius keegani Fox, 1947 ················ 26

5. 跗蟑螨 Blattisocius tarsalis (Berlese, 1918) ············· 27

（三）手绥螨属 Cheiroseius Berlese, 1916 ················· 28

6. 狭沟手绥螨 Cheiroseius angustiperitrematus Ma, 2000 ··· 28

7. 北手绥螨 Cheiroseius borealis (Berlese, 1904) ··········· 29

8. 宽沟手绥螨 Cheiroseius capacoperitrematus Ma, 2000 ···· 30

9. 长岭手绥螨 Cheiroseius changlingensis Ma, 2000 ········ 31

10. 圆肛手绥螨 Cheiroseius cyclanalis Ma, 2000 ··········· 32

11. 凤凰手绥螨 Cheiroseius fenghuangensis Bei, Zhou et Chen, 2010 ··· 33

12. 中国手绥螨 Cheiroseius sinicus Yin et Bei, 1991 ········ 34

13. 洮安手绥螨 Cheiroseius taoanensis Ma, 1996 ··········· 35

14. 有爪手绥螨 Cheiroseius unguiculatus (Berlese, 1887) ···· 36

15. 吴氏手绥螨 Cheiroseius wuwenzheni Ma, 1996 ········· 37

（四）伊蚊螨属 Iphidozercon Berlese, 1903 ··············· 38

16. 皮下伊蚊螨 Iphidozercon corticalis Evans, 1958 ········ 38

17. 巨肛伊蚊螨 Iphidozercon magnanalis Ma et Yin, 1999 ··· 39

18. 微小伊蚊螨 Iphidozercon minutus (Halbert, 1915) ······· 40

（五）毛绥螨属 Lasioseius Berlese, 1916 ·················· 41

19. 陈氏毛绥螨 Lasioseius chenpengi Ma et Yin, 1999 ······· 42

20. 混毛绥螨 Lasioseius confusus Evans, 1958 ·············· 43

21. 大安毛绥螨 Lasioseius daanensis Ma, 1996 ············· 44

22. 吉林毛绥螨 Lasioseius jilinensis Ma, 1996 ············· 44

23. 廖氏毛绥螨 *Lasioseius liaohaorongae* Ma, 1996 ……………………………… 45

24. 细孔毛绥螨 *Lasioseius porulosus* Deleon, 1963 …………………………… 46

25. 肩毛绥螨 *Lasioseius scapulatus* Kennett, 1958 …………………………… 47

26. 中国毛绥螨 *Lasioseius sinensis* Bei et Yin, 1995 ………………………… 48

27. 苏格瓦里毛绥螨 *Lasioseius sugawari* Ehara, 1964 ……………………… 48

28. 王氏毛绥螨 *Lasioseius wangi* Ma, 1988 …………………………………… 49

29. 尤氏毛绥螨 *Lasioseius youcefi* Athias-Henriot, 1959 ……………………… 50

（六）滑绥螨属 *Leioseius* Berlese, 1918 …………………………………………… 51

30. 长白滑绥螨 *Leioseius changbaiensis* Yin et Bei, 1991 …………………… 51

31. 长毛滑绥螨 *Leioseius dolichotrichus* Ma et Yin, 2002 …………………… 52

（七）新约螨属 *Neojordensia* Evans, 1957 ……………………………………… 53

32. 里新约螨 *Neojordensia levis* (Oudemans et Voigts, 1904) ……………… 53

（八）肛厉螨属 *Proctolaelaps* Berlese, 1923 ………………………………………… 54

33. 长螯肛厉螨 *Proctolaelaps longichelicerae* Ma, 1996 …………………… 54

34. 杵状肛厉螨 *Proctolaelaps pistilli* Ma et Yin, 1999 ……………………… 56

35. 矮肛厉螨 *Proctolaelaps pygmaeus* (Müller, 1860) ……………………… 57

（九）似蛴螨属 *Zerconopsis* Hull, 1918 …………………………………………… 58

36. 十桨毛似蛴螨 *Zerconopsis decemremiger* Evans et Hyatt, 1960 ……… 58

37. 黑龙江似蛴螨 *Zerconopsis heilongjiangensis* Ma et Yin, 1998 ………… 59

38. 米氏似蛴螨 *Zerconopsis michaeli* Evans et Hyatt, 1960 ………………… 61

39. 多弯似蛴螨 *Zerconopsis sinuata* Ishikawa, 1969 ………………………… 61

40. 伊春似蛴螨 *Zerconopsis yichunensis* Ma et Yin, 1998 …………………… 62

二、美绥螨科 Ameroseiidae Evans, 1961 …………………………………………… 63

（十）背刻螨属 *Epicriopsis* Berlese, 1916 ………………………………………… 63

41. 吉林背刻螨 *Epicriopsis jilinensis* Ma, 2002 ……………………………… 64

42. 星形背刻螨 *Epicriopsis stellata* Ishikawa, 1972 ………………………… 64

（十一）美绥螨属 *Ameroseius* Berlese, 1903 ……………………………………… 65

43. 崔氏美绥螨 *Ameroseius cuiqishengi* Ma, 1995 …………………………… 66

44. 曲美绥螨 *Ameroseius curvatus* Gu, Wang et Bai, 1989 ………………… 67

45. 顾氏美绥螨 *Ameroseius guyimingi* Ma, 1997 ……………………………… 69

46. 洮儿河美绥螨 *Ameroseius taoerhensis* Ma, 1995 ………………………… 69

三、角绥螨科 Antennoseiidae Karg, 1965 ………………………………………… 71

（十二）角绥螨属 *Antennoseius* Berlese, 1916 …………………………………… 71

47. 阿氏角绥螨 *Antennoseius alexandrovi* Bregetova, 1977 ………………… 71

四、表刻螨科 Epicriidae Berlese, 1885 …………………………………………… 72

（十三）表刻螨属 *Epicrius* Canestrini et Fanzago, 1877 ………………………… 73

48. 黑龙江表刻螨 *Epicrius heilongjiangensis* Ma, 2003 …………………… 73

49. 贺氏表刻螨 *Epicrius hejianguoi* Ma, 2003 ………………………………… 74

50. 星状表刻螨 *Epicrius stellatus* Balogh, 1958 ……………………………… 76

五、犹伊螨科 Eviphididae Berlese, 1913 ………………………………………… 76

（十四）异伊螨属 *Alliphis* Halbert, 1923 ………………………………………… 77

51. 短胸异伊螨 *Alliphis brevisternalis* Ma et Wang, 1998 ·············· 77

52. 圆肛异伊螨 *Alliphis rotundianalis* Masan, 1994 ·············· 78

（十五）犹伊螨属 *Eviphis* Berlese, 1903 ·············· 79

53. 大连犹伊螨 *Eviphis dalianensis* Sun, Yin et Zhang, 1992 ·············· 79

（十六）坚体螨属 *Iphidosoma* Berlese, 1892 ·············· 80

54. 奇坚体螨 *Iphidosoma insolentis* Ma, 1997 ·············· 81

55. 辽宁坚体螨 *Iphidosoma liaoningensis* Bei, Li et Chen, 2010 ·············· 82

56. 沈阳坚体螨 *Iphidosoma shenyangensis* Bei, Li et Chen, 2010 ·············· 83

（十七）斯卡螨属 *Scamaphis* Karg, 1976 ·············· 83

57. 顾氏斯卡螨 *Scamaphis guyimingi* Ma, 1997 ·············· 84

六、下盾螨科 Hypoaspidae Berlese, 1892 ·············· 85

（十八）异寄螨属 *Alloparasitus* Berlese, 1920 ·············· 86

58. 矩形异寄螨 *Alloparasitus oblonga* (Halbert, 1915), rec. nov.（中国新记录种）·············· 86

（十九）鞘厉螨属 *Coleolaelaps* Berlese, 1914 ·············· 87

59. 长毛鞘厉螨 *Coleolaelaps longisetatus* Ishikawa, 1968 ·············· 88

60. 蒂氏鞘厉螨 *Coleolaelaps tillae* Costa et Hunter, 1970 ·············· 89

61. 通榆鞘厉螨 *Coleolaelaps tongyuensis* Ma, 1997 ·············· 90

（二十）广厉螨属 *Cosmolaelaps* Berlese, 1903 ·············· 91

62. 尖背广厉螨 *Cosmolaelaps acutiscutus* Teng, 1982 ·············· 91

63. 力氏广厉螨 *Cosmolaelaps hrdyi* Samšiňàk, 1961 ·············· 92

64. 兵广厉螨 *Cosmolaelaps miles* (Berlese, 1892) ·············· 94

65. 拟楔广厉螨 *Cosmolaelaps paracuneifer* (Gu et Bai, 1992) ·············· 95

66. 网纹广厉螨 *Cosmolaelaps reticulatus* Xu et Liang, 1996 ·············· 96

67. 松江广厉螨 *Cosmolaelaps sungaris* (Ma, 1996) ·············· 97

68. 空洞广厉螨 *Cosmolaelaps vacua* (Michael, 1891) ·············· 98

69. 叶氏广厉螨 *Cosmolaelaps yeruiyuae* Ma, 1995 ·············· 99

（二十一）殖厉螨属 *Geolaelaps* Trägårdh, 1952 ·············· 100

70. 尖狭殖厉螨 *Geolaelaps aculeifer* (Canestrini, 1884) ·············· 101

71. 白城殖厉螨 *Geolaelaps baichengensis* (Ma, 2000) ·············· 102

72. 长岭殖厉螨 *Geolaelaps changlingensis* (Ma, 2000) ·············· 103

73. 带岭殖厉螨 *Geolaelaps dailingensis* (Ma et Yin, 1998) ·············· 104

74. 柔弱殖厉螨 *Geolaelaps debilis* (Ma, 1996) ·············· 105

75. 大黑殖厉螨 *Geolaelaps diomphali* (Yin et Qin, 1984) ·············· 105

76. 长毛殖厉螨 *Geolaelaps longichaetus* (Ma, 1996) ·············· 106

77. 溜殖厉螨 *Geolaelaps lubrica* (Voigts et Oudemans, 1904) ·············· 107

78. 东方殖厉螨 *Geolaelaps orientalis* (Bei et Yin, 1999) ·············· 108

79. 拟前胸殖厉螨 *Geolaelaps praesternaliodes* (Ma et Yin, 1998) ·············· 109

80. 胸前殖厉螨 *Geolaelaps praesternalis* (Willmann, 1949) ·············· 110

81. 周氏殖厉螨 *Geolaelaps zhoumanshuae* (Ma, 1997) ·············· 111

（二十二）裸厉螨属 *Gymnolaelaps* Berlese, 1920 ·············· 111

82. 奥地利裸厉螨 *Gymnolaelaps austriacus* (Sellnick, 1935) ·············· 112

（二十三）下盾螨属 *Hypoaspis* Canestrini, 1885 ·············· 112

83. 刘氏下盾螨 *Hypoaspis liui* (Samsinak, 1962) ……………………… 113

（二十四）拟厉螨属 *Laelaspis* Berlese，1903 ……………………… 114

84. 吉林拟厉螨 *Laelaspis kirinensis* Zhang, Cheng et Yin, 1963 ……… 114

85. 宁夏拟厉螨 *Laelaspis ningxiaensis* Bai et Gu, 1994 …………… 115

86. 巴氏拟厉螨 *Laelaspis pavlovskii* (Bregetova, 1956) …………… 116

（二十五）土厉螨属 *Ololaelaps* Berlese，1904 …………………… 117

87. 乌苏里土厉螨 *Ololaelaps ussuriensis* Bregetova et Koroleva, 1964 … 117

88. 维内土厉螨 *Ololaelaps veneta* (Berlese, 1903) ………………… 118

（二十六）肺厉螨属 *Pneumolaelaps* Berlese，1920 ……………… 119

89. 卡氏肺厉螨 *Pneumolaelaps karawaiewi* (Berlese, 1903), rec. nov. （中国新记录种） ……… 120

（二十七）伪寄螨属 *Pseudoparasitus* Oudemans，1902 ………… 120

90. 吉林伪寄螨 *Pseudoparasitus jilinensis* Ma, 2004 …………… 121

七、巨螯螨科 Macrochelidae Vitzthum，1930 ……………………… 121

（二十八）巨螯螨属 *Macrocheles* Latreille，1829 ………………… 122

91. 褪色巨螯螨 *Macrocheles decoloratus* (C. L. Koch, 1839) ……… 123

92. 光滑巨螯螨 *Macrocheles glaber* (Müller, 1860) ……………… 124

93. 异常巨螯螨 *Macrocheles insignitus* Berlese, 1918 …………… 126

94. 柯氏巨螯螨 *Macrocheles kolpakovae* Bregetova et Koroleva, 1960 … 126

95. 李氏巨螯螨 *Macrocheles liguizhenae* Ma, 1996 ……………… 127

96. 马特巨螯螨 *Macrocheles matrius* (Hull, 1925) ……………… 128

97. 粪巨螯螨 *Macrocheles merdarius* (Berlese, 1889) …………… 129

98. 莫岛巨螯螨 *Macrocheles moneronicus* Bregetova et Koroleva, 1960 … 130

99. 家蝇巨螯螨 *Macrocheles muscaedomesticae* (Scopoli, 1772) …… 130

100. 那塔利巨螯螨 *Macrocheles nataliae* Bregetova et Koroleva, 1960 … 131

101. 小板巨螯螨 *Macrocheles plateculus* Ma et Wang, 1998 ……… 132

102. 萎缩巨螯螨 *Macrocheles reductus* Petrova, 1966 …………… 133

103. 外贝加尔巨螯螨 *Macrocheles transbaicalicus* Bregetova et Koroleva, 1960 … 134

104. 春巨螯螨 *Macrocheles vernalis* (Berlese, 1887) …………… 135

（二十九）雕盾螨属 *Glyptholaspis* Fil. et Pegaz.，1960 ………… 136

105. 美国雕盾螨 *Glyptholaspis americana* (Berlese, 1888) ……… 137

106. 白城雕盾螨 *Glyptholaspis baichengensis* Ma, 1997 ………… 138

107. 忽视雕盾螨 *Glyptholaspis neglectus* Bregetova, 1977 ……… 140

108. 绒腹雕盾螨 *Glyptholaspis confusa* (Foa, 1900) …………… 140

109. 吴氏雕盾螨 *Glyptholaspis wuhouyongi* Ma, 1997 ………… 141

（三十）小全盾螨属 *Holostaspella* Berlese，1904 ……………… 143

110. 饰样小全盾螨 *Holostaspella ornate* (Berlese, 1904) ……… 143

八、土革螨科 Ologamasidae Ryke，1962 …………………………… 144

（三十一）革伊螨属 *Gamasiphis* Berlese，1904 ………………… 145

111. 钩形革伊螨 *Gamasiphis aduncus* Ma, 2004 ………………… 145

112. 新美革伊螨 *Gamasiphis novipulchellus* Ma et Yin, 1998 …… 146

113. 丽革伊螨 *Gamasiphis pulchellus* (Berlese, 1887) …………… 148

九、厚厉螨科 Pachylaelapidae Berlese，1913 ……………………………… 149

（三十二）厚厉螨属 *Pachylaelaps* Berlese，1886 ………………………… 149

114. 布氏厚厉螨 *Pachylaelaps buyakovae* Goncharova et Koroleva，1974 ……… 150

115. 长白厚厉螨 *Pachylaelaps changbaiensis* Chen, Bei et Gao，2009 ……… 151

116. 克瓦厚厉螨 *Pachylaelaps kievati* Davydova，1971 ……………………… 152

117. 新梳厚厉螨 *Pachylaelaps neoxenillitus* Ma，1997 ……………………… 154

118. 光滑厚厉螨 *Pachylaelaps nuditectus* Ma et Yin，2000 ………………… 155

119. 东方厚厉螨 *Pachylaelaps orientalis* Koroleva，1977 …………………… 155

120. 梳状厚厉螨 *Pachylaelaps pectinifer* (G. et R. Canestrini，1882) ……… 156

121. 枝沟厚厉螨 *Pachylaelaps ramoperitrematus* Ma，1999 ………………… 157

122. 西西里厚厉螨 *Pachylaelaps siculus* Berlese，1892 …………………… 158

123. 天山厚厉螨 *Pachylaelaps tianschanicus* Koroleva，1977 ……………… 159

（三十三）厚绥螨属 *Pachyseius* Berlese，1910 …………………………… 160

124. 陈氏厚绥螨 *Pachyseius chenpengi* Ma et Yin，2000 …………………… 161

125. 桓仁厚绥螨 *Pachyseius huanrenensis* Chen, Bei et Gao，2009 ………… 161

126. 马氏厚绥螨 *Pachyseius malimingi* Bei, Chen et Wu，2010 …………… 162

127. 东方厚绥螨 *Pachyseius orientalis* Nikolsky，1982 ……………………… 163

128. 中国厚绥螨 *Pachyseius sinicus* Yin, Lv et Lan，1986 ………………… 164

十、派伦螨科 Parholaspidae Evans，1965 …………………………………… 165

（三十四）革板螨属 *Gamasholaspis* Berlese，1904 ……………………… 166

129. 亚洲革板螨 *Gamasholaspis asiaticus* Petrova，1967 …………………… 166

130. 布氏革板螨 *Gamasholaspis browningi* (Bregetova et Koroleva，1960) … 168

131. 副变革板螨 *Gamasholaspis paravariabilis* Ma et Yin，1999 …………… 169

132. 中国革板螨 *Gamasholaspis sinicus* Yin, Cheng et Chang，1964 ……… 170

133. 易变革板螨 *Gamasholaspis variabilis* Petrova，1967 …………………… 171

（三十五）卡盾螨属 *Krantzholaspis* Petrova，1967 ……………………… 172

134. 凹卡盾螨 *Krantzholaspis concavus* Yin, Bei et Lv，1999 ……………… 172

（三十六）讷派螨属 *Neparholaspis* Evans，1956 ………………………… 174

135. 陈氏讷派螨 *Neparholaspis chenpengi* Ma et Yin，1999 ……………… 174

136. 惟一讷派螨 *Neparholaspis unicus* Petrova，1967 ……………………… 175

（三十七）派伦螨属 *Parholaspulus* Evans，1956 ………………………… 176

137. 阿氏派伦螨 *Parholaspulus alstoni* Evans，1956 ……………………… 177

138. 鞍山派伦螨 *Parholaspulus anshanensis* Bei, Gu et Yin，2004 ……… 178

139. 勃氏派伦螨 *Parholaspulus bregetovae* Alexandrov，1965 …………… 179

140. 丹东派伦螨 *Parholaspulus dandongensis* Ma，1998 ………………… 181

141. 偏心派伦螨 *Parholaspulus excentricus* Petrova，1967 ………………… 182

142. 辽宁派伦螨 *Parholaspulus liaoningensis* Ma，1998 …………………… 183

143. 微小派伦螨 *Parholaspulus minutus* Petrova，1967 …………………… 184

144. 东方派伦螨 *Parholaspulus orientalis* Petrova，1967 ………………… 185

145. 拟双毛派伦螨 *Parholaspulus paradichaetes* Petrova，1967 …………… 186

146. 似阿氏派伦螨 *Parholaspulus paralstoni* Yin et Bei，1993 …………… 187

147. 千山派伦螨 *Parholaspulus qianshanensis* Yin et Bei, 1993 ·············· 187

148. 巨腹派伦螨 *Parholaspulus ventricosus* Yin, Zheng et Zhang, 1964 ·········· 188

十一、寄螨科 Parasitidae Oudemans, 1901 ··························· 189

（三十八）角革螨属 *Cornigamasus* Evans et Till, 1979 ················· 190

149. 新月角革螨 *Cornigamasus lunaris* (Berlese, 1882) ················· 190

（三十九）新革螨属 *Neogamasus* Tichomirov, 1969 ················· 191

150. 阿穆尔新革螨 *Neogamasus amurensis* Volonikhina, 1993 ············ 192

151. 囊形新革螨 *Neogamasus ascidiformis* Ma, 2003 ················· 193

152. 具刺新革螨 *Neogamasus belemnophorus* Athias-Henriot, 1977 ········· 194

153. 皱形新革螨 *Neogamasus crispus* Ma et Yan, 1998 ··············· 195

154. 狭腹新革螨 *Neogamasus stenoventralis* Ma, 1997 ··············· 196

155. 陀螺新革螨 *Neogamasus turbinatus* Ma et Yin, 1999 ············· 197

156. 单角新革螨 *Neogamasus unicornutus* (Ewing, 1909) ············· 197

（四十）寄螨属 *Parasitus* Latreille, 1795 ····················· 199

157. 甜菜寄螨 *Parasitus beta* Oudemans et Voigts, 1904 ············· 200

158. 二刺寄螨 *Parasitus bispinatus* Ma, 1996 ················· 201

159. 甲虫寄螨 *Parasitus coleoptratorum* (Linnaeus, 1758) ··········· 202

160. 亲缘寄螨 *Parasitus consanguineus* Oudemans et Voigts, 1904 ······· 203

161. 富生寄螨 *Parasitus diviortus* (Athias-Henriot, 1967) ··········· 204

162. 粪堆寄螨 *Parasitus fimetorum* (Berlese, 1904) ··············· 204

163. 透明寄螨 *Parasitus hyalinus* (Willmann, 1949) ··············· 205

164. 拟脆寄螨 *Parasitus imitofragilis* Ma, 1990 ··············· 206

165. 乳突寄螨 *Parasitus mammillatus* (Berlese, 1904) ············· 207

166. 鼬寄螨 *Parasitus mustelarum* Oudemans, 1903 ··············· 209

167. 四毛寄螨 *Parasitus quadrichaetus* Ma et Cui, 1999 ············· 211

168. 邓氏寄螨 *Parasitus tengkuofani* Ma, 1995 ················· 212

169. 王氏寄螨 *Parasitus wangdunqingi* Ma, 1995 ··············· 213

170. 温氏寄螨 *Parasitus wentinghuani* Ma, 1996 ··············· 215

（四十一）异肢螨属 *Poecilochirus* G. et R. Canestrini, 1882 ········· 216

171. 澳亚异肢螨 *Poecilochirus austroasiaticus* Vitzthum, 1930 ········· 217

172. 卡拉毕异肢螨 *Poecilochirus carabi* G. et R. Canestrini, 1882 ······· 217

173. 达氏异肢螨 *Poecilochirus davydovae* Hyatt, 1980 ············· 218

174. 埋葬异肢螨 *Poecilochirus necrophori* Vitzthum, 1930 ··········· 218

175. 地下异肢螨 *Poecilochirus subterraneus* (J. Müller, 1860) ········· 219

（四十二）常革螨属 *Vulgarogamasus* Tichomirov, 1969 ············· 220

176. 东北常革螨 *Vulgarogamasus dongbei* Ma, 1990 ············· 220

177. 长囊常革螨 *Vulgarogamasus longascidiformis* Ma et Lin, 2005 ······· 221

178. 裂缝常革螨 *Vulgarogamasus lyriformis* (McGrow et Farrier, 1969) ····· 222

179. 前郭常革螨 *Vulgarogamasus qiangorlosana* Ma, 1990 ··········· 224

十二、植绥螨科 Phytoseiidae Berlese, 1916 ····················· 225

（四十三）钝绥螨属 *Amblyseius* Berlese, 1915 ················· 227

180. 高山钝绥螨 *Amblyseius alpigenus* Wu, 1987 ·············· 227

181. 长白山钝绥螨 *Amblyseius changbaiensis* Wu, 1987 ·············· 228

182. 杂草钝绥螨 *Amblyseius gramineous* Wu, Lan et Zhang, 1992 ·············· 229

183. 石锤钝绥螨 *Amblyseius ishizuchiensis* Ehara, 1972 ·············· 230

184. 东方钝绥螨 *Amblyseius orientalis* Ehara, 1959 ·············· 231

185. 拉德马赫钝绥螨 *Amblyseius rademacheri* Dosse, 1958 ·············· 232

186. 西奥克斯钝绥螨 *Amblyseius sioux* Chant et Hansell, 1971 ·············· 233

187. 条纹钝绥螨 *Amblyseius striatus* Wu, 1983 ·············· 234

188. 拟海南钝绥螨 *Amblyseius subhainensis* Ma, 2002 ·············· 235

（四十四）伊绥螨属 *Iphiseius* Berlese, 1916 ·············· 236

189. 王氏伊绥螨 *Iphiseius wangi* Yin, Bei et Lv, 1992 ·············· 236

十三、足角螨科 Podocinidae Berlese, 1913 ·············· 237

（四十五）足角螨属 *Podocinum* Berlese, 1882 ·············· 238

190. 青木足角螨 *Podocinum aokii* Isikawa, 1970 ·············· 238

191. 链格足角螨 *Podocinum catenum* Ishikawa, 1970 ·············· 239

192. 长春足角螨 *Podocinum changchunense* Liang, 1993 ·············· 240

十四、胭螨科 Rhodacaridae Oudemans, 1902 ·············· 241

（四十六）囊螨属 *Asca* von Heyden, 1826 ·············· 242

193. 安氏囊螨 *Asca anwenjui* Ma, 2003 ·············· 242

194. 似蚜囊螨 *Asca aphidioides* Linnaeus, 1758 ·············· 244

195. 新囊螨 *Asca nova* Willmann, 1939 ·············· 245

196. 云囊螨 *Asca nubes* Ishikawa, 1969 ·············· 246

197. 植囊螨 *Asca plantaria* Ma, 1996 ·············· 246

198. 拟巨囊螨 *Asca submajor* Ma, 2003 ·············· 247

（四十七）枝厉螨属 *Dendrolaelaps* Halbert, 1915 ·············· 248

199. 沙生枝厉螨 *Dendrolaelaps arenarius* Karg, 1971 ·············· 249

200. 白氏枝厉螨 *Dendrolaelaps baixuelii* Ma, 1997 ·············· 249

201. 小坑枝厉螨 *Dendrolaelaps foveolatus* (Leitner, 1949) ·············· 251

202. 四条枝厉螨 *Dendrolaelaps fukioae* Ishikawa, 1977 ·············· 251

203. 斯氏枝厉螨 *Dendrolaelaps stammeri* Hirschmann, 1960 ·············· 252

204. 小虫枝厉螨 *Dendrolaelaps vermicularis* Ma, 2001 ·············· 253

205. 王氏枝厉螨 *Dendrolaelaps wangfengzheni* Ma, 1995 ·············· 254

（四十八）革赛螨属 *Gamasellus* Berlese, 1892 ·············· 256

206. 长白革赛螨 *Gamasellus changbaiensis* Bei et Yin, 1995 ·············· 257

207. 敦化革赛螨 *Gamasellus dunhuaensis* Ma, 2003 ·············· 258

208. 峰革赛螨 *Gamasellus montanus* Willmann, 1936 ·············· 259

209. 天目革赛螨 *Gamasellus tianmuensis* Liang et Ishikawa, 1989 ·············· 261

210. 毛真革赛螨 *Gamasellus vibrissatus* Emberson, 1967 ·············· 262

（四十九）斑点枝厉螨属 *Punctodendrolaelaps* Hirschmann et Wisniewski, 1982 ·············· 263

211. 艾氏斑点枝厉螨 *Punctodendrolaelaps eichhorni* (Wisniewski, 1980), rec. nov.

（中国新记录种）·············· 264

（五十）仿胭螨属 *Rhodacarellus* Willmann, 1935 ·············· 265

212. 柳氏仿胭螨 *Rhodacarellus liuzhiyingi* Ma, 1995 ·················· 265

213. 西里西亚仿胭螨 *Rhodacarellus silesiacus* Willmann, 1936 ·········· 267

214. 鸭绿江仿胭螨 *Rhodacarellus yalujiangensis* Ma, 2003 ·············· 268

（五十一）胭螨属 *Rhodacarus* Oudemans, 1902 ····················· 269

215. 多齿胭螨 *Rhodacarus denticulatus* Berlese, 1921 ················· 270

十五、维螨科 Veigaiaidae Oudemans, 1939 ························· 271

（五十二）革厉螨属 *Gamasolaelaps* Berlese, 1904 ···················· 271

216. 华氏革厉螨 *Gamasolaelaps whartoni* (Farrier, 1957) ·············· 271

（五十三）维螨属 *Veigaia* Oudemans, 1905 ························· 273

217. 楔形维螨 *Veigaia cuneata* Ma, 1996 ························· 273

218. 奇型维螨 *Veigaia mirabilis* Bregetova, 1961 ··················· 274

219. 斯氏维螨 *Veigaia slonovi* Bregetova, 1961 ··················· 275

220. 汤旺河维螨 *Veigaia tangwanghensis* Ma et Yin, 1999 ············· 276

221. 上野维螨 *Veigaia uenoi* Ishikawa, 1978 ······················ 277

十六、蚨螨科 Zerconidae Canestrini, 1891 ························ 278

（五十四）卡蚨螨属 *Caurozeron* Halaskova, 1977 ··················· 280

222. 拟重卡蚨螨 *Caurozercon duplexoideus* Ma, 2002 ················ 281

（五十五）后蚨螨属 *Metazercon* Blaszak, 1975 ··················· 282

223. 安氏后蚨螨 *Metazercon athiasae* Blaszak, 1975 ················ 282

（五十六）副蚨螨属 *Parazercon* Trägårdh, 1931 ··················· 284

224. 花副蚨螨 *Parazercon floralis* Ma, 2002 ····················· 284

225. 锡霍特副蚨螨 *Parazercon sichotensis* Petrova, 1977 ·············· 285

（五十七）原蚨螨属 *Prozercon* Sellnich, 1943 ···················· 286

226. 长白原蚨螨 *Prozercon changbaiensis* Bei, Shi et Yin, 2002 ········· 286

（五十八）希蚨螨属 *Syskenozercon* Athias-Henriot, 1976 ·············· 288

227. 考斯希蚨螨 *Syskenozercon kosiri* Athias-Henriot, 1976 ··········· 288

（五十九）客蚨螨属 *Xenozercon* Blaszak, 1976 ··················· 289

228. 光滑客蚨螨 *Xenozercon glaber* Blaszak, 1976 ·················· 289

（六十）蚨螨属 *Zercon* C. L. Koch, 1836 ······················· 289

229. 黑龙江蚨螨 *Zercon heilongjiangensis* Ma et Yin, 1999 ············· 290

230. 吉林蚨螨 *Zercon jilinensis* Ma, 2003 ······················· 291

231. 马拉维蚨螨 *Zercon moravicus* Halašková, 1970 ················· 292

232. 斯托克蚨螨 *Zercon storkani* Halašková, 1970 ·················· 293

233. 小兴安岭蚨螨 *Zercon xiaoxinganlingensis* Ma et Yin, 1999 ········· 294

第二节 尾足螨股 ·· 296

十七、糙尾螨科 Trachytidae Trägårdh, 1938 ······················ 296

（六十一）糙尾螨属 *Trachytes* Michael, 1894 ····················· 296

234. 病糙尾螨 *Trachytes aegrota* (C. L. Koch, 1841) ················ 296

235. 长白糙尾螨 *Trachytes changbaiensis* Chen, Bei et Yin, 2008 ········ 297

236. 吉林糙尾螨 *Trachytes jilinensis* Ma, 2001 ···················· 298

237. 殷氏糙尾螨 *Trachytes yinsuigongi* Ma, 2001 ·················· 299

十八、多盾螨科 Polyaspididae Berlese, 1913 ································ 300

　（六十二）异多盾螨属 Polyaspinus Berlese, 1916 ···················· 300

　　　238. 贺氏异多盾螨 Polyaspinus hejianguoi Ma, 2000 ··············· 301

　　　239. 希氏异多盾螨 Polyaspinus higginsi Camin, 1954 ··············· 301

　（六十三）尾绥螨属 Uroseius Berlese, 1888 ···························· 302

　　　240. 赫氏尾绥螨 Uroseius hirschmanni Hiramatsu, 1977 ·············· 303

　　　241. 末端尾绥螨 Uroseius infirmus (Berlese, 1887) ················ 303

十九、孔洞螨科 Trematuridae Berlese, 1917 ·························· 304

　（六十四）毛尾足螨属 Trichouropoda Berlese, 1916 ·················· 305

　　　242. 双毛毛尾足螨 Trichouropoda bipilis (Vitzthum, 1920) ··········· 305

　　　243. 马刺毛尾足螨 Trichouropoda calcarata Hirschmann et Z. -Nicol, 1961 ·· 305

　　　244. 贺氏毛尾足螨 Trichouropoda hejianguoi Ma, 2003 ·············· 306

　（六十五）内特螨属 Nenteria Oudemans, 1915 ······················ 307

　　　245. 短爪内特螨 Nenteria breviunguiculata (Willmann, 1949) ········· 308

　　　246. 日本内特螨 Nenteria japonensis Hiramatsu, 1979 ·············· 309

　　　247. 吉林内特螨 Nenteria jilinensis Ma, 1998 ··················· 310

　　　248. 拟鹿内特螨 Nenteria quasikashimensis Ma, 2000 ·············· 311

　　　249. 中华内特螨 Nenteria sinica Ma, 1998 ···················· 312

　　　250. 针形内特螨 Nenteria stylifera (Berlese, 1904) ··············· 314

二十、尾双爪螨科 Urodinychidae Berlese, 1917 ······················ 315

　（六十六）二爪螨属 Dinychus Kramer, 1882 ························ 315

　　　251. 具齿二爪螨 Dinychus dentatus Ma, 2003 ·················· 315

　　　252. 膨大二爪螨 Dinychus dilatatus Ma, 2000 ·················· 318

　　　253. 北方二爪螨 Dinychus septentrionalis (Trägårdh, 1943) ·········· 320

　　　254. 波浪二爪螨 Dinychus undulatus Sellnick, 1945 ··············· 321

　（六十七）尾卵螨属 Uroobovella Berlese, 1903 ······················ 321

　　　255. 安氏尾卵螨 Uroobovella anwenjui Ma, 2003 ················ 322

　　　256. 巴氏尾卵螨 Uroobovella baloghi Hirschmann et Z. -Nicol, 1962, rec. nov.
　　　　（中国新记录种）·· 323

　　　257. 双窝尾卵螨 Uroobovella difoveolata Hirschmann et Z. -Nicol, 1962, rec. nov.
　　　　（中国新记录种）·· 324

　　　258. 埃朗根尾卵螨 Uroobovella erlangensis Hirschmann et Z. -Nicol, 1962, rec. nov.
　　　　（中国新记录种）·· 325

　　　259. 日本边缘尾卵螨 Uroobovella japanomarginata Hiramatsu, 1979, rec. nov.
　　　　（中国新记录种）·· 326

　　　260. 边缘尾卵螨 Uroobovella marginata (C. L. Koch, 1839), rec. nov. （中国新记录种）········ 327

　　　261. 紫色尾卵螨 Uroobovella vinicolora (Vitzthum, 1926), rec. nov. （中国新记录种）········ 328

二十一、尾辐螨科 Uroactiniidae Hirschmann et Z. -Nicol, 1964 ··········· 330

　（六十八）尾辐螨属 Uroactinia Hirschmann et Z. -Nicol, 1964 ·········· 330

　　　262. 梭形尾辐螨 Uroactinia fusina Ma, 2003 ··················· 330

二十二、糙尾足螨科 Trachyuropodidae Berlese, 1917 ················· 331

（六十九）糙尾足螨属 *Trachyuropoda* Berlese, 1888 ……………………………… 331

　　263. 凹糙尾足螨 *Trachyuropoda excavata*（Wasmann, 1899）…………………… 331

（七十）甲胄螨属 *Oplitis* Berlese, 1884 …………………………………………… 332

　　264. 吉林甲胄螨 *Oplitis jilinensis* Ma, 2001 ……………………………………… 332

　　265. 铁岭甲胄螨 *Oplitis tielingensis* Chen, Bei, Gao et Yin, 2008 …………… 333

　　266. 于氏甲胄螨 *Oplitis yuxini* Ma, 2001 ………………………………………… 334

二十三、尾足螨科 Uropodidae Berlese, 1900 ……………………………………… 335

（七十一）尾足螨属 *Uropoda* Latreiller, 1806 …………………………………… 335

　　267. 巴氏尾足螨 *Uropoda baloghi* Hirschmann et Z. -Nicol, 1969 …………… 336

　　268. 微小尾足螨 *Uropoda minima* Kramer, 1882 ………………………………… 336

　　269. 圆形尾足螨 *Uropoda orbicularis*（Müller, 1776）………………………… 337

（七十二）尘盘尾螨属 *Discourella* Berlese, 1910 ……………………………… 337

　　270. 巴氏尘盘尾螨 *Discourella baloghi* Hirschmann et Z. -Nicol, 1969 ……… 338

　　271. 模糊尘盘尾螨 *Discourella dubiosa* Schweizer, 1961 ……………………… 338

　　272. 朴实尘盘尾螨 *Discourella modesta*（Leonardi, 1899）…………………… 339

　　273. 斯氏尘盘尾螨 *Discourella stammeri* Hirschmann et Z. -Nicol, 1969, rec. nov.

　　　　（中国新记录种）………………………………………………………………… 339

参考文献 ………………………………………………………………………………… 341

中文名称索引 …………………………………………………………………………… 357

拉丁学名索引 …………………………………………………………………………… 361

第一章

土 壤 革 螨 概 述

第一节　土壤革螨的经济意义

革螨（gamasid mites）是一类小型节肢动物，体长 300～1 000μm，在动物分类学中隶属于节肢动物门（Arthropoda），蛛形纲（Arachnoida），蜱螨亚纲（Acari），寄螨目（Parasitiformes），革螨亚目（Gamasida），是土壤中重要的分解者，具有重要的经济和生态价值。

革螨在土壤物质和能量的变动转化中起着重要的作用，是土壤有机质的重要分解者。革螨不仅在土壤生态系统的物质循环中有重要的作用，在分解有机物质、疏松土壤和促进土壤肥力方面的作用也是相当重要的，其作为分解者的间接作用主要表现为破碎分解残渣，传播菌孢子。土壤革螨的种类及数量与土壤养分含量和土壤物理特性密切相关，当土壤有机质和全氮（N）含量高、pH 低、容重小时，则土壤革螨的种类和数量丰富，且与土壤有机质含量呈显著正相关，因此土壤革螨的种类和数量可作为监测土壤的指示生物，为维持农田环境的生态平衡，防止土壤退化提供参考。

土壤革螨中很大一部分是捕食性的。各国学者对土壤捕食性革螨的食性、食料范围、取食习性及自然控制作用进行了研究，发现革螨是土壤中种群占优势的捕食者，有些捕食性的革螨可作为益螨加以利用。囊螨科（Ascidae）、犹伊螨科（Eviphididae）、巨螯螨科（Macrochelidae）和蚧螨科（Zerconidae）的很多种类捕食土壤中的线虫、蚊蝇的卵等，而厉螨科（Laelaptidae）、寄螨科（Parastidae）的很多种类营寄生生活，在烟草害虫灰胸突鳃金龟（*Hoplosternus incanus*）节间膜上发现有下盾螨属（*Hypoaspis*）的种类寄生。另外，革螨中的植绥螨（Phytoseiidae）大多数是捕食性的，是各类大田作物、蔬菜、果树和林木害螨的重要天敌，是很有利用价值的天敌资源，在农业有害生物的防治中发挥着重要作用。我国从国外引进了智利小植绥螨（*Phytoseiulus persimilis* Athias-Henriot）以防治果树害螨，在南方地区广泛应用，已利用多种植绥螨防治柑橘等果园害螨，如四川、贵州已经大面积利用草栖钝绥螨（*Amblyseius herbicolus* Chant）防治茶树上的侧多食跗线螨（*Polyphagotarsonnemus latus* Banks）等。

少数革螨可造成对农作物的危害，如 2009 年，甜菜寄螨（*Parasitus beta*）在辽宁省昌图县烟苗育苗期大量发生，由于其窜行为害，造成烟苗掘根，对烟草温室育苗造成一定的损失，成为危害烟苗生产的一种新害螨。

另外，革螨还有重要的流行病学意义和经济意义。部分螨类可以传播森林脑炎、鼠疫等疾病；蠊螨科、厉螨科、血革螨科的部分种类生活在仓储物中，虽然有捕食性种类，但就食品污染而言，对人类的健康有一定影响。

第二节　土壤革螨的分类系统

一、革螨的分类系统

（一）蜱螨分类阶元的历史沿革

1678 年，C. de Geer 提出 Acari 这一名称，但在 Linnaeus 的 *Systema Naturae*（1758）中所有的螨类都归于 *Acarus* 一属。1877 年，Kramer 依据气门的有无将螨类分为 Acarina tracheata 和 Acarina atracheata，依据气门的位置又将前者划分 Prostigmata、Oribatidae、Gamasidae、Ixodidae、Tarsonemidae 和 Myobiidae，后者则包括现在的无气门（粉螨）亚目（Astigmata/Acaridida）以及瘿螨、蠕形螨。

1891 年，Canestrini 将蜱螨提升到纲的地位（Acaroidea），下设 6 目：Astigmata、Mesostigmata、Cryptostigmata、Prostigmata、Hydracarina、Metastigmata。

1899 年，A. Berlese 只将蜱螨纲分为 5 目，分别为 Vermiformia、Mesostigmata、Prostigmata、Heterostigmata、Cryptostigmata。Vermiformia 包括了瘿螨类（Eriophyoids）及蠕形螨科（Demodicidae），Heterostigmata 当时仅有跗线螨类（Tarsonemids），而蜱类（ticks）被并入 Mesostigmata 中，Astigmata 则归在 Cryptostigmata 内。他在 1913 年又将 5 目改为 6 亚目，去掉 Vermiformia，新增 Notostigmata，恢复无气门亚目（Astigmata），将瘿螨和蠕形螨都置于该亚目下。

Reuter（1909）则以目作为蜱螨的分类阶元（Acarina），其分类系统如下：

Order Acarina 蜱螨目
  Suborder Gamasiformes（＝Parasitiformes）革螨亚目
    Superfamily Holothyroidea 巨螨总科
    Superfamily Gamasoidea 革螨总科
    Superfamily Ixodoidea 蜱总科
  Suborder Trombidiformes 绒螨亚目
    Superfamily Trombidoidea 绒螨总科
  Suborder Sarcoptiformes 疥螨亚目
    Superfamily Oribatoidea 甲螨总科
    Superfamily Sarcoptoidea 疥螨总科
  Suborder Eriophyiformes（＝Phytoptiformes）瘿螨亚目
    Superfamily Eriophyoidea（＝Phytoptoidea）瘿螨总科

Oudemans 最初于 1906 年也将蜱螨作为纲（Acari）；1923 年他又把蜱螨下降为目，下设 6 个亚目：Notostigmata、Holothyroidea、Parasitiformes（含 Mesostigmata 和 Ixodides 两个总股）、Trombidiformes、Sarcoptiformes（含 Acarideae 和 Oribatei 两个总股）、Tetrapodili；1931 年他又将 Trombidiformes 和 Sarcoptiformes 两亚目下降为总股，合并置于 Trombidi-Sarcoptiformes 亚目中，同时也将 Tetrapodili 置于 Trombidiformes 总股的

Prostigmata 股下。

1935 年，Grandjean 依据刚毛中有无光毛质（actinopilin）的特征将蜱螨分为 Notostigmata、Anactinochitinosi 和 Actinochitinosi 3 亚目。1961 年，van der Hammen 提出用 Anactinotrchida 和 Actinotrchida 来取代 Anactinochitinosi 和 Actinochitinosi，并认为 Notostigmata 是较原始的螨类，将其改名为 Opilioacarida，置于 Anactinotrchida 之下。

Baker 和 Wharton（1952）将蜱螨目分为 Mesostigmata、Ixodides、Trombidiformes、Sarcoptiformes 和 Onychopalpida 5 亚目，Onychopalpida 包括 Notostigmata 和 Holothyroidea 两部分。Robertson 在 1959 年将 Acarina 提升为亚纲。

Hughes（1959）仍然维持 Oudemans 1923 年的框架，并将 Mesostigmata、Ixodides、Acaridiae、Oribatei 改为部（Division），而不用总股（Supercohort）。Evans 等（1961）在蜱螨亚纲下设 2 总目：Acari-Actioncheata 和 Acari-Anactioncheata。他的分类框架在以后的大多系统中被采用，仅在名称上有所变化。后来 Evans（1992）在 *Principle of Acarology* 一书中用 Anactinotrichida 和 Actinotrichida 代替了 Actioncheata 和 Anactioncheata。1984 年，Alberti（1984）根据蜱螨精子比较结果也将蜱螨亚纲分为 Anactinotrichida 和 Actinotrichida 两目。Lindquist（1984）和 O'Connor（1984）也都采用上述名称。Krantz（1971）在其 *A Manual of Acarology* 第一版中也将蜱螨目提升为亚纲，下分 3 目 7 亚目。而在 1978 年该书的第二版中，他又将蜱螨亚纲分为 2 目 7 亚目。

目前，绝大多数学者将蜱螨类作为亚纲级分类阶元——蜱螨亚纲 Acari，其下分为 2 目 7 亚目的分类框架也广泛被接受。中国学者多采用 Krantz 1978 年的分类系统。

（二）革螨分类的历史沿革

英国 Sharov（1966）认为蜱螨是从泥盆纪中期的有须动物演化而来，而美国 T. A. Woolley（1961）认为从螯肢等形态来看，蜱螨是从盲蛛进化而来的，特别是颚体的特化。此外，后来，英国 Oliver（1977）从细胞遗传方面证明蜱螨的进化是二源的，革螨亚目的染色体为单着丝点染色体。革螨亚目属于较老类群——无辐几丁质类。

对革螨的分类系统，学者之间存在分歧。Baker 和 Wharton（1952）将革螨作为革螨亚目（Gamasina）的一类，下分 24 科。Бреретова（1956）将蜱螨分为 3 个目，革螨作为一个总科隶属于寄螨目（Parasitiformes）。Camin 和 Grirossi（1955）将革螨作为蜱螨目的革螨亚目的一个股（Cohort），下分寄螨总科（Parasitoidea）和蚧螨总科（Zerconoidea）2 总科。Baker 和 Camin（1958）也把革螨作为革螨亚目的一个股，但下分 3 个总科 25 个科。Bernhard（1963）把革螨作为股，分为革螨总科（Gamasidoidea）和厉螨总科（Laelapoidea）2 总科。Krantz 1970 年将革螨作为隶属于寄螨目、革螨亚目的一个股；1978 年又将蜱螨亚纲分为 2 个目，7 个亚目，105 个总科，建立革螨亚目（Gamasida），下分 2 总股，5 股，19 总科，68 科，到目前为止全世界共报道约 887 属 8280 种。20 世纪 90 年代才有人将现代支序系统学技术运用于螨类的研究，目前尚无令人满意的系统关系假说。现在，蜱螨学者较多采用 Krantz（1978）的系统，如下：

　　纲 Class　　　　蛛形纲 Arachnoida

　　亚纲 Subclass　　蜱螨亚纲 Acari

目 Order   寄螨目 Parasitiformes
亚目 Suborder   革螨亚目 Gamasida（Mesostigmata 较常用）

革螨亚目下分 2 总股，单殖板总股（Monogynaspides）和三殖板总股（Trigynaspides），单殖板总股下分绥螨股（Sejina）、革螨股（Gamasina）和尾足螨股（Uropodina），三殖板总股下分梭巨螨股（Cercomegistina）和角螨股（Antennophorina）。

二、国内外研究概况

革螨种类很多，在世界各地甚至南极都有分布，Vitzthum（1931）估计革螨亚目约有 1 300 种。20 世纪 40 年代至 80 年代西方发达国家对土壤革螨做了大量的区系方面的研究，德国、英国、俄罗斯、日本等国家均有土壤革螨区系的专著发表。德国 Karg 在其专著（1989）中描述了尾足螨股 3 个总科，10 个科，并在 1993 年描述了革螨股 5 个总科，18 个科；英国 Hyatt 等（1980）对英国的土壤螨类进行了详细的报道；苏联 Гиляров М. С.（1977）对苏联的土壤螨类（革螨亚目）进行了比较详细的记述并形成专著出版；日本 Ehara 和 Ishikawa 等（1980）对日本的土壤螨类进行了比较详细的记述；Joel Hallan（2001）在网上发布全世界有革螨 873 属 1 062 种。到目前为止全世界共报道革螨亚目螨类约 887 属 8280 种。

我国螨类研究起步较晚，新中国成立前几乎没有关于革螨的研究。1965 年温廷桓发表了一篇题为《革螨形态学研究进展及其分类》的文章，20 世纪 70 年代中期我国的昆虫学者和蜱螨学者研究了一些省份的革螨区系和生物学特性。Брегетова 于第 15 届国际动物学会上报告苏联革螨名录中记载 95 属，大约 300 种，据粗略统计，目前中国革螨的种类数大大超过了上述数字。1980 年潘综文和邓国藩编著的《中国经济昆虫志　蜱螨目：革螨股》出版，其中记述我国革螨 11 科，42 属，142 种。据不完全统计，到 1982 年中国发现革螨 13 科，48 属，160 种，其中古北界 58 种，东洋界 53 种，34 种在两界均有分布。近年来又有大量新科、新属、新种在我国陆续被发现。

对尾足螨股螨类的记述国外仅德国、俄罗斯、日本有相关专著。国内很少报道，约报道 11 属 20 种，马立名（1998，2000，2001，2003，2004）曾报道了多个新种和新记录，陈万鹏、贝纳新（2008）等报道了甲胄螨属 1 新种（《昆虫分类学报》）、糙尾螨属 1 新种（《蛛形学报》）和多个新记录（2010，2011），在我国还未有对尾足螨股螨类系统的分类研究报道。

绥螨股、梭巨螨股和角螨股螨类在我国尚未见报道，主要原因是这几类革螨多生活在热带及亚热带地区且种类较少，经济意义不大。

第三节　生物学特性

土壤革螨多数营自由生活，栖息于枯枝烂叶下、朽木上或土壤里，喜潮湿，以腐烂的有机物或线虫、跳虫、螨类及其他小的节肢动物为食，为捕食性、捕食-腐食性、捕食-菌食性或寄生性种类。

一、生殖方式和寿命

革螨亚目螨类可进行孤雌生殖和两性生殖，可卵生（Oviparity）、卵胎生（Ovoviviparity）或胎生（Vivparity）。进行两性生殖时，革螨股螨类由于雄螨无阳茎，多数种类的个体通常雄螨先产生精包（spermatophore），然后将精包从生殖孔转移到螯肢的导精趾（spermatodactyl）上，由导精趾将精子压入雌螨的交配囊中。一次交配只形成一个卵或幼螨，体积很大，常占母体 1/4。尾足螨股螨类既没有阳茎，又没有导精趾（spermatodactyl），因此在交配时，雌螨和雄螨腹面接触，雄螨便把精包附着于雌螨生殖板前缘，直接引入雌螨生殖孔中。

革螨寿命的长短，因不同种类而异，一般来说，寄生性的种类较自由生活的种类长。

二、生活史

生活史通常包括卵（egg）、幼螨（larva）、前若螨（protonymph）、后若螨（deutonymph）和成螨（adult）5 个阶段。幼螨 3 对足，体柔软、骨化弱，无色透明，背面一般有足体背板和臀板，两者间可有一至数对中足体骨片，各背板轮廓不清；幼螨腹面基节间有 3 对毛，位于表皮上或轮廓不清的胸板上；有独立的肛板，无气门；自由生活型幼螨，一般不取食。前若螨足 4 对，背面通常有足背板和小臀板或大的末体背板，腹面除幼螨期已出现的 3 对胸毛外，第 4 足基节间出现生殖毛 1 对；有气门；积极捕食。后若螨除大小及无生殖孔外，基本与成螨相似。

三、生活方式和食性

土壤革螨的生活方式主要包括自由生活与寄生生活两类，其中大多数自由生活，有些种类可寄生于其他土壤动物体上。

自由生活的种类多为捕食性、捕食-腐食性或捕食-菌食性。寄生生活的种类，其宿主非常广泛，寄生部位包括体外和体内。

革螨股中囊螨科、犹伊螨科、巨螯螨科和蚊螨科的很多种类喜食线虫或仅以线虫为食。另外，在长期施用 EM（effective microorganisms）的堆肥中也发现捕食性和腐食性螨类，特别是在富含有机粪肥的土壤中巨螯螨很普遍，它们以腐烂的有机物、真菌、粉螨、家蝇的卵及幼虫、弹尾虫及自由生活的线虫为食。寄螨是革螨亚目中与囊螨和植绥螨近缘的螨类，种类多，分布广，能捕食弹尾目昆虫及其他小型节肢动物，如真革螨属（*Eugamasus*）的一种能捕食线虫及小蠹虫坑道中的螨类，甲虫寄螨（*Parasitus coleoptratorum*）常捕食家蝇幼虫，布氏真革螨（*Eugamasus butleri*）为储藏物中的重要捕食者（忻介六，1988）。下盾螨属（*Hypoaspis*）的一些种类在温室害虫控制方面也很有效，部分种类现在北美已大量商品化饲养。它们可以攻击进入土壤化蛹的蓟马、蕈蚊的卵及幼虫和球茎根螨的任何虫态。

部分尾足螨可用真菌饲养（Woodring & Galbraith），另一部分可捕食蝇类的幼虫和线虫（O'Donnell & Axtel，1965）。尾足螨螯肢很长，有时几乎延伸到躯体的后端。许多种类是食蚁性的，与蚁巢有不同程度的联系或黏附于蚁体上。有些异形的后若螨受刺激可从肛孔喷射出分泌物，接触空气后硬化并借此黏着在昆虫体上，称若螨柄，如毛尾足螨属（*Trichouropoda*）的一些种类。施有机粪肥的果园土壤中常见的尾足螨 *Nenteria hypotrichus* 的幼螨可以真菌、有机粪肥、弹尾虫、粉螨及线虫为食而生存，但只有以粉螨与线虫为食时才可以发育为成螨，单一取食上述任何食物的雌螨均不可生殖，当有机物：粉螨：线虫=1：100：1 000 时，雌螨可以生殖且寿命较长，表明该螨完成世代循环和生殖需多种食物营养，研究人员将该螨与 *Gamasiphis tylophagous* 一起用于土壤害虫的防治取得了理想效果。

革螨在捕食时，行为上也存在很大差异（D. E. Walter & H. C. Proctor，1999）。有的种类巡回追捕（Cruise or Pursuit），有的种类伏击（Ambush or Sit-and-Wait），还有的种类表现为一系列的活动与停息，即休闲搜捕（Saltatory Search）（O'Brien et al.，1990）。巡回追捕者通常捕食行动笨重、体形幼小的猎物（Greene，1986），如线虫；伏击的螨类通常捕食较大的猎物，如弹尾虫（Enders，1975）。土壤中革螨间也会相互捕食，甚至存在同种自残现象（Cannibalism）。*Lasioseius subteraneus* 在感染了根结线虫的植物的根际土壤中的密度可达 400 头/L，其体型较另一些捕食螨大且可以其为食，但当更大、更具攻击性的 *Geolaelaps* 亚属的革螨存在时，其数量明显下降。革螨中的自残现象，有人认为可能与同系交配和孤雌生殖有关。自残现象多发生在同种的成螨和幼若螨间，同种的成螨可能由于骨化体壁的保护及体形相当，很少自残。

第四节　研究方法

一、土样的采集及螨类的分离

5～10月份取土壤表层动植物残体较多、腐殖质化的、有机质丰富的 0～10cm（秋季）或 0～20cm（夏季）土样适量，带回室内进行分离。分离方法采用以下 3 种：

（1）直接分离法　取采回的土样适量，均匀平铺于白纸上或白色大瓷盘中，裸眼仔细观察，用毛笔或拨针，先端蘸水或树胶氯醛液沾取活动的螨类置于保存液中保存。

（2）水浮分离法　取少量土壤放入大烧杯或水桶内，加入自来水或饱和食盐水适量，进行搅拌，螨类为气泡包围而上浮。

（3）塔氏装置（Tullgren apparatus）分离法或干漏斗分离法　取采回的土样适量置于塔氏装置的铁丝网上，40W 灯泡烘烤 48h，漏斗下用盛水或保存液的广口瓶收集被分离的螨类。

本书测量单位均为微米（micron，μm）。

二、螨类标本的保存

（1）保存液保存　分离到的螨类放入①75％或80％的酒精保存；②奥氏保存液

（Oudemans Fluid）保存（Oudemans Fluid：甘油 5 份，70％酒精 87 份，冰醋酸 8 份）。

（2）永久玻片保存 将分离到的螨类用保存液洗数次或直接用霍氏封固液（Hoyer's medium）制成玻片，置于恒温干燥箱 50～60℃烘烤 7～10d，透明干燥，永久保存（Hoyer's medium：蒸馏水 25mL，阿拉伯树胶 25g，水合氯醛 100g，甘油 10mL）。

第二章

革螨的形态特征

第一节　外部形态特征

一、成螨

（一）革螨股形态特征简述

革螨多数种类体长在 1 000 μm 左右，乳白色至黄褐色。其体躯可分为颚体（gnathosoma）和躯体（idiosoma）两部分。躯体又可分为足体（podosoma）和末体（opisthosoma）。足体是足生长的部分，前面两对足着生的区域，称前足体（propodosoma），后面两对足着生的区域，称后足体（metapodosoma）。颚体与前足体合称为前半体（proterosoma）；末体与后足体合称为后半体（hysterosoma）。各部分对照见图 2-1。

1. 颚体（gnathosoma）　颚体位于身体前端，其上着生螨类取食和感觉的主要器官。主要包括须肢（palp）、螯肢（chelicera）、头盖（tectum）和口器的一些组成结构，如口下板（hypostoma）、上咽（epipharynx）、下咽（hypopharynx）、颚角（corniculi）、涎针（salivary stylet）（图 2-2）。

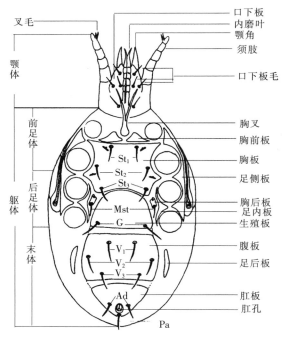

图 2-1　革螨雌螨腹面观

（仿 Krantz，1978）

口下板（hypostoma）　为颚基腹面前外侧一对突出物，一般呈三角形，其上通常具刚毛 3 对（图 2-1，图 2-2）。

颚角（corniculi）　位于口下板外缘前方，一般呈角状（图 2-2）。

下咽（hypopharynx）　又称内磨叶（internal malae），突出于口下板的前方，分左右两叶（图 2-2）。

上咽（epipharynx）　亦称上唇（labrum），位于下咽的背面，舌状，边缘具纤毛

（图 2 - 2）。

颚沟（gnathosomal groove）又称第二胸板（deutosternum），为颚体基部腹面中部的一条纵沟，内有若干横列的齿突，其列数具有分类意义（图 2 - 2）。

须肢（palp） 一对，位于颚体前端两侧，基节（coxa）与颚基愈合，可见 5 节：转节（trochanter）、股节（femur）、膝节（genu）、胫节（tibia）、

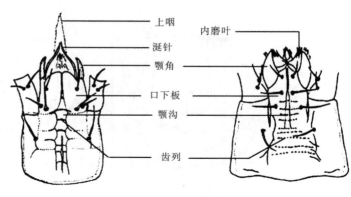

图 2 - 2　颚体腹面
（仿 Krantz, 1978）

跗节（tarsus）。跗节内侧有一叉毛（forked seta），分 2 叉或 3 叉，或附有透明的膜状物（图 2 - 3）。

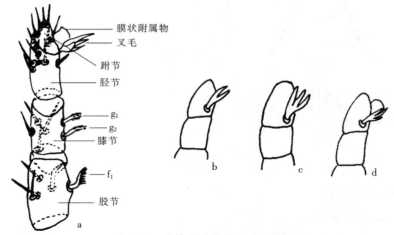

图 2 - 3　革螨须肢分节（示叉毛）
a. 须肢（*Gamasolaelaps* sp.）　b. 2 叉（革螨属）　c. 3 叉（厚厉螨科）　d. 3 叉、具膜状透明附属物（维螨科）
（仿 Krantz, 1978）

螯肢（chelicera） 由螯杆（shaft）及螯钳（chela）组成。螯钳分动趾（movable digit）和定趾（fixed digit），多呈钳状，螯钳内缘具齿。定趾基部具钳基毛（pilus basalis），有些类群定趾内缘端部具一钳齿毛（pilus dentilis），其形状具有分类意义。雄螨的动趾多具导精趾（spermatophoral process），起传送精包（spermatophore）的作用，形态特征稳定，常作为分类依据（图 2 - 4）。

头盖（tectum） 为颚基背壁向前延伸的膜质物，紧覆于螯肢的上方，形状各异，具有一定的分类意义（图 2 - 5）。

2. 躯体（idiosoma） 革螨躯体一般呈卵圆或椭圆形，背面、腹面和侧面有骨化程度不同的板块，其间为柔软的膜质表皮所间隔。骨化区域的表面常有各种饰纹、刻点和突起形成的有规则的网纹。

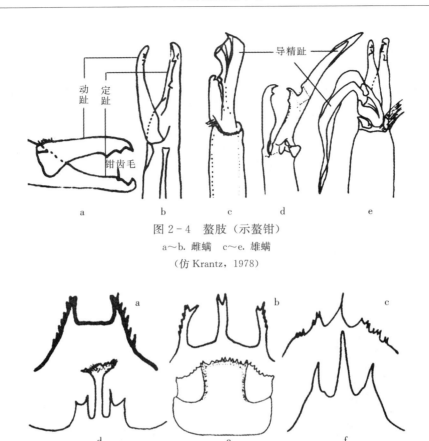

图 2-4　螯肢（示螯钳）
a～b. 雌螨　c～e. 雄螨
（仿 Krantz，1978）

图 2-5　头　盖
a. 革厉螨　b. 足角螨　c. 下盾螨　d. 维螨　e. 厚绥螨　f. 寄螨

（1）背面（dorsum）　革螨成螨的背面常具背板（dorsal shield）1～2 块。背板的骨化程度随螨体的发育而增强。有些类群背板为完整一块，有些类群则分为两块，也有些类群背板不完全分裂，仅在两侧中部具一缺刻。背板着生很多刚毛和孔，其数目与排列在分类上有重要意义。

螨类躯体背面的刚毛通常具有明显的毛序（chaetotaxy）。Garman（1948）将革螨的背面毛用代号来表示：D 代表背毛（dorsal setae），M 代表中毛（median setae），L 代表侧毛（lateral setae），S 代表肩毛（scapular setae）。

Zachvatkin（1948）以厉螨属（Laelaps）为基础提出另一种毛序系统（图 2-6），背板上共有 39 对刚毛，在他的毛序系统中背部各毛的名称是：

额毛（frontal setae）　位于背板最前端，共 3 对，代号 F_1～F_3。

外颞毛（extratemporal setae）　在背板前端两侧，共 2 对，代号 ET_1～ET_2。

颞毛（temporal setae）　位于外颞毛内侧，共 2 对，代号 T_1～T_2。

顶毛（vertical setae）　位于 F_3 的后方 1 对，代号 V。

缘毛（marginal setae）　位于背板两侧缘，共 11 对，代号 M_1～M_{11}。

边毛（submarginal setae）　位于缘毛内侧，共 8 对，代号 S_1～S_8。

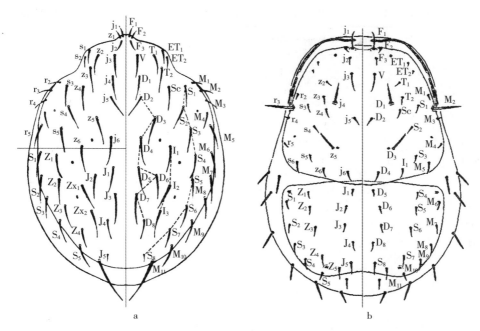

图 2-6 革螨背板及毛序对照（左 Lindquist & Evans, 1965；右 Zachvatkin, 1948）

a. 背板完整 b. 背板分裂

中背毛（dorsal setae） 在背板中央近平行的两列毛，共 8 对，代号 $D_1 \sim D_8$。

间毛（intermedial setae） 位于中背毛与边毛之间，共 3 对，代号 $I_1 \sim I_3$。

肩毛（scapular setae） 在颚毛之后的中背毛与边毛之间，左右各 1 根，代号 Sc。

Sellnick（1944，1958）建立了以蚨螨科（Zerconidae）为基础的毛序系统。后来 Hirschmann（1957）及 Lindquist 和 Evans（1965）将 Sellnick 的毛序系统加以修改和扩充。Lindquist 和 Evans（1965）认为螨体背面具 4 纵列的背毛系，分别为：背中（dorso-central）毛，代号 j 和 J，小写 j 代表位于足体背板上的毛，大写 J 代表位于末体背板上的毛；中侧（mediolateral）毛（z 和 Z）；侧（lateral）毛（s 和 S）；边缘（marginal）毛（r 和 R）。Lindquist 和 Evans 认为还应加上 1 列附加纵毛，叫亚缘（submarginal）毛（UR），这毛仅局限在背部的末体区内（图 2-6a 左、b 左）。

对于不同的革螨类群，不同的学者采用不同的毛序系统。总体来说 Lindquist 和 Evans（1965）及 Zachvatkin（1948）的毛序系统应用较多。我国学者历年来习惯于沿用 Zachvatkin（1948）的毛序系统（图 2-6a 右、b 右）。常用毛序系统对照见表 2-1。

革螨体背还有一些小孔，Hirschmann（1960）将孔分为两类。一类是具角化边缘的孔，与体内腺体相连；另一类不具角化边缘的孔，是一种感觉器官。

（2）腹面（图 2-1） 革螨的腹面除了着生 4 对足外，一般还具有以下结构：

胸叉（tritosternum） 位于颚体后方中部，由胸叉基（tritosternal base）和胸叉丝（laciniae）组成，不同类群其形状有不同的变化。

表 2-1 Zachvatkin（1948）、Hirschmann（1957）、Lindquist 和 Evans（1965）毛序系统对照

Zachvatkin (1948)	Hirschmann (1957)	Lindquist 和 Evans (1965)	Zachvatkin (1948)	Hirschmann (1957)	Lindquist 和 Evans (1965)
F_1 ——	i_1 ——	j_1	S_1 ——	s_4 ——	s_3
F_2 ——	r_1 ——	z_1	S_2 ——	s_5 ——	s_4
F_3 ——	s_1 ——	j_2	S_3 ——	s_6 ——	s_5
V ——	i_2 ——	j_3	S_4 ——	Z_1 ——	Z_1
ET_1 ——	r_2 ——	s_1	S_5 ——	Z_2 ——	Z_2
ET_2 ——	r_3 ——	s_2	S_6 ——	Z_3 ——	Z_3
T_1 ——	s_2 ——	z_2	S_7 ——	Z_4 ——	Z_4
T_2 ——	s_3 ——	z_3	S_8 ——	J_5 ——	J_5
D_1 ——	i_3 ——	j_4	M_1 ——	r_4 ——	r_2
D_2 ——	i_4 ——	j_5	M_2 ——	r_5 ——	r_3
D_3 ——	z_2 ——	z_5	M_3 ——	r_6 ——	r_4
D_4 ——	i_5 ——	j_6	M_4 ——	r_7 ——	r_5
D_5 ——	J_1 ——	J_1	M_5 ——	s_7 ——	s_6
D_6 ——	J_2 ——	J_2	M_6 ——	S_1 ——	S_1
D_7 ——	J_3 ——	J_3	M_7 ——	S_2 ——	S_2
D_8 ——	J_4 ——	J_4	M_8 ——	S_3 ——	S_3
Sc ——	z_1 ——	z_4	M_9 ——	S_4 ——	S_4
I_1 ——	z_3 ——	z_6	M_{10} ——	S_5 ——	S_5
I_2 ——	——	Zx_1	M_{11} ——	Z_5 ——	Z_5
I_3 ——	——	Zx_2			

胸前板（presternal shield） 又称前内足板（preendopodal shield），位于胸叉之后，胸板之前，一至数对。

胸板（sternal shield） 位于胸前板之后，足Ⅱ～Ⅲ基节之间，是一块大的骨板，形状多样，上具刚毛 3 对（$St_1 \sim St_3$），隙状器（lyriform organ）2～3 对。

胸后板（metasternal shield） 位于胸板之后，较小，1 对，形状各异，板上各具刚毛 1 根（Mst）。

足内板（endopodal shield） 位于足Ⅲ～Ⅳ基节与胸后板之间，1 对。有些螨类此板与胸后板愈合。

生殖板（genital shield） 位于胸板之后，形状各异，一般具刚毛 1 对（G）。

腹板（ventral shield） 位于生殖板之后，具若干刚毛（V）。有很多革螨生殖板与腹板愈合为腹殖板（genitoventral shield）。

肛板（anal shield） 位于腹板后方，其上具肛孔和 3 根刚毛（1 对肛侧毛 Ad 和 1 根肛后毛 Pa）。有的革螨的肛板与腹板愈合为腹肛板（ventrianal shield），此时肛侧毛之前的刚毛称为肛前毛（preanal setae）。

足后板（metapodal shield）　位于基节Ⅳ后方，1对或数对。该板在有些类群中很发达，在有些类群中退化或消失。

气门（stigma）　位于足基节Ⅲ与Ⅳ之间的外侧，1对。

气门沟（peritreme）　自气门向前延伸的一条沟管，其长度因种类而异。

气门板（peritrematal shield）　围绕气门和气门沟的骨板。

足侧板（parapodal shield）　位于足基节与气门板之间。在有些类群中该板与气门板愈合。以上这些板均可见于雌螨。

全腹板（holoventral shield）：有些雄螨的胸板、胸后板、生殖板、腹板、肛板等愈合成一块，称全腹板。也有些种类分为两块，即胸殖板（sternogenital shield）与腹肛板，或胸殖腹板（sternogenito-ventral shield）与肛板。

生殖孔（genital opening）：雌螨的生殖孔呈横隙缝状，位于胸板之后，被生殖板所遮盖。雄螨的生殖孔则多位于胸板前缘，呈漏斗状。

（3）足（legs）　革螨成螨（adult）、前若螨（protonymph）和后若螨（deutonymph）具4对足，幼螨（larva）具3对足。足一般分为6节，即基节（coxa）、转节（trochanter）、腿（股）节（femur）、膝节（genu）、胫节（tibia）、跗节（tarsus）。在跗节末端着生步行器（ambulacrum），又称趾节（apotelus），由前跗节（pretarsus）、1对爪（claws）

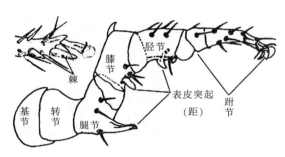

图 2-7　足的分节及表皮突起（距）和棘

和1个爪垫（pulvillus）构成。足的各节通常着生数目不等、形状各异的刚毛，形成一定的毛序，在分类上有一定的重要性（图2-7）。

（二）尾足螨股形态特征概述

1. 尾足螨股（Uropodina）**的主要特征**　背板平滑，整块，有缘板（marginal shield），与背板合并或分开，交界处有扇形纹或无，有的背板中央下凹。胸叉部分或全部被足Ⅰ基节覆盖。胸板完整，极少碎裂，常与附近的足内板和气门板愈合，生殖板后端平截，少与腹板愈合，有时覆盖于足体区后，无生殖毛。足窝显著，足Ⅰ基节扁平，梯形，跗节有趾节或无；足Ⅳ腿节有6~7根刚毛，足Ⅱ腿节有9根刚毛，足Ⅰ~Ⅳ膝节有4根背毛，足Ⅰ胫节有7根刚毛。口下板刚毛 C_2 常远离口下板刚毛 C_3 之后，与口下板毛1（C_1）排列近一直线。雄螨无导精趾。

2. 尾足螨股的主要分类依据　对尾足螨股以下的分类，历来说法不一，有学者将其分为4个总科（Гиляров，1977），也有学者将其分为3个总科（Kramer，1881）。Kramer认为异多盾螨属 *Polyaspinus* 与尾绥螨属 *Uroseius* 为同一个属，而Evans与Till于1979年建立的新的尾足螨分类方法中将二者划为两个属。本书主要采用Kramer（1881）的分类系统，结合Evans与Till（1979）的方法，分为3总科10科18属，本书中涉及2总科6科10属。

尾足螨股以下阶元的主要分类依据包括：

（1）背板与生殖板（图2-8）　背面可分为背板、缘板和臀板，背板与缘板是否相接，臀板的有无、个数均为重要的分类特征；生殖板的形状、位置也是重要的分属特征。

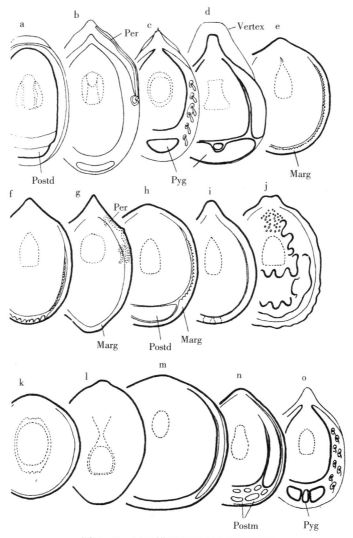

图2-8　尾足螨股背板与生殖板特征

Per. 气门沟　Pyg. 臀板　Postd. 后背板　Marg. 缘板　Vertex. 前突

a. 前爪螨属 *Protodinychus*　b. 滨蚖螨属 *Thinozercon*　c. 多盾螨属 *Polyaspis*　d. 糙尾螨属 *Trachytes*

e. 毛尾足螨属 *Trichouropoda*　f. 内特螨属 *Nenteria*　g. 二爪螨属 *Dinychus*　h. 尾双盾螨属 *Urodiaspis*

i. 尾卵螨属 *Uroobovella*　j. 糙尾足螨属 *Trachyuropoda*　k. 甲胄螨属 *Oplitis*　l. 小后雌螨属 *Metagynella*

m. 尾足螨属 *Uropoda*　n. 尘盘尾螨属 *Discourella*　o. 尾绥螨属 *Uroseius*

（仿 Karg，1986）

（2）螯肢（图2-9，图2-10）　螯肢是否有块状薄膜；定趾与动趾之间的比例，其上的齿的个数；定趾末端是尖锐还是圆钝，其上钳齿毛的形状均为重要分类特征。

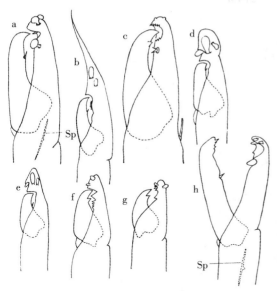

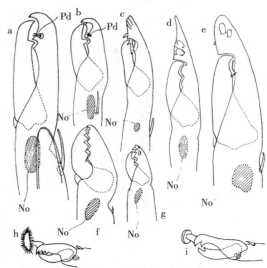

图 2-9 尾足螨股螯肢特征
Sp. 导精沟
a. 前爪螨属 *Protodinychus* b. 糙尾螨属 *Trachytes*
c. 多盾螨属 *Polyaspis* d. 尾足螨属 *Uropoda*
e. 尘盘尾螨属 *Discourella* f. 尾绥螨属 *Uroseius*
g. 小后雌螨属 *Metagynella* h. 滨蚖螨属 *Thinozercon*
（仿 Karg，1986）

图 2-10 尾足螨股螯肢特征（续）
No. 薄膜；Pd. 钳齿毛
a. 糙尾足螨属 *Trachyuropoda* b. 甲胄螨属 *Oplitis*
c. 尾双盾螨属 *Urodiaspis* d. 尾卵螨属 *Uroobovella*
e. 二爪螨属 *Dinychus* f. 毛尾足螨属 *Trichouropoda*
g. 内特螨属 *Nenteria* h. 尾辐螨属 *Uroactinia*
i. 蝠尾足螨属 *Chiropturopoda*
（仿 Karg，1986）

（3）头盖（图 2-11） 头盖宽短还是狭长，是否具刺及末端分支情况为重要分类特征。

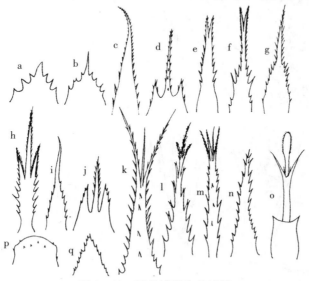

图 2-11 尾足螨股头盖特征
a. 前爪螨属 *Protodinychus* b. 滨蚖螨属 *Thinozercon* c. 糙尾螨属 *Trachytes* d. 多盾螨属 *Polyaspis* e. 尾足螨属 *Uropoda* f. 尘盘尾螨属 *Discourella* g. 尾绥螨属 *Uroseius* h. 小后雌螨属 *Metagynella* i. 糙尾足螨属 *Trachyuropoda* j. 甲胄螨属 *Oplitis* k. 尾双盾螨属 *Urodiaspis* l. 尾卵螨属 *Uroobovella* m. 二爪螨属 *Dinychus* n. 毛尾足螨属 *Trichouropoda* o. 内特螨属 *Nenteria* p. 尾辐螨属 *Uroactinia* q. 蝠尾足螨属 *Chiropturopoda*
（仿 Karg，1986）

（4）胸叉（图 2-12） 胸叉基部形状，胸叉丝部分分支情况为重要分类特征。

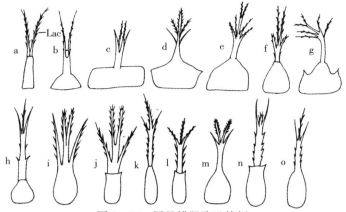

图 2-12 尾足螨股胸叉特征
Lac. 胸叉丝
a. 前爪螨属 *Protodinychus*　b. 滨蚖螨属 *Thinozercon*　c. 糙尾螨属 *Trachytes*　d. 多盾螨属 *Polyaspis*
e. 尾足螨属 *Uropoda*　f. 尘盘尾螨属 *Discourella*　g. 尾绥螨属 *Uroseius*　h. 小后雌螨属 *Metagynella*
i. 糙尾足螨属 *Trachyuropoda*　j. 甲胄螨属 *Oplitis*　k. 尾双盾螨属 *Urodiaspis*　l. 尾卵螨属 *Uroobovella*
m. 二爪螨属 *Dinychus*　n. 毛尾足螨属 *Trichouropoda*　o. 内特螨属 *Nenteria*
（仿 Karg，1986）

（5）颚体（图 2-13，图 2-14） 口下板刚毛一般为 4 对（C_1、C_2、C_3、C_4），C 毛的长短、是否具刺；齿列及齿的数目；颚角的形状为重要分类特征。

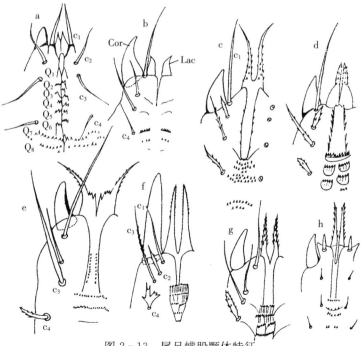

图 2-13 尾足螨股颚体特征
Lac. 胸叉丝　Cor. 颚角
a. 前爪螨属 *Protodinychus*　b. 滨蚖螨属 *Thinozercon*　c. 尾足螨属 *Uropoda*　d. 尘盘尾螨属 *Discourella*
e. 糙尾螨属 *Trachytes*　f. 多盾螨属 *Polyaspis*　g. 尾绥螨属 *Uroseius*　h. 小后雌螨属 *Metagynella*
（仿 Karg，1986）

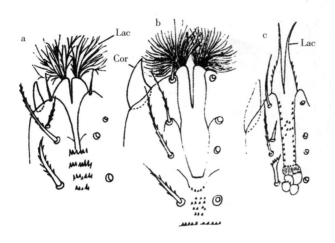

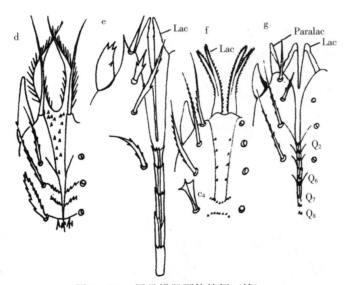

图 2-14　尾足螨股颚体特征（续）

Lac. 胸叉丝　Cor. 颚体　Paralac. 侧胸叉丝

a. 糙尾足螨属 *Trachyuropoda*　b. 甲胄螨属 *Oplitis*　c. 尾双盾螨属 *Urodiaspis*　d. 尾卵螨属 *Uroobovella*

e. 毛尾足螨属 *Trichouropoda*　f. 二爪螨属 *Dinychus*　g. 内特螨属 *Nenteria*

（仿 Karg，1986）

二、幼螨

幼螨具 3 对足。气门及其附属结构缺如，体表呼吸（图 2-15）。

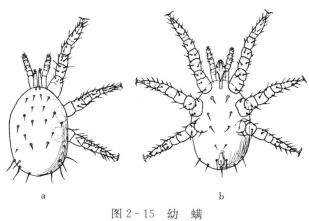

图 2-15 幼 螨

a. 背面　b. 腹面

(仿 Strandtmann et Wharton, 1958)

三、前若螨

具 4 对足。背板分为 2 大块，其间具若干对小骨板。胸板具 3 对刚毛。气门沟及气门板很短（图 2-16a~b）。

四、后若螨

具 4 对足。背板发育完全。胸板具 4 对刚毛。气门及附属结构与成螨相近（图 2-16c）。

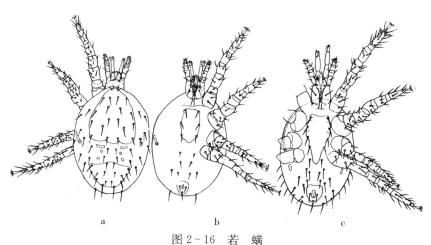

图 2-16 若 螨

a. 前若螨背面　b. 前若螨腹面　c. 后若螨腹面

(仿 Strandtmann, 1949)

各 螨 期 检 索 表
Key to different periods of mites

1. 具 3 对足 ·· 幼螨

　　具 4 对足 ·· 2

2. 胸板前缘具一生殖孔；螯肢具导精趾 ···················· 雄螨

　　胸板前缘无生殖孔；螯肢无导精趾 ···················· 3

3. 胸板与肛板间具腹殖板，或胸板与腹肛板间具生殖板 ········ 雌螨

　　仅具胸板与肛板，二者间无其他骨板 ···················· 4

4. 胸板具 3 对刚毛；两块背板间具若干对小骨板 ········ 前若螨

　　胸板具 4 对刚毛；背板与成螨相同 ···················· 后若螨

第二节　内部解剖结构

　　革螨躯体内部复杂的器官系统浸没在成分模糊的无色血浆中，主要包括消化、排泄、呼吸、神经、循环及生殖等各系统。

一、消化和排泄系统

　　主要包括口、咽、食道、前肠、中肠、后肠、直肠囊及肛孔。取食时唾液腺分泌唾液，以促进前消化。马氏管游离于体腔中，开口于后肠与直肠之间，排泄物以鸟嘌呤形式从马氏管进入直肠囊，从肛孔排出，肛孔外具骨化的肛板（图 2 - 17）。

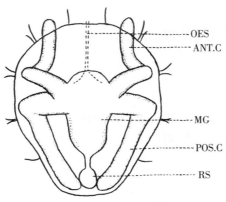

图 2 - 17　消化系统

ANT. C. 前肠　MG. 中肠　OES. 食道

POS. C. 后肠　RS. 直肠囊

（仿 Crossley，1951）

二、呼吸系统

革螨的呼吸系统为气管，一般成对，由气门与体外相通，接近气门的气管粗，气管逐渐分支到各组织，与细胞交换气体。革螨的气门位于躯体的中部两侧，故称为中气门亚目，气门周围有气门板，也有向前延长的气门沟，气门沟可能为气门的延长物（图2-18）。

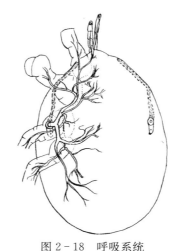

图 2-18　呼吸系统

（仿 Strandtmann et Wharton，1958）

三、神经系统

革螨的神经节极度愈合形成中枢神经块，与脑组成神经系统。

四、循环系统

循环系统为开放式，心脏通过背腹肌的作用使无色的体液循环于内脏各器官和肌肉，起到输送氧气和营养以及排泄废物的作用。

五、生殖系统

雌螨的生殖器官包括卵巢、输卵管、子宫、阴道、受精囊、副腺等部分，卵巢单一，而输卵管有的成对，有的则合成一条（图2-19）。

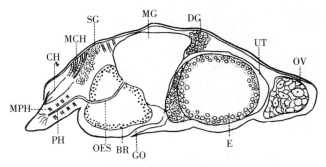

图 2-19　雌螨纵剖面

BR. 脑　CH. 螯肢　DG. 背腺（副腺）　E. 卵　GO. 生殖孔　MCH. 螯肢牵缩肌　MG. 中肠　MPH. 咽肌

OES. 食道　OV. 卵巢　PH. 咽　SG. 唾液腺　UT. 子宫

（仿 Crossley，1951）

　　雄螨的生殖器官包括睾丸、输精管、射精管、副腺等部分，睾丸有成对的与不成对的，如尾足螨股螨类有 1 对管状的睾丸，在一端愈合为单一的管而达生殖孔，其输精管尚未明显分化，革螨股螨类中有 2 个睾丸愈合成单一器官的种类，也有 2 个睾丸完全独立，或仅稍微有一些连接的种类，其输精管都是 1 对（图 2-20）。

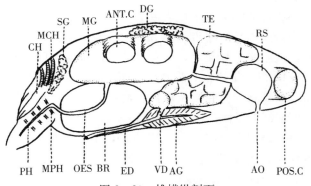

图 2-20　雄螨纵剖面

AG. 副腺　ANT. C. 前肠　AO. 肛孔　BR. 脑　CH. 螯肢　DG. 背腺　ED. 射精管　MCH. 螯肢牵缩肌

MG. 中肠　MPH. 咽肌　OES. 食道　PH. 咽　POS. C. 后肠　RS. 直肠囊　SG. 唾液腺

TE. 睾丸　VD. 输精管

（仿 Crossley，1951）

第三章

分　类

第一节　革螨股 Gamasina

一、裂胸螨科
Aceosejidae Baker et Wharton，1952

Ascidae Voigts et Oudemans，1905；Blattisocidae Garman，1948；Aceosejidae sensu Evans，1957；Aceosejidae sensu Lindquist et Evans，1965.

　　成螨背板完整或分成 2 块，背板具 23 对以上刚毛，背板周围的盾间膜上至少有 3 对背表皮毛。雌螨的胸后毛（Mst）位于分离的板或表皮上。生殖板长大于宽，后缘平截或圆形，具刚毛 1 对，一些种类刚毛着生在表皮上。气门板后端游离或与足侧板愈合。第二胸板常具齿 7 横列。头盖前缘具微锯齿或具 2～3 个突起。螯肢常有齿，其上具钳齿毛或具透明的叶片状结构。须肢跗节具叉毛，通常 2 叉。足前跗节和爪有时缺如，胫节具刚毛 3 根，股节具刚毛 11～12 根。雄螨常具胸殖板和腹肛板，生殖孔位于胸殖板前缘。

　　全世界广泛分布。在蜂鸟的鼻腔以及森林和牧场的表层草地等各种场所皆可见到。

　　全世界共报道 39 属 350 多种，本书记述 9 属：北绥螨属 Arctoseius Thor，蠊螨属 Blattisocius Keegan，手绥螨属 Cheiroseius Berlese，伊蚧螨属 Iphidozercon Berlese，毛绥螨属 Lasioseius Berlese，滑绥螨属 Leioseius Berlese，新约螨属 Neojordensia Evans，肛厉螨属 Proctolaelaps Berlese，似蚧螨属 Zerconopsis Hull。

裂胸螨科分属检索表（雌螨）
Key to Genera of Aceosejidae（females）

1. 背板两侧具明显缺刻 ··· 2
   背板完整，若有小的缺刻，则具 1 对或几对桨状毛 ·· 3
2. 肛板仅具 3 根围肛毛；生殖毛着生在生殖板外 ············· 北绥螨属 Arctoseius Thor，1930
   肛板除 3 根围肛毛外还有 1～4 对肛前毛；生殖毛着生在生殖板上 ····· 滑绥螨属 Leioseius Berlese，1918
3. 肛板仅具 3 根围肛毛 ··· 4
   肛板除 3 根围肛毛外还有若干对肛前毛 ··· 5
4. 生殖毛着生在生殖板上 ··· 肛厉螨属 Proctolaelaps Berlese，1923
   生殖毛着生在生殖板外 ··· 伊蚧螨属 Iphidozercon Berlese，1903
5. 足Ⅱ～Ⅳ跗节中部具弯曲长毛 ··· 6
   足Ⅱ～Ⅳ跗节中部无弯曲长毛 ··· 7

6. 背面具 1~5 对桨状毛 ·· 似蚧螨属 *Zerconopsis* Hull，1918

　　背面无桨状毛 ·· 手绥螨属 *Cheiroseius* Berlese，1916

7. 气门板不与足侧板愈合；腹肛板狭窄 ··········· 蠊螨属 *Blattisocius* Keegan，1944

　　气门板与足侧板愈合；腹肛板宽阔 ·· 8

8. 背板肩部具 1 对伸出的粗大刚毛 ················· 毛绥螨属 *Lasioseius* Berlese，1916

　　背板肩部无伸出的粗大刚毛 ············· 新约螨属 *Neojordensia* Evans，1957

（一）北绥螨属 *Arctoseius* Thor，1930

Tristomus Hughes，1948；*Arctoseiopsis* Evans，1954.

模式种：*Arctoseius laterincisus* Thor，1930。

雌螨：背板两侧通常具缺刻，背板后区有刚毛 13 或 14 对。前内足板（前胸板）与胸板愈合，生殖毛位于表皮上，通常肛板仅具有 3 根围肛毛。第二胸板具齿 7 列。钳齿毛刚毛状。头盖 2 叉或 3 叉。

北绥螨属分种检索表（雌螨）
Key to Species of *Arctoseius*（females）

1. 背毛 26 对 ··························· 疏毛北绥螨 *Arctoseius oligotrichus* Ma et Yin，1999

　　背毛 31 对 ··························· 半裂北绥螨 *Arctoseius semiscissus*（Berlese，1892）

1. 疏毛北绥螨 *Arctoseius oligotrichus* Ma et Yin，1999

Arctoseius oligotrichus Ma et Yin，1999，*Acta Arachnologica Sinica*，8（1）：3.

模式标本产地：中国黑龙江省伊春市。

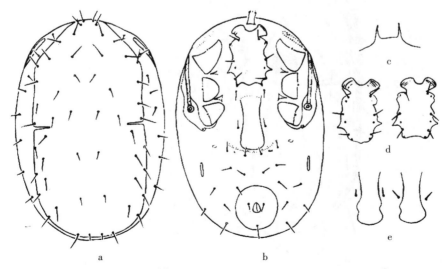

图 3-1 疏毛北绥螨 *Arctoseius oligotrichus* Ma et Yin，1999♀

a. 背面（dorsum） b. 腹面（venter） c. 头盖（tectum） d. 胸板变异（variation of sternal shield）

e. 生殖板变异（variation of genital shield）

（仿马立名等，1999）

　　雌螨（图 3-1）：体黄色，椭圆形，长 506～552，宽 345～379。背板长 483～540，宽 241～287，覆盖背面大部，两侧有裸露区；板侧缘光滑，接近平行，有狭而深的切口；板上刚毛 26 对，缺 F_2、D_5 和 D_7，后背板毛稀疏，中部毛较短，两侧毛稍长，M_{11} 较长，S_8 最短；背表皮毛 7～9 对；有的标本板上毛移至板外，或背表皮毛移至板上。胸板长 115，宽 69，胸前板与胸板连接，胸板在 St_1 后有圆凸，在 St_2 后有尖凸，后缘凹或凸，形状有变异；板上胸毛 3 对，隙孔 3 对。Mst 在表皮上。生殖板中部最狭，后部稍膨大，形状有变异，Vl_1（第 1 对腹表皮毛）在板外。肛板长大于宽，圆形；Ad 位于肛孔前缘水平，稍长于肛孔，Pa 长于 Ad。足后板狭窄。生殖板和基节Ⅳ后方有 2 对骨化很弱的小骨片。气门沟前端达到基节Ⅰ和Ⅱ之间。腹表皮毛 8～10 对（Mst 和 Vl_1 除外）。头盖 2 叉。内颚毛长，外颚毛短，前及后颚毛中等。

　　分布：中国黑龙江省伊春市（带岭区凉水自然保护区森林中土壤）。

2. 半裂北绥螨 *Arctoseius semiscissus*（Berlese，1892），**rec. nov**（中国新记录种）

Laelaps semiscissus Berlese，1892。

异名：*Lasioseius bispinatus* Weis-Fogh，1948；

Lasioseius cetratus Sellnick，1940；

Arotoseius sellnicki Karg，1962。

模式标本产地：意大利。

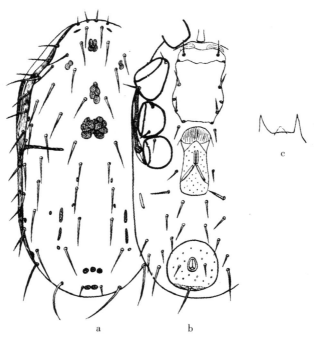

图 3-2　半裂北绥螨 *Arctoseius semiscissus*（Berlese，1892）♀

a. 背面（dorsum）　b. 腹面（venter）　c. 头盖（tectum）

（仿 Karg，1993）

　　雌螨（图 3-2）：体黄色，卵圆形，背板具圆形网纹，长 320，宽 140，覆盖背面大部，两侧有裸露区，具刚毛 31 对，刚毛光滑纤细，背板两侧中央有缺刻，背部侧膜上具背表皮毛 9 对。胸板与胸前板接近，胸板后缘平直，具刚毛 3 对，Mst 着生于表皮上。生殖板楔形，其上具刻点，后缘略外凸，生殖毛 1 对，着生在表皮上。肛板近圆形，其上具刻点，具 3 根围肛毛，Ad 位于肛孔中部水平，Pa 长于 Ad。足后板 1 对。气门板与足侧板愈合。腹表皮毛 9 对。第二胸板具齿 7 列。螯肢定趾具 4 齿，动趾 2 齿。头盖 3 叉。

　　分布：中国辽宁省沈阳市；西欧，俄罗斯。

（二）蠊螨属 *Blattisocius* Keegan，1944

Paragamania Nesbitt，1951.

　　模式种：*Blattisocius tarsalis* (Berlese，1918)。

　　雌螨：背板完整，有刚毛 32～36 对，其中 15 对位于背板后区，侧膜上有背表皮毛 9～12 对，肩毛 M₂ 不在背板上。腹肛板具 2～7 对腹肛毛；气门板在基节 Ⅳ 区常与足侧板相接。螯肢定趾有毛状钳齿毛。颚角细长且会聚。各足末端有前跗节和爪。

蠊螨属分种检索表（雌螨）
Key to Species of *Blattisocius*（females）

1. 气门沟短，前端不达足基节 Ⅰ；动趾与定趾不等长 ·· 2
　气门沟长，前端达足基节 Ⅰ；动趾与定趾约等长 ······ 齿蠊螨 *Blattisocius dentriticus* (Berlese，1918)
2. 气门沟达足基节 Ⅱ 后缘；定趾内缘无细齿，定趾顶端达动趾的 1/2 水平 ·································
　··· 跗蠊螨 *Blattisocius tarsalis* (Berlese，1918)
　气门沟达足基节 Ⅲ 中部；定趾内缘有细齿，定趾顶端达动趾的 2/3 水平 ·································
　·· 基氏蠊螨 *Blattisocius keegani* Fox，1947

3. 齿蠊螨 *Blattisocius dentriticus* (Berlese，1918)

Lasioseius dentriticus Berlese，1918，*Redia* 13：115-192。

　　异名：*Seiulus amboinensis* Oudemans，1925；

Gamania (*Paragarmania*) *amboinensis* (Oudemans，1925) Nesbitt，1951；

Melichares (*Blattisocius*) *deuyriticus* (Berlese) Hughes，1961。

　　模式标本产地：意大利。

　　雌螨（图 3-3）：体黄色，背板长 415，宽 295，呈椭圆形；整个背板几乎为 1 块板，板上有模糊的网纹，共有刚毛 36 对。胸板前缘不清晰，前半部网纹模糊，板上着生 2 对刚毛；第 3 对胸毛（St₃）及胸后毛（Mst）着生于同一独立的板（胸后板）上。生殖板和腹肛板均具网纹，不清晰。生殖板楔形，后缘平直，具 1 对刚毛。腹肛板前缘平直，两侧于第 2 对肛前毛水平处最宽；肛前毛 4 对，肛侧毛位于肛孔中部水平线之后，Pa 长于 Ad。气门沟前端伸达基节 Ⅰ；气门板后端围绕基节 Ⅳ 的后缘。足后板细长条状。螯肢发达，动趾具 1 齿，定趾具 2 大齿及若干小齿，动趾略长于定趾。

　　雄螨：螯肢动趾长约至导精趾的 2/3 处。

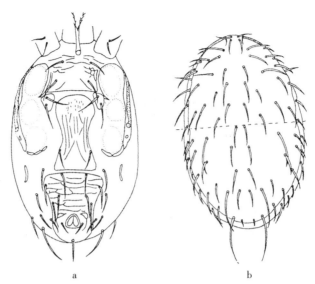

图 3-3　齿蠊螨 *Blattisocius dentriticus*（Berlese，1918）♀

a. 腹面（venter）　b. 背面（dorsum）

（仿 Hughes，1961）

分布：中国吉林省（长白山自然保护区）、辽宁省沈阳市、江苏省镇江市、浙江省、四川省、广东省；美国，日本，欧洲等。

4. 基氏蠊螨 *Blattisocius keegani* Fox，1947

Melichares（B.）*keegani* Fox，1947，*Ann. Ent. Soc. Amer.*，40（4）：598-603.
模式标本产地：波多黎各。

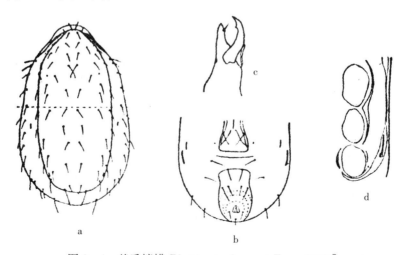

图 3-4　基氏蠊螨 *Blattisocius keegani* Fox，1947♀

a. 背面（dorsum）　b. 腹面（venter）　c. 螯钳（chela）　d. 气门沟（peritreme）

（仿邓国藩，1980）

雌螨（图 3-4）：体黄色，背板长 475，宽 300，呈卵圆形，不完全覆盖背面，具刚毛 33 对，最末 1 对（M_{11}）较余者显著粗长。胸板前缘不清晰，板上有模糊的花纹，后缘内凹，具刚毛 3 对。生殖板后缘平直，具刚毛 1 对。腹肛板大，盾形，具 3 对肛前毛，肛侧毛位于肛孔后缘水平线上，肛后毛靠近板的后缘。气门沟很短，前端约达基节 III 中部，气门板后端围绕基节 IV 的后缘。螯肢粗壮，定趾具 1 齿突，顶端约达动趾的 2/3 处。

分布：国内分布于辽宁省沈阳市和本溪市（储粮），且曾在巴西进口的糖中采获；国外分布在英国、日本、美国、马来西亚、墨西哥、以色列以及非洲西部。

5. 跗蠊螨 *Blattisocius tarsalis*（Berlese，1918）

Melichares（*B.*）*tarsalis* Berlese，1918，*Redia*，13：7-16。

异名：*Typhlodromus tineivorus* Oudemans，1929；

Blattisocius triodons Keegan，1944；

T. tineivorus Oudemans，1929，Hughes，1948。

模式标本产地：意大利。

雌螨（图 3-5）：体黄色。背板长 510，宽 285，呈长卵形，不完全覆盖背面，板上具刚毛 33 对，最末 1 对（M_{11}）较余者显著粗长；背板前部两侧膜上有背表皮毛 5 对，背板后区有背表皮毛 7 对。胸板前缘不清晰，板上有模糊的花纹，后缘内凹，具刚毛 3 对，其中 St_2、St_3 位于板的边缘上。胸后毛位于盾间膜上。生殖板较窄，后缘略外凸，板上具网纹，不清晰。肛板椭圆形，上端较宽，具 3 对肛前毛，第 1 对位于板前缘，第 2、3 对排列不在一条直线上。肛侧毛连接近肛孔后缘水平线，与肛后毛约等长。足后板窄长。气门沟短，前端达基节 II 后缘。螯肢发达，动趾内缘具 3 个小齿突，定趾退化，其顶端达动趾 1/2 处，内缘无齿突。

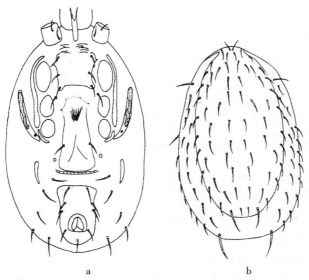

a   b

图 3-5 跗蠊螨 *Blattisocius tarsalis*（Berlese，1918）♀

a. 腹面（venter） b. 背面（dorsum）

（仿 Hughes，1961）

分布：国内分布于辽宁省本溪市、湖南省、广西壮族自治区、云南省，国外分布于英国、瑞士、意大利、美国、澳大利亚。

（三）手绥螨属 *Cheiroseius* Berlese，1916

模式种：*Cheiroseius viduus*（C. L. Koch，1839）。

后背板具刚毛 15 对，背毛一般简单，很少具绒毛。背板边缘完整或具切口。雌螨胸板具刚毛 3 对，胸后板游离。生殖板楔形，着生 1 对刚毛。腹肛板大，具 2 对以上的肛前毛。气门沟的后突有或无。大多数具有步行器，至少具 2 爪。足 II ～ IV 具步行器。

该属全世界约有 70 余种。

手绥螨属分种检索表（雌螨）
Key to Species of Genus *Cheiroseius*（females）

1. 肛前毛 5 对 ……………………… 凤凰手绥螨 *Cheiroseius fenghuangensis* Bei，Zhou et Chen，2010
   肛前毛 2～4 对 ………………………………………………………………………………… 2
2. 肛前毛 3 对 ………………………………………………………………………………… 3
   肛前毛 2 对或 4 对 ………………………………………………………………………… 7
3. 头盖 1 个突起 ……………………………… 中国手绥螨 *Cheiroseius sinicus* Yin et Bei，1991
   头盖 3 个突起 ………………………………………………………………………………… 4
4. 无与气门沟相邻的纵带 ……………………… 长岭手绥螨 *Cheiroseius changlingensis* Ma，2000
   具与气门沟相邻的纵带 …………………………………………………………………… 5
5. 气门沟与相邻的纵带近等宽 ……………………… 洮安手绥螨 *Cheiroseius taoanensis* Ma，1996
   气门沟与相邻的纵带不等宽 ………………………………………………………………… 6
6. 气门沟明显窄于相邻的纵带 …………… 狭沟手绥螨 *Cheiroseius angustiperitrematus* Ma，2000
   气门沟明显宽于相邻的纵带 ………… 宽沟手绥螨 *Cheiroseius capacoperitrematus* Ma，2000
7. 肛前毛 2 对 ………………………………………………………………………………… 8
   肛前毛 4 对 ………………………………………………………………………………… 9
8. 背表皮毛 10 对；头盖末端尖 …………………… 吴氏手绥螨 *Cheiroseius wuwenzheni* Ma，1996
   背表皮毛 3 对；头盖末端分叉 ………………… 圆肛手绥螨 *Cheiroseius cyclanalis* Ma，2000
9. 腹表皮毛 10 对…………………………… 北手绥螨 *Cheiroseius borealis*（Berlese，1904）
   腹表皮毛 3 对 …………………………… 有爪手绥螨 *Cheiroseius unguiculatus*（Berlese，1887）

6. 狭沟手绥螨 *Cheiroseius angustiperitrematus* Ma，2000

Cheiroseius angustiperitrematus Ma，2000，*Acta Arachnologica Sinica*，9（2）：67.

模式标本产地：中国吉林省长岭县。

雌螨（图 3-6）：体黄色，椭圆形，长 483，宽 322。背板长 483，宽 287，几乎覆盖整个背面，布满网状花纹；刚毛 36 对，D_3 位于 D_2 水平之后，D_4 间距＜D_5 间距＝D_6 间距，D_5 末端达到 D_6 基部，D 列其他毛末端均达不到下位毛基部。背表皮毛 2 对。胸板长 92，宽 80，胸毛 3 对，隙孔 2 对。胸后毛在胸后板上。生殖板具生殖毛 1 对。腹肛板前缘较直，两侧圆形，肛前毛 3 对，Ad 位于肛孔后缘水平之后。生殖板与腹肛板之间有 2 对小骨片，后对弧形，靠近腹肛板前缘。腹表皮毛 7 对，生殖板与腹肛板之间中部 1 对毛紧靠腹肛板前缘或在前缘上。足后板 1 对。气门沟后段狭窄，明显狭于相邻纵带。头盖 3 突，末端分叉。颚毛光滑，外颚毛最短。足 I 跗节明显长于胫节。跗节 II～IV 步行叶的侧叶明显长于中叶。

分布：中国吉林省长岭县太平川镇（草原土壤）。

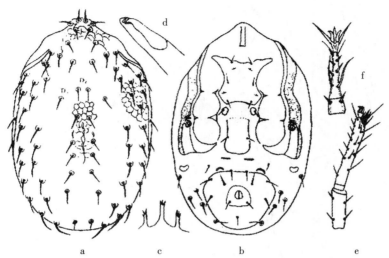

图 3-6　狭沟手绥螨 *Cheiroseius angustiperitrematus* Ma，2000♀
a. 背面（dorsum）　b. 腹面（venter）　c. 头盖（tectum）　d. 螯肢（chelicera）
e. 足 I 胫节、跗节（tibia and tarsus of leg I）　f. 足 II 跗节（tarsus II）
（仿马立名，2000）

7. 北手绥螨 *Cheiroseius borealis* (Berlese，1904)

Ameroseius borealis Berlese，1904，*Redia*，1：259；

Seius borealis (Berlese，1904)，*Zoology*，6(2)：56-58।

异名：*Episeius montanus* Willmann，C. 1949。

模式标本产地：挪威。

雌螨（图 3-7）：背板长 570～581，宽 361～371，具网纹，前背板具 21 对刚毛，前缘突出；后背板具 15 对刚毛；S_8 长度为 D_8 长度的 1/2。大部分背毛着生在结节上。背板上刚毛的分布和纹饰如图 3-7 所示。胸叉发达，基部两侧有 1 对窄的胸前板。胸板上具一纵向狭长网纹，着生 3 对刚毛。生殖板后缘突出，具 1 对刚毛。腹肛板宽大于长，具网纹，其上着生 11 根刚毛。在生殖板和腹肛板间有 4 块小板，排成一横列，其外侧还有 1 对小板。足后板 1 对，圆形。气门位于基节 III 和 IV 间，气门板向气门后延伸。颚基腹面和须肢转节内刚毛长，鞭状；其余须肢刚毛简单。头盖 3 分叉。足 I 长 576～580，其跗节（137～139）长于胫节（108～114）。足 I 爪小，足 II～IV 较短，有些刚毛长在小结节上。

分布：中国吉林省（长白山自然保护区）；马尔代夫，英国（苏格兰的格拉斯哥），德国（瓦尔堡），加拿大（拉布拉多州）及欧洲北部和中部。

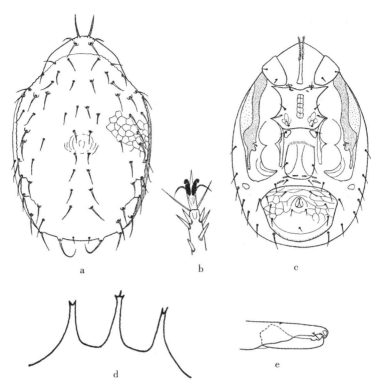

图 3-7　北手绥螨 *Cheiroseius borealis*（Berlese，1904）♀

a. 背面（dorsum）　b. 足Ⅱ跗节（tarsusⅡ）　c. 腹面（venter）　d. 头盖（tectum）　e. 螯肢（chelicera）

（仿 Evans 等，1960）

8. 宽沟手绥螨 *Cheiroseius capacoperitrematus* Ma，2000

Cheiroseius capacoperitrematus Ma，2000，*Acta Arachnologica Sinica*，9（2）：66.

模式标本产地： 中国吉林省长岭县。

雌螨（图 3-8）：体黄色，椭圆形，长 506～529，宽 333～356。背板长 506～529，宽 310～333，几乎覆盖整个背面，布满线纹；刚毛 36 对，D_3 位于 D_2 水平之后，D_4 间距＞D_5 间距＝D_6 间距，D_7 末端达到 D_8 基部，D 列其他毛末端均达不到下位毛基部。背表皮毛 4 对左右。胸板前部有 1 对明显的弧线，胸毛 3 对，隙孔 2 对。胸后毛着生在胸后板上。生殖毛 1 对。腹肛板近圆形，肛前毛 3 对，Ad 位于肛孔后缘水平之后。生殖板与腹肛板之间有 1 条长骨片和 1 对短骨片。腹表皮毛约 6 对，其中 2 对在生殖板和腹肛板之间。足后板 1 对。气门沟后段远宽于相邻纵带。头盖 3 突，末端分叉。颚毛光滑。外颚毛最短。叉毛 2 叉。胫节Ⅰ长 92～115，跗节 103，二节近等长。跗节Ⅰ～Ⅳ步行叶的侧叶明显长于中叶。

　　雄螨： 体长 379，宽 264。背板覆盖整个背面，花纹及背毛同雌螨。胸殖板具刚毛 5 对。腹肛板具肛前毛 5 对。气门板和气门沟同雌螨。螯钳导精趾宽短，弯曲呈 S 形，足Ⅰ胫节长 80，跗节 92，近等长。

　　分布： 中国吉林省长岭县太平川镇（草原土壤）。

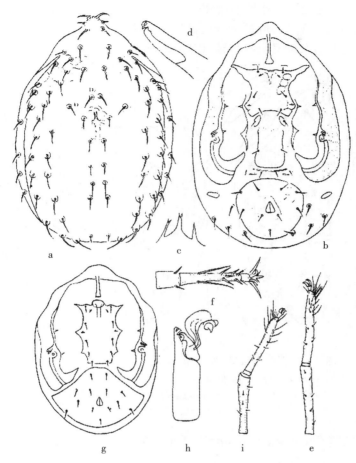

图 3 - 8　宽沟手绥螨 *Cheiroseius capacoperitrematus* Ma，2000，a～f♀，g～i♂
a. 背面（dorsum）　b、g. 腹面（venter）　c. 头盖（tectum）　d、h. 螯肢（chelicera）
e、i. 足Ⅰ胫节、跗节（tibia and tarsus of leg Ⅰ）　f. 足Ⅱ跗节（tarsus Ⅱ）
（仿马立名，2000）

9. 长岭手绥螨 *Cheiroseius changlingensis* Ma，2000

Cheiroseius changlingensis Ma，2000，*Acta Arachnologica Sinica*，9（2）：65.

模式标本产地：中国吉林省长岭县。

雌螨（图 3 - 9）：体黄色，卵圆形，长 391～402，宽 253～287。背板长 391～402，宽 218～241，几乎覆盖整个背面，具网状和波状花纹；刚毛 36 对，D_3 位于 D_2 水平之后，D_4 间距＜D_5 间距，D_3 间距＞D_6 间距，D_5 末端达到 D_6 基部，D 列其他毛的末端均达不到下位毛基部。背表皮毛 4 对左右。胸板长 69，宽 69，胸毛 3 对，隙孔 2 对。胸后毛着生在胸后板上。生殖毛 1 对。腹肛板前缘微凹或较平，两侧外突，肛前毛 3 对。Ad 位于肛孔后缘水平之后。生殖板与腹肛板之间有 1 条长骨片和 1 对短骨片。腹表皮毛约 6 对，其中 2 对在生殖板与腹肛板之间。足后板 1 对。气门沟后段狭窄，无相邻纵带。头盖

3 突，末端分叉。颚毛光滑，外颚毛最短。叉毛 2 叉。足 I 胫节长 46，跗节 80，跗节明显长于胫节。跗节 II～IV 步行叶的侧叶明显长于中叶。

分布：中国吉林省长岭县太平川镇（草原土壤）。

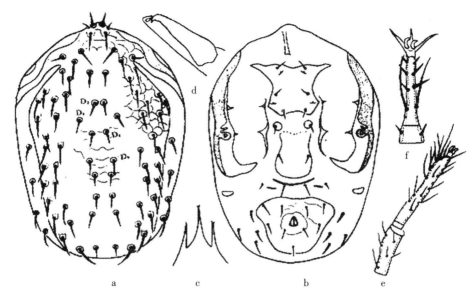

图 3-9　长岭手绥螨 *Cheiroseius changlingensis* Ma，2000♀
a. 背面（dorsum）　b. 腹面（venter）　c. 头盖（tectum）　d. 螯肢（chelicera）
e. 足 I 胫节、跗节（tibia and tarsus of leg I）　f. 足 II 跗节（tarsus II）
（仿马立名，2000）

10. 圆肛手绥螨 *Cheiroseius cyclanalis* Ma，2000

Cheiroseius cyclanalis Ma，2000，*Acta Zootaxonomica Sinica*，25（2）：152-153.

模式标本产地：中国吉林省白城市。

雌螨（图 3-10）：体黄色，卵圆形，前部较狭，后部宽阔，前端略呈角度，长 494，宽 368。背板长 494，宽 322，几乎覆盖整个背面，仅两侧留有狭窄裸露区；刚毛 36 对，均细短，前部刚毛末端明显达不到刚毛基部与下位毛基部距离的中点，后部刚毛却超过距离的中点；刚毛着生在小结节上。花纹波浪形。板前部两侧有狭缝。背表皮毛 3 对。胸板前缘中部微凹，后缘凹抵达不到 St_3 水平处，胸板前部第 1 对胸毛后有 1 对弧形线纹。胸毛 3 对，隙孔 2 对。Mst 在椭圆形胸后板后端。生殖板在生殖毛水平处最宽，其前变狭。生殖板后骨片连成一条。腹肛板近圆形，肛前毛 2 对。Ad 位于肛孔后缘水平之后，Pa 短于 Ad。足后板椭圆形。腹表皮毛 7 对。气门板前端连接背板，后端远超出于基节 IV 之后。气门沟宽，后端达到气门板后端。头盖有 3 细突，末端均分叉。螯钳动趾 1 齿。前颚毛远长于另 3 对颚毛。须肢转节毛 1 根很长，另 1 根较短。叉毛 2 叉。足 I 远长于体长，爪明显小于其他足。跗节 II～IV 中部各有 2 根长刚毛，步行叶侧叶长于中叶。

分布：中国吉林省白城市（杨树林中腐殖土）。

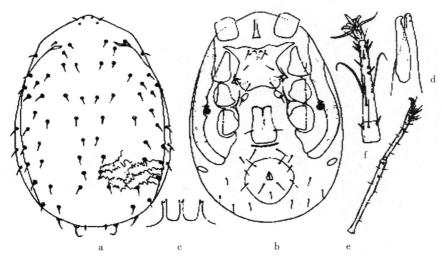

图 3-10 圆肛手绥螨 *Cheiroseius cyclanalis* Ma，2000♀

a. 背面（dorsum） b. 腹面（venter） c. 头盖（tectum） d. 螯钳（chela）

e. 足Ⅰ胫节、跗节（tibia and tarsus of leg Ⅰ） f. 足Ⅱ跗节（tarsus Ⅱ）

（仿马立名，2000）

11. 凤凰手绥螨 *Cheiroseius fenghuangensis* Bei，Zhou et Chen，2010

Cheiroseius fenghuangensis Bei，Zhou et Chen，2010，*Acta Zootaxonomica Sinica*，35（2）：262.

模式标本产地：中国辽宁省凤城市。

雌螨（图 3-11）：体黄色，近圆形。背板长 400（440），宽 320（328），背板完整，密布圆形颗粒状纹饰，具刚毛 37 对，其中前半部具刚毛 21 对，后半部 16 对。胸叉基部较长，叉丝 2 分叉。腹面各板具浓重刻纹。胸板长 88（102），宽 116（120），前缘微凹，后缘强烈凹陷，上具 3 对刚毛。胸后毛 1 对，着生在胸后板上。生殖板长 110（104），宽 126（126），后缘平直，生殖毛 1 对。腹肛板大，前缘平直，周缘增厚，长 116（120），宽 206（240），肛前毛 5 对，近等长，前缘 2 对着生在增厚部分，肛侧毛 1 对，着生于肛孔中线水平，与肛前毛近等长，肛后毛远离肛孔，略长于肛前毛。生殖板与腹肛板紧靠。气门开口于足基节Ⅲ、基节Ⅳ之间，气门板具刻纹，在气门后延伸。头盖 3 分叉。齿列 8 列，口下板毛 4 对，第 3 对短，其余 3 对较长。螯肢定趾 9～12 齿，动趾 3 齿。

分布：中国辽宁省凤城市凤凰山风景区（土壤）。

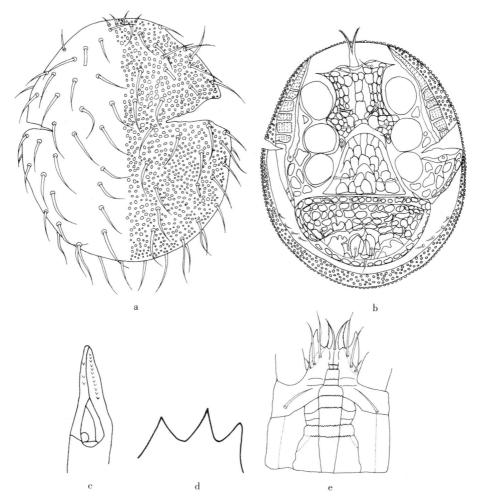

图 3‑11　凤凰手绥螨 *Cheiroseius fenghuangensis* Bei，Zhou et Chen，2010♀

a. 背面（dorsum）　b. 腹面（venter）　c. 螯钳（chela）　d. 头盖（tectum）　e. 颚体腹面（venter of gnathosoma）

（仿贝纳新等，2010）

12. 中国手绥螨 *Cheiroseius sinicus* **Yin et Bei，1991**

Cheiroseius sinicus Yin et Bei，1991，*Entomotaxonomia*，13（2）：148.

模式标本产地：中国吉林省。

雌螨（图 3‑12）：背板长 525，宽 350，背板完整，骨化强，具网状纹，背毛 37 对，光滑且均着生于突起上，其中 S_8 最短。胸板长 95，宽 90，3 对胸毛，1 对隙孔，板中央有网状纹。Mst 位于游离的胸后板上。生殖板具毛 1 对，有条纹，生殖板三角形、条状。腹肛板宽盾状，宽大于长，满布网状纹；3 对肛前毛和 3 根围肛毛，Ad 位于肛孔水平线下；肛孔下有一弧形带状增厚部分。生殖板和腹肛板之间有 10 块骨片和 2 对刚毛。腹肛板外侧 2 对毛。足后板近圆形。气门板与足侧板愈合。第二胸板具齿 7 列，每列小齿数不等，12～20 小齿。须肢 5 节，股节背部 2 粗刚毛，膝节内侧 1 棘，胫节内侧 2 棘，跗节叉毛 2 分叉。口下板上 3 对毛，前喙毛 gs_1 与后喙内毛 gs_2 几等长，后喙外毛 gs_3 长度约为前者 1/2。螯肢动趾 2 齿，定趾除 2 大齿外，还具 6 小齿。头盖有 1 突起，末端尖。除足 I 外，各足跗节均具棘和粗毛，跗节 II 具 4 棘，5 长刚毛，3 粗刺状刚毛和 1 根短刺刚毛。

分布：中国吉林省（长白山温泉附近土壤）。

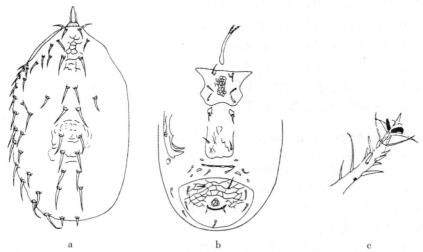

图 3-12 中国手绥螨 *Cheiroseius sinicus* Yin et Bei，1991♀

a. 背面（dorsum） b. 腹面（venter） c. 足 I 跗节和爪（tarsus and claw of leg I）

（仿殷绥公等，1991）

13. 洮安手绥螨 *Cheiroseius taoanensis* Ma，1996

Cheiroseius taoanensis Ma，1996，*Acta Zootaxonomica Sinica*，21（3）：313.

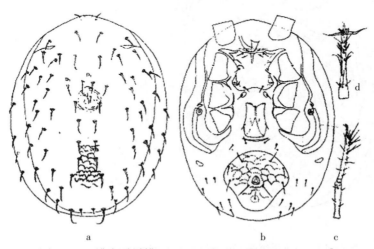

图 3-13 洮安手绥螨 *Cheiroseius taoanensis* Ma，1996♀

a. 背面（dorsum） b. 腹面（venter） c. 足 I 胫节、跗节（tibia and tarsus of leg I） d. 足 II 跗节（tarsus II）

（仿马立名，2000）

模式标本产地：中国吉林省洮安县。

雌螨（图3-13）：体棕黄色，卵圆形，长643，宽460。背板长609，宽379，网纹浓重，边缘光滑，前部与气门板相连处形成凹缺。刚毛约36对，光滑，数目与位置有变异，F_1、F_2和最后1对毛较小。背表皮毛10对左右。胸板前部有1对半圆形线纹。无胸前板。Mst在胸后板外缘上。生殖板后有1对线形骨片。腹肛板宽大于长，前缘微凸或微凹，后侧缘内凹或较直，肛前毛3对。Ad位于肛孔后缘水平之后，Ad与Pa长于肛孔。足后板椭圆形。气门板前端与背板相连，后端绕于基节Ⅳ之后，气门沟后延至气门板后端。腹表皮毛约7对。头盖3突，末端分叉，中突有变异。螯钳动趾1齿，定趾2齿。叉毛2叉。外颚毛短。足Ⅰ跗节长于胫节。跗节Ⅰ刚毛均细，爪小于Ⅱ～Ⅳ。跗节Ⅱ～Ⅳ步行叶侧叶长于中叶。足Ⅰ跗节明显长于胫节。

分布：中国吉林省洮南市和长岭县太平川镇。

14. 有爪手绥螨 *Cheiroseius unguiculatus* (Berlese，1887)

Seius unguiculatus Berlese, 1887, *A. M. S.*, 41, No. 4;

Seius unguiculatus Berlese, 1887, *Zoology*, 6 (2)：53；

Lasioseius (*Cheiroseius*) *unguiculatus* Berlese, 1916, *Redia*, 12：33.

模式标本产地：俄罗斯。

雌螨（图3-14）：体黄色，卵圆形。背板几乎覆盖整个背面，仅两侧留有狭窄裸露区。板上刚毛35对，其中后背板具刚毛15对，前背板具刚毛20对。腹面骨化弱，胸板具刚毛3对，后缘微凹。胸后板显著，其上着生刚毛1对。生殖板矩形，后缘微凸，具刚毛1对。腹肛板大，达足Ⅳ后端，上具4对肛前毛和3根围肛毛。生殖板与腹肛板之间有6块小板。气门沟后部延伸超过足Ⅳ基节。足Ⅰ跗节具大的爪。

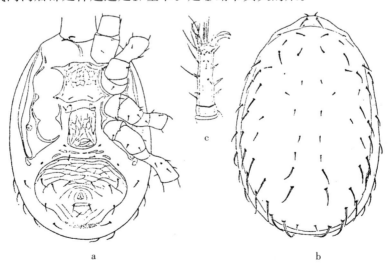

a   b

图3-14　有爪手绥螨 *Cheiroseius unguiculatus* (Berlese, 1887) ♀

a. 腹面（venter）　b. 背面（dorsum）　c. 足Ⅰ跗节（tarsus Ⅰ）

（仿 Berlese，1887）

分布：中国吉林省（长白山自然保护区）；俄罗斯（南高加索），意大利。

15. 吴氏手绥螨 *Cheiroseius wuwenzheni* Ma，1996

Cheiroseius wuwenzheni Ma，1996，*Acta Arachnologica Sinica*，5（1）：36.

模式标本产地：中国吉林省白城市。

雌螨（图 3-15）：体浅黄色，卵圆形，长 575，宽 356。背板长 517，宽 322，前部宽，向后逐渐收缩。板上刚毛 36 对，光滑，基部较粗，向末端急骤变细。背表皮毛 10 对，小于背板毛。胸叉体狭长。胸板骨化弱。生殖板斧形。腹肛板小，长大于宽，前部宽，前缘圆凸，肛前毛 2 对。Ad 位于肛孔中线稍后水平排列。Ad 与 Pa 长约等于肛孔长。足后板椭圆形。腹表皮毛 5 对。气门沟前端达颚基，后部不向气门后延伸。头盖 3 突，末端均尖。螯肢细长，第 2 节长 253，螯钳动趾 2 齿，定趾有 3 小齿。颚毛光滑。叉毛 2 叉。跗节 I 和 III 有 2 根长而末端变曲的刚毛，跗节 IV 有 1 根这样刚毛。足 I～IV 步行器有狭长侧叶，但中叶不发达。

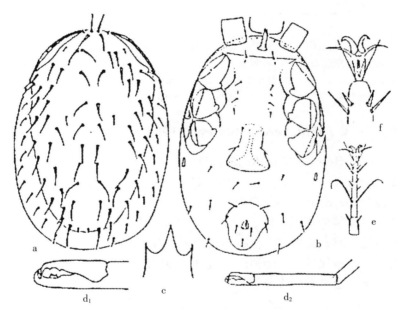

图 3-15　吴氏手绥螨 *Cheiroseius wuwenzheni* Ma，1996♀
a. 背面（dorsum）　b. 腹面（venter）　c. 头盖（tectum）　d₁、d₂. 螯肢（chelicera）　e. 足 II 跗节（tarsus II）
f. 足 II 步行器（arnbulacrum of leg II）
（仿马立名，1996）

雄螨（图 3-16）：体色与体形同雌螨，长 368～402，宽 230～264。背面后部两侧有很小的裸露区。背板刚毛 42～43 对。胸殖板长大于宽，前缘较直，板上刚毛 5 对。腹肛板近菱形，肛前毛 5 对。胸叉、气门沟和围肛毛同雌螨。螯肢细长，第 2 节长 172，螯钳动趾 1 齿，定趾有 3 小齿，导精趾末端超过定趾。头盖、颚毛、叉毛、跗节毛和步行器同雌螨。

分布：中国吉林省白城市（杨树腐渣中）。

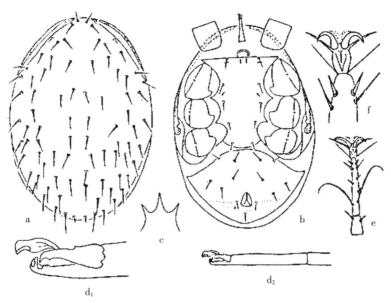

图 3-16　吴氏手绥螨 *Cheiroseius wuwenzheni* Ma，1996 ♂

a. 背面（dorsum）　b. 腹面（venter）　c. 头盖（tectum）　d₁、d₂. 螯肢（chelicera）　e. 足Ⅱ跗节（tarsusⅡ）

f. 足Ⅱ步行器（arnbulacrum of legⅡ）

（仿马立名，1996）

（四）伊蚧螨属 *Iphidozercon* Berlese，1903

Iphidozercon Berlese，1903，*Redia*，1：246.

异名：*Arctseiopsis* Evans，G. O.（1954），*Proc. Zool. Soc. Lond.*，123：796.

模式种：*Iphidozercon gibbus*（Berlese，1903）。

背板完整，覆盖整个背面，具毛 32 对，其中后背板具毛 14 对。头顶向下，从上面观察时，顶毛不可见。雌螨胸板窄，没有与足内板融合，上具 3 对刚毛。胸后板游离。生殖板窄，生殖毛与生殖板保持一定距离。肛板具 3 根围肛毛，颚体上一对颚角短而刚直，相距较远。头盖 3 叉。足末端具步行器。

伊蚧螨属分种检索表（雌螨）
Key to Species of *Iphidozercon*（females）

1. 肛板大，宽大于长，后部宽于前部 ………… 巨肛伊蚧螨 *Iphidozercon magnanalis* Ma et Yin，1999

   肛板小，近圆形 ……………………………………………………………………………… 2

2. 生殖板后端稍膨大 ……………………… 微小伊蚧螨 *Iphidozercon minutus*（Halbert，1915）

   生殖板后端不膨大 ……………………… 皮下伊蚧螨 *Iphidozercon corticalis* Evans，1958

16. 皮下伊蚧螨 *Iphidozercon corticalis* Evans，1958

Iphidozercon corticalis Evans，1958，*A revision of the British Aceosejinae*，214-215.

模式标本产地：英国（英格兰）。

雌螨（图 3‑17）：体黄色，长椭圆形。背板长 330，宽 170，具刚毛 32 对，其中前背板具刚毛 18 对，后背板具刚毛 14 对。头顶向下，顶毛简单，从上面观察则不可见。背板中央无隆起，背板靠前端 2/3 的表面具大的鳞片状结构。胸板窄，具 3 对刚毛。生殖板窄，后缘不膨大，生殖毛 1 对，位于生殖板两侧的腹表皮上。肛板前端圆形，与生殖板明显分离。腹表皮毛 13 对。气门板发达，前部延伸到足Ⅰ上方，气门沟靠近头顶时呈 U 形。头盖 3 叉。螯肢定趾具 2 或 3 个弱齿，动趾具 2 齿。足短，具跗节和步行器。

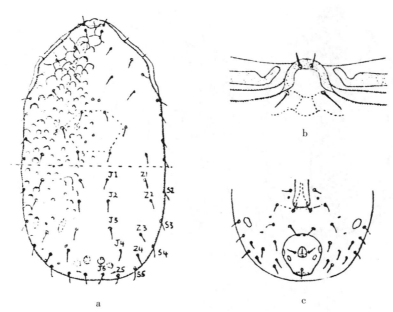

图 3‑17 皮下伊蚥螨 *Iphidozercon corticalis* Evans，1958♀

a. 背面（dorsum） b. 头顶（vertex） c. 肛区（anal region）

（仿 Гиляров，1977）

分布：中国吉林省（长白山自然保护区）；俄罗斯（圣彼得堡），阿尔及利亚，英国（英格兰）。

17. 巨肛伊蚥螨 *Iphidozercon magnanalis* Ma et Yin，1999

Iphidozercon magnanalis Ma et Yin，1999，*Acta Arachnologica Sinica*，8（1）：4.

模式标本产地：中国黑龙江省伊春市。

雌螨（图 3‑18）：体黄色，卵圆形，前端突出，长 494，宽 287。背板覆盖整个背面，边缘稍卷向腹面；板面花纹浓重，凹凸不平，前部与两侧呈网状，网眼形状不规则，中部形成纵带，带上有许多小圆孔；背毛短小光滑，后侧缘刚毛稍长，弯向板缘。胸叉距胸板很远。胸板前后缘均凹，胸毛 3 对，隙孔 3 对。胸后毛在足内板内侧表皮上。生殖板后部稍膨大，网纹较弱，生殖毛在板外。生殖板两侧和后方有圆形和长形小骨片。肛板很大，宽大于长，后部宽于前部，前后缘均凸，板面花纹浓重。Ad 位于肛孔后缘稍前水平，Ad 与 Pa 约等于肛孔长。足后板椭圆形。腹表皮毛 9 对。气门板前部与背板相连，花纹浓重。

气门沟前端达到颚基。头盖3突。螯肢很长，第2节长172，动趾长46，有2齿，定趾齿看不清。须肢转节毛1根很长，鞭状，另1根短。前颚毛很长，鞭状，后颚毛短。叉毛2叉。足毛多短小尖锐，跗节Ⅰ毛细长，跗节Ⅱ～Ⅳ除短小刚毛外尚有2根末端弯曲的长毛。

分布：中国黑龙江省伊春市（带岭区凉水自然保护区森林中土壤）。

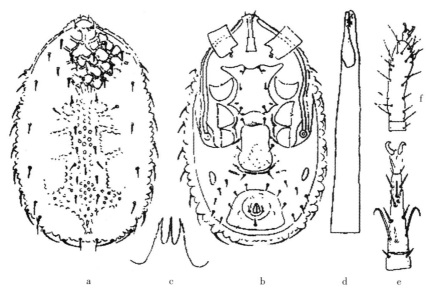

图3-18　巨肛伊蚑螨 *Iphidozercon magnanalis* Ma et Yin，1999♀
a. 背面（dorsum）　b. 腹面（venter）　c. 头盖（tectum）　d. 螯肢（chelicera）　e. 足Ⅱ跗节（tarsusⅡ）
f. 足Ⅰ跗节（tarsusⅠ）
（仿马立名等，1999）

18. 微小伊蚑螨 *Iphidozercon minutus*（Halbert，1915）

Iphidozercon minutus（Halbert，1915），*Proc. Roy. Irish Acad. B*，31（2）：39.
模式标本产地：英国（爱尔兰）。

雌螨（图3-19）：体黄色，卵圆形。背板覆盖整个背面，边缘有齿刻，板面布满花纹，背毛细短。胸板狭长，与胸前板相连，具刚毛3对，前缘微凹，后缘微凸。生殖板狭窄，具网纹，后部稍膨大，生殖毛1对，着生在板外。肛板近圆形，具网纹，着生围肛毛3根。足后板1对。腹表皮毛13对。颚体具齿列8列。头盖3突。螯肢具钳齿毛，定趾2齿，动趾2齿。

分布：中国黑龙江省伊春市（带岭区凉水自然保护区）、吉林省敦化市（森林土壤）；俄罗斯（圣彼得堡），乌克兰及西欧（栖于腐烂落叶、苔藓、沼泽、草地、啮齿动物和食虫动物的巢穴中）。

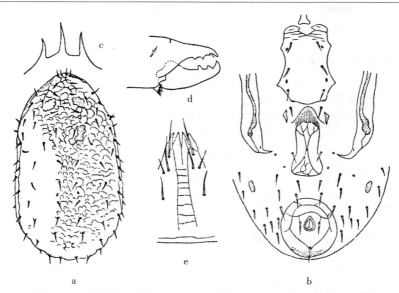

图 3-19　微小伊蚋螨 *Iphidozercon minutus*（Halbert，1915）♀

a. 背面（dorsum）　b. 腹面（venter）　c. 头盖（tectum）　d. 螯钳（chela）　e. 颚体（gathosoma）

（仿 Гиляров，1977）

（五）毛绥螨属 *Lasioseius* Berlese，1916

Lasioseius Berlese，A.（1916），*Redia*，12：33.

模式种：*Lasioseius muricatus*（Berlese，1887）（= *Typhlodromus berlesei* Oudemans，1938）。

背部通常具背表皮毛，背板前部的刚毛为 21 对或 23 对，背板后部的刚毛不多于 15 对。具 4 对肛前毛的种类，背板刚毛为 36 对；而具 6 对肛前毛，或背板刚毛不光滑或矛状的种类，其背板刚毛数目较少。具胸后板。生殖板很短，后端平截，具刚毛 1 对。内足板发达。腹肛板大，具肛前毛 2 对、4 对或 6 对。气门板后部与足侧板愈合。颚体的颚角较短，其端部间距较宽。螯钳内缘具齿。头盖分 2 叉或边缘呈锯齿状。

该属全世界 100 余种，其中中国报道 28 种。

毛绥螨属分种检索表（雌螨）

Key to Species of *Lasioseius*（females）

1. 肛前毛 6 对 ·· 2
   肛前毛 4 对 ·· 5
2. 背毛 32 对 ·· 3
   背毛 24 对 ·· 4
3. 背毛光滑；腹表皮毛 1 对 ·························· 混毛绥螨 *Lasioseius confusus* Evans，1958
   背毛粗大且具小刺；腹表皮毛 2 对 ·············· 大安毛绥螨 *Lasioseius daanensis* Ma，1996
4. 腹表皮毛 1 对 ······································ 王氏毛绥螨 *Lasioseius wangi* Ma，1988
   腹表皮毛 6 对 ······························ 尤氏毛绥螨 *Lasioseius youcefi* Athias-Henriot，1959
5. 足后板 1 对 ······························ 中国毛绥螨 *Lasioseius sinensis* Bei et Yin，1995

　　足后板 2 对 ·· 6

6. 肛后毛长于肛侧毛 ··· 7

　　肛后毛与肛侧毛近等长 ·· 8

7. 螯肢动趾 3 齿 ·· 廖氏毛绥螨 *Lasioseius liaohaorongae* Ma，1996

　　螯肢动趾 4 齿 ·································· 细孔毛绥螨 *Lasioseius porulosus* Deleon，1963

8. 腹表皮毛 5 对 ··· 9

　　腹表皮毛 4 对 ··· 10

9. 螯肢动趾 3 齿 ································· 吉林毛绥螨 *Lasioseius jilinensis* Ma，1996

　　螯肢动趾 4 齿 ······················· 陈氏毛绥螨 *Lasioseius chenpengi* Ma et Yin，1999

10. 头盖具许多等长的细齿 ····················· 肩毛绥螨 *Lasioseius scapulatus* Kennett，1958

　　头盖具 3 个大突起 ············· 苏格瓦里毛绥螨 *Lasioseius sugawari* Ehara，1964

19. 陈氏毛绥螨 *Lasioseius chenpengi* Ma et Yin，1999

Lasioseius chenpengi Ma et Yin，1999，*Acta Arachnologica Sinica*，8（1）：1.

模式标本产地：中国黑龙江省伊春市。

　　雌螨（图 3-20a～c）：体黄色，椭圆形，长 402，宽 253。背板长 402，宽 241，几乎覆盖整个背面，仅两侧有很窄的裸露区。背板毛 31 对，M_2、S_7 和 M_{11} 粗长，S_7 和 M_{11} 有小刺，其余毛均短而光滑，中部毛末端不超过其基部与下位毛基部距离的中点，侧缘毛稍长，末端不达下位毛基部，S_8 最短。背表皮毛 2 对，短于背板毛。胸叉基部较长。胸前区有斜纹。胸板前缘中部有小凹，后缘明显凹陷，胸毛 3 对，隙孔 2 对。胸后板椭圆形，

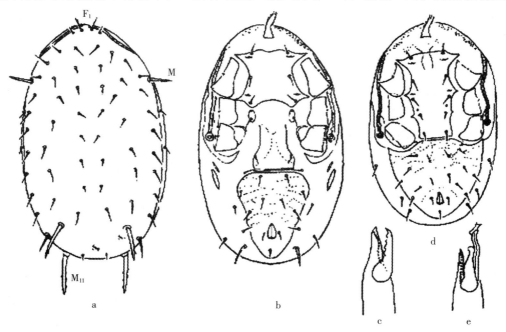

图 3-20　陈氏毛绥螨 *Lasioseius chenpengi* Ma et Yin，1999 a～c♀，d～e♂

a. 背面（dorsum）　b、d. 腹面（venter）　c、e. 螯钳（chela）

（仿马立名等，1999）

前端有 1 隙孔，胸后毛位于板外缘后部。腹肛板长三角形，有明显横纹，肛前毛 4 对。Ad 位于肛孔中线水平，稍短于肛孔，Pa 与 Ad 等长。足后板 2 对，均狭窄，前 1 对较小而骨化弱，后 1 对稍大而骨化强。气门沟前端达到 F_1 基部。腹表皮毛 5 对，其中前部 1 对，后部 4 对，最后 1 对较粗长。螯钳动趾 4 齿，定趾有 1 列小齿。颚毛光滑，外颚毛短。叉毛 2 叉。

雄螨（图 3 - 20d～e）：体色与体形同雌螨，长 333，宽 207。背板长 333，宽 195，背毛同雌螨。胸生殖板有刚毛 5 对。腹肛板有明显横纹，肛前毛 7 对。腹表皮毛 3 对。螯钳定趾有 1 列小齿，导精趾狭窄，远超过动趾顶端。

分布：中国黑龙江省伊春市（带岭区凉水自然保护区森林土壤）。

20. 混毛绥螨 *Lasioseius confusus* Evans，1958

Lasioseius confusus Evans，1958，*Proc. Zool. Soc. Lond.*，131：221 - 222.
模式标本产地：英国。

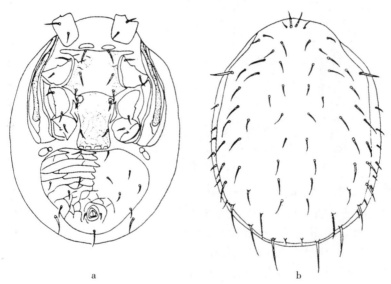

图 3 - 21　混毛绥螨 *Lasioseius confusus* Evans，1958♀
a. 腹面（venter）　b. 背面（dorsum）
（仿邓国藩，1980）

雌螨（图 3 - 21）：背板长 540，宽 360，背板几乎覆盖整个背面，板上具纹理，后半部网状纹尤其显著，板上具刚毛 32 对，刚毛几乎均着生于突起上；除 F_1 以外，F 系列刚毛长均短于两毛基间距离。盾间膜上可见 6 对刚毛。胸板前部具 1 对小骨板，板上有裂缝。胸板前缘中部略凹，后缘中部内凹，凹抵达 St_3 水平线，具 3 对刚毛，2 对隙孔。胸后板长圆形。生殖板楔形，后端平截，具 4 块小骨板，板上具刚毛 1 对，纹理清晰。腹肛板网纹显著，具 6 对腹肛毛。肛侧毛位于肛孔中部水平线上，肛后毛较肛侧毛长，位于腹肛板末端。足后板 2 对。气门沟长，前端至 F_1。螯肢强壮，动趾 3 齿，定趾 15～17 齿。足 I 简单，无爪及爪垫。

分布：中国辽宁省沈阳市，黑龙江省；英国，俄罗斯及北美。

21. 大安毛绥螨 *Lasioseius daanensis* Ma，1996

Lasioseius daanensis Ma，1996，*Acta Zootaxonomica Sinica*，21（3）：313.
模式标本产地：中国吉林省大安市。

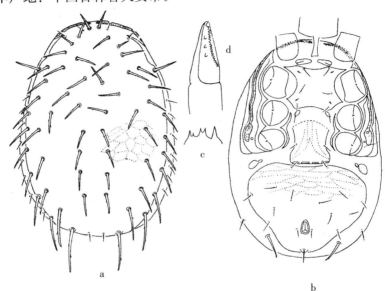

图 3 - 22　大安毛绥螨 *Lasioseius daanensis* Ma，1996♀
a. 背面（dorsum）　b. 腹面（venter）　c. 头盖（tectum）　d. 螯钳（chela）
（仿马立名，1996）

雌螨（图 3 - 22）：体鲜黄色，长 540～609，宽 368～460。背板长 529～575，宽 333～368，网纹明显，前部与气门板相连处形成凹缺。背板刚毛粗大且有稀疏的小刺。背表皮毛每侧 6～9 根，小而光滑。胸板长 103，宽 103，前缘微凹。Mst 位于胸后板外后缘上。生殖板长 103，宽 69，后缘微凸或直。腹肛板前缘微凹，肛前毛 6 对（正模右侧 7 根）。Ad 位于肛孔中线水平后，稍短于肛孔，Pa 长于 Ad。腹表皮毛 2 对，后 1 对粗大。气门板前端与背板相连，气门沟前段转向背面，末端达体前缘中央。头盖前缘有数个尖齿，数目与排列有变异。前、后颚毛长于内、外颚毛。螯钳动趾 3 齿，定趾有 1 列小齿。叉毛 2 叉。

分布：中国吉林省大安市安广镇［采自黑线仓鼠（*Cricetulus barabensis* Pallas）巢中］。

22. 吉林毛绥螨 *Lasioseius jilinensis* Ma，1996

Lasioseius jilinensis Ma，1996，*Acta Zootaxonomica Sinica*，21（3）：312.
模式标本产地：中国吉林省大安市。

雌螨（图 3 - 23）：体黄色，长 483～506，宽 310～345。背板长 460～494，宽 253～287，网纹明显，前部与气门板相连处形成凹缺，板上刚毛 36 对，有纵脉和锯齿边缘。背表皮毛每侧 5～9 根，形状同背板毛，但很小。胸前区有网纹。胸板后缘微凹，Mst 位于胸后板外缘。生殖板侧缘圆凹，后缘直。生殖板后有 4 条线形骨片。腹肛板宽大于长，肛前毛 4 对（正模右侧 5 根）。Ad 位于肛孔中线水平，稍短于肛孔。外足后板长 23，内足后板长 11。腹表皮毛 5 对，最后 1 对形状同背毛。气门板前端与背板相连，后端弯曲。气门沟前段转向背面，末端达体前缘中央。头盖有侧突，中突有或无。颚毛光滑，外颚毛短。螯钳动趾 3 齿，定趾有 1 列小齿。叉毛 2 叉。

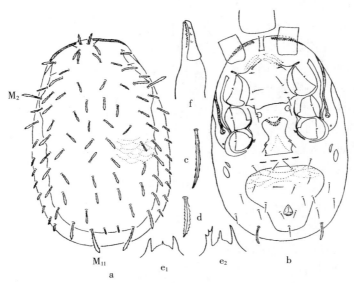

图 3 - 23　吉林毛绥螨 *Lasioseius jilinensis* Ma，1996♀

a. 背面（dorsum）　b. 腹面（venter）　c. M$_2$ 和 M$_{11}$ 毛（setae M$_2$ and M$_{11}$）　d. 其余背毛（other dorsal setae）

e$_1$、e$_2$. 头盖（tectum）　f. 螯钳（chela）

（仿马立名，1996）

分布：中国吉林省大安市舍力镇〔小家鼠（*Mus musculus* Linnaeus）巢中〕。

23. 廖氏毛绥螨 *Lasioseius liaohaorongae* Ma，1996

Lasioseius liaohaorongae Ma，1996，*Acta Arachnologica Sinica*，5（1）：42.

模式标本产地：中国吉林省白城市。

雌螨（图 3 - 24）：体椭圆形，黄色，长 437～460，宽 264～310。背板长 437～448，宽 241～287，网纹明显。板上刚毛 36 对，较粗，光滑，后部刚毛末端超过下位毛基部。背表皮毛 7～10 对，较背板毛

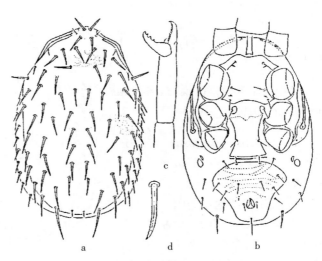

图 3 - 24　廖氏毛绥螨 *Lasioseius liaohaorongae* Ma，1996♀

a. 背面（dorsum）　b. 腹面（venter）

c. 螯肢（chelicera）　d. 背毛（dorsal seta）

（仿马立名，1996）

短。胸叉体狭长。胸板后缘凹。生殖板后角尖。腹肛板宽大于长，前缘圆弧形，中部较平，板上横纹明显，肛前毛 4 对。Ad 位于肛孔中线水平，略短于肛孔，Pa 长于 Ad。生殖板后的横行骨片连成 1 条。足后板 2 对，内侧者小，窄椭圆形；外侧者大，宽椭圆形。腹表皮毛 5 对，最后 1 对粗且长。气门沟前端达 F_1 和 F_2 之间。螯肢第 2 节长 149～172。螯钳动趾 3 齿，定趾有 1 列小齿。颚毛光滑，外颚毛细短。叉毛 2 叉。

雄螨（图 3 - 25）：体椭圆形，黄色，长 356～368，宽 218。背板长 345～368，宽 218，网纹明显，板上刚毛 38 对，形状同雌螨。背表皮毛 5～7 对。腹肛板宽大于长，横纹明显，肛前毛 6 对。腹表皮毛 2 对。螯肢第 2 节长 103。螯钳动趾 1 齿，定趾有 1 列小齿。导精趾扭曲。

分布：中国吉林省白城市（杨树腐渣中）。

24. 细孔毛绥螨 *Lasioseius porulosus* Deleon，1963

Lasioseius porulosus Deleon，1963，*The Florida Entomologist*，46（2）：204 - 205.

模式标本产地：美国。

雌螨（图 3 - 26）：背板长 390，宽 210，不完全覆盖背面；板上具网纹；整个背板具 31 对刚毛，其中 17 对位于后背板，刚毛均着生于突起上，多数光滑，较短（顶毛、肩毛有时略呈翼状）；刚毛 D_8 和 M_{11} 长而粗壮，且通常两者末端

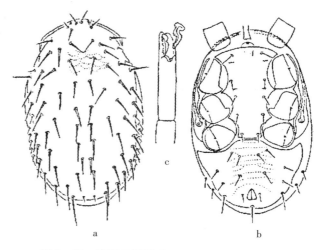

图 3 - 25 廖氏毛绥螨 *Lasioseius liaohaorongae* Ma，1996 ♂
a. 背面（dorsum） b. 腹面（venter） c. 螯肢（chelicera）
（仿马立名，1996）

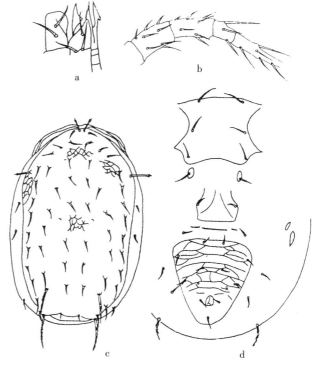

图 3 - 26 细孔毛绥螨 *Lasioseius porulosus* Deleon，1963 ♀
a. 颚体（gnathosoma） b. 足Ⅳ（leg Ⅳ）
c. 背面（dorsum） d. 腹面（venter）
（仿 Deleon，1963）

呈锯齿状；F 系列刚毛其长度均短于两毛基间之水平距离。盾间膜具 3 对表皮毛，2 对于背板前区，1 对在背板后区。胸板具 3 对刚毛，后缘内凹。生殖板后缘平直，具 1 对刚毛。腹肛板近三角形，长略大于宽，布满网纹，具 4 对肛前毛。肛侧毛位于肛孔中部水平线之下。足后板 2 对。气门沟延伸至顶部。螯肢定趾 10～12 齿，动趾 4 齿。颚体上的刚毛排列如图 3-26a。足 IV 毛序如图 3-26b。

分布：中国辽宁省沈阳市，丹东市；日本，美国（田纳西州）。

25. 肩毛绥螨 *Lasioseius scapulatus* Kennett，1958

Lasioseius scapulatus Kennett，1958，*Ann. Ent. Soc. Amer.*，51，478-479.

模式标本产地：美国。

雌螨（图 3-27）：体卵圆形，长 535，宽 400。背板 1 块，覆盖躯体大部分，仅两侧边缘有部分裸露；板上有刚毛 34 对，其中位于肩部的 1 对长，竖立，伸向外方，大而具细刺。板外有刚毛 8～9 对（末端 2 对，长而具细刺）。胸前板 1 对，条状。胸板前缘平直，其两侧角向两侧延伸成尖角至基节 I、II 之间，板上有 St 毛 3 对及 2 对隙孔，板后缘中部稍凹。胸后板 1 对，豆状，上有刚毛 1 对。生殖板后缘平直，两侧缘中部窄，板上有刚毛 1 对，生殖板与腹肛板间有 4 块小板横列组成。腹肛板前 1/3 处最宽，向后逐渐变窄，末端呈圆形，除 3 根围肛毛外有 4 对肛前毛，板上有横向网纹。足后板 2 对，1 对大 1 对小。气门板后端延伸至足 IV 基节中部。腹表皮毛 4 对，其中 1 对较其他刚毛长。头盖末端具多个等长的短细齿，末端分 2 叉或不分叉。足 IV 跗节和胫节上具棒状长刚毛。

分布：中国广东省广州市、辽宁省沈阳市（东陵）区；美国（加利福尼亚州），阿尔及利亚。

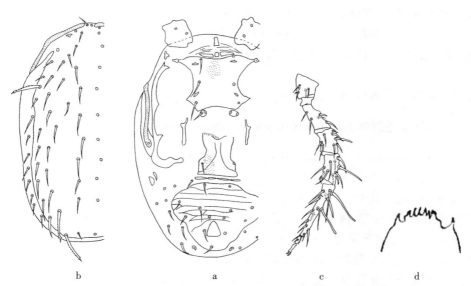

b　　　　　　a　　　　　　c　　　　　d

图 3-27　肩毛绥螨 *Lasioseius scapulatus* Kennett，1958♀

a. 腹面（venter）　b. 背面（dorsum）　c. 足 IV（leg IV）　d. 头盖（tectum）

（仿 Гиляров，1977）

26. 中国毛绥螨 *Lasioseius sinensis* **Bei et Yin, 1995**

Lasioseius sinensis Bei et Yin, 1995, *Entomotaxonomia*, 17（2）：152-153.

模式标本产地：中国辽宁省开原市。

雌螨（图3-28）：背板长455，宽245，不完全覆盖背面；板前半部网纹不甚规则，后半部网纹清晰；共具36对刚毛，多数为翼状；D_8、M_9、M_{10}、M_{11}末端膨大呈毛刷状，M_{11}最粗长，F_2长约为F_1的1/2，ET_2最短小，刚毛状，F系列（除F_1、F_2外）刚毛长均短于两毛基间距离。胸前板1对，每块又裂成2小块；胸板中央有1长形纹饰，具胸毛3对，隙孔2对。胸后板小，近三角形。生殖板楔形，板上"人"字形纹明显，后缘平直，其后具4块条形骨片，排成一横列。腹肛板前半部较宽，后半部

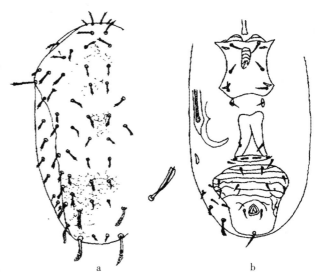

图3-28　中国毛绥螨 *Lasioseius sinensis* Bei et Yin, 1995♀
a. 背面（dorsum）　b. 腹面（venter）
（仿贝纳新等，1995）

收缩变窄，末端钝圆，板上具4对肛前毛，肛侧毛位于肛孔中部水平之下，肛后毛距肛孔远；板中央具横向纹，抵两侧缘处分叉。足后板1对，长条状。盾间膜上具刚毛7对，其中1对位于生殖板与腹肛板间，其他6对位于腹肛板两侧；其中4对刚毛状，较短，2对毛刷状，较长。气门沟伸达S_4两侧。各足均具爪、爪垫。螯肢定趾10齿以上。第二胸板具齿7列。

分布：中国辽宁省开原市。

27. 苏格瓦里毛绥螨 *Lasioseius sugawari* **Ehara, 1964**

Lasioseius sugawari Ehara, 1964, *J. Fac. Science, Hokkaido Univ.*, Ser. IV, *Zool.*, 15, 3：378-394.

模式标本产地：日本。

雌螨（图3-29）：背板长480，宽270，板上布满网纹；具36对刚毛，其中背板前区具15对，刚毛均着生于突起上；除S_4、M_7、ET_2、M_2外，背板前区刚毛均为翼状；肩毛（M_1）较长；背板后区刚毛均为带锯齿的翼状，M_{11}较长，F系列刚毛长度均短于两毛基间距离。盾间膜上有数根表皮毛。胸板长大于宽，具3对刚毛。胸后板前沿有1小孔。生殖板后缘平截。腹肛板大，宽大于长，板上布满网纹，具4对肛前毛；在生殖板和腹肛板之间有4块细长的骨片。具2对足后板；内足板在足Ⅲ～Ⅳ基节间明显。螯肢定趾具13～15齿，动趾具3齿。颚体特征如图3-29c。头盖具3个大突起，每个突起上有若干

小齿。足Ⅳ毛序如图 3－29a。

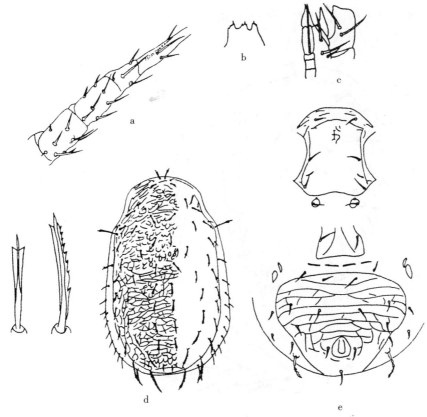

图 3－29　苏格瓦里毛绥螨 *Lasioseius sugawari* Ehara，1964♀

a. 足Ⅳ（leg Ⅳ）　b. 头盖（tectum）　c. 颚体（gnathosoma）　d. 背面（dorsum）　e. 腹面（venter）

（仿 Ehara，1964）

分布：中国辽宁省沈阳市、铁岭市（龙首山），还曾在古巴进口的糖内采到；日本。

28. 王氏毛绥螨 *Lasioseius wangi* Ma，1988

Lasioseius wangi Ma，1988，*Acta Zootaxonomica Sinica*，13（2）：148；

Ma，*Acta Arachnologica Sinica*，2005，14（1）：2.

模式标本产地：中国吉林省抚松县。

雌螨（图 3－30）：体椭圆形，长 425～460，宽 264～299。背腹各板有网纹。背板几乎覆盖整个背面，长 414～460，宽 241～264；板上刚毛 24 对，D_1 长 40，D_2 20，D_3 36，D_4 30，D_5 20，D_4 稍短于 D_3，长于 D_5，两侧刚毛除肩部 1 对细小外，余均粗长，但长度不等，S_8 最短，后部某些大刚毛边缘粗糙不整。胸板前缘微凹或较直，后缘凹底达到 St_3 水平。胸前区有线纹。胸后板圆形或椭圆形，Mst 在其外缘上。生殖板侧缘内凹。腹肛板宽大于长，前缘微凹或微凸，侧缘在肛孔水平处呈不同程度的凹陷，具肛前毛 6 对，其中前缘 1 对和侧缘 1 对短于其他肛前毛。Ad 位于肛孔中横线水平，接近肛孔长，Pa 稍长于Ad。生殖板与腹肛板之间有 1 条线形小骨片。足后板 2 对或只能看到 1 对，外侧 1 对大，椭圆形，内侧 1 对很小，骨化弱。气门沟前端达到体前端。螯钳动趾 3 齿，定趾有 1 列10 余个小齿。跗节 IV 有长刚毛。

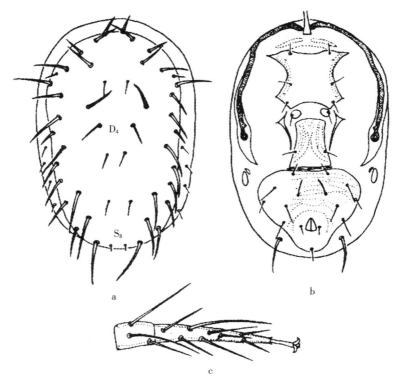

图 3－30　王氏毛绥螨 *Lasioseius wangi* Ma，1988♀
a. 背面（dorsum）　b. 腹面（venter）　c. 足 IV 跗节（tarsus IV）
（仿马立名，2005）

分布：中国吉林省抚松县［黑线姬鼠（*Apodemus agrarius* Pallas）巢内］、长岭县（草原土壤）、临江市（森林土壤）。

29. 尤氏毛绥螨 *Lasioseius youcefi* Athias-Henriot，1959

Lasioseius youcefi Athias-Henriot，1959，*Acarologia*，1（1）：30。

异名：*Lasioseius lasiodactyli* Ishikawa，1969。

模式标本产地：未详。

雌螨（图 3－31）：体黄色，长椭圆形。背板长 450，宽 275，完全覆盖背面。板上具网纹，后半部更为显著；共具 24 对刚毛，有的刚毛具微绒毛。前胸板骨化弱；胸板具网纹，具刚毛 3 对。胸后板游离，其上具刚毛 1 对。生殖板楔形，后缘平直，板上有纵向条纹，着生刚毛 1 对。腹肛板宽阔，倒三角形，最长处 160，最宽处 205，具 6 对腹肛毛，板上具网纹；肛侧毛在肛孔中部水平线下，肛后毛较之更长。足后板 2 对，内侧 1 对较小，外侧 1 对较大。气门沟特长，伸至 F_1 中央，顶部向里弯曲。各足均具爪和爪垫。螯肢动趾 3 齿，定趾约 16 齿。

分布：中国辽宁省沈阳市；欧洲及日本。

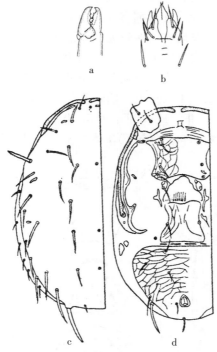

图 3 - 31 尤氏毛绥螨 *Lasioseius youcefi* Athias-Henriot，1959♀

a. 螯肢（chelicera） b. 颚体（gnathosoma） c. 背面（dorsum） d. 腹面（venter）

（仿 Ishikawa，1969）

（六）滑绥螨属 *Leioseius* Berlese，1918

模式种：*Leioseius minusculus*（Berlese，1905）。

背板两侧具缺刻或背板分为 2 块，板上有 31～33 对刚毛，刚毛短、光滑。胸板前部两侧角伸向足Ⅰ、Ⅱ基节间与足内板愈合。腹肛板大，具 1～5 对肛前毛。

滑绥螨属分种检索表（雌螨）
Key to Species of *Leioseius*（females）

1. 背毛前区 17 对，后区 15 对，后侧方 1 对很长；腹表皮毛多于 3 对 ……………………
…………………………… 长毛滑绥螨 *Leioseius dolichotrichus* Ma et Yin，2002
   背毛前区 19 对，后区 14 对，后侧方 1 对短小；腹表皮毛 3 对 ……………………………
…………………………… 长白滑绥螨 *Leioseius changbaiensis* Yin et Bei，1991

30. 长白滑绥螨 *Leioseius changbaiensis* Yin et Bei，1991

Leioseius changbaiensis Yin et Bei，1991，*Entomotaxonomia*，13（2）：147.

模式标本产地：中国吉林省。

　　雌螨（图3-32）：体呈椭圆形。背板几乎覆盖整个背面，长350，宽165，两侧中央具侧缺刻，角化强。背毛33对，其中仅侧毛 M_9 密被柔毛，其余均光滑，板上有纹饰及小斑点，背表皮毛9对。胸板具胸毛2对，隙孔1对。胸前板上具刚毛1对，Mst位于盾间膜上。生殖板上具生殖毛1对，其两侧有耳状隆起，外部下方有1小骨片。生殖板后缘紧贴一横列条形小骨片4块，其后有1对较大的卵形小骨片和1对小骨片。在生殖板与腹肛板之间有3对刚毛。腹肛板大，宽大于长，肛前毛3对，横纹清晰。螯肢动趾具2齿，定趾具6齿，具齿钳毛。头盖3分支，每支分2小叉。须肢5节，膝节、胫节上各具1棘状毛，趾节叉毛2分叉。口下板上3对毛，前喙毛 gs_1 长16，后喙内毛 gs_2 长24，后喙外毛 gs_3 长12。足长：Ⅰ：265，Ⅱ：175，Ⅲ：185，Ⅳ：250。

　　分布：中国吉林省（长白山自然保护区森林树皮下），辽宁省沈阳市（东陵土壤中）。

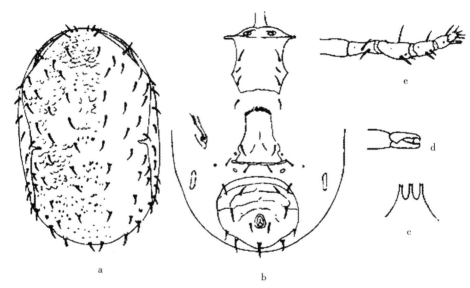

图3-32　长白滑绥螨 *Leioseius changbaiensis* Yin et Bei，1991♀
a. 背面（dorsum）　b. 腹面（venter）　c. 头盖（tectum）　d. 螯肢（chelicera）　e. 须肢（palpus）
（仿殷绥公等，1991）

31. 长毛滑绥螨 *Leioseius dolichotrichus* Ma et Yin，2002

Leioseius dolichotrichus Ma et Yin，2002，*Entomotaxonomia*，24（2）：154-156.

模式标本产地：中国吉林省敦化县。

　　雌螨（图3-33a～e）：体黄色，狭长，长540，宽253。背板长534，宽230，几乎覆盖整个背面，有狭而深的侧切口；前区刚毛17对，后区刚毛15对，多短而光滑，后侧方1对很长，最后1对很短。背表皮毛11对。胸板自第1对隙孔水平至后缘长138，St_2 水平线宽92，前缘不清，后缘浅凹。生殖毛在生殖板边缘上。腹肛板宽大于长，大而圆，板上除围肛毛外有刚毛2对，后对较长，位于肛孔水平之后。Ad位于肛孔中横线水平，稍短于肛孔，Pa很长。足后板2对，前对较短，斜位；后对细长，纵位。腹表皮毛一侧5根，另一侧6根。气门沟前端达到基节Ⅰ前缘。头盖3突，末端分叉。螯钳长。颚毛光滑，前及内颚毛较长。叉毛2叉。足毛多短而光滑，跗节有少数长或较长刚毛。

雄螨（图3-33f～g）：体色与体形同雌螨，长460，宽241。背面同雌螨，背板长454，宽218，背后侧毛长92。胸殖板长241，St_2水平宽80，刚毛5对。腹肛板宽大于长。有1前中突和2前侧突，板上除围肛毛外有刚毛7对，最后1对较长。腹表皮毛1对，位于胸殖板和腹肛板之间。螯肢导精趾细，末端弯成环形。

分布：中国吉林省敦化县（森林土壤）。

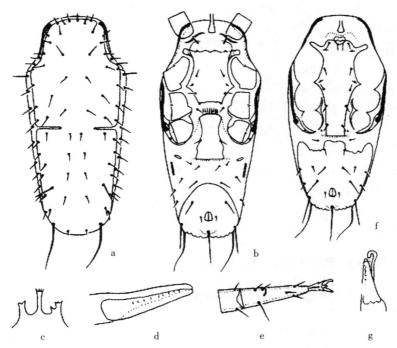

图3-33　长毛滑绥螨 *Leioseius dolichotrichus* Ma et Yin，2002 a～e♀，f～g♂
a. 背板（dorsum）　b、f. 腹面（venter）　c. 头盖（tectum）　d、g. 螯钳（chela）　e. 足Ⅱ跗节（tarsus Ⅱ）
（仿马立名等，2002）

（七）新约螨属 *Neojordensia* Evans，1957

模式种：*Neojordensia levis*（Oudemans et Voigts，1904）。

背板后部刚毛19对以上；缘毛着生于背板上。具腹肛板及肛前毛。气门板后部与足侧板愈合。头盖边缘整齐。

32. 里新约螨 *Neojordensia levis*（Oudemans et Voigts，1904）

Neojordensia levis（Oudemans et Voigts，1904），*Zool. Anz.*，27：651-656.

模式标本产地：德国。

雌螨（图3-34）：背板长475，宽270。背板完全覆盖背面，板上刚毛细短，约40对，其中F_2缺如。螯肢强壮，螯钳内缘具齿。头盖前缘具微锯齿。叉毛2叉。颈板略呈梭形，具刚毛 1 对。胸板前缘中部外凸，后缘呈弧形凸出，具刚毛 2 对；隙状器 3 对，第 3 对小，位于后缘上。胸后板刚毛着生于表皮上。生殖板两侧后部膨大，具刚毛 1 对。腹肛板前缘中部内凹，两侧向后逐渐变窄，宽大于长，具肛前毛 4 对。气门板宽阔，后端与侧足板愈合并围绕足基节 IV 的后缘，气门沟前端伸达 F_1 两侧。侧足板断裂为若干段。足后板缺如。

分布：中国辽宁省鞍山市（千山风景区芦苇），黑龙江省；德国，奥地利，英国（在腐烂植物、食物碎屑、植物根上可采集到）。

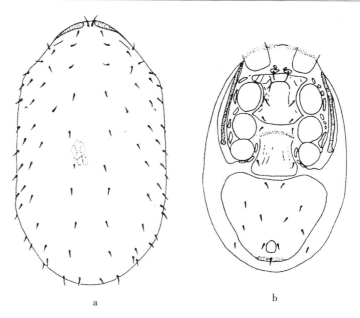

a   b

图 3-34 里新约螨 *Neojordensia levis*（Oudemans et Voigts，1904）♀

a. 背面（dorsum） b. 腹面（venter）

(a 仿 Evans，1958；b 仿潘综文等，1980)

（八）肛厉螨属 *Proctolaelaps* Berlese，1923

模式种：*Proctolaelaps productus* Berlese，1923。

雌螨背板有刚毛 42～52 对，其中 18～20 对位于背板后区。缘毛（R 列）3～7 对，位于背板后区。气门板后端游离；螯肢定趾有 1 个膜状小叶，无钳齿毛。螯肢动趾和定趾长约相等。各足末端均有前跗节和爪。

1958 年 Evans 把肛厉螨分为两个亚属：肛厉螨亚属（*Proctolaelaps*）和新约螨亚属（*Neojordensia*）。1963 年 Chant 认为它们是独立的属。

肛厉螨属分种检索表（雌螨）
Key to Species of *Proctolaelaps*（females）

1. 多数背毛长达下一列毛基，足后板 1 对 ············ 矮肛厉螨 *Proctolaelaps pygmaeus*（Müller，1860）
   多数背毛长不达下一列毛基，足后板 2 对 ·· 2
2. 生殖板后部膨大呈杵状 ················ 杵状肛厉螨 *Proctolaelaps pistilli* Ma et Yin，1999
   生殖板后部稍膨大 ················ 长螯肛厉螨 *Proctolaelaps longichelicerae* Ma，1996

33. 长螯肛厉螨 *Proctolaelaps longichelicerae* Ma，1996

Proctolaelaps longichelicerae Ma，1996，*Acta Arachnologica Sinica*，5（1）：38.

模式标本产地：中国吉林省白城市。

雌螨（图 3-35）：体黄色，椭圆形，长 517～575，宽 345～437。背板长 494～540，宽 310～368，两侧缘波浪形，有较宽的深色带。板上刚毛 43 对（正模左侧多 1 根毛）。背表皮毛 2～5 对，在基骨片上。胸叉较长。胸前板三角形。胸板前缘波浪形，后缘凹或直。胸后板椭圆形，Mst 在板前部。生殖板后部稍膨大，后缘微凸。生殖板后有 2 对线形骨片。Ad 位于肛孔中线水平或稍后处，稍短于肛孔，Pa 远长于 Ad。足后板 2 对，外侧者较长，多呈细杆状。腹表皮毛 8～11 对。气门沟前端达到 F_2 基部。头盖 3 突均纤细，末端不分叉。螯肢细长，第 2 节长 207～218。螯钳动趾与定趾各 3 齿，但动趾近侧齿和定趾远侧齿均小，有时看不见。颚毛等粗，外颚毛短。叉毛 2 叉。

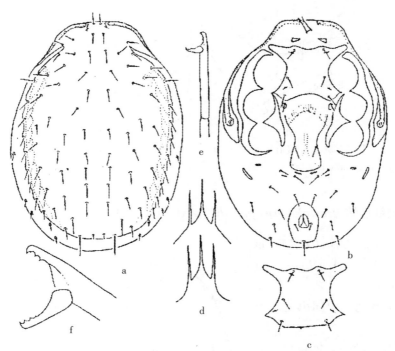

图 3-35　长螯肛厉螨 *Proctolaelaps longichelicerae* Ma，1996♀

a. 背面（dorsum）　b. 腹面（venter）　c. 胸板变异（variation of sternal shield）　d. 头盖（tectum）

e. 螯肢（chelicera）　f. 螯钳（chela）

（仿马立名，1996）

雄螨（图 3-36）：体色与体形同雌螨，长 414～460，宽 253～299。背板长 414～448，宽 253～299，两侧缘波浪形，但无深色带。板上刚毛 43 对（配模左侧多 1 根毛）。背表皮毛 1～2 对，在基骨片上。胸生殖板网纹极弱，板上刚毛 5 对。腹肛板宽大于长，网纹明显，肛前毛 7 对。气门沟和围肛毛同雌螨。腹表皮毛 2 对。螯肢细长，第 2 节长 138～161。螯钳动趾 1 齿，定趾有 1 列小齿。导精趾狭长，末端超过定趾。

分布：中国吉林省白城市（杨树腐渣中）。

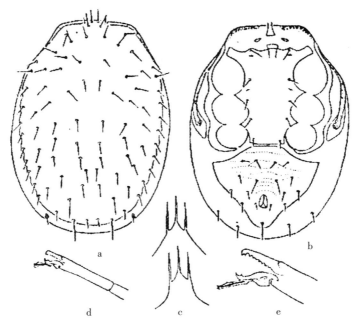

图 3-36　长螯肛厉螨 *Proctolaelaps longichelicerae* Ma，1996 ♂

a. 背面（dorsum）　b. 腹面（venter）　c. 头盖（tectum）　d. 螯肢（chelicera）　e. 螯钳（chela）

（仿马立名，1996）

34. 杵状肛厉螨 *Proctolaelaps pistilli* Ma et Yin，1999

Proctolaelaps pistilli Ma et Yin，1999，*Acta Arachnologica Sinica*，8（1）：3.

模式标本产地：中国黑龙江省伊春市。

雌螨（图 3-37）：体黄色，卵圆形，长 425，宽 264。背板覆盖整个背面。背毛约 41 对，均短，中部毛末端不超过其基部与下位毛基部距离的中点，M_{11} 较长，S_8 极短。胸板前缘中部凸出，后缘较直，胸毛 3 对，隙孔 2 对。胸前板 1 对，水滴状。胸后板椭圆形，前端有 1 隙孔。胸后毛在胸后板与足内板之间的夹缝中。生殖板后部膨大呈杵状，生殖毛 1 对。肛板长大于宽，肛孔中等大小。Ad 位于肛

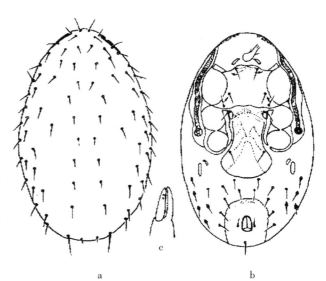

图 3-37　杵状肛厉螨新种 *Proctolaelaps pistilli* Ma et Yin，1999♀

a. 背面（dorsum）　b. 腹面（venter）　c. 螯钳（chela）

（仿马立名，1999）

孔中线水平稍后处，稍短于肛孔，Pa 稍长于 Ad。足后板 2 对，外侧狭长，内侧很小。气门沟前端达 F_2 基部。腹表皮毛一侧 12 根，另一侧 11 根，其中外侧毛在很小的菱形基骨片上。螯钳动趾 2 齿，定趾有 1 列小齿。颚角细，颚毛等粗。叉毛 2 叉。

分布：中国黑龙江省伊春市（带岭区凉水自然保护区）。

35. 矮肛厉螨 *Proctolaelaps pygmaeus* （Müller，1860）

Gamasus pymaeus Müller，1860；

Proctolaelaps pygmaeus（Müller，1860），Hughes A.M. 1976，*The Mites of Stored Food and Houses*，317 - 320.

异名：*Hypoaspis hyudai* Oudemans，1902；

Typhlodromus bulbicolus Oudemans，1929；

Lasioseius innumerabilis Berlese，1918；

Lasioseius alpinus Schweizer，1949；

Lasioseius ventritrichosus Schweizer，1949；

Garmania bulbicola（Oudemans，1929）Nesbitt，1951；

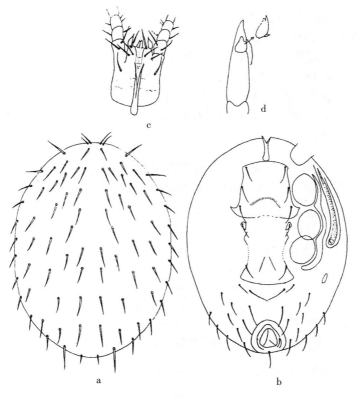

图 3 - 38　矮肛厉螨 *Proctolaelaps pygmaeus*（Müller，1860）♀

a. 背面（dorsum）　b. 腹面（venter）　c. 颚体（gathosoma）　d. 螯肢（chelicera）

（仿邓国藩，1980）

Proctolaelaps（*Proctolaelaps*）*hypudai*（Oudemans，1902）Hughes，1961；

Hypoaspis ovatus Ma，Ning et Wei，2003，syn. nov. *Acta Zootaxonomica Sinica*，28（2）：356 - 357.

模式标本产地：德国。

雌螨（图3 - 38）：体黄色，背板长340，宽210。背面几乎为1块背板所覆盖，板上有网纹，具相当长的刚毛42对，多数刚毛长可达下一刚毛基部，其中M_{11}最粗长。胸板前缘界线不明显，有刚毛3对，隙孔2对；胸后毛1对，位于胸后板上。生殖板两侧在足基节Ⅳ之后略外凸，上有刚毛1对。肛板几成圆形，肛门很大，肛后毛略长于肛侧毛。颚角弯曲，前口下板毛膨大。螯肢定趾有1凹凸不平的齿列，螯基有1膜质叶片状物。

分布：中国辽宁省沈阳市、鞍山市（千山风景区）；该螨为世界性害螨。

此螨常可在土壤、腐烂叶片、腐烂小麦和木材上见到，也可从腐烂的球茎上找到。Ehara于1964年曾在柑橘上同时找到该螨和柑橘瘿螨 *Aculus pelekessi*。另外，在小哺乳动物巢穴中也能找到这种螨。

（九）似蚖螨属 *Zerconopsis* Hull，1918

Zerconopsis Hull，J.E.，1918，*Trans. Nat. Hist. Soc. Northumb.*，5：65.

模式种：*Zerconopsis remiger*（Kramer，1876）。

背板1块，完整或具切口。背板后半部具14对刚毛，背板上具1～6对粗壮且呈桨状的刚毛。胸板上3对刚毛，胸后毛位于小板上。生殖板呈楔形，生殖毛位于板上或板外。腹肛板大，除3根围肛毛外，具3～7对肛前毛，雄螨腹面具胸殖板和腹肛板各1块。气门板很少超过基节Ⅳ后缘。螯肢具齿，雄螨动趾上具短的导精趾。头盖具3分叉。足末端具爪，爪垫末端呈球形。

似蚖螨属分种检索表（雌螨）

Key to Species of *Zerconopsis*（females）

1. 背部具5对桨状毛 ·················· 十桨毛似蚖螨 *Zerconopsis decemremiger* Evans et Hyatt，1960

   背部具3对桨状毛 ·· 2

2. 肛后毛远长于肛侧毛；背板中部不具侧切口 ··· 3

   肛后毛与肛侧毛近等长；背板中部具侧切口 ··· 4

3. 腹表皮毛10对 ······························ 多弯似蚖螨 *Zerconopsis sinuata* Ishikawa，1969

   腹表皮毛7对 ·························· 米氏似蚖螨 *Zerconopsis michaeli* Evans et Hyatt，1960

4. 腹表皮毛4对，肛前毛5对 ·············· 伊春似蚖螨 *Zerconopsis yichunensis* Ma et Yin，1998

   腹表皮毛3对，肛前毛6对 ·········· 黑龙江似蚖螨 *Zerconopsis heilongjiangensis* Ma et Yin，1998

36. 十桨毛似蚖螨 *Zerconopsis decemremiger* Evans et Hyatt，1960

Zerconopsis decemremiger Evans et Hyatt，1960，*Zoology*，6（2）：96 - 98.

模式标本产地：匈牙利。

雌螨（图3 - 39）：背板长590～600，宽360～382，刻纹浓重，具十分明显的凹陷，两侧缘不规则，后缘呈圆齿形。背板前部具 20 对刚毛，除 2 对呈浆状外，其余均呈针状。背板后半部具 14 对刚毛，除 3 对浆状毛外，其余均针状，S_8 最短。背板上刚毛的分布和纹饰如图 3-39a 所示。胸叉具窄的基部和 1 对胸叉丝。胸板上具浅的网纹，着生 3 对刚毛。生殖板具网纹，1 对生殖毛位于板外。腹肛板宽大于长，板上具网状纹和点状纹，除 3 根围肛毛外有 4 对肛前毛。腹表皮毛 11 对。在生殖板和腹肛板间有 4 块小板。足后板 1 对，小。气门位于基节 III 和 IV 间，气门板并不向气门后延伸。颚基腹面和须肢转节内刚毛长，鞭状。其余须肢刚毛简单。头盖 3 分叉，末端具齿。足 I 长 434，其跗节（111～116）长于胫节（68～70）。足 I 爪小，足 II～IV 较短，有些刚毛长在小结节上。

分布：中国吉林省（长白山自然保护区），辽宁省本溪市桓仁满族自治县（老秃顶子自然保护区）；匈牙利，俄罗斯（圣彼得堡）。

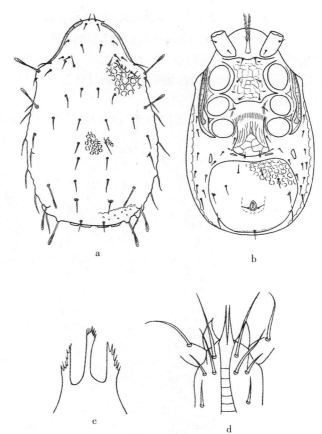

图 3-39　十浆毛似蚧螨 Zerconopsis decemremiger Evans et Hyatt，1960♀

a. 背面（dorsum）　b. 腹面（venter）　c. 头盖（tectum）

d. 颚体（gnathosoma）

（a～c 仿 Evans et Hyatt，1960，d 补充描图）

37. 黑龙江似蚧螨 *Zerconopsis heilongjiangensis* Ma et Yin，1998

Zerconopsis heilongjiangensis Ma et Yin，1998，*Entomotaxonomia*，20（4）：308.

模式标本产地：中国黑龙江省伊春市。

雌螨（图 3-40a～d）：体黄色，卵圆形，长 643，宽 460。背板长 643，宽 402，两侧留有裸露区，侧缘有狭而深的切口，板面前部和两侧有明显网纹，中部有细密皱纹。背板前区 18 对毛（F_2 未看到），后区 14 对毛，其中 3 对呈浆状，其余均短而光滑，后侧缘毛稍长。背表皮毛 7 对。胸叉体狭长。胸板前缘中间稍呈锐凹，后缘浅凹，胸毛 3 对。胸后毛在表皮上。生殖板侧缘内凹，后部膨大，生殖毛在板外。生殖板后有 3 对狭窄骨片。腹肛板宽大于长，前半部有明显网纹，肛前毛 6 对，位置有变异，后侧缘 1 对稍长。Ad 位于肛孔后缘水平，Ad 与 Pa 约等于肛孔长。足后板 2 对，外侧者近三角形。气门沟前端达到基节 I 前缘之前。腹表皮毛 3 对。螯肢较长，第 2 节长 287，动趾有 2 齿。须肢转节毛前 1 根长鞭状，后 1 根短。前颚毛及内颚毛长鞭状，但内颚毛稍短于前颚毛，后颚毛及外颚毛短。叉毛2叉。足Ⅰ有爪。除跗节Ⅰ外各足毛均短，跗节Ⅱ～Ⅳ中部各有2根弯曲的长毛。

　　雄螨（图3-40e～h）：体色与体形同雌螨，长494，宽299。背板覆盖整个背面，边缘稍卷向腹面，前区刚毛18对，后区17对，板面花纹和背毛形状同雌螨。胸殖板具刚毛5对。腹肛板宽大于长，前半部有明显网纹，肛前毛8对。头盖3突，末端均有分支。螯肢导精趾稍长于动趾。

　　分布：中国黑龙江省伊春市（带岭区凉水自然保护区森林土壤）。

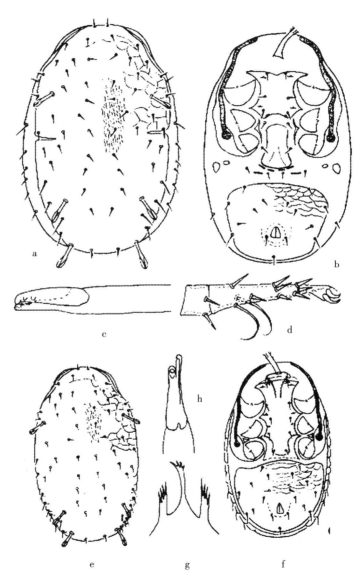

图3-40　黑龙江似蚖螨 *Zerconopsis heilongjiangensis* Ma et Yin，1998 a～d♀，e～h♂

a、e. 背面（dorsum）　b、f. 腹面（venter）　c. 螯肢（chelicera）　d. 足Ⅱ跗节（tarsusⅡ）

g. 头盖（tectum）　h. 螯钳（chela）

（仿马立名等，1998）

38. 米氏似蚧螨 *Zerconopsis michaeli* Evans et Hyatt，1960

Zerconopsis michaeli Evans et Hyatt，1960，*Zool.*，6（2）：95 - 96.

模式标本产地：英国。

雌螨（图 3 - 41）：背板长 498，宽 253。板上具十分明显的凹陷，两侧缘不规则，后缘呈圆齿形。背板前部具 19 对刚毛，除 1 对呈桨状外，其余均针状。背板后半部具 14 对刚毛，除 2 对桨状毛外，其余均针状。背板上刚毛的分布和纹饰如图 3 - 41a 所示。胸叉具窄的基部和 1 对胸叉丝。胸板上具 3 对刚毛。生殖板窄，1 对生殖毛位于板外。腹肛板宽大于长，板上具网状纹和点状纹，除 3 根围肛毛外，有 4 对肛前毛。在生殖板和腹肛板间最少有 2 块小板。足后板 2 对，小。气门位于基节Ⅲ和Ⅳ间，气门板并不向气门后延伸。颚基腹面和须肢转节内刚毛长，鞭状，其余须肢刚毛简单。顶盖 3 分叉，末端具齿。足Ⅰ长 387，其跗节为胫节长的 2 倍。足Ⅱ～Ⅳ较短，有些刚毛长在小结节上。

分布：中国吉林省（长白山自然保护区）；俄罗斯（南高加索），英国。

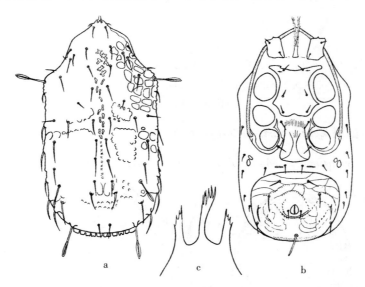

图 3 - 41 米氏似蚧螨 *Zerconopsis michaeli* Evans et Hyatt，1960♀

a. 背面（dorsum） b. 腹面（venter） c. 头盖（tectum）

（仿 Гиляров，1977）

39. 多弯似蚧螨 *Zerconopsis sinuata* Ishikawa，1969

Zerconopsis sinuata Ishikawa，1969，*Bull. Nat. Sci. Mus. Tokyo*，12（1）：39 - 64.

模式标本产地：日本。

雌螨（图 3 - 42）：体黄色。背板花纹浓重，前部中列毛之间前部有连续的十字形花纹，后部有小圆凹的坑，背板两侧密布圆形和方形大凹坑，侧缘凹凸不平，后缘呈深锯齿状。背板前部具 19 对刚毛，除 1 对呈桨状外，其余均针状。背板后半部具 14 对刚毛，除 2 对桨状毛外，其余均针状。胸板后缘有角状凹，具刚毛 3 对。生殖板窄，后缘圆凸，生殖毛1对，着生在板外。腹表皮毛9对。腹肛板横椭圆形，宽大于长，肛前毛4对，肛侧毛1对，光滑，肛后毛位于腹肛板后，肛后毛呈桨状。头盖3分叉，末端具齿。

分布：中国山东省泰安市，吉林省（长白山自然保护区）；日本。

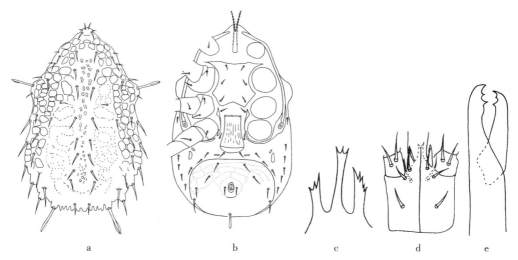

图3-42　多弯似蚑螨 Zerconopsis sinuata Ishikawa，1969♀

a. 背面（dorsum） b. 腹面（venter） c. 头盖（tectum） d. 颚体（gnathosoma） e. 螯肢（chelicera）

（仿 Ishikawa，1969）

40. 伊春似蚑螨 *Zerconopsis yichunensis* Ma et Yin，1998

Zerconopsis yichunensis Ma et Yin，1998，*Entomotaxonomia*，20（4）：310.

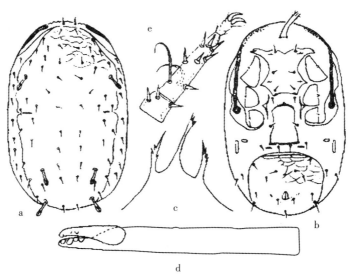

图3-43　伊春似蚑螨 Zerconopsis yichunensis Ma et Yin，1998♀

a. 背面（dorsum） b. 腹面（venter） c. 头盖（tectum） d. 螯肢（chelicera） e. 足Ⅱ跗节（tarsus Ⅱ）

（仿马立名等，1998）

模式标本产地：中国黑龙江省伊春市。

雌螨（图 3 - 43）：体黄色，卵圆形，长 563，宽 345。背板长 563，宽 299，两侧留有裸露区。背板面粗糙，有弯弯曲曲的线纹，侧缘有狭窄切口。背板前区刚毛 17 对，后区 14 对，其中 3 对呈桨状，其余短小光滑。背表皮毛 9 对。胸叉体狭长。胸板前后缘均凹，胸毛 3 对。生殖板侧缘内凹，后部变宽，生殖毛在板外。生殖板后有 3 对狭窄骨片。腹肛板宽大于长，前部有明显网纹，肛前毛 5 对，其中后侧方 1 对稍长。Ad 位于肛孔后缘水平线上，Ad 与 Pa 长度约等于肛孔长。足后板 2 对，外侧者狭窄。气门沟前端达到基节 I 前缘之前。腹表皮毛 4 对。头盖 3 突，末端分支。螯肢较长，第 2 节长 241，动趾长 57，有 2 齿。须肢转节毛前 1 根长鞭状，后 1 根短。前及内颚毛长鞭状，但内颚毛短于前颚毛，后及外颚毛短。叉毛 2 叉。足 I 有爪。各足毛短，但跗节 I 毛细长，跗节 II～IV 中部各有 2 根弯曲的长毛。

分布：中国吉林省敦化市，黑龙江省伊春市（带岭区凉水自然保护区森林土壤）。

二、美绥螨科
Ameroseiidae Evans，1961

小型螨类，体长 270～500。成螨、前若螨和后若螨都具 1 块背板，背毛多样，不超过 30 对。胸前板缺如，胸板上有刚毛 2 或 3 对。胸后毛着生在盾间膜上。生殖板楔形，其上具生殖毛 1 对。具肛板或腹肛板，腹肛板上一般具 2 对肛前毛。气门沟长，具发达的气门板。颚角通常末端明显分叉。须肢叉毛一般 2 叉，极少数 3 叉。头盖具一小的突起，或延伸成短的尖突。雄螨具胸殖板和腹肛板。生殖孔位于胸殖板前缘。足 II 无突起。

全世界共报道 6 属，本书记述 2 属，背刻螨属 *Epicriopsis* Berlese，美绥螨属 *Ameroseius* Berlese。

美绥螨科分属检索表（雌螨）
Key to Genera of Ameroseiidae（females）

1. 部分背毛超过体长，背面具不对称星形结构 ·········· 背刻螨属 *Epicriopsis* Berlese，1916
   背毛不超过体长，背面无星形结构 ·········· 美绥螨属 *Ameroseius* Berlese，1903

（十）背刻螨属 *Epicriopsis* Berlese，1916

模式种：*Epicriopsis horridus*（Kramer，1876）。

小型种类，雌螨体长 270～470，背板角质化强，上具 24 对刚毛，部分刚毛很长（超过其体长），很粗，光滑或具绒毛，其余刚毛则短而光滑。板表面粗糙，呈不对称的星形结构。颚角末端分裂。口下板的后胸沟（第二胸板）很宽，其齿分布到须肢基节表面的边缘。雄螨螯肢具透明的桨叶。足均具爪和前跗节。

背刻螨属分种检索表（雌螨）
Key to Species of *Epicriopsis*（females）

1. 背毛 23 对，8 对长刚毛 ·········· 星形背刻螨 *Epicriopsis stellata* Ishikawa，1972

背毛 24 对，7 对长刚毛 ·················· 吉林背刻螨 *Epicriopsis jilinensis* Ma，2002

41. 吉林背刻螨 *Epicriopsis jilinensis* Ma，2002

Epicriopsis jilinensis Ma，2002，*Entomotaxonomia*，24（4）：308.

模式标本产地：中国吉林省敦化县。

雌螨（图 3-44）：体深黄色，宽短卵圆形，长 391，宽 310。背板布满 2 突、3 突和 4 突的星状结节；刚毛 24 对，均光滑（F_1 有时有 1～2 个极不明显的小刺），其中 7 对为粗长毛。D_7 短于体长。腹面毛均短小。胸板有刚毛 2 对，St_3 和 Mst 在板外表皮上。腹殖板刚毛 1 对。肛板近圆形，前部突出，肛孔大，Ad 位于肛孔中横线水平之后，稍短于肛孔。腹表皮毛约 6 对。头盖前突细长，末端尖。螯钳很短，定趾有齿。叉毛 3 叉。足 I 长 483，远大于体长。胫节 I 长 69，跗节 I 长 149，约为 1：2。

分布：中国吉林省敦化县（森林土壤）。

42. 星形背刻螨 *Epicriopsis stellata* Ishikawa，1972

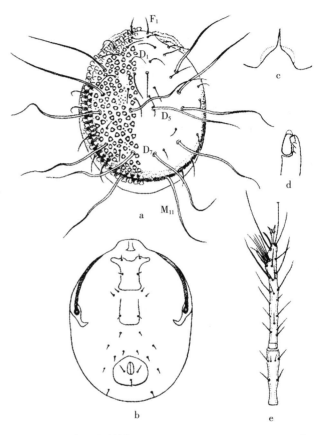

图 3-44 吉林背刻螨 *Epicriopsis jilinensis* Ma，2002♀
a. 背面（dorsum） b. 腹面（venter） c. 头盖（tectum）
d. 螯肢（chelicera） e. 足 I 胫节及跗节（tibia and tarsus of leg I）
（仿马立名，2002）

Epicriopsis stellata Ishikawa，1972，*Annot. Zool. Japon.*，45（2）：94-103.

模式标本产地：日本。

雌螨（图 3-45）：体茶褐色，宽短卵圆形，体长 300。背板具星状颗粒，具刚毛 23 对，其中具 8 对极长刚毛。腹面毛均短小。胸板具刚毛 2 对，St_3 和 Mst 在板外表皮上。腹殖板具 1 对刚毛。肛板卵圆形，肛孔大，Ad 位于肛孔中横线水平之后，稍短于肛孔。腹表皮毛约 6 对。头盖三角形，边缘平滑。第二胸板具齿 8 列。须肢叉毛 3 叉。螯肢定趾 3 齿，动趾无齿，具膜状突起。各足具爪，足 I 爪微小。

分布：中国吉林省（长白山自然保护区）；日本（本州、四国、九州、琉球列岛）。

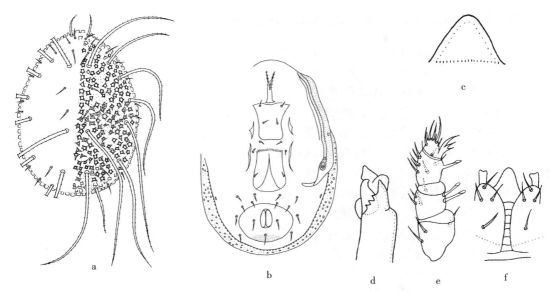

图 3-45　星形背刻螨 *Epicriopsis stellata* Ishikawa，1972♀

a. 背面（dorsum）　b. 腹面（venter）　c. 头盖（tectum）　d. 螯钳（chelicera）

e. 须肢（palp）　f. 颚体（gnathosoma）

（仿 Ishikawa，1972）

（十一）美绥螨属 *Ameroseius* Berlese，1903

异名： *Kleemannia* Oudemans，1930；

Cornubia Turk，1943；

Primoseius Womersley，1956。

模式种： *Ameroseius corbicula*（Sowerby，1806）。

成螨背板在不多的种类的前部和两侧有不规则雕刻状结构，其余种类则具网状结构。背中部刚毛呈羽状或柳叶状。有的种类在腹肛板附近或其后方具同样的刚毛。一般背毛 29 对，缺 S_8。F_1 形状和大小与其他刚毛不同。雌螨具 2 对刚毛的胸板 1 块，腹肛板除肛毛外常具 2 对刚毛。颚角末端分叉，第 1 对口下板刚毛粗大。须肢跗节叉毛 2 叉。

美绥螨属分种检索表（雌螨）
Key to Species of *Ameroseius*（females）

1. 背毛 28 对，部分背毛枯枝状 ·················· 洮儿河美绥螨 *Ameroseius taoerhensis* Ma，1995

背毛 29 对，背毛具小刺 ··· 2

2. 背毛及腹后毛宽短而扁 ·················· 崔氏美绥螨 *Ameroseius cuiqishengi* Ma，1995

背毛及腹后毛长叶状 ··· 3

3. 背毛近等长，胸后毛位于小板上·················· 曲美绥螨 *Ameroseius curvatus* Gu，Wang et Bai，1989

D_5，I_1，S_4，S_5 较其他背毛短，胸后毛位于腹表皮上 ·······································

··················· 顾氏美绥螨 *Ameroseius guyimingi* Ma，1997

43. 崔氏美绥螨 *Ameroseius cuiqishengi* Ma，1995

Ameroseius cuiqishengi Ma，1995，*Acta Arachnologica Sinica*，4（2）：92；
Ma，2006，*Acta Arachnologica Sinica*，15（2）：78.
模式标本产地：中国吉林省白城市。

雌螨（图 3-46）：体鲜黄，椭圆形，长 460～506，宽 333～345。背板前端有数个小齿，板上花纹蜂窝状，后部边缘凹凸不齐，有深色骨化带。背毛 29 对，短宽而扁，较透明，边缘不齐，有小刺。F_1 宽阔，M_{11} 末端圆钝，毛表面有皱纹。胸叉体细长。胸板后缘较直。St_1 和 St_2 在胸板上，St_3 在 1 对独立小板上。足内板 2 对。Mst 在后足内板内侧表皮上。生殖板近矩形，具刚毛 1 对。腹肛板宽大于长，近六边形，前缘直或微凹。板上仅有围肛毛。肛孔大而长。Ad 位于肛孔中线稍后水平，Ad 与 Pa 均细。足后板长大于宽，楔形。气门沟前端达到颚基。腹表皮毛 6 对，腹后毛同背毛。头盖三角形。螯钳定趾 3 齿。颚角末端 2 叉，前颚毛稍粗，叉毛 2 叉。

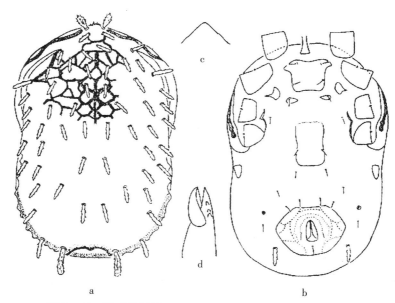

图 3-46　崔氏美绥螨 *Ameroseius cuiqishengi* Ma，1995♀
a. 背面（dorsum）　b. 腹面（venter）　c. 头盖（tectum）　d. 螯钳（chela）

（仿马立名，1995）

雄螨（图 3-47）：体黄色，椭圆形，长 345，宽 230。背板覆盖整个背面，前端有若干小锯齿，后部边缘凹凸不平并卷向腹面，板面花纹浓重，密网状，网眼略呈多边形。背毛 29 对，宽短而扁，较透明，边缘有小刺，F_1 宽阔，边缘小刺较长，M_{11} 较大，末端圆钝。胸殖板具毛 5 对。腹肛板近方形，宽大于长，板面有明显横纹，肛前毛 3 对，围肛毛 3 根。胸殖板与腹肛板之间有 1 条细长骨片和 1 对表皮毛。腹后毛同腹面其他毛。腹表皮有若干圆形小骨片。气门沟前端达到颚基。头盖三角形。螯钳定趾 2 齿，导精趾匕首状。颚毛短，叉毛 2 叉。

分布：中国吉林省白城市（腐烂杨树皮下）。

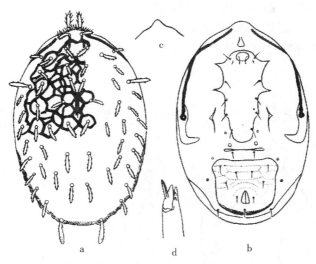

图 3-47　崔氏美绥螨 *Ameroseius cuiqishengi* Ma，1995 ♂

a. 背面（dorsum）　b. 腹面（venter）　c. 头盖（tectum）　d. 螯钳（chela）

（仿马立名，2006）

44. 曲美绥螨 *Ameroseius curvatus* Gu，Wang et Bai，1989

Ameroseius curvatus Gu，Wang et Bai，1989，*Acta Zootaxonomica Sinica*，14（1）：48-49；

Ma，2000，*Acta Arachnologica Sinica*，9（2）：75.

模式标本产地：中国宁夏回族自治区中宁县。

雌螨（图 3-48）：体卵圆形，长 420，宽 263。背板覆盖整个背部，仅具网纹，无凹陷。背毛 29 对，除 F1 羽状外，其余各毛均呈弯曲的长叶状，边缘具微细的齿缺。D7 长 82，M11 长 76。颚角端部分 2 叉，末端较钝。头盖宽圆，无中央尖突。螯钳粗壮，定趾基部具 4 齿，近端部还有 2 小齿。胸叉蒂部较小，叉丝基部稍粗，具细小分支。胸板前、后缘较平，前缘中部微凹，中侧角尖，前、后侧角圆钝，板上具网纹及 2 对胸毛，St1 稍长于 St2，均光滑。胸后毛位于 1 小板上，较胸毛略短。内足板 2 对，后 1 对的内侧有 1 小毛。生殖板前后缘均稍外凸，板上具网纹及 1 对细毛，侧缘自毛后向外展，以末端为最宽。腹肛板宽大于长，前缘内凹，后缘宽圆，2 对肛前毛大小与胸毛相近。Ad 位于肛孔前 1/3 水平，Pa 较长，具羽状分支。生殖板与腹肛板间有 2 对毛及一条窄横条。腹侧毛前 1 对细小，后 1 对与背毛相似。足后板椭圆形，长大于宽。气门沟细长，延及基节Ⅰ之前。足Ⅰ最为粗长，基节Ⅱ后毛具分支。

雄螨（图 3-49）：体黄色，卵圆形，长 322～379，宽 218～264。背板覆盖整个背面。背毛 29 对，F1 羽状，其余毛长叶状，弯成弧形，边缘具小刺，由前向后逐渐变长。胸殖板前缘凸出，后端圆形，刚毛 5 对，细小。腹肛板宽大于长，近椭圆形，有明显的横行网纹。肛前毛 4 对，第 1 对在板前缘上。肛孔较长。Ad 位于肛孔中横线水平，其长约为肛孔长的 1/2，Pa 长于 Ad，但短于肛孔，有不甚明显的羽枝。腹后毛同背毛。气门沟细，前端接近 F_1。头盖弧形。螯钳有齿，导精趾细，超出动趾，末端膨大呈匙状。颚角末端 3 分叉。颚毛光滑。叉毛 2 叉。足毛常形。

分布：中国宁夏回族自治区中宁县（子午沙鼠 *Meriones meridianus* Pallas 体上），吉林省白城市。

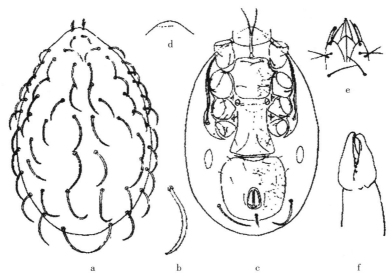

图 3-48　曲美绥螨 *Ameroseius curvatus* Gu, Wang et Bai, 1989 ♀

a. 背面（dorsum）　b. 背毛 D_7（dorsal seta D_7）　c. 腹面（venter）　d. 头盖（tectum）

e. 颚体（gnathosoma）　f. 螯钳（chela）

（仿顾以铭等，1989）

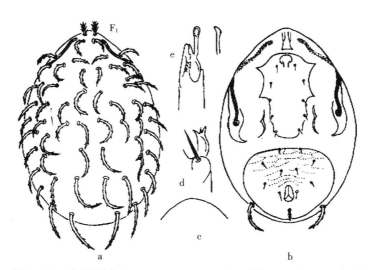

图 3-49　曲美绥螨 *Ameroseius curvatus* Gu, Wang et Bai, 1989 ♂

a. 背面（dorsum）　b. 腹面（venter）　c. 头盖（tectum）　d. 颚角（corniculus）　e. 螯钳（chela）

（仿马立名等，2000）

45. 顾氏美绥螨 *Ameroseius guyimingi* Ma，1997

Ameroseius guyimingi Ma，1997，*Acta Zootaxonomica Sinica*，22（2）：140-142.

模式标本产地：中国吉林省前郭尔罗斯蒙古族自治县。

雌螨（图3-50）：体黄色，卵圆形，长471~517，宽322~391。背板有斑状花纹，较弱。背毛29对。F_1 宽，密羽状。其余背毛多粗长弯曲，末端远超过下位毛基部，边缘有小刺，有的毛有齿缺。有4对毛（D_3、I_1、S_4、S_5）很短，其余的显著偏长，D_6 92~115（103），D_7 161~172（155），M_{11} 149~161（154）。胸板前缘中部内凹，后缘平直。St_1 和 St_2 在胸板上，St_3 和 Mst 在表皮上。生殖板具刚毛1对，腹肛板宽大于长，前缘微凹，两侧及后缘呈半圆。肛前毛2对，靠近板缘。Ad 位于肛孔中横线水平，短于肛孔；Pa 长于 Ad，有小刺。足后板椭圆形，长大于宽。腹表皮毛4对，其中腹后毛同背毛。气门板后端尖，气门沟前端达到颚基。螯钳宽短，定趾4齿。颚角末端3尖。足毛多短而宽，边缘有刺。

分布：中国吉林省前郭尔罗斯蒙古族自治县。

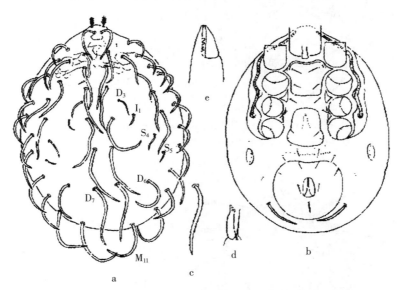

图3-50 顾氏美绥螨 *Ameroseius guyimingi* Ma，1997♀

a. 背面（dorsum） b. 腹面（venter） c. 背毛 D_7（dorsal seta D_7） d. 颚角（corniculus） e. 螯钳（chela）

（仿马立名，1997）

46. 洮儿河美绥螨 *Ameroseius taoerhensis* Ma，1995

Ameroseius taoerhensis Ma，1995，*Acta Arachnologica Sinica*，4（2）：93；

Ma，*Acta Arachnologica Sinica*，2000，9（2）：76.

模式标本产地：中国吉林省白城市。

雌螨（图3-51）：体浅黄，椭圆形，长460~483，宽333~345。背板前端有锯齿，板上花纹网状，后部网眼间隔为串珠形。后部边缘凹凸不齐，有深色骨化带。背毛28对，长短相差悬殊，有的特别长，有羽枝；有的很短，光滑。F_1枯枝状，基部之间距离较远。胸叉体细长，基部扇形。胸板后缘凹，St_1和St_2在胸板上，St_3在1对独立小板上。足内板2对。Mst在后足内板内侧表皮上。生殖板近矩形，具刚毛1对。腹肛板近横椭圆形，宽大于长，前缘凸，板上仅有围肛毛。肛孔大而长；Ad位于肛孔中线稍后水平。足后板梭形，长大于宽。气门沟前端达到颚基。腹表皮毛6对，腹后毛粗长，有羽枝。头盖三角形。螯钳定趾3齿。颚角末端未见分叉。颚毛等粗。叉毛2叉。

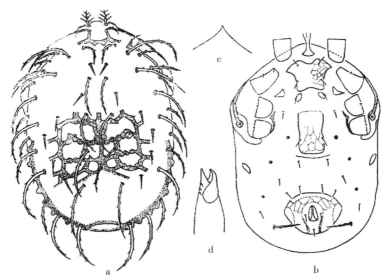

图3-51　洮儿河美绥螨 *Ameroseius taoerhensis* Ma，1995♀

a. 背面（dorsum）　b. 腹面（venter）　c. 头盖（tectum）　d. 螯钳（chela）

（仿马立名，1995）

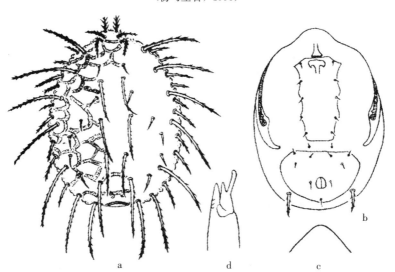

图3-52　洮儿河美绥螨 *Ameroseius taoerhensis* Ma，1995♂

a. 背面（dorsum）　b. 腹面（venter）　c. 头盖（tectum）　d. 螯钳（chela）

（仿马立名，2000）

雄螨（图 3-52）：体浅黄色，卵圆形，长 333，宽 230。背板前端有锯齿，周缘凸凹不齐，板上花纹网状。背毛 29 对，有的特别长，有羽枝，有的很短，光滑，F_1 枯枝状。胸殖板刚毛 5 对，细小光滑。腹肛板很大，具肛前毛 3 对和围肛毛 3 根，均细小光滑，Ad 位于肛孔中横线水平。胸殖板与腹肛板之间表皮上有 1 对细小光滑毛，腹肛板后外侧表皮上有 1 对粗长毛，具羽枝。头盖三角形。螯钳导精趾棒状，超出动趾末端。

分布：中国吉林省白城市（腐烂松树皮下）、临江县。

三、角绥螨科
Antennoseiidae Karg，1965

中小型螨类，背板 2 块，覆盖体背大部分或在体侧及后端裸露。前背板具刚毛 19～21 对，后背板具刚毛 15～16 对，刚毛光滑，稍分叉或密分叉。板上具刻点组成的网纹。胸前板 1 对或缺如。胸板上具 2 或 3 对刚毛，生殖板水滴状，刚毛在板上或近板边缘。腹肛板通常具有网纹。足后板不大。胸后毛位于盾间膜上或愈合的胸后板—内足板上。气门板发达，向后延伸达基节 Ⅳ 后缘。头盖前缘锯齿状，常具 3 突。口下板内叶简单，不分叉。须肢跗节叉毛 2 叉。螯肢发达，定趾上具很多齿，动趾具 1～2 齿。足 Ⅰ 常长于躯体，无爪和爪垫。雄螨具 1 块全腹板或具胸殖板和腹肛板，前缘具生殖孔。

本书记述 1 属，角绥螨属 Antennoseius Berlese。

（十二）角绥螨属 Antennoseius Berlese，1916

Antennoseius Berlese，1916b：303.

模式种：Antennoseius delicates Berlese，1916。

背板 2 块，板上具刻点组成的网纹。胸板具 2 或 3 对刚毛。Mst 位于盾间膜上或愈合的胸后板—足内板上。生殖板水滴状，肛板或腹肛板小。气门板向后达基节 Ⅳ 后缘。头盖前缘呈锯齿状。须肢跗节叉毛 2 叉。足 Ⅰ 常长于躯体，跗节通常无爪和爪垫。雄螨具 1 块全腹板或胸殖板和腹肛板，后者常与气门板愈合。足与雌螨同，无距和棘。

47. 阿氏角绥螨 Antennoseius alexandrovi Bregetova，1977

Antennoseius alexandrovi Bregetova，1977，Гиляров М. С. Иэд. Наука，Ленинград：246-253.

模式标本产地：俄罗斯。

雌螨（图 3-53）：体长 350，宽 180。背部具背板 2 块。覆盖体背的大部分，板上均具网纹。前背板具刚毛 19 对，后背板具刚毛 15 对。除 F_1 呈扇形，边缘具细齿外，其余刚毛均呈柳叶状，边缘具细齿。胸前板 1 对，菱形。胸板长大于宽，前侧角伸向基节 Ⅰ、Ⅱ 间，板两侧网纹明显，中部仅具 2 条纵纹。胸后毛 1 对，游离。生殖板水滴状，但后缘几平直，上有生殖毛 1 对。腹肛板近似倒梨形，具细刻点组成的网纹，除 3 根围肛毛外，还有 2 对肛前毛。足后板圆形。盾间膜上除 6 对针状刚毛外，其余刚毛均柳叶状。气门沟向前延伸达基节Ⅰ前方，气门板的外侧部具细小的刻点。鳌肢定趾有1列小齿。足Ⅰ无爪。

分布：中国黑龙江省伊春市（带岭区凉水自然保护区），吉林省敦化县和长白山自然保护区；俄罗斯（阿穆尔地区，哈巴罗夫斯克边区，滨海边区）。

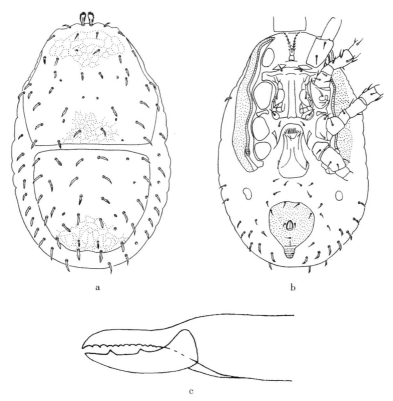

图3-53　阿氏角绥螨 *Antennoseius alexandrovi* Bregetova，1977♀

a. 背面（dorsum）　b. 腹面（venter）　c. 鳌肢（chelicera）

（a、b仿 Bregetova，1977；c补充描图）

四、表刻螨科
Epicriidae Berlese，1885

Epicriidae Berlese，A.，*Bull. Soc. Ent. Ital.*，1885，17：129.

背面具2突或3突的结节，构成网状，背板两侧具1对圆形的构造。背毛简单，刚毛状或具微绒毛。具颈板，胸毛 St_1 着生于颈板上或盾间膜上，雌螨生殖板大，烧瓶状或矩形，雄螨腹肛板延伸到足Ⅳ后部。颚体短角状或指状，腹面具4对刚毛。须肢具胫节和跗节，胫节叉毛3叉。气门板明显退化或消失。气门靠近向腹面延伸的背板。足Ⅰ无爪和爪垫，跗节Ⅰ具特殊的棒状毛，足Ⅱ～Ⅳ具爪垫和2个爪。

全世界共报道 4 属，本书记述 1 属，表刻螨属 *Epicrius* Canestrini et Fanzago。

（十三）表刻螨属 *Epicrius* Canestrini et Fanzago，1877

Epicrius Canestrini et Fanzago，F.，*Atti. Ist. Venet.*，1877（5）4 pt. 1：131.

模式种：*Epicrius geometricus* Canestrini et Fanzago，1877。

背板具 2 突或 3 突的结节，构成网状，背毛简单或具绒毛，多数刚毛长超过 100，背板侧面具大的圆形构造。具颈板，胸毛 St_1 着生于颈板上或盾间膜上。生殖板烧瓶状。雄螨腹肛板延伸到足Ⅳ后部。颚体短角状或指状，腹面具 4 对毛。须肢具胫节和跗节，胫节叉毛 3 叉。气门板明显退化或消失。气门靠近向腹面延伸的背板。足Ⅰ无爪和爪垫，跗节Ⅰ具 3 或 3 根以上特殊的棒状毛。

表刻螨属分种检索表（雌螨）
Key to Species of *Epicrius* （females）

1. 背毛长而光滑 ·· 2
   背毛具绒毛 ······························· 黑龙江表刻螨 *Epicrius heilongjiangensis* Ma，2003
2. 跗节Ⅰ具 4 根近等长的末端具小圆球的棒状毛 ·········· 星状表刻螨 *Epicrius stellatus* Balogh，1958
   跗节Ⅰ具 3 根近等长的末端具小圆球的棒状毛 ·········· 贺氏表刻螨 *Epicrius hejianguoi* Ma，2003

48. 黑龙江表刻螨 *Epicrius heilongjiangensis* Ma，2003

Epicrius heilongjiangensis Ma，2003，*Acta Zootaxonomica Sinica*，28（1）：66.

模式标本产地：中国黑龙江省铁力市。

雌螨（图 3-54a～e）：体黄色，椭圆形，长 609～632，宽 425～460。背板卷向腹面，表面由许多结节构成网状，后部结节较密，结节有 2 或 3 突；背毛均着生在圆形结节上，密布绒毛，末端明显超过下位毛基部；两侧有 1 对圆形构造；板上有若干对小孔。胸叉小。颈板 1 对，其上有 St_1。胸板具刚毛 3 对。腹殖板烧瓶状，刚毛 2 对。肛板较宽，前部圆形，侧角有 1 对小孔；Ad 位于肛孔后缘水平，Ad 与 Pa 远长于肛孔，密布绒毛。腹表皮靠近背板延伸部边缘有 1 对分 2 节的小骨片。基节Ⅳ内侧有 1 对小骨片，其上有 2 小孔。腹表皮毛 2 对。有气门，无气门沟。头盖边缘密布小锯齿。螯齿不明显。颚角细。须肢转节毛和须肢股节 al 毛短，呈羽状，须肢膝节 al_1 有稀疏小刺，al_2 羽状。前颚毛较长，光滑；内、外颚毛细小；后颚毛短，呈羽状。叉毛 3 叉。跗节Ⅰ无爪和爪垫，刚毛多细长，有 3 根末端具小圆球的棒状毛。胫节Ⅰ有 1 根这样的棒状毛。

雄螨（图 3-54f～h）：体色与体形同雌螨，长 575～632，宽 402～425。背面同雌螨，背板延至腹面部分不连合，并与肛板分离。胸殖板前后近等宽，生殖孔位于基节Ⅲ水平，刚毛 4 对，后部有 1 对小孔。无腹板。腹表皮毛 3 对。颈板、胸叉、气门、肛板及围肛毛同雌螨，颚体与足的构造均同雌螨。

分布：中国黑龙江省铁力市、吉林省敦化县、辽宁省鞍山市（千山风景区）。

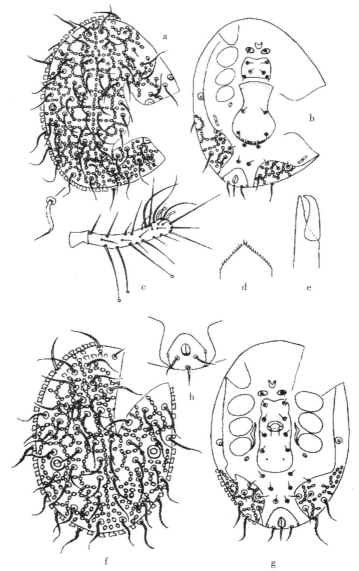

图 3-54 黑龙江表刻螨 *Epicrius heilongjiangensis* Ma，2003 a～e♀，f～h♂

a、f. 背面（dorsum） b、g. 腹面（venter） c. 足Ⅰ跗节（tarsusⅠ） d. 头盖（tectum）

e. 螯肢（chelicera） h. 肛板（anal shield）

（仿马立名，2003）

49. 贺氏表刻螨 *Epicrius hejianguoi* Ma，2003

Epicrius hejianguoi Ma，2003，*Acta Zootaxonomica Sinica*，28（1）：66.

模式标本产地：中国黑龙江省铁力市。

雌螨（图 3-55a～f）：体黄色，卵圆形，长 712～827，宽 552～643。背板两侧卷向腹面，表面由许多结节构成网状，结节背面观为星状，具 2 或 3 突，侧面观为乳头状或蘑菇状；背毛均着生在圆形结节上，长而光滑，末端远超过下位毛基部；两侧有 1 对圆形构造；板上有若干对小孔。胸叉小。有 1 对颈板，其上具 St_1。胸板表面有瘤突，具 St_2、St_3 和 Mst。腹殖板烧瓶状，具刚毛 2 对。肛板狭长，后部连接背板，肛前毛 1 对。Ad 位于肛孔后缘水平之后，Ad 与 Pa 远长于肛孔，光滑。腹表皮毛 1 对。基节 Ⅳ 内侧有 1 对小骨片，上有 2 小孔。有气门，无气门沟。头盖边缘密布小锯齿。颚角细，指状。须肢转节毛和须肢股节 al 毛粗短，羽状；须肢膝节 al_1 光滑，al_2 羽状。前颚毛较长，光滑；内、外颚毛细小；后颚毛粗短，羽状。叉毛 3 叉。跗节 Ⅰ 无爪和爪垫，刚毛多细长，有 3 根末端具小圆球的棒状毛。胫节 Ⅰ 有 1 根这样的棒状毛。

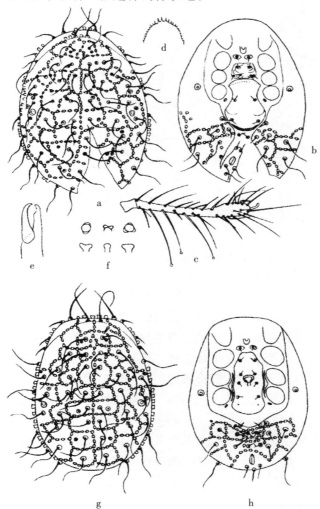

图 3-55 贺氏表刻螨 *Epicrius hejianguoi* Ma，2003 a～f♀，g～h♂

a、g. 背面 (dorsum)　b、h. 腹面 (venter)　c. 足Ⅰ跗节 (tarsus Ⅰ)　d. 头盖 (tectum)

e. 螯肢 (chelicera)　f. 背板结节 (tuberances of dorsal shield)

(仿马立名，2003)

雄螨（图 3-55g～h）：体色与体形同雌螨，长 609～781，宽 460～575。背面同雌螨。背板两侧延伸至腹面并连合，胸殖板前部收缩；生殖孔位于基节Ⅲ水平，刚毛 4 对，后部有 1 对小孔。腹肛板与背板延伸部完全愈合。其他构造均同雌螨。

分布：中国黑龙江省铁力市。

50. 星状表刻螨 *Epicrius stellatus* Balogh，1958

Epicrius stellatus Balogh，1958，*Acta. Zool. Tomus* Ⅳ. *Fasc.*，1 - 2：124 - 127.
模式标本产地：捷克。

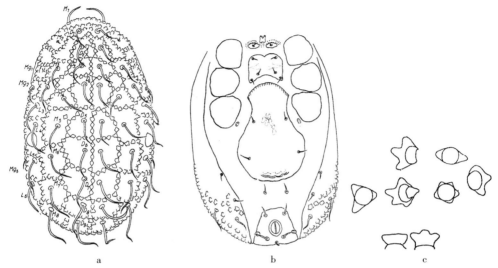

图 3 - 56　星状表刻螨 *Epicrius stellatus* Balogh，1958♀
a. 背面（dorsum）　b. 腹面（venter）　c. 星状体（dorsal tubercles）
（仿 Гиляров，1977）

雌螨（图 3 - 56）：体黄色，椭圆形，长 488，宽 302。背板两侧卷向腹面，表面由许多结节构成网状，结节背面观察为星状；背毛均着生在圆形结节上，末端达下列毛基部；两侧有 1 对圆形构造。胸叉小，有 1 对颈板，其上具 St_1。胸板具 St_2、St_3、Mst。腹殖板后端膨大，烧瓶状，具刚毛 2 对。肛板狭长，后部连接背板，肛前毛 1 对，3 根围肛毛几乎等长。腹表皮毛 1 对。有气门，无气门沟。头盖边缘密布小锯齿。颚角细，指状。须肢转节毛和须肢股节 al 毛粗短，羽状；须肢膝节 al_1 光滑，al_2 羽状。前颚毛较长，光滑；内、外颚毛细小；后颚毛具小分支。叉毛 3 叉。跗节Ⅰ无爪和爪垫，有 4 根几乎等长的末端具小圆球的棒状毛。胫节Ⅰ有 1 根这样的棒状毛。

分布：中国辽宁省凤城市（凤凰山风景区）；捷克。

五、犹伊螨科
Eviphididae Berlese，1913

中、小型螨，体呈宽卵形或几乎近圆形。背板为一整块。躯体与足上的毛光滑。雌螨胸板具 3 对刚毛。生殖板短，具 1 对刚毛或在板外。叉毛 2 叉，少数 3 叉。雄螨胸殖板与肛板分离。肛板较小，具 3 根刚毛。胸叉基部宽短，向端部渐窄。颚沟具横齿。螯钳内缘具齿；导精趾短，从动趾端部发出。

该科螨类多在腐殖土、粪肥、杂草上营自由生活，能附在鞘翅目、双翅目等昆虫体上借以传播，也见于蚁巢和啮齿动物窝里，偶见于鼠体。不少种类可捕食线虫。

全世界共报道 15 属（Hallen，2000），本书记述 4 属，异伊螨属 *Alliphis* Halbert，犹伊螨属 *Eviphis* Berlese，坚体螨属 *Iphidosoma* Berlese，斯卡螨属 *Scamaphis* Karg。

犹伊螨科分属检索表（雌螨）
Key to Genera of Eviphididae（females）

1. 须肢跗节顶端具 1 对巨棘 ………………………………………… 犹伊螨属 *Eviphis* Berlese，1903

   须肢跗节顶端无巨棘 ……………………………………………………………………………… 2

2. 螯肢动趾具透明附属物 ……………………………………… 坚体螨属 *Iphidosoma* Berlese，1892

   螯肢动趾无透明附属物 ……………………………………………………………………………… 3

3. 气门板退化，只有气门和短的气门沟；背毛少于 27 对 ………… 斯卡螨属 *Scamaphis* Karg，1976

   气门板发达；背毛多为 30 对 …………………………………… 异伊螨属 *Alliphis* Halbert，1923

（十四）异伊螨属 *Alliphis* Halbert，1923

模式种：*Alliphis halleri*（G. et R. Can.，1881）。

体近圆形，背毛多 30 对，背板上 F_1 毛短，刺状或标枪状。胸后毛位于小的胸后板上，胸板具 3 对刚毛，St_1 毛前的第 1 对隙孔呈纵行或斜行。气门板在气门孔后并不膨大延伸。螯肢动趾无透明附属物。

51. 短胸异伊螨 *Alliphis brevisternalis* Ma et Wang，1998

Alliphis brevisternalis Ma et Wang，1998，*Acta Arachnologica Sinica*，7（1）：12.

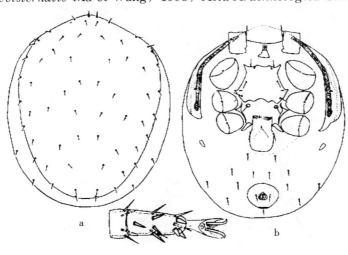

图 3-57　短胸异伊螨 *Alliphis brevisternalis* Ma et Wang，1998♀

a. 背面（dorsum）　b. 腹面（venter）　c. 足Ⅱ跗节（tarsus Ⅱ）

（仿马立名等，1998）

模式标本产地：中国吉林省通榆县。

雌螨（图 3 – 57）：体黄色，近圆形，长 529，宽 437。背板宽卵圆形，前宽后狭，长 506，宽 414。板上刚毛 30 对，均细小，F_1 较粗短。背表皮毛 2 对。胸叉体宽短。胸板较宽短，后缘凹陷。板上胸毛 3 对，St_1 在前缘上；隙孔 2 对，第 1 对在 St_1 内侧，斜位。Mst 在小而圆的胸后板上。腹殖板后缘平直，Vl_1 在侧缘上。肛板近圆形，宽大于长。Ad 位于肛孔中线稍前水平，Ad 与 Pa 均长于肛孔。气门沟较宽，前端达到基节 I 中部。气门板宽，后端倾斜，内角一侧圆钝，另一侧长而尖，板上 2 条纵纹达后缘。足后板骨化弱。腹表皮毛 6 对，中列前对毛间距明显大于后对毛间距。头盖中突长，布有小刺，基部形状看不清。螯钳有齿。外颚毛短。跗节 II 末端有 3 根刺形毛，2 根常形毛；中部有 3 根亚刺形毛，2 根常形毛；假关节前有 1 根亚刺形毛；假关节后有 4 根常形毛；其他足毛均常形。

分布：中国吉林省通榆县。

52. 圆肛异伊螨 *Alliphis rotundianalis* Masan，1994

Alliphis rotundianalis Masan，1994，*Acarologia*，35（1）：12.

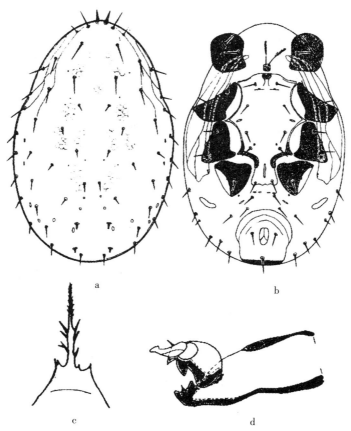

图 3 – 58　圆肛异伊螨 *Alliphis rotundianalis* Masan，1994 ♂

a. 背面（dorsum）　b. 腹面（venter）　c. 头盖（tectum）　d. 螯肢（chelicera）

（仿 Masan，1994）

模式标本产地：斯洛伐克。

雄螨（图3-58）：体长320～370，宽195～220，卵圆形，具网纹。背毛30对，背板后部有2对毛刺状，短于其他毛，末端钝。胸殖腹板前缘凸出，具5对等长的刚毛，后缘突出，呈波浪状，第5对刚毛着生于末端。肛板大，前部圆形，后部宽阔，具网纹。肛后毛远离肛孔。足后板1对，长条形。腹表皮毛9对。头盖中突基段有稀疏的刺状分支，有的分支末端2分叉，末段密布短刺；基部两侧有锐的侧角。导精趾基部呈圆形膨大，末端形成角状突出。

分布：中国吉林省白城市（樱桃树下落叶层中）；斯洛伐克（甲虫携带）。

（十五）犹伊螨属 *Eviphis* Berlese，1903

模式种：*Eviphis pyrobolus* (C. L. Koch, 1839)。

体卵圆形，胸板具3对刚毛，须肢跗节末端具2列树条状细刚毛，须肢膝节具6对毛，跗节顶端具1对巨大的棘。气门板在气门孔后膨大延伸至基节Ⅳ。基节Ⅰ具刚毛。

53. 大连犹伊螨 *Eviphis dalianensis* Sun，Yin et Zhang，1992

Eviphis dalianensis Sun，Yin et Zhang，1992，*Acta Zootaxonomica Sinica*，17 (4)：435.

模式标本产地：中国辽宁省大连市。

雌螨（图3-59a～c）：体卵圆形，长528～561，宽407～418。背板1块，覆盖躯体整个背部，板前缘两侧有稀少而狭长的鳞纹；背板上具刚毛30对，其中D_1～D_8、I_1、F_2短小，F_1中等长，其余刚毛较长；板上有许多裂隙，形状、大小各异。胸板近似六角形，长宽近相等，前缘中部略凸，后缘平直，达基节Ⅲ中部；St_1和St_2细长，末端尖，St_3粗短，端部圆钝呈距杆状；胸板上具2对裂隙和稀疏不规则纹。胸后板与胸板分离，前2/3宽相等，后1/3逐渐变窄，胸后毛着生在前缘外侧，内侧有1圆形隙孔。内足板游离，近似三角形。腹殖板与胸板邻近，短小呈舌状，两侧中部稍内凹，后缘呈弧形，边缘骨化较强，V_1长，毛端几达板后缘。生殖内突1对，位于基节Ⅳ中部。肛板远离生殖板，呈头颅状，长大于宽；在肛侧毛前方具网纹，侧缘骨化较强，边缘中部有1裂隙，板后缘具3列倒棘，后方有透明的棘后区，端部平直；肛孔较大，略偏板后方；Ad位于肛孔两侧，Pa端部略膨大，呈棒槌状。腹面板外在基节Ⅳ后有刚毛10对。足后板小，呈卵圆形，位于气门板末端内侧，后缘与气门板末端平齐。侧足板较长，围绕着基节Ⅳ后缘，骨化较强。气门较大，位于基节Ⅲ与基节Ⅳ之间水平处，气门沟向前延伸至基节Ⅰ前缘，在气门前，基节Ⅲ处有1向内的瘤状突。气门板较宽，在基节Ⅱ与基节Ⅲ间外侧有1细长的裂隙；在基节Ⅳ水平处外侧有1深沟，将气门板分为两叉，内叉短窄，近端部有2个裂隙，外叉宽长，末端后外侧由细纹区分出一小区，其中有1裂隙。在深沟底部与气门沟间有1裂隙。胸叉叉丝上有细的分支。颈板1对，骨化弱，与体壁分界不明显。头盖前段密布细长刚毛，后段两侧具齿，前部齿较大，后部较细小。螯肢细长，螯钳短，定趾与动趾各具3齿。须肢跗节叉毛2叉，几等长。

雄螨（图3-59d）：体卵圆形，长468，宽327。背板覆盖整个躯体背部，板上具刚毛30对，板上具许多裂隙。胸殖板前缘中部具生殖孔，板上具刚毛5对，其中除St₃粗短外，St₁、St₂、Mst和V₁均细而短，板上具裂隙2对。腹板1块，短小，紧邻胸殖板，板上无刚毛。肛板头颅状，长大于宽，侧缘骨化较强，具裂隙1对，Ad位于肛孔两侧近前缘，Pa比Ad粗，板后有1棘区。腹面基节Ⅳ后具9对刚毛，2对位于腹板与肛板间，亚后缘1对粗，体后端1对短小。气门板宽大，气门沟向前延伸至基节Ⅰ前缘，气门板向后延伸至肛板前缘水平处外侧，末端宽，在气门板后部内侧有1深沟，将气门板分为两叉，内叉短窄，有1对裂隙，外叉宽长，其后外侧由细纹分出一小区。足后板卵圆形。螯肢细长，定趾具3齿，动趾具导精趾。

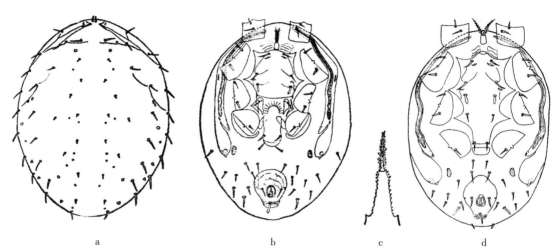

图3-59　大连犹伊螨 *Eviphis dalianensis* Sun, Yin et Zhang, 1992 a～c♀, d♂
a. 背面（dorsum）　b、d. 腹面（venter）　c. 头盖（tectum）
（仿孙宝业等，1992）

分布：中国辽宁省大连市。

（十六）坚体螨属 *Iphidosoma* Berlese，1892

模式种： *Iphidosoma fimetarium*（Müller，1859）。

仅知有2个种的雌螨被描述记录，*Iphidosoma pratensis* Karg，1965和*Iphidosoma insolentis* Ma，1997。具如下特征：躯体长440～450，宽280～300，体呈亮黑褐色，背板角质化强，其前缘弯向腹面与缘板愈合。背板上具20对针状刚毛，和1对F₁毛，短小，呈短棒状。生殖板呈圆锥形，具稍呈圆形后缘。肛板具不整齐的边缘。颚体具有短的颚角，其末端尖。头盖具长而细的中突和两侧的短突，其边缘具齿。螯钳短，定趾上具有较小的明显隆起的顶端。

后若螨： 躯体骨化强，胸板宽大，上具明显的网纹。螯肢定趾具透明膜状附属物，其顶端尖；有些种在颚体的基部和前2对足的基节和转节，有些种在胸板上具棘状刚毛，此种刚毛的末端圆钝或尖突。

坚体螨属分种检索表（后若螨）
Key to Species of *Iphidosoma*（deutonymph）

1. 背板刚毛只有 9 对细小，其余长针状 ······························

·················· 沈阳坚体螨 *Iphidosoma shenyangensis* Bei，Li et Chen，2010

背板刚毛在板边缘 6 对较粗长，余者均细小 ······················

························· 辽宁坚体螨 *Iphidosoma liaoningensis* Bei，Li et Chen，2010

54. 奇坚体螨 *Iphidosoma insolentis* Ma，1997

Iphidosoma insolentis Ma，1997，*Acta Arachnologica Sinica*，6（1）：39.

模式标本产地：中国吉林省白城市。

雌螨（图 3 - 60）：体黄色，近菱形，长 483，宽 299。背板周围卷向腹面，板面花纹浓重，凸凹不平，有网状、斑块状、云朵状和波纹状等不同形状。背面刚毛 28 对，宽而短，末端达不到下位毛基部。F_1 短刺状，F_2 细小，均在腹面。背板卷向腹面部分前部连接气门板，两侧为许多小骨片和波纹状花纹混杂而成，没有真正的板缘，后部有 2 对宽短刚毛，形状同背毛。腹面其余毛均细小。胸叉体宽短，近方形。胸板长大于宽，第 1 对隙孔在 St_1 后方。Mst 在胸后板上。腹殖板后部圆形。肛板表面凸凹不平。Ad 位于肛孔中线水平，Ad 与 Pa 稍短于肛孔。腹表皮毛 3 对。气门沟前端达到基节Ⅰ中部。头盖细长。螯钳粗短，定趾透明附属物稍超过螯钳末端。颚角小而尖。叉毛 2 叉。足均短，足毛短而光滑。

分布：中国吉林省白城市（落叶层）。

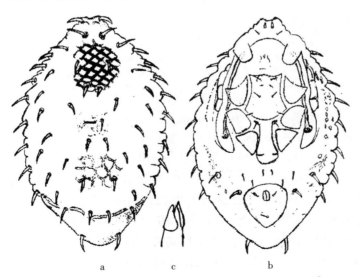

a   c   b

图 3 - 60　奇坚体螨 *Iphidosoma insolentis* Ma，1997♀

a. 背面（dorsum）　b. 腹面（venter）　c. 螯肢（chelicera）

（仿马立名，1997）

55. 辽宁坚体螨 *Iphidosoma liaoningensis* **Bei，Li et Chen，2010**

Iphidosoma liaoningensis Bei，Li et Chen，2010，*Acta Zootaxonomica Sinica*，35（2）：274.

模式标本产地：中国辽宁省沈阳市。

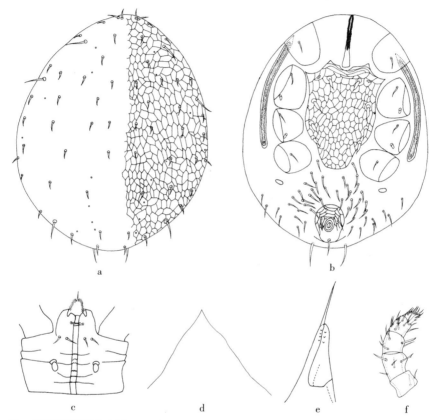

图 3-61　辽宁坚体螨 *Iphidosoma liaoningensis* Bei，Li et Chen，2010 后若螨（deutonymph）

a. 背面（dorsum）　b. 腹面（venter）　c. 颚体（gnathosoma）　d. 头盖（tectum）

e. 螯肢（chelicera）　f. 足Ⅱ（legⅡ）

（仿贝纳新等，2010）

后若螨（图 3-61）：体黄色，近圆形，长 527（494～551），宽 422（421～462）。背板具不规则多边形网纹；背板刚毛 32 对，在板边缘 6 对较粗长（F_1，F_2，ET_1，M_2，M_9，M_{11}），余者均细小。颚后毛及足Ⅱ、Ⅲ基节后刚毛末端圆钝。胸板长 235（235～251），宽 162（154～170），前缘中部凹陷，后缘圆凸，胸板具 2 对隙孔和 4 对刚毛，St_1～St_3 呈棘状，末端尖突，Mst 尖细成刺状。肛板卵圆形，长 81（81～89），宽 73（73～81），围肛毛 3 根，肛侧毛位于肛孔前缘水平，肛后毛距肛孔较远，肛后毛粗于肛侧毛。腹面各板均具不规则多边形网纹。足后板 1 对，近圆形。腹表皮毛约 23 对，多数位于胸板和肛板之间。气门开口位于足基节Ⅲ、Ⅳ之间水平，气门沟前端伸至基节Ⅰ，上具点状刻纹。头盖三角形，边缘光滑。须肢叉毛3叉。胸叉分2叉，上具微毛。螯肢定趾3齿，定趾与动趾近等长，端部具长棘状结构，动趾4齿。

分布：中国辽宁省沈阳市（东陵土壤，北陵土壤）、铁岭市（土壤）。

56. 沈阳坚体螨 *Iphidosoma shenyangensis* Bei，Li et Chen，2010

Iphidosoma shenyangensis Bei，Li et Chen，2010，*Acta Zootaxonomica Sinica*，35（2）：275.

模式标本产地：中国辽宁省沈阳市。

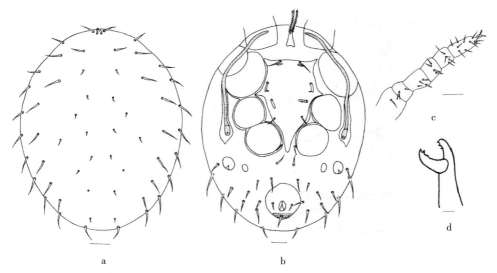

图3-62　沈阳坚体螨 *Iphidosoma shenyangensis* Bei，Li et Chen，2010 后若螨（deutonymph）

a. 背面（dorsum）　b. 腹面（venter）　c. 足Ⅱ（leg Ⅱ）　d. 螯肢（chelicera）

（仿贝纳新等，2010）

后若螨（图3-62）：体长437，宽332。背板光滑，具28对刚毛，其中具9对短小刚毛，位于背板中部，其余背毛简单光滑，约为中部刚毛长的3倍。胸板具4对刚毛，其中 St_2、St_3 短粗且末端圆钝，St_1、St_4 刚毛状。足后板2对，外侧1对较大，内侧1对较小。腹表皮毛约10对，均为刚毛状。肛板近圆形，肛侧毛1对，位于肛孔前缘水平，肛后毛远离肛孔，长于肛侧毛。气门板前缘延伸至基节Ⅰ前缘，后缘延伸至基节Ⅲ、Ⅳ之间。螯肢动趾具2齿，定趾1齿，1根钳齿毛。各足刚毛均正常。

分布：中国辽宁省沈阳市。

（十七）斯卡螨属 *Scamaphis* Karg，1976

Scamaphis Karg，1976，*Abhandlungen Ber. NaturkMus. Görlitz*，50：1-5.

模式种：*Scamaphis exanimis* Karg，1976。

背板后 2/3 处狭窄，不覆盖躯体周缘。背毛少，27对以下。气门板退化，只有气门和短的气门沟。螯肢动趾上无透明附属物。须肢膝节具6对毛，跗节无棘。

57. 顾氏斯卡螨 *Scamaphis guyimingi* Ma，1997

Scamaphis guyimingi Ma，1997，*Acta Arachnologica Sinica*，6（1）：37.
模式标本产地：中国吉林省白城市。

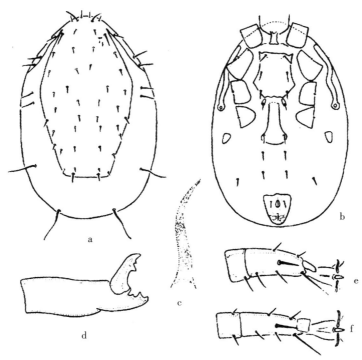

图 3-63　顾氏斯卡螨 *Scamaphis guyimingi* Ma，1997♀

a. 背面（dorsum）　b. 腹面（venter）　c. 头盖（tectum）　d. 螯肢（chelicera）

e. 足Ⅰ跗节，铲状突侧面观（tarsus Ⅰ，shovel-like projection in lateral view）

f. 足Ⅱ跗节，铲状突正面观（tarsus Ⅱ，shove-like projection in frontal view）

（仿马立名，1997）

　　雌螨（图 3-63）：体黄色，卵圆形，长 770，宽 460。背板长 632，宽 368，近菱形，后缘平直，前部连接气门板，其上共有刚毛 26 对，有 D$_5$，其中 F$_3$、T$_1$ 和气门板上的毛较长。背表皮毛 4 对，后 2 对鞭状。胸叉体宽短。胸板近长六角形，前缘较直，后缘略呈波纹状。胸后板长条形。腹殖板杵状。肛板长 103，宽 92，盾形，前缘波纹形，Ad 位于肛孔中线稍前水平，Ad 与 Pa 稍长于肛孔。足后板楔状。腹表皮毛 3 对。气门沟宽，前端达到基节Ⅱ前部。头盖细长，密布绒毛。螯钳动趾和定趾均 2 齿，动趾近侧齿大，定趾远侧齿大。各足股节及膝节毛较长，其余毛多较短。跗节Ⅰ～Ⅳ末端有铲状突，但从侧面观似粗短的刺。

　　雄螨（图 3-64）：体黄色，椭圆形，长 666，宽 425。背板长 632，宽 356，椭圆形，刚毛同雌螨。背表皮毛 2 对，常形。胸叉与气门沟同雌螨。胸殖腹板上刚毛 5 对，较粗。肛板长大于宽，形状与围肛毛同雌螨。足后板近三角形。腹表皮毛 5 对。螯钳动趾长于定趾，导精趾在动趾顶端。颚角内缘有缺刻。各足刚毛多刺状，股节及膝节毛较长。跗节Ⅱ～Ⅳ铲状突同雌螨。

分布：中国吉林省白城市（甲虫）。

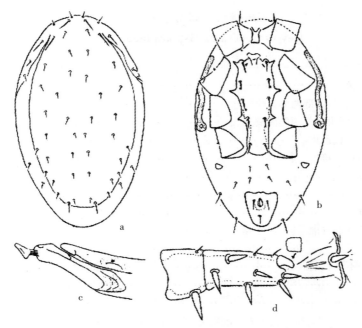

图 3-64　顾氏斯卡螨 *Scamaphis guyimingi* Ma，1997 ♂
a. 背面（dorsum）　b. 腹面（venter）　c. 螯肢（chelicera）　d. 足Ⅱ跗节（tarsus Ⅱ）

（仿马立名，1997）

六、下盾螨科
Hypoaspidae Berlese，1892

Laelaptidae Berlese，1892，*Acari*，*Myriopoda et Scorpions Hursque in Italia Reperta*，fasc. 64.

背板 1 块，覆盖背面大部分，具若干根附加毛。胸前区网状。胸板一般具刚毛 3 对，很少 4 对，具隙孔 2 或 3 对。生殖板大小不一，水滴状、囊状或其他形状。气门沟发达程度不一，典型种类很发达且长，气门板后方游离，有时在基节Ⅳ后方足外板愈合。少数种类缺如。须肢叉毛一般为 2 叉。第二胸板有齿 5～7 横列，有时横列退化成为单齿。口下板毛 3 对。胸叉发达，具叉丝。头盖缘齿状，或者膜质，边缘光滑。螯肢通常具有明显的齿，具钳齿毛。足Ⅰ膝节和胫节通常有腹毛 3 根，足Ⅱ膝节有腹毛 2 根，足Ⅱ基节无明显的前刺。足具有前跗节、爪和爪垫。有些种类足基节上有距状毛或隆突。雄螨具全腹板，很少分裂为胸殖腹板和肛板。螯肢具长沟状的导精趾，通常末端游离。

本科种类营自由生活，兼性寄生或专性寄生，多见于鼠体、昆虫体及其巢穴中。

本书记述 10 属，异寄螨属 *Alloparasitus* Berlese，鞘厉螨属 *Coleolaelaps* Berlese，广

厉螨属 *Cosmolaelaps* Berlese，殖厉螨属 *Geolaelaps* Trägårdh，裸厉螨属 *Gymnolaelaps* Berlese，下盾螨属 *Hypoaspis* Canestrini，拟厉螨属 *Laelaspis* Berlese，土厉螨属 *Ololaelaps* Berlese，肺厉螨属 *Pneumolaelaps* Berlese，伪寄螨属 *Pseudoparasitus* Oudemans。

下盾螨科分属检索表（雌螨）
Key to Genera of Hypoaspidae（females）

1. 腹殖板与肛板愈合 ·· 土厉螨属 *Ololaelaps* Berlese，1904
   腹殖板与肛板分离 ··· 2
2. 背毛最多 27 对；背板中部两侧具缺刻 ·················· 鞘厉螨属 *Coleolaelaps* Berlese，1914
   背毛超过 37 对；背板中部两侧无缺刻 ··· 3
3. 腹殖板较小，与肛板远离 ·· 4
   腹殖板较大，与肛板接近 ·· 7
4. 背毛柳叶状或马刀状 ······································· 广厉螨属 *Cosmolaelaps* Berlese，1903
   背毛刚毛状 ··· 5
5. 背板覆盖整个背部 ·································· 肺厉螨属 *Pneumolaelaps* Berlese，1920
   背板不完全覆盖整个背部 ··· 6
6. 背部具若干对长毛 ····························· 下盾螨属 *Hypoaspis* Canestrini，1885
   背毛均近等长，不具长毛 ······················ 殖厉螨属 *Geolaelaps* Trägårdh，1952
7. 须肢叉毛 3 叉 ···································· 裸厉螨属 *Gymnolaelaps* Berlese，1920
   须肢叉毛 2 叉 ··· 8
8. 腹殖板上具刚毛 4～5 对；头盖具 1 光滑的尖突，两侧边缘具齿 ·····················
   ··· 伪寄螨属 *Pseudoparasitus* Oudemans，1902
   腹殖板上具刚毛 1～4 对；头盖无尖突，边缘具齿 ··· 9
9. 背部隆起；背毛各种形状 ··························· 拟厉螨属 *Laelaspis* Berlese，1903
   背部较平坦；背毛刚毛状 ······················ 异寄螨属 *Alloparasitus* Berlese，1920

（十八）异寄螨属 *Alloparasitus* Berlese，1920

模式种：*Alloparasitus oblongus*（Halbert，1915）。

躯体呈长卵形，中型螨类，雌螨体长 700，前端两侧稍凸起。背板覆盖全体背部，上有 39 对适度长的光滑刚毛，板上具网纹。腹面具网纹，腹面各板均具网纹，并相互紧邻。胸板具直而宽且刀砍状前缘，中间具三角形的角突。螯肢具齿，动趾 2 齿，定趾具 4～6 齿，动趾基部具齿盖，定趾钳齿毛和背毛短小。须肢跗节叉毛 2 叉。足强壮，具发达的爪，足Ⅳ膝节具 8 根刚毛。

58. 矩形异寄螨 *Alloparasitus oblonga*（Halbert，1915），**rec. nov.**（中国新记录种）

Laelaps（*Hypoaspis*）*oblongus* Halbert，1915，*Proc. Roy. Irish Acad. B*，31（sect. 2，pt. 39 ii）。

模式标本产地：英国爱尔兰。

雌螨（图 3-65）：躯体呈长卵形，中型螨类，体长 700，前端两侧稍凸起。背板覆盖整个背部，上有 39 对适度长的光滑刚毛，板上具网纹。腹面各板均具网纹，并相互紧邻。

胸板具直而宽且刀砍状前缘，中间具三角形的角突，胸毛 3 对，隙孔 2 对。腹殖板烧瓶状，具刚毛 2 对。足后板 1 对，长条状。肛板三角形，围肛毛 3 根。腹表皮毛 11 对。第二胸板具齿 6 列。头盖三角形，边缘具细齿。螯肢具齿，动趾 2 齿，定趾具 6 齿，动趾基部具齿盖，定趾钳齿毛和背毛短小。须肢跗节具 2 叉的趾。足强壮，具发达的爪，足 Ⅳ 膝节具 8 根刚毛。

　　分布：中国辽宁省（土壤）；英国，爱尔兰，俄罗斯。

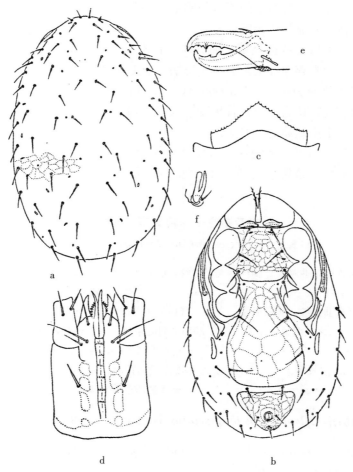

图 3 - 65　矩形异寄螨 *Alloparasitus oblonga* （Halbert，1915）♀

a. 背面（dorsum）　b. 腹面（venter）　c. 头盖（tectum）　d. 颚体（gnathosoma）

e. 螯肢（chelicera）　f. 叉毛（forked seta）

（仿 Bregetova et Koroleva，1964）

（十九）鞘厉螨属 *Coleolaelaps* Berlese，1914

Coleolaelaps Berlese，1914，*Redia*，10：141.

模式种：*Coleolaelaps agrestis* （Berlese，1887）。

背板一整块，背板前部明显宽于背板后部，两部之间的边缘有深度不一的缺刻。背毛数目减少，背板前部刚毛不超过 16 对，背板后部刚毛不超过 11 对；背毛长度达到或明显超过下列刚毛的基部，边缘及靠近边缘的刚毛则更为长。胸板及腹殖板较小，表面布有纹饰，胸板前缘界限不清晰，生殖毛 1 对，位于板的边缘或板外。肛板前部半圆形，后部渐窄，表面常有纹饰；肛后毛长度大于肛侧毛。螯钳具齿，有很短的钳齿毛和钳基毛。颚沟具 6 横列小齿。第 3 对口下板毛不明显长于其他 3 对。头盖边缘具齿突。须肢叉毛 2 叉。足Ⅰ～Ⅳ不具距或刺，只是腹面的刚毛有时或稍粗大。多数种类在足Ⅳ股节、膝节、跗节上有长刚毛，但足Ⅱ、Ⅲ股节上绝不具长刚毛。各足有爪和爪垫。雄螨具窄长的全腹板，或肛板分离。导精趾明显长于动趾。

鞘厉螨属为下盾螨属的近缘属，前苏联、日本有的学者把它作为下盾螨属的一个亚属。这两属之间的种常存在混淆，有些鞘厉螨背板上和足上也有弯曲的鞭状长毛，这一点与下盾螨属的模式种 *Hypoaspis krameri* (Canestrini) 相似。Costa 和 Hunter（1970）曾厘定鞘厉螨属的属征，认为主要是背板刚毛较少，最多 27 对，背板侧缘中部有明显的缺刻或凹口，这是与下盾螨属的主要区别。

鞘厉螨属的种类不多，常发现于云鳃金龟属 *Polyphylla* 和鳃角金龟属 *Anoxia* 的成虫和幼虫体上，营共生或寄生生活。在其他属的鳃金龟上未见发现，对寄主有高度的专嗜性。

鞘厉螨属分种检索表（雌螨）
Key to Species of *Coleolaelaps* (females)

1. 背板侧凹之间有许多弯曲横纹，胸板后端呈方突，肛板后半部明显收窄 ⋯⋯⋯⋯⋯⋯⋯⋯
  ⋯⋯⋯⋯⋯⋯⋯⋯⋯⋯⋯⋯⋯⋯ 通榆鞘厉螨 *Coleolaelaps tongyuensis* Ma, 1997
  背板侧凹之间无弯曲横纹，胸板后端无方突，肛板后半部缓慢收窄⋯⋯⋯⋯⋯⋯⋯⋯⋯ 2
2. 背板刚毛长，但 D_4 之长明显短于 D_4 与 D_6 基部之间的距离；头盖较宽，似等边三角形 ⋯⋯⋯
  ⋯⋯⋯⋯⋯⋯⋯⋯⋯⋯ 长毛鞘厉螨 *Coleolaelaps longisetatus* Ishikawa, 1968
  背板刚毛更长，D_4 之长等于或大于 D_4 与 D_6 基部之间的距离；头盖窄三角形 ⋯⋯⋯⋯⋯⋯
  ⋯⋯⋯⋯⋯⋯⋯⋯⋯⋯ 蒂氏鞘厉螨 *Coleolaelaps tillae* Costa et Hunter, 1970

59. 长毛鞘厉螨 *Coleolaelaps longisetatus* Ishikawa，1968

Coleolaelaps longisetatus Ishikawa，1968，*Rep. Res. Matsuyama Shinonome Junior College*，3（2）：41.

模式标本产地：日本。

雌螨（图 3-66）：体卵圆形，长 1 160～1 380。颚体的颚角骨化较强。颚沟具 6 横列小齿。螯肢动趾具 2 齿，定趾在钳齿毛之前具 2 齿，在钳齿毛之后约 8 枚小齿。头盖三角形，边缘具小锯齿。背板前宽后窄，表面具纹饰，中部侧缘凹口深度不一；背板前部具刚毛 12 对，背板后部具刚毛 11 对；刚毛较长，均达到或超过下一刚毛的毛基，以侧缘最后 2 对最长。胸板表面布有纹饰；3 对胸毛均位于板缘。胸后毛着生于表皮上。基节Ⅱ、Ⅲ的足内板小，不与胸板愈合。腹殖板短小，舌形，表面有纹饰；生殖毛位于板外表皮上。肛板前部半圆形，后部收窄；肛后毛明显长于肛侧毛。气门沟延至基节Ⅰ后缘之前。足

Ⅲ、Ⅳ长于足Ⅰ、Ⅱ，以足Ⅳ最长。足Ⅳ股节、膝节、跗节均具大长毛，股节腹毛2根。足Ⅱ跗节腹毛粗壮，但不具粗刺状毛。

　　分布：中国辽宁省；日本。

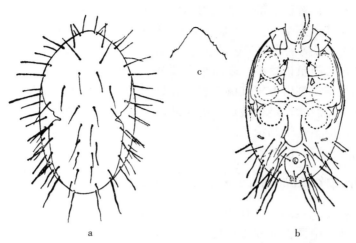

图 3 - 66　长毛鞘厉螨 *Coleolaelaps longisetatus* Ishikawa，1968♀

a. 背面（dorsum）　b. 腹面（venter）　c. 头盖（tectum）

（仿邓国藩，1980）

60. 蒂氏鞘厉螨 *Coleolaelaps tillae* Costa et Hunter，1970

Coleolaelaps tillae Costa et Hunter，1970，*Redia*，52：344.

　　模式标本产地：本种模式标本采自中国（Costa & Hunter，1970），但原始记录的模式产地"Yen-Ping，China"不易查考。

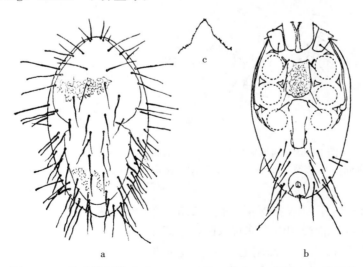

图 3 - 67　蒂氏鞘厉螨 *Coleolaelaps tillae* Costa et Hunter，1970♀

a. 背面（dorsum）　b. 腹面（venter）　c. 头盖（tectum）

（仿邓国藩，1980）

雌螨（图3-67）：体长卵形，长约1 070。颚体的颚角骨化较强。颚沟具6～8横列小齿，以6列居多。螯肢动趾具2齿，定趾在钳齿毛之前具2大齿和2小齿，在钳齿毛之后具很多微细的小齿。头盖窄三角形，边缘具小锯齿。背板前宽后窄，表面纹饰明显，中部侧缘凹口深度不一；背板前部具刚毛12对，背板后部具刚毛11对，刚毛相当长，明显超过下一刚毛的毛基，其中D_4尤为显著，达到D_6的毛基。胸板表面纹饰明显，前缘与胸前区分界不清；3对胸毛均位于板的边缘。胸后毛着生于表皮上。基节Ⅱ、Ⅲ的足内板小，不与胸板愈合。腹殖板短小，表面布有纹饰；生殖毛位于板外表皮上。肛板长圆形，前部宽圆，后部收窄，肛后毛较肛侧毛长。在肛板两侧之后末1对腹侧毛最长，约310。气门沟前端达基节Ⅰ后缘。足Ⅳ最长，足Ⅱ最短。足Ⅳ股节、膝节、跗节均具大长毛。足Ⅱ跗节腹毛粗壮，但不具粗刺状毛。

分布：中国辽宁省、山西省。

61. 通榆鞘厉螨 *Coleolaelaps tongyuensis* Ma，1997

Coleolaelaps tongyuensis Ma，1997，*Acta Zootaxonomica Sinica*，22（1）：26-28.
模式标本产地：中国吉林省通榆县。

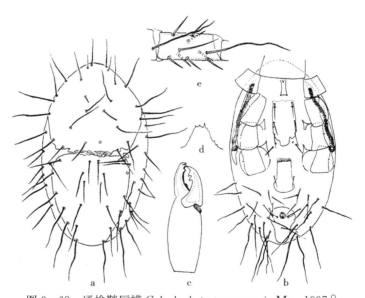

图3-68　通榆鞘厉螨 *Coleolaelaps tongyuensis* Ma，1997♀
a. 背面（dorsum）　b. 腹面（venter）　c. 螯肢（chelicera）　d. 头盖（tectum）　e. 足Ⅳ膝节（genu Ⅳ）
（仿马立名，1997）

雌螨（图3-68）：体长椭圆形，长1 275，宽689。背板长和宽与体测量相等，但后部两侧留有裸露区。背板侧缘中部有深凹，不规则。两凹间有许多弯曲横纹将板分成前后两部分，前部刚毛12对，后部刚毛11对。毛很长，波状，数目不稳定。背表皮毛正模一侧7根，另一侧14根；副模一侧3根，另一侧5根，形状同背板毛。胸板前缘不清，侧缘及后缘清晰，后端近方形凸出。板上刚毛3对，隙孔2对，第3对在板外。Mst在表皮上。足内板2对，三角形。腹殖板后部膨大，生殖毛在板外。肛板倒梨形，后半部明显收窄，长大于宽，肛孔在肛板前部。Ad 位于肛孔中线或稍后水平，长于肛孔；Pa 约位于肛孔后缘至肛板后缘的中间，明显长于 Ad。腹表皮毛正模一侧 19 根，另一侧 13 根；副模一侧 25 根，另一侧 21 根。后部腹表皮毛很长，波状。气门沟较宽，其外缘及前、后端均能看到气门板。头盖边缘有不规则小齿。螯钳动趾 2 齿，定趾有 2 大齿和许多细小齿。足Ⅱ刚毛常形，有的变粗；足Ⅲ跗节有长毛；足Ⅳ股节、膝节和跗节均有长波状毛，膝节后缘毛 3 根。

分布：中国吉林省通榆县（腐烂鼠巢内甲虫体上）。

（二十）广厉螨属 *Cosmolaelaps* Berlese，1903

模式种：*Cosmolaelaps claviger*（Berlese，1883）。

螯肢定趾上钳齿毛短小，具 2 齿。须肢趾节具 2 叉。背部全部刚毛和腹面周围的刚毛常具特征性的刚毛，呈柳叶状，梭针形或马刀状。气门板窄。生殖板上有 1 对刚毛或位于板外。

广厉螨属分种检索表（雌螨）
Key to Species of *Cosmolaelaps*（females）

1. Ad 位于肛孔前缘或后缘水平 ·· 2
   Ad 位于肛孔中横线水平 ·· 3
2. 螯肢动趾 2 齿；Ad 位于肛孔前缘；Pa 短于 Ad ··
   ······························· 拟楔广厉螨 *Cosmolaelaps paracuneifer*（Gu et Bai，1992）
   螯肢动趾 8 齿；Ad 位于肛孔后缘；Pa 约等于 Ad ···
   ······························· 尖背广厉螨 *Cosmolaelaps acutiscutus* Teng，1982
3. 足后板 1 对 ·· 4
   足后板多于 1 对 ·· 7
4. 腹殖板后端显著膨大，与肛板接近 ········· 网纹广厉螨 *Cosmolaelaps reticulatus* Xu et Liang，1996
   腹殖板后端水滴状，膨大不明显，与肛板远离 ·· 5
5. 胸板后缘明显凸出 ··························· 兵广厉螨 *Cosmolaelaps miles*（Berlese，1892）
   胸板后缘平直或略凸出 ·· 6
6. 螯肢定趾 2 齿；腹表皮毛 8 对，均针状 ············· 松江广厉螨 *Cosmolaelaps sungaris*（Ma，1996）
   螯肢定趾 3 齿；腹表皮毛 9～16 对，前部针状，后部宽叶状 ···
   ······························· 叶氏广厉螨 *Cosmolaelaps yeruiyuae* Ma，1995
7. 足后板 4 对 ·································· 力氏广厉螨 *Cosmolaelaps hrdyi* Samšiňåk，1961
   足后板 2 对 ·································· 空洞广厉螨 *Cosmolaelaps vacua*（Michael，1891）

62. 尖背广厉螨 *Cosmolaelaps acutiscutus* Teng，1982

Cosmolaelaps acutiscutus Teng，1982，*Acta Zootaxonomica Sinica*，7（2）：162.
模式标本产地：中国江苏省赣榆县。

雌螨（图 3-69）：体型大，椭圆形，长 927，宽 606。螯肢动趾长 133，具齿 8 枚，居中的 6 枚极为细小，定趾端部具齿 4 枚，其后中部为 9 枚极微细的小齿，最后又具 2

齿。钳齿毛短小，针状，钳基毛粗壮。头盖边缘具齿裂。须肢叉毛2叉。背板前宽后窄，末端尖细，近似盾形；长840，最宽处494。板上布有网纹。背毛弯刀形，主刚毛38对（I毛只有2对），副刚毛2根，位于D_5与D_6及D_6与D_7之间。背部表皮具刚毛约21对，其形状和大小与背板刚毛相似。胸板前区具波状纹。胸板前缘弧形浅凹，两侧缘在St_2之前内弯呈凹口，后缘略平。板上布有网纹；胸毛3对，约等长，第1对位于前缘上；隙孔3对，第1对位于St_1后外侧，第2对位于St_2后外方，第3对见于胸板后缘上。腹殖板短小，后部略微变宽；表面布有网纹，其上刚毛1对。肛板远离腹殖板，前部宽圆，后端尖窄，长度约等于宽度，表面有网纹；肛侧毛位于肛门后部两侧，与肛后毛约等长。足后板2对，扁长形，外侧1对较大。气门沟窄长，前端延至基节I中部；气门板在气门之后宽短。腹部表皮刚毛约14对，呈针状。足瘦长。足II跗节腹面具刺状刚毛5根，股节和胫节腹面各具刺状刚毛1根。足III、IV无刺状刚毛，但足IV末3节腹面有几根刚毛较为粗壮。

分布：中国吉林省白城市（腐烂鼠巢）、江苏省赣榆县。

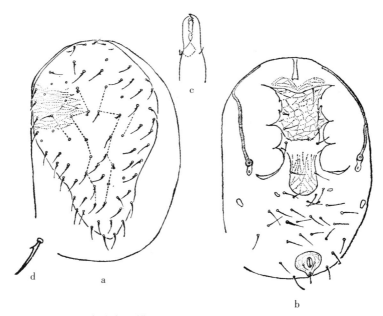

图3-69　尖背广厉螨 *Cosmolaelaps acutiscutus* Teng，1982♀

a. 背面（dorsum）　b. 腹面（venter）　c. 螯肢（chelicera）　d. 背毛（dorsal setae）

（仿邓国藩，1982）

63. 力氏广厉螨 *Cosmolaelaps hrdyi* Samšiňǎk，1961

Cosmolaelaps hrdyi Samšiňǎk，1961，*Čas. Č. Spol. Ent.*，58：205。

异名：*Cosmolaelaps shenyangensis* Bei，Shi et Yin，2003，*Acta Zootaxonomica Sinica*，28（4）：648-650。

模式标本产地：中国广东省。

雌螨（图3-70a～f）：体卵圆形，长567，宽413（足IV基节水平）。背板具浅的网纹，不覆盖整个背部，着生背毛39对，在D毛系列具3根副毛。F_1刺状，较粗大（28），

F_2 针状（18），D_8（24）刺状如 F_1，其他背毛均为披针状，在距毛基 1/3 处有 1 个钝的侧突。背板具大小形状不一的隙孔 13 对。背部膜质外缘具毛 7 对。胸叉基长 34，宽 10，叉丝长 72。胸板仅两侧缘具极少的纹络；胸板前缘骨化较弱，后缘微凹；着生胸毛 3 对，隙孔 2 对。胸后毛着生于盾间膜上，前方具孔 1 对。腹殖板后缘宽圆，具 V 形条纹 3 条；生殖毛 1 对。肛板倒三角形，肛侧毛位于肛孔中横线上，肛后毛较肛侧毛粗大。足后板 4 对，外侧的 1 对较大，长条形，前端较窄。气门沟在足 I 基节外侧向背前方延伸，前端达 F_2 外侧；气门沟板后缘不超过足 IV 基节后缘，其后末端具孔 1 个。腹面膜质区域具毛 11 对，其中肛板外侧 3 对较粗大。颚沟具齿列 6 排；口下板第 2 对毛较短。头盖具 3 个突起，中央突较长，两侧突较短且不对称，外侧缘具小齿状的突起。螯肢动趾明显短于定趾；定趾端部弯曲呈钩状，具 3 个大齿 2 个小齿；定趾具 2 钝齿。

雄螨（图 3-70g～h）：背板长 413，宽 275，背毛及纹络如雌螨。全腹板着生简单刚毛 10 对，围肛毛 3 根及隙孔 3 对；在 St_2 前区域和足 IV 基节后区域具网纹。螯肢动趾具 2 齿，导精趾端部膨大；定趾端部具 2 齿。

分布：中国辽宁省沈阳市（东陵区土壤）和鞍山市（千山风景区土壤）、广东省。

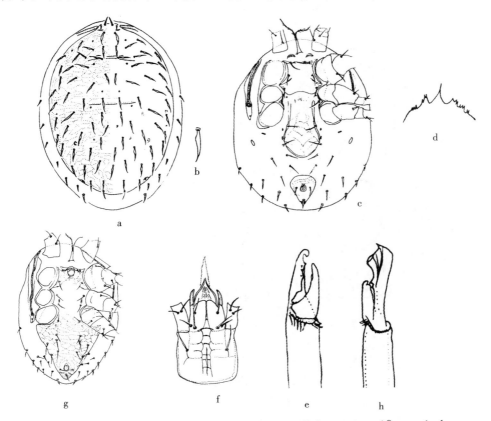

图 3-70 力氏广厉螨 *Cosmolaelaps hrdyi* Samšiňàk，1961 a～f♀，g～h♂

a. 背面（dorsum） b. 背毛（dorsal seta） c、g. 腹面（venter） d. 头盖（tectum）

e、h. 螯肢（chelicera） f. 颚体腹面（venter of gnathosoma）

（仿贝纳新等，2003）

64. 兵广厉螨 *Cosmolaelaps miles* (Berlese，1892)

Laelaps (*Iphis*) *miles* Berlese，1892，*Acari*，*Myr. Scorp. Ital.*，63（9）。

异名：*Cosmolaelaps gurabensis* Fox，1946。

模式标本产地：意大利。

雌螨（图 3-71）：体卵形，长 599，宽 397。背板后部收窄，不覆盖整个背部，具网纹；长 518，宽 300；板上具刚毛 37 对，呈窄叶状。背面膜质区域着生刚毛 10 对。胸板前区域有波状纹。胸板具网纹，后缘中央凸出；胸板刚毛 3 对，隙孔 2 对。腹殖板在足Ⅳ基节后稍膨大，板上刚毛 1 对。肛板前部宽圆，后端收窄；肛侧毛位于肛孔中部两侧。足后板 1 对，椭圆形。气门沟前端伸至基节 I 前部。腹部膜质区域着生刚毛 9 对。螯肢动趾 2 齿，定趾 3 齿，钳齿毛针状。颚沟具小齿列 6 列。头盖前缘具不规则齿裂，中央具 1 较大的突起。须肢叉毛 2 叉。

分布：中国黑龙江省、吉林省、辽宁省鞍山市（千山风景区）、陕西省、浙江省、湖北省、四川省；美国，俄罗斯等欧洲国家或地区。

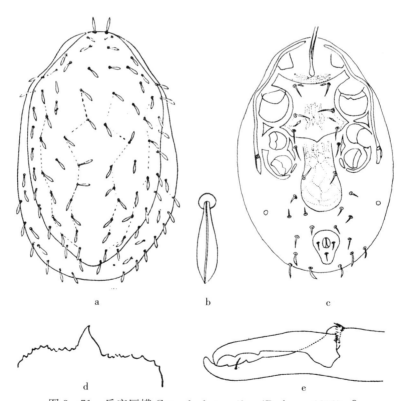

图 3-71　兵广厉螨 *Cosmolaelaps miles* (Berlese，1892) ♀

a. 背面（dorsum）　b. 背毛（dorsal seta）　c. 腹面（venter）　d. 头盖（tectum）　e. 螯肢（chelicera）

（仿 Bregetova，1956）

65. 拟楔广厉螨 *Cosmolaelaps paracuneifer* （Gu et Bai，1992）

Hypoaspis paracuneifer Gu et Bai，1992，*Acta Zootaxonomica Sinica*，17 (2)：189-195.
模式标本产地：中国宁夏回族自治区海原县。

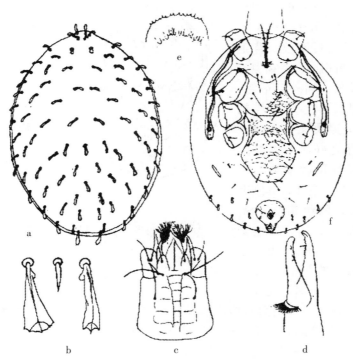

图 3-72　拟楔广厉螨 *Cosmolaelaps paracuneifer* （Gu et Bai，1992）♀
a. 背面 (dorsum)　b. 背毛（左 M_{11}，中 M_7，右 S_5）〔dorsal setae (left：M_{11}，middle：M_7，right：S_5)〕
c. 颚体 (gnathosoma)　d. 螯钳 (chela)　e. 头盖 (tectum)　f. 腹面 (venter)
（仿顾以铭等，1992）

雌螨（图 3-72）：体卵圆形，长 774～790，宽 543～593。背板几乎覆盖整个背部，长 741～774，宽 527～576，板上具网纹。背毛除 39 对正常刚毛外，另有附加毛 6 根，背毛中仅 M_7 呈毛状，其余诸毛远端均膨大呈楔形，端缘并有小齿。4 对颚毛均光滑，颚内毛最长，颚外毛最短。颚沟具 6 对横齿，每列齿数较多，尤以前一列最宽。颚角尖长。口下板前缘具许多长丝。螯肢发达，动趾长，具 2 齿，定趾略长，具 6～7 枚小齿，钳齿毛短小，针状。头盖前缘弧形，具细齿，上面有长齿状纹。叉毛 2 分叉。胸叉发育完好，叉丝长具小分支。胸板前缘深凹，后缘较平，板上具网纹，以板后部较明显；St_1 及 1 对隙孔在胸板前方，板上仅有 2 对胸毛及 1 对隙孔，St_1 最长；Mst 与另 1 对隙孔同位于板后的表皮上。腹殖板具 1 对刚毛，侧缘在 Vl_1 后膨大，然后内凹，末端宽圆呈帽形，板上具网纹，Vl_1 长 51～58。肛板倒梨形，长大于宽，Ad 近肛门前缘水平，Pa 略短，较粗，板上具网纹，侧缘具 1 明显隙孔。足后板 2 对，呈棒状，约平行、斜列，外侧 1 对较大，内侧 1 对很小。腹表皮刚毛 12 对，前 5 对常形，后 7 对楔形。气门沟细长，前端达基节 I

前方，与背板融合。气门板末端截状，气门后有纵纹直到板后缘，气门板内侧有 2 个隙孔，近端处的较小，近气门的稍大，板的前方有二处膨大，在基节Ⅰ、Ⅱ外方各有 1 珠孔。各足上均有较粗的毛及与背毛相似的楔状毛。膝节Ⅳ具 9 根毛。

雄螨（图 3−73）：体卵圆形，长 691～741，宽 510～568。背板几乎覆盖整个背部，长 658～724，宽 502～543，板上具网纹。背毛数目、形状与雌螨相同。4 对颚毛光滑，颚内毛最长，颚外毛最短。螯肢发达，螯钳长 54～58，导精趾长 72～74。头盖及叉毛与雌螨相同。胸叉发育完好，叉丝具细分支。全腹板基节Ⅳ后呈圆形膨大，板上除 3 根围肛毛外，具刚毛 7 对及 2 对隙孔，网纹清晰。St_1 与第 1 对隙孔均在板外。Ad 位于肛门中横线之前，Pa 略粗短。足后板 2 对，杆状，外侧的 1 对较大。腹表皮刚毛 9～10 对，前 3 对

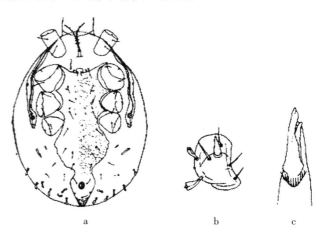

图 3−73　拟楔广厉螨 *Cosmolaelaps paracuneifer*
（Gu et Bai，1992）♂
a. 腹面（venter）　b. 足Ⅱ股节（femur Ⅱ）　c. 螯钳（chela）
（仿顾以铭等，1992）

常形，后 6～7 对楔形。气门沟前端达基节Ⅰ前部，气门板较宽，末端截状，有 1 纵纹及 2 隙孔，基节Ⅱ后外侧有 1 单珠孔。各足均具有粗的毛与楔状毛，股节Ⅱ具 1 棘，并有 2 根楔状毛。

分布：中国宁夏回族自治区海原县（红羊地区蚁巢）、吉林省白城市。

66. 网纹广厉螨 *Cosmolaelaps reticulatus* Xu et Liang，1996

Hypoaspis（*Cosmolaelaps*）*reticulatus* Xu et Liang，1996，*Systematic and Applied Acarology*，1：191.

模式标本产地：中国安徽省合肥市。

雌螨（图 3−74）：体卵圆形，长 591，宽 413。背板具明显的网纹，覆盖整个背部；着生背毛 39 对，附加毛 3 根，除 F_1、F_2、D_8 外，其他背毛均为披针状，在近毛基处有 1 个侧突；背板后半部前缘具大孔 1 对。胸板具网纹，前后缘均凹陷；着生胸毛 3 对，隙孔 2 对。腹殖板具生殖毛 1 对，在生殖毛后显著膨大，呈花瓶状，膨大部分中央网纹叶脉状。肛板倒三角形，肛侧毛位于肛孔中线水平上。足后板 1 对较大，长条形，另有小板数对。气门沟前端达 F_2 外侧，气门板后端不超过足Ⅳ基节后缘。颚沟具齿列 6 排。螯肢动趾 2 齿，定趾多于 5 齿。

分布：中国吉林省临江县（森林土壤）、安徽省合肥市、辽宁省沈阳市（东陵区土壤）和铁岭市（龙首山风景区土壤）。

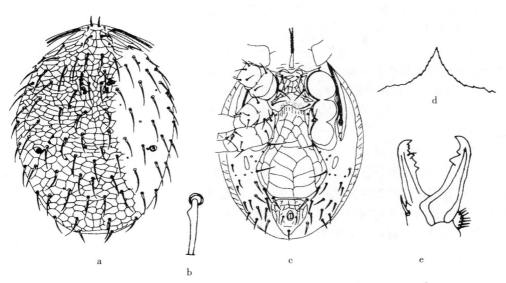

图 3-74　网纹广厉螨 *Cosmolaelaps reticulatus* Xu et Liang，1996♀

a. 背面（dorsum）　b. 背毛（dorsal seta）　c. 腹面（venter）　d. 头盖（tectum）　e. 螯肢（chelicera）

（仿 Xu Xuenong & Liang Lairong，1996）

67. 松江广厉螨 *Cosmolaelaps sungaris*（Ma，1996）

Hypoaspis sungaris Ma，1996，*Acta Zootaxonomica Sinica*，21（1）：48-54.

模式标本产地：中国吉林省前郭尔罗斯蒙古族自治县。

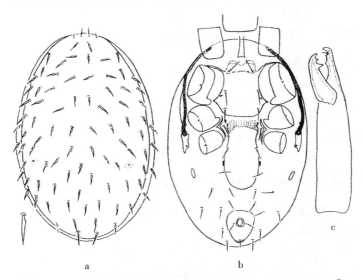

图 3-75　松江广厉螨 *Cosmolaelaps sungaris*（Ma，1996）♀

a. 背面（dorsum）　b. 腹面（venter）　c. 螯肢（chelicera）

（仿马立名，1996）

雌螨（图 3-75）：体黄色，椭圆形，长 517～643，宽 333～437。背板几乎覆盖整个背面，长 483～575，宽 310～368；板上刚毛 39 对，D_5 和 D_6 之间有 3 根附加毛，F_1 和 M_{11} 为普通短刚毛，F_2 细小，其余刚毛近基部单侧外凸，末端远达不到下位毛基部。S_5 和 S_4 之间有 1 小圆孔，周围有晕。裸露区刚毛形状同背板毛。胸板前侧角细，前缘不清，胸前网纹区与胸板相连；后缘几乎平直，有的微凸或微凹。腹殖板基节 IV 后微膨大。肛板长大于宽，Ad 位于肛孔中线水平，Ad 与 Pa 约等于肛孔长。足后板椭圆形。气门沟前端达到基节 I 中部。腹表皮毛约 8 对。螯钳动趾有 2 大齿，定趾有 2 小齿，其间还有不明显的更小的齿。

雄螨（图 3-76）：体色与体形同雌螨，长 379～402，宽 230～253。背板长 356～391，宽 218～241，背毛形状及数目同雌螨。全腹板胸前网纹区与胸板区相连。基节 IV 后膨大，向后收缩，腹殖板区刚毛 6 对。围肛毛同雌螨。气门沟前端达到基节 I 中部。腹表皮毛约 5 对。螯钳动趾与定趾各有 1 齿，导精趾末端弯曲。

分布：中国吉林省前郭尔罗斯蒙古族自治县 [黑线仓鼠（*Crlcetulus barabensls* Pallas）巢]。

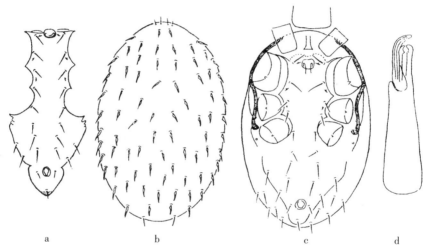

图 3-76　松江广厉螨 *Cosmolaelaps sungaris*（Ma，1996）♂
a. 全腹板（holoventral shield）　b. 背面（dorsum）　c. 腹面（venter）　d. 螯肢（chelicera）
（仿马立名，1996）

68. 空洞广厉螨 *Cosmolaelaps vacua*（Michael，1891）

Laelaps vacua Michael，1891，*Proc. Zool. Soc. Lond.*，651.

模式标本产地：英国。

雌螨（图 3-77）：体卵形，长 502，宽 365。背板覆盖整个背部，具网纹；板上具刚毛 39 对及附加毛 2 根，除 F_1、F_2、ET_1 和 M_{11} 外，其他背毛呈弯刀状。胸板前区域有波状纹。胸板前缘骨化弱，后缘平直；胸板具刚毛 3 对，St_1 位于前缘上；隙孔 2 对。腹殖板舌状，板上刚毛 1 对，位于该板边缘上；腹殖板于生殖毛后稍隆起，后缘圆钝。肛板前部宽圆，后端收窄；肛侧毛位于肛孔中部两侧，较肛后毛短。足后板 2 对，内侧 1 对较小，外侧 1 对较大。气门沟前端伸至基节 I 中部。腹部膜质区域着生刚毛 14～16 对。螯肢动趾 2 齿；定趾 5 齿，钳齿毛针状。颚沟具小齿列 6～7 列。头盖前缘具不规则齿裂。须趾叉毛 2 叉。

分布：中国黑龙江省，江西省（庐山），辽宁省沈阳市（沈阳农业大学樱桃树上，北陵土壤）；俄罗斯，奥地利，意大利，英国。

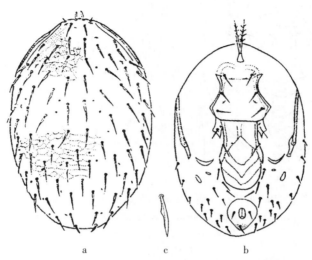

图 3 - 77　空洞广厉螨 *Cosmolaelaps vacua* （Michael，1891）♀

a. 背面（dorsum）　b. 腹面（venter）　c. 背毛（dorsal seta）

（仿 Evans and Till，1966）

69. 叶氏广厉螨 *Cosmolaelaps yeruiyuae* Ma，1995

Cosmolaelaps yeruiyuae Ma，1995，*Acta Zootaxonomica Sinica*，20（4）：432 - 434.

模式标本产地：中国吉林省前郭尔罗斯蒙古族自治县。

雌螨（图 3 - 78）：体卵圆形，长 540～643，宽 391～437。背板长 540～609，宽 345～368，覆盖背面大部或几乎全部，自 M_7 以后明显收缩。板上刚毛 37 对，I 毛 1 对。刚毛略宽，呈细长叶状，中间有一纵轴。背表皮毛每侧 7～14 根，形状同背板毛。胸板前缘凹，后缘凸，前侧角长而宽。隙孔前 2 对在板上，第 3 对在板外。Mst 在内足板内侧表皮上。腹殖板基节Ⅳ后稍膨大，后端圆形，约达到 Vl_3 水平处。肛板倒梨形，长宽近相等。Ad 位于肛孔中线水平，Ad 与 Pa 约等于肛孔长。足后板小而圆。气门沟前端达到基节 I 中部。腹表皮毛 9～16 对，后部刚毛形状同背板毛。头盖前缘有不明显小锯齿，中央有 1 尖突，长 34。螯肢很长，138～149，动趾较细，2 齿；定趾稍宽，末端分叉，3 齿，近侧齿为 1 不明显的小圆凸。钳齿毛细小，颚角细长，长 103，宽 23。叉毛 2 叉。足毛多数针状，个别者同背毛。

分布：中国吉林省前郭尔罗斯蒙古族自治县〔黑线仓鼠（*Cricetulus barabensis* Pallas）、大仓鼠（*Cricetulus triton* de Winton）〕。

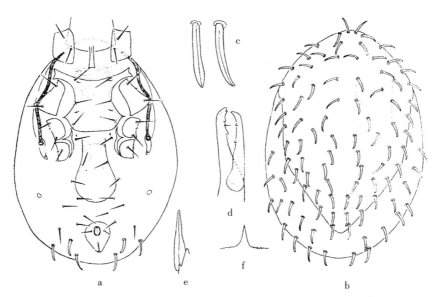

图 3-78　叶氏广厉螨 *Cosmolaelaps yeruiyuae* Ma，1995♀

a. 腹面（venter）　b. 背面（dorsum）　c. 背毛（dorsal setae）　d. 螯钳（chela）

e. 颚角（corniculus）　f. 头盖（tectum）

（仿马立名，1995）

（二十一）殖厉螨属 *Geolaelaps* Trägårdh，1952

模式种：*Geolaelaps aculeifer*（Canestrini，1884）。

具一块完整的背板，其形状和大小种间具差异，其他特征与腹面的各板则相似。雌螨生殖板具 1 对刚毛。躯体与足不具长细的刚毛。须肢叉毛 2 分叉。肛板与腹殖板远离。螯肢动趾与定趾具齿。

殖厉螨属分种检索表（雌螨）
Key to Species of *Geolaelaps*（females）

1. Ad 位于肛孔后缘水平 ·· 2
   Ad 位于肛孔中横线或前缘水平 ··· 3

2. 胸板后缘凹；足后板 3 对 ················· 大黑殖厉螨 *Geolaelaps diomphali*（Yin et Qin，1984）
   胸板后缘平直；无足后板 ················· 长毛殖厉螨 *Geolaelaps longichaetus*（Ma，1996）

3. 背毛 50 对；Pa 长于 Ad ················· 东方殖厉螨 *Geolaelaps orientalis*（Bei et Yin，1999）
   背毛 37～39 对；Pa 短于或约等于 Ad ·· 4

4. Pa 小于 Ad ·································· 白城殖厉螨 *Geolaelaps baichengensis*（Ma，2000）
   Pa 约等于 Ad ··· 5

5. 背毛 37 对；Ad 位于肛孔前缘 ············· 周氏殖厉螨 *Geolaelaps zhoumanshuae*（Ma，1997）
   背毛 39 对；Ad 位于肛孔中横线水平 ·· 6

6. 腹表皮毛多，25 对 ···················· 溜殖厉螨 *Geolaelaps lubrica*（Voigts et Oudemans，1904）
   腹表皮毛 7～10 对 ··· 7

7. 足后板 2 对 ……………………………… 拟前胸殖厉螨 *Geolaelaps praesternaliodes* (Ma et Yin，1998)
   足后板 1 对 …………………………………………………………………………………… 8
8. 背毛较长，部分或全部达到或超过下位毛基部 …………………………………………… 9
   背毛短小，达不到下位毛基部 ……………………………………………………………… 11
9. 背毛长全部超过下位毛基部 ……………… 带岭殖厉螨 *Geolaelaps dailingensis* (Ma et Yin，1998)
   背毛长部分达到或超过下位毛基部 ………………………………………………………… 10
10. 背板后部具网纹 …………………… 胸前殖厉螨 *Geolaelaps praesternalis* (Willmann，1949)
    背板不具网纹 ………………………… 长岭殖厉螨 *Geolaelaps changlingensis* (Ma，2000)
11. 背板末端尖狭；胸板具网纹 ………… 尖狭殖厉螨 *Geolaelaps aculeifer* (Canestrini，1884)
    背板末端宽圆；胸板不具网纹 ………………… 柔弱殖厉螨 *Geolaelaps debilis* (Ma，1996)

70. 尖狭殖厉螨 *Geolaelaps aculeifer* (Canestrini，1884)

Laelaps aculeifer Canestrini，1884，*Atti. Ist. Veneto*，6 (2)：698.

模式标本产地：意大利。

雌螨（图 3-79a～c）：体卵形，长 705～778，宽 462～486。背板覆盖背部大部分，前部宽阔，后部渐窄，末端钝圆；板上具刚毛 39 对。胸板具网纹，前缘平直，后缘凸出；具刚毛 3 对，St_1 位于前缘上；隙孔 2 对。腹殖板窄长，后端膨大不明显，末端圆钝；板上刚毛 1 对，位于该板边缘上。肛板近似圆形，后端收窄；肛侧毛位于肛孔中部两侧；肛后毛与肛侧毛约等长。足后板细窄呈棒状。气门沟前端伸至基节 I 中部。腹部膜质区域着生刚毛 7 对。螯肢动趾 2 齿，定趾 2 大齿，其间具小齿数个；钳齿毛针状。颚沟具小齿列 6～7 列。头盖前缘具不规则齿裂。须肢叉毛 2 叉。足 II～IV 具粗刺状刚毛，其毛序如下：足 II：0-1-1-1-2-9；足 III：0-0-1-2-3-6；足 IV：0-1-2-1-3-9。

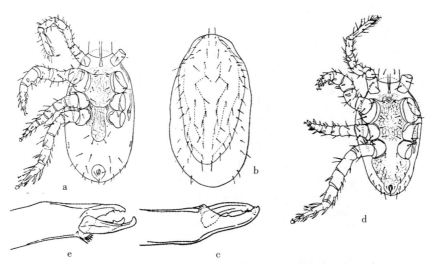

图 3-79 尖狭殖厉螨 *Geolaelaps aculeifer* (Canestrini，1884) a～c♀，d～e♂
a、d. 腹面 (venter) b. 背面 (dorsum) c、e. 螯肢 (chelicera)

(仿 Bregetova，1956)

雄螨（图 3-79d～e）：体形如雌螨，长 527，宽 320。全腹板具刚毛 10 对及围肛毛 3 根，隙孔 2 对。螯肢动趾 1 齿，导精趾指状；定趾 4 齿，钳齿毛针状。足 Ⅱ～Ⅳ 刚毛粗刺状，毛序如下：足 Ⅱ：0-1-1-1-2-9；足 Ⅲ：0-0-1-2-3-11；足 Ⅳ：0-1-3-1-3-9。

分布：中国内蒙古自治区呼伦贝尔盟、辽宁省沈阳市（沈阳农业大学校园土壤，棋盘山风景区）；俄罗斯，日本，美国，英国等。

71. 白城殖厉螨 *Geolaelaps baichengensis*（Ma，2000）

Hypoaspis baichengensis Ma，2000，*Acta Zootaxonomica Sinica*，25（4）：384-385.

模式标本产地：中国吉林省白城市。

雌螨（图 3-80）：体黄色，椭圆形，长 517，宽 310。背板长 494，宽 264，后端圆形，覆盖背面绝大部分，两侧及后部仅有狭窄裸露区。背板毛 39 对，D_6 和 D_8 之间有 4 根附加毛。背板毛均较细短，许多毛末端达不到与下位毛基部距离的中点。背表皮毛 5 对，短于背板毛。胸前板 1 对，有横纹，胸板前缘中间微凸，后缘较直。Mst 在足内板内侧表皮上。隙孔 2 对在胸板上，第 3 对在胸板与 Mst 之间表皮上。生殖板后部稍膨大，后端达到 Vl_3 水平之后。肛板三角形。Ad 位于肛孔中线水平，末端明显超过 Pa 基部，Pa 短于 Ad。足后板细长，呈杆状。腹表皮毛每侧 9～10 根。腹面刚毛均长于背毛。螯钳动趾具 2 齿，定趾 3 齿，钳齿毛细小，紧靠中齿。颚毛均针状。叉毛 2 叉。足毛光滑，跗节 Ⅱ 有粗刚毛。

分布：中国吉林省白城市。

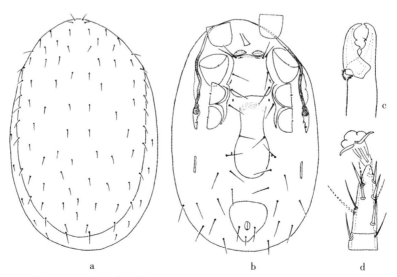

图 3-80　白城殖厉螨 *Geolaelaps baichengensis*（Ma，2000）♀
a. 背面（dorsum）　b. 腹面（venter）　c. 螯肢（chelicera）　d. 足 Ⅱ 跗节（tarsus Ⅱ）
（仿马立名，2000）

72. 长岭殖厉螨 Geolaelaps changlingensis（Ma，2000）

Hypoaspis changlingensis Ma，2000，*Entomotaxonomia*，22（2）：150−152.

模式标本产地：中国吉林省长岭县太平川。

雌螨（图3−81a～c）：体黄色，卵圆形。背板覆盖整个背面或留有狭窄裸露区，后部急剧收缩，后端较尖。背板毛39对，光滑，除F_2短小外，其余较长，约在背板前部的毛末端接近下位毛基部，后部者末端达到下位毛基部。背表皮毛4对左右或无。胸叉体较长。胸前区有横纹。胸板前缘中央微凹。Mst和第3对隙孔均在足内板内侧表皮上。腹殖板前部收缩，其后膨大呈圆形。肛板长大于宽，前部圆形。Ad位于肛孔中横线水平，与Pa均稍长于肛孔。足后板狭窄。气门沟前端达到基节Ⅰ前部，腹表皮毛10对左右。螯钳较长，动趾具2齿，定趾稍长于动趾，具几个小齿。颚毛光滑。足毛均针状。

雄螨（图3−81d～e）：背板长483，宽264。全腹板长379，宽161，除围肛毛外有刚毛10对和隙孔3对，螯钳较短，动趾长46，具1齿，导精趾狭窄，稍长于动趾。其他构造均同雌螨。

分布：中国吉林省长岭县太平川镇。

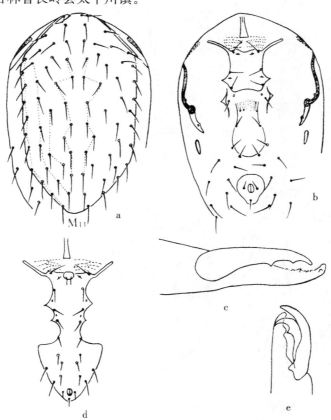

图3−81 长岭殖厉螨 *Geolaelaps changlingensis*（Ma，2000）a～c♀，d～e♂
a. 背面（dorsum） b、d. 腹面（venter） c、e. 螯钳（chela）
（仿马立名，2000）

73. 带岭殖厉螨 *Geolaelaps dailingensis*（Ma et Yin，1998）

Hypoaspis（Geolaelaps）praesternaliodes Ma et Yin，1998，*Entomotaxonomia*，20（3）：223-228.

模式标本产地：中国黑龙江省伊春市。

雌螨（图 3-82a～d）：体黄色，椭圆形，长 540，宽 368。背板长 540，宽 322，两侧缘弧形，表面有鳞状网纹。背毛 39 对。末端超过下位毛基部。胸叉体较长。胸前板 1 对，很大。胸板前缘较直，后缘圆凸。生殖板后部稍膨大，后端达到 Vl_3 基部水平稍后处。肛板宽大于长，三角形。Ad 位于孔中线水平，Ad 与 Pa 均长于肛孔。足后板狭长。气门板前端达到体前缘，后部末端分叉。气门沟前端达到基节 II 中部。腹表皮毛 7 对。螯钳动趾长 69。颚毛针状。叉毛 2 叉。足毛针状，跗节有较粗刚毛。

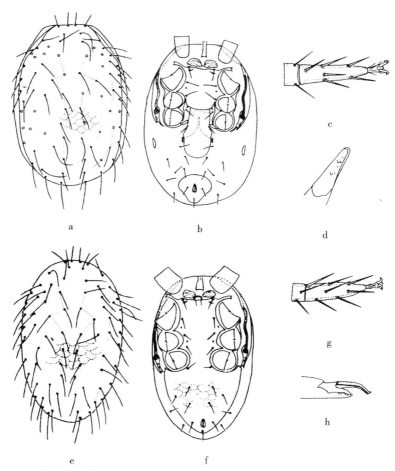

图 3-82　带岭殖厉螨 *Geolaelaps dailingensis*（Ma et Yin，1998）a～d♀，e～h♂
a、e. 背面（dorsum）　b、f. 腹面（venter）　c、g. 足 II 跗节（tarsus II）　d、h. 螯钳（chela）
（仿马立名等，1998）

雄螨（图 3-82e～h）：背板表面具鳞片状网纹。胸前板具网纹。全腹板上除围肛毛外有刚毛 8 对和隙孔 3 对，腹表皮毛 2 对。螯钳较短，导精趾狭窄，长于动趾。其他构造均同雌螨。

分布：中国黑龙江省伊春市（带岭区凉水自然保护区森林土壤），吉林省敦化县。

74. 柔弱殖厉螨 *Geolaelaps debilis* （Ma，1996）

Hypoaspis debilis Ma，1996，*Acta Zootaxonomica Sinica*，21 (1)：48 – 54.

模式标本产地：中国吉林省大安县舍力镇。

雌螨（图 3 – 83）：体长 575，宽 322。背板覆盖或几乎覆盖整个背面，刚毛 39 对，D_7 和 D_8 之间有 2 根附加毛，刚毛细短，末端远达不到下位毛基部，F_1 和 M_{11} 较其他背毛稍粗长，F_2 最短小。胸前区有横纹。胸板前缘中部圆凸，前侧角细长，后缘微凹或平直，St_1 在胸板之前，第 1 对隙孔在胸板前缘上。胸后毛在足内板内侧表皮上。腹殖板在基节 Ⅳ 后呈椭圆形膨大，后端达到 Vl_4 水平，板上仅有 Vl_1。肛板呈较长的圆三角形，Ad 位于肛孔中横线水平，Ad 与 Pa 长于肛孔。足后板椭圆形。气门沟前端达到基节 Ⅰ 中部，气门板在气门后部分狭长。腹表皮毛约 10 对。螯钳动趾 2 齿，定趾亦有齿。

分布：中国吉林省大安县舍力镇和白城市，河南省（鸡公山）。

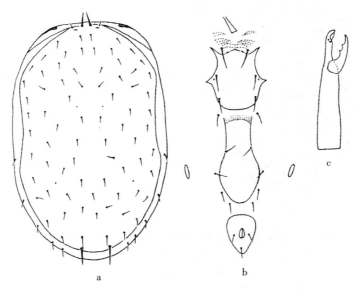

图 3 – 83 柔弱殖厉螨 *Geolaelaps debilis* （Ma，1996）♀
a. 背面（dorsum） b. 腹面（venter） c. 螯肢（chelicera）
（仿马立名，1996）

75. 大黑殖厉螨 *Geolaelaps diomphali* （Yin et Qin，1984）

Hypoaspis (*Geolaelaps*) *diomphali* Yin et Qin，1984，*Transactions of Liaoning Zoological Society*，5 (1)：41.

异名：*Hypoaspis weni* Bai，Chen et Gu，1994，*Acta Zootaxonomica Sinica*，16 (4)：297 – 299.

模式标本产地：中国辽宁省建平县。

雌螨（图3-84）：体椭圆形，长688～770，宽424～519。背板覆盖背面大部分，长637，宽358，前部较宽，向后逐渐收窄，后端圆钝；板上刚毛38对，F_2较短，其余均较长，在72～87之间。胸板前区具网状纹。胸板前缘两侧先前凸，中部稍凹陷，后缘浅凹。板上胸毛3对，约等长，St_1位于胸板两侧的凸起处，St_2位于中部稍前；隙孔2对，第1对位于胸板前缘，第2对位于St_2的后外侧。腹殖板舌状，在生殖毛后稍膨大，后端圆钝；板上有线纹，具生殖毛1对。肛板长大于宽，前部宽圆，向后渐窄，末端圆钝；肛侧毛位于肛门中部之后两侧，肛后毛较肛侧毛长。足后板3对，最大的1对弯曲。气门沟长，向前伸至基节Ⅰ前缘。腹部表皮具刚毛6对。螯肢动趾具2齿，定趾具细齿1列，约10枚。头盖中部突出，边缘具齿裂。须肢叉毛2叉。足Ⅱ跗节腹面具刺状刚毛5根，胫节和膝节分别具2根和1根刺状刚毛。足Ⅲ跗节、胫节和膝节分别具3根、2根、2根刺状刚毛。足Ⅳ跗节，胫节和膝节分别具3根、2根、1根刺状刚毛。

分布：中国辽宁省建平县、宁夏回族自治区银川市。

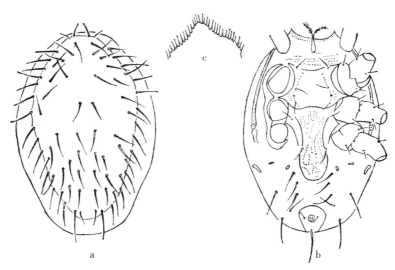

图3-84　大黑殖厉螨 *Geolaelaps diomphali*（Yin et Qin，1984）♀
a. 背面（dorsum）　b. 腹面（venter）　c. 头盖（tectum）
（仿殷绥公等，1984）

76. 长毛殖厉螨 *Geolaelaps longichaetus*（Ma，1996）

Hypoaspis longichaetus Ma，1996，*Acta Zootaxonomica Sinica*，21（1）：48-54.

模式标本产地：中国吉林省通榆县。

雌螨（图3-85）：体卵圆形，黄色，长483，宽287。背板长460，宽287，刚毛39对，D_5之后和D_8之前各有1根附加毛，后部有很小的裸露区，刚毛2对，背毛除F_1和F_2细短外，其余均很长，末端超过下位毛基部，多有稀疏小刺。胸板前侧角细，前缘看不清，侧缘内侧有一条骨化较强的线纹。胸板前区看不到线纹。腹殖板长126，宽92，Vl_1在板边缘上。肛板近长三角形，长大于宽，肛孔狭长，Pa有稀疏小刺。足后板未看到。气门沟前段转至背面，末端达到基节Ⅰ中部。气门板后端达到基节Ⅳ中部水平。腹表皮毛约 12 对，同背毛。螯钳基部有动关节突，背毛看不清。动趾 2 齿，定趾内缘近末端有深凹，其后有不明显的小齿突。足毛多短于背毛。

分布：中国吉林省通榆县瞻榆镇〔黑线仓鼠（*Cricetutus barabensis* Pallas）巢〕。

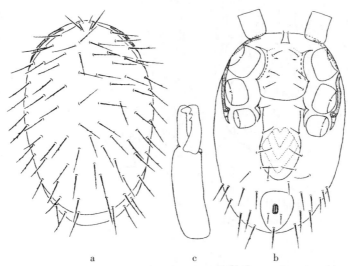

图 3 - 85　长毛殖厉螨 *Geolaelaps longichaetus*（Ma，1996）♀
a. 背面（dorsum）b. 腹面（venter）c. 螯钳（chela）
（仿马立名，1996）

77. 溜殖厉螨 *Geolaelaps lubrica*（Voigts et Oudemans，1904）

Hypoaspis lubrica Voigts et Oudemans，1904，*Zool. Anz.*，27：654.

异名：*Hypoaspis murinus* Strandtman et Menzies，1948；

Hypoaspis smithii Hughes，1948。

模式标本产地：荷兰。

雌螨（图 3 - 86）：体长 658，宽 407。背板大，几乎完全覆盖背面；板上网纹明显，具刚毛 39 对和副刚毛 4～9 根。胸板前区具一对胸前板，有时略为连接。胸板前缘较平直，后缘宽圆，达基节Ⅲ中部的水平线；板上具刚毛 3 对和隙孔 2 对。胸后毛着生于表皮上。腹殖板在基节Ⅳ之后膨大，后缘圆钝；具刚毛 1 对。肛板长宽近等长；肛侧毛与肛后毛约等长。足后板略呈肾状。气门沟前端达基节Ⅰ中部；气门板前端与背板愈合，后端游离。腹部表皮刚毛约 25 对。螯肢动趾具 2 齿，定趾具 3 齿；钳齿毛细小，刺状。颚沟具 6 横列小齿，每列 7～10 枚。须肢叉毛 2 叉。头盖似三角形，有细条纹，边缘光滑。跗节Ⅱ腹面具粗刺状刚毛 4 根（av_1，pv_1，al_1，pl_1）；胫节Ⅱ腹面具粗刺状刚毛 2 根（av_1，pv_1）。足Ⅲ、Ⅳ的膝节、胫节、跗节腹面具多根粗刺状刚毛。

分布：中国黑龙江省、辽宁省、内蒙古自治区、江苏省、湖南省、四川省、贵州省；美国、俄罗斯、捷克、斯洛伐克和英国等欧洲一些国家（常出现在啮齿类动物体上及其巢窝内，在鸡窝、白蚁巢及腐败谷物或干草中也常出现）。

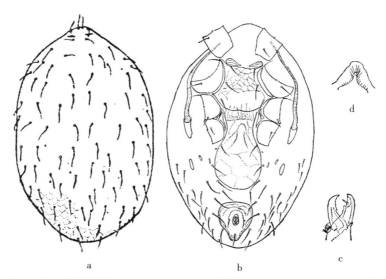

图 3 - 86　溜殖厉螨 *Geolaelaps lubrica*（Voigts et Oudemans，1904）♀

a. 背面（dorsum）　b. 腹面（venter）　c. 螯钳（chela）　d. 头盖（tectum）

（仿邓国藩，1980）

78. 东方殖厉螨 *Geolaelaps orientalis*（Bei et Yin，1999）

Hypoaspis orientalis Bei et Yin，1999，昆虫分类区系研究，288 - 289.

模式标本产地：中国辽宁省凤城市。

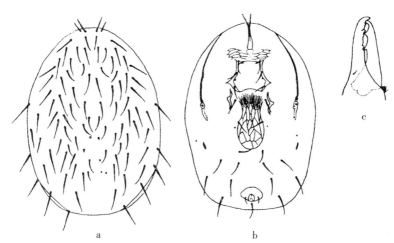

图 3 - 87　东方殖厉螨 *Geolaelaps orientalis*（Bei et Yin，1999）♀

a. 背面（dorsum）　b. 腹面（venter）　c. 螯钳（chela）

（仿贝纳新等，1999）

雌螨（图 3 - 87）：体长 1 050，宽 720，阔卵形。背部具背板 1 块，覆盖体背大部分，末端圆钝，板上具简单刚毛 50 对，除 F_2、D_1 和 D_{12} 较短外，其余几等长，长达下位毛基部。胸板前具平行网纹组成的胸板前区，胸板前缘几平直，后缘中部凹陷，在足Ⅱ、Ⅲ基节间最宽，胸板上具 St 毛 3 对，其中 St_1 位于胸板前缘处，3 对胸毛细长，光滑，几等长；板上具隙孔 2 对，前 1 对位于 St_1 之间，狭长形；后 1 对位于 St_2 与 St_3 毛基连线之中点处，圆形。无胸后板，胸后毛位于内足板内侧，长度同 St_3。生殖板舌形，在基节 Ⅳ 后稍膨大，前半部具纵列的生殖褶，后半部具网纹；1 对生殖毛位于生殖板侧缘上；生殖板两侧各有 1 圆形隙孔。肛板前部呈帽状，宽大于长，1 对肛侧毛位于肛孔中部两侧，肛侧毛明显短于肛后毛。足后板 1 对，长条状，在每一块板的近处有 1 圆形隙孔。腹板外盾间膜上具 6 对刚毛，气门沟从基节 Ⅲ 后缘向前延伸达基节 Ⅰ 中部。螯肢长 237，动趾短于定趾，定趾具 2 大齿，另具 5～6 个小齿，钳齿毛小，动趾具 2 齿。各足跗节、胫节、膝节和转节腹面具刺状毛数量为：足 Ⅱ：5－2－2－1；足 Ⅲ：5－2－1－0；足 Ⅳ：5－2－1－0。

分布：中国辽宁省凤城市（烟田灰胸突鳃金龟 *Hoplosternus incanus* Mostchlsky 幼虫体上）。

79. 拟前胸殖厉螨 *Geolaelaps praesternaliodes*（Ma et Yin，1998）

Hypoaspis（*Geolaelaps*）*praesternaliodes* Ma et Yin, 1998, *Entomotaxonomia*，20（3）：223.

模式标本产地：中国黑龙江省伊春市。

雌螨（图 3－88）：体黄色，椭圆形，长 510～560，宽 330～380。背板覆盖整个背部，板上具刚毛 39 对。胸前板 1 对，较大。胸板具网纹，前缘平直，后缘圆凸；具刚毛 3 对，隙孔 2 对。腹殖板水滴状，具纹络，后端膨大；板上刚毛 1 对，位于该板边缘上。肛板前部宽圆，后端收窄；肛侧毛位于肛孔中线稍前水平上，与肛后毛长度相近。足后板 2 对，内侧 1 对圆形，较小，外侧 1 对狭长，较大。气门板前端达到体前缘，后部内缘有缺刻；气门沟前端伸至基节 Ⅱ 中部。腹部膜质区域着生刚毛 7 对。螯肢动趾 2 齿；定趾多于 5 齿，钳齿毛针状，短小。头盖前缘具不规则齿裂。须肢叉毛 2 叉。

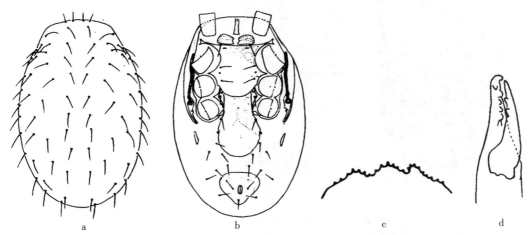

图 3－88 拟前胸殖厉螨 *Geolaelaps praesternaliodes*（Ma et Yin，1998）♀

a. 背面（dorsum） b. 腹面（venter） c. 头盖（tectum） d. 螯肢（chelicera）

（仿马立名等，1998）

分布： 中国黑龙江省伊春市（带岭区凉水自然保护区）、吉林省（长白山自然保护区）。

80. 胸前殖厉螨 *Geolaelaps praesternalis*（Willmann，1949）

Hypoaspis praesternalis Willmann，1949，*Veröff. Mus. Nat. Bremen no. IA*：115。

异名： *Hypoaspis（Geolaelaps）postreticulatus* Xu et Liang，1996，*Systematic and applied Acarology*，1：189；

Hypoaspis sinicus Chang，Cheng et Yin，1963，吉林医科大学学报，5（2）：190；

Hypoaspis nolli Karg，1962。

模式标本产地： 德国。

雌螨（图 3-89）：体窄长，两边近平行，长 486，宽 251。背板覆盖整个背部，后半体背板具浅网纹；板上具刚毛 39 对，F₁ 短于 F₂。胸板前区域有波状纹，中部相接。胸板具网纹，前缘平直，后缘近平截；具刚毛 3 对，隙孔 2 对。腹殖板舌状，后缘圆钝，具网纹；板上刚毛 1 对，位于该板边缘上。肛板前部宽圆，后端收窄；肛侧毛位于肛孔近中线水平上，与肛后毛长度几相等。足后板 1 对，长圆形。气门沟前端伸至基节 II 中部水平。腹部膜质区域着生刚毛 8 对。螯肢动趾 2 齿；定趾 7 齿，钳齿毛刺状，短小。颚沟具小齿列 6 列。头盖前缘具不规则齿裂。须肢叉毛 2 叉。足 IV 跗节具 2 根粗大的杆状刚毛，2 根巨毛。

分布： 中国安徽省、吉林省（长白山自然保护区土表苔藓）、黑龙江省五常市、河南省；德国，俄罗斯，英国。

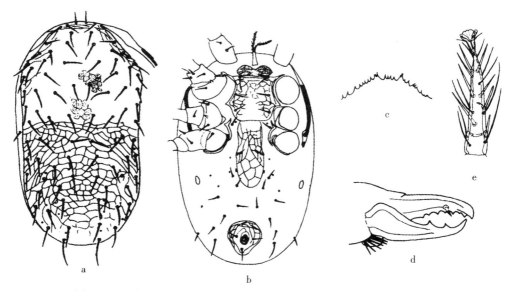

图 3-89　胸前殖厉螨 *Geolaelaps praesternalis*（Willmann，1949）♀
a. 背面（dorsum）　b. 腹面（venter）　c. 头盖（tectum）　d. 螯肢（chelicera）　e. 足 IV 跗节（tarsus IV）

（仿 Xu Xuenong & Liang Lairong，1996）

81. 周氏殖厉螨 *Geolaelaps zhoumanshuae*（Ma，1997）

Hypoaspis zhoumanshuae Ma，1997，*Acta Arachnologica Sinica*，6（1）：31 - 32.

模式标本产地：中国吉林省白城市。

雌螨（图 3 - 90）：体浅黄，长椭圆形，长 483～540，宽 253～287。背板长 471，宽 149，后部明显变狭，留有较大的裸露区。板上刚毛 37 对，短小，针状，末端多达不到毛基部与下位毛基部的中点，F_2 最短，M_{11} 稍长。背表皮毛 4 对，稍长于背板毛。胸前网纹区为 2 个相连的圆形。胸板前缘中部微凹，后缘略凸；St_1 在前缘上；第 1 对隙孔弧形，位于 St_2 内侧，靠近板前缘，第 2 和第 3 对隙孔小，圆孔状，第 3 对在胸板之后。Mst 在足内板内侧表皮上。腹殖板后部明显收缩，后端略超过 Vl_3 水平。肛板长大于宽，前部宽圆。肛孔在板后半部，Ad 位于肛孔前缘水平，Ad 与 Pa 均长于肛孔。足后板细长。腹表皮毛 6 对。胸毛、围肛毛和最后 1 对表皮毛稍长于其他腹面毛。气门沟细窄，前端达到基节 Ⅱ 中部。气门板向前变宽，延至体前端，气门后的气门板细长，微弯，近末端膨大处有 2 个隙孔。螯钳动趾 2 齿，定趾有 1 列齿，由 2 大齿和几个小齿组成。前、后颚毛较长，内、外颚毛较短。足毛多细小，足 Ⅱ 有粗刚毛，股节 1 根，膝节及胫节各 2 根，跗节 8 根。

分布：中国吉林省白城市（灌丛下腐殖土）。

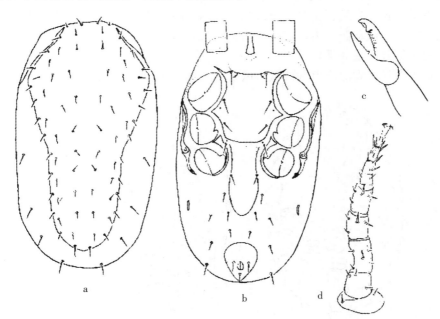

图 3 - 90 周氏殖厉螨 *Geolaelaps zhoumanshuae*（Ma，1997）♀
a. 背面（dorsum） b. 腹面（venter） c. 螯钳（chela） d. 足Ⅱ（leg Ⅱ）
（仿马立名，1997）

（二十二）裸厉螨属 *Gymnolaelaps* Berlese，1920

Gymnolaelaps Berlese，A.，1916，*Redia*，12：170.

异名：*Laeliphis* Hull，1925；

Austrogamasus Womersley，1942。

模式种：*Gymnolaelaps myrmecophilus*（Berlese，1892）。

中小型螨类，背板覆盖整个背部，常从两侧包向腹面形成上侧膜（epipleura），自胛突后方延伸到臀突附近，或包围整个后部，背毛 39～41 对，并有 3～9 根附加毛。胸前板发达。腹殖板长，常接近肛板，其上具 1～3 对刚毛，很少有 4 对（其中 2～3 对在板边缘处或板外）。雄螨具有 1 块全腹板或另有独立的肛板。足上无长的鞭状刚毛。足 Ⅳ 膝节具 9～10 根刚毛。须肢跗节叉毛 3 叉。

82. 奥地利裸厉螨 *Gymnolaelaps austriacus*（Sellnick，1935）

Hypoaspis（*Gymnolaelaps*）*austriacus*（Sellnick，1935），Ghilyarova and N. G. Bregetova（Eds.），1977，'*Handbook for the Identification of Soil-Inhabiting Mites，Mesostigmata*' *Nauka，Leningard*：526.

模式标本产地：奥地利。

雌螨（图 3-91）：体卵形，长 559，宽 348。背板覆盖整个背部，板上具刚毛 39 对及附加毛 3 根。胸前板 1 对，具横纹。胸板具网纹，板上具刚毛 3 对，隙孔 2 对。腹殖板烧瓶状，后端显著膨大，板上刚毛 3 对。肛板三角形，前缘平直，肛侧毛位于肛孔中部两侧，与肛后毛等长。足后板 1 对，长条状。气门沟前端伸至基节足 Ⅰ 前缘。腹部膜质区域着生刚毛 8 对。螯肢动趾 1 齿，定趾 3 齿，钳齿毛针状。颚沟具小齿列 6 列。头盖拱形，前缘具微齿。须肢叉毛 3 叉。

分布：中国辽宁省沈阳市（棋盘山风景区土壤）；俄罗斯（高加索），南欧。

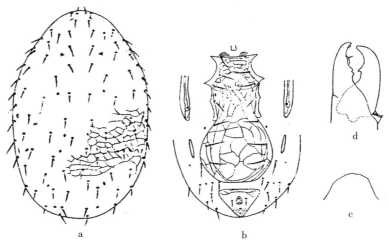

图 3-91　奥地利裸厉螨 *Gymnolaelaps austriacus*（Sellnick，1935）♀
a. 背面（dorsum）　b. 腹面（venter）　c. 头盖（tectum）　d. 螯肢（chelicera）
（仿 Hirschmann，1966）

（二十三）下盾螨属 *Hypoaspis* Canestrini，1885

Hypoaspis Canestrini，1885，*Atti. R. Ist. Veneto Sci.*，6（2）：1569.

模式种：*Hypoaspis krameri*（G. et R. Canestrini，1881）。

背板 1 块，卵圆形，其上一般着生刚毛 37 对，有时在后部有不成对的附加毛。雌螨胸板通常长大于宽，或彼此相等，后缘凸出或平直，具刚毛 3 对。腹殖板舌形或水滴状。肛板一般为圆三角形，亦有呈倒梨形或卵圆形。足后板存在。螯肢骨化强，钳齿毛细小，不明显。须肢叉毛 2 或 3 叉。足 Ⅱ 一般无刺状刚毛。雄螨通常具全腹板，其上除围肛毛外另具刚毛 9 或 10 对；有时肛板分离。导精趾指状。

本属全世界共记录 150 余种（邓国藩，1993），分布遍及世界各地，常发现于地表腐殖质层，在啮齿动物巢穴中也有发现。大多数种类营自由生活，捕食螨类、跳虫及其他小型节肢动物；有的在甲虫体上营寄生或共生生活。

大多数学者将下盾螨属划分为若干亚属：Bregetova（1977）将其划分为 8 亚属；Karg（1979）也将其划分为 8 亚属，但各亚属的概念与前者有所差异；Evans 和 Till（1979）将一些亚属提升为属；Karg 在 1993 年又将下盾螨属划分为 7 亚属，各亚属又分为若干种团（Species-group）。

83. 刘氏下盾螨 *Hypoaspis liui*（Samsinak，1962）

Coleolaelaps liui Samsinak，1962，*Čas. Č. Spol. Ent.*，59：196.

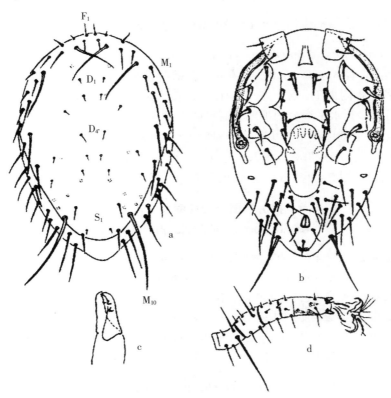

图 3-92　刘氏下盾螨 *Hypoaspis liui*（Samsinak，1962）♀
a. 背面（dorsum）　b. 腹面（venter）　c. 螯钳（chela）　d. 足 Ⅱ（leg Ⅱ）

（仿马立名等，2002）

异名：*Hypoaspis spinaperaffinis* Ma et Cui，2002，*Acta Zootaxonomica Sinica*，27（4）：736 - 738.

模式标本产地：中国华南地区。

雌螨（图 3 - 92）：体黄色，卵圆形，后端稍突，长 643～689，宽 402～437。背板长 597～632，宽 402～437，覆盖背面大部，后部及两侧留有狭窄裸露区；背板毛 29 对，光滑，长短相差悬殊，中部毛短，D_1 11，D_4 29，周围毛长，M_{10} 最长，为 241；板上尚有若干对小圆孔。背表皮毛每侧 11～14 根，后部者较长。胸毛、胸后毛、生殖毛、基节Ⅱ后毛和基节Ⅲ毛均呈刺状，末端变细；基节Ⅱ前毛和基节Ⅳ毛为粗刚毛。胸板后缘圆凹，隙孔 3 对，第 3 对在板后角上或板后表皮上。胸后毛在表皮上。腹殖板舌形。肛板长大于宽，倒梨形。Ad 位于肛孔后缘水平之后，Ad 与 Pa 均长于肛孔。足后板 1 对，很小。气门沟宽，前端达到基节Ⅰ后缘，气门板后端突出呈杆状。腹表皮毛每侧 12～15 根，最后 1 对最长。头盖看不到。螯钳动趾 2 齿，定趾近末端有几个小齿。内颚毛长鞭状，其余颚毛较短。足毛多细而光滑。长毛有：足Ⅰ股节 2 根，膝节 1 根；足Ⅱ股节 3 根，膝节 1 根；足Ⅲ股节 1 根，膝节 2 根，胫节 1 根；足Ⅳ股节 1 根，膝节 2 根，胫及跗节各 1 根。跗节Ⅱ有 5 刺，其中 2 端刺钝。

分布：中国吉林省集安市，华南地区。

（二十四）拟厉螨属 *Laelaspis* Berlese，1903

模式种：*Laelaspis astronomicus*（Koch，1839）。

中小型螨类，体长 450～600，躯体宽，背部明显隆起，背板覆盖全背部，上有 39～40 对刚毛和若干根附加毛，刚毛纤细、针状、粗大或马刀状，光滑或呈羽状。腹殖板上具网状纹，足Ⅲ～Ⅳ水平线处的顶部向后呈弧形的 1～3 条线，其内包含有 9～10 个大的网格，板上具 1～4 对刚毛（其中 2 或 3 对刚毛位于板边缘处或板边缘附近）。腹殖板在足Ⅳ后明显扩大并向后接近肛板，其长等于或大于宽。足后板狭长。雄螨具有 1 块全腹板。螯肢具齿或无齿。须肢叉毛 2 叉。足具爪和爪垫，无棘状刺。

拟厉螨属分种检索表（雌螨）
Key to Species of *Laelaspis*（females）

1. 腹殖板与肛板紧靠；肛侧毛位于肛孔前缘或稍后 ··
   ····················· 宁夏拟厉螨 *Laelaspis ningxiaensis* Bai et Gu，1994
   腹殖板与肛板远离；肛侧毛位于肛孔中部或后缘 ······························· 2
2. 肛侧毛位于肛孔中部；腹表皮毛 21～22 对 ··
   ····················· 吉林拟厉螨 *Laelaspis kirinensis* Zhang，Cheng et Yin，1963
   肛侧毛位于肛孔后缘；腹表皮毛 8 对 ············ 巴氏拟厉螨 *Laelaspis pavlovskii*（Bregetova，1956）

84. 吉林拟厉螨 *Laelaspis kirinensis* Zhang，Cheng et Yin，1963

Hypoaspis kirinensis Zhang，Cheng et Yin，1963，吉林医科大学学报，5（2）：188.

模式标本产地：中国吉林省敦化县。

雌螨（图 3 - 93）：体卵圆形，长 616，宽 399。背板大，覆盖全部背面。板上刚毛均呈长针状，除正常主刚毛 39 对外，还具副刚毛 3 或 4 根。胸板之前有 1 对半圆形的网纹区，后半部相连。胸板长稍大于宽，前缘双波状，中部凸出，两侧在 St_1 处微凹，后缘略平或中部浅凹，表面布有网纹；板上具等长的刚毛 3 对和隙孔 2 对，St_1 位于胸板前缘上。腹殖板烧瓶形，在基节 Ⅳ 之后明显膨大，后缘宽圆；生殖毛 Vl_1 位于肛板侧缘上，Vl_2 和 Vl_3 离开或紧靠侧缘。肛板圆角三角形，宽大于长，前缘略平，两侧向后收窄；肛侧毛位于肛门中部两侧，与肛后毛约等长。足后板 1 对，较大，长棒形或长椭圆形。气门沟前端延伸至基节 Ⅰ 前缘。腹部表皮具刚毛 16～20 对。螯肢动趾具 2 齿，定趾具 3 齿，钳齿毛短小，针状。足正常，足 Ⅰ 及足 Ⅳ 长，足 Ⅱ 粗壮；跗节 Ⅰ～Ⅳ 刚毛均呈针状，无刺状变形刚毛。

分布：中国河南省（嵩山栖息于腐殖土中）、吉林省敦化县。

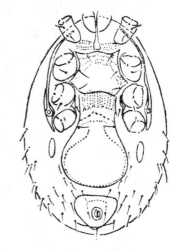

图 3 - 93 吉林拟厉螨 *Laelaspis kirinensis* Zhang, Cheng et Yin, 1963♀ 腹面（venter）
（仿张家祺等，1963）

85. 宁夏拟厉螨 *Laelaspis ningxiaensis* **Bai et Gu，1994**

Laelaspis ningxiaensis Bai et Gu，1994，*Acta Zootaxonomica Sinica*，19（2）：181 - 183.

模式标本产地：中国宁夏回族自治区海原县。

雌螨（图 3 - 94）：体卵圆形，长 842～920，宽 529～624。背板几乎覆盖整个背部，长 830～894，宽 615；背毛细弱光滑，40 对，在 D_5～D_7 之间具 1 根副毛，前足体的刚毛除 F_1 外明显短于后半体，F_1 及 M_{11} 较其他刚毛粗壮；板上具网状纹。足体具圆圈形的花纹和亮斑。背板有形态大小各异的隙孔约 14 对。胸叉叉丝具分支。胸板前缘平直，后缘不规则的浅凹，前侧角伸向基节 Ⅰ、Ⅱ 之间，胸毛 3 对，St_1 着生于板的前缘上；隙孔 2 对，位置正常。内足板宽大，呈飞燕状，前缘与胸板后侧缘连接，后缘覆盖腹殖板侧缘。胸后毛及第 3 对隙孔位于内足板上。腹殖板花瓶状，板上具刚毛 2 对，Vl_3 位于板的外侧缘，Vl_4 在板后缘的前侧方。肛板近三角形，长大于宽，前缘略凹，侧角圆钝，侧缘在肛孔处浅凹；肛孔位于板的后 1/3 处；Ad 位于肛孔前缘水平处或略后，长于 Pa；板前侧角内侧具隙孔 1 对。各板具网状纹。腹殖板与肛板间距为 5～10。肛板前缘宽于腹殖板后缘。侧足板围绕基节 Ⅳ 后缘，末端向后膨大。气门沟前端达基节 Ⅰ 中部；气门板中部膨大，末端在气门孔之后，延伸呈抹刀状，外侧具 1 纵线达端部，内侧具 3 个隙孔，后 2 个以 1 纵线相连。足后板 3 对，大的 1 对呈弯棒状，内侧 2 对紧靠腹殖板，圆形，很小。腹部表皮刚毛除 Vl 毛外约 11 对。颚毛 4 对，针状，颚沟具 6 列齿，每列 3～8 个小齿。螯肢动趾具 2 齿，定趾具 3～4 个大齿，在第 1～2 齿中间具 3～5 个小齿。钳齿毛刺状。须肢叉毛 2 分叉。

分布：中国宁夏回族自治区海原县（红羊地区蚁巢）、吉林省白城市。

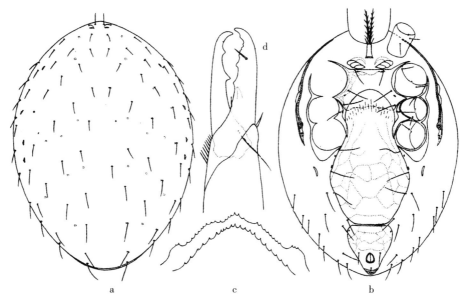

图 3－94　宁夏拟厉螨 *Laelaspis ningxiaensis* Bai et Gu，1994♀

a. 背面（dorsum）　b. 腹面（venter）　c. 头盖（tectum）　d. 螯肢（chelicera）

（仿白学礼等，1994）

86. 巴氏拟厉螨 *Laelaspis pavlovskii*（Bregetova，1956）

Androlaelaps pavlovskii Bregetova，1956，Гамазовь（Gamasoidea）：83. АН СССР；

Hypoaspis（*Euandrolaelaps*）*pavlovskii* Bregetova，1977，*Mesostigmata*：530；

Hypoaspis（*Laelaspis*）*pavlovskii*，Karg，1979，*Zool. Jb. Syst.*，106：100.

模式标本产地：俄罗斯。

雌螨（图 3－95）：体椭圆形，长 821，宽 576。背板几乎覆盖整个背面，长 768，宽 212，板上具 38 对刚毛，I_3 付缺。胸板前缘双波状凸出，后缘中部往往具 1 缺刻；具约等长刚毛 3 对；隙孔圆形，位于 St_2 后外侧方。腹殖板后半部膨

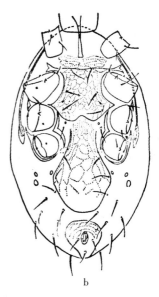

图 3－95　巴氏拟厉螨 *Laelaspis pavlovskii*
（Bregetova，1956）♀

a. 背面（dorsum）　b. 腹面（venter）

（仿 Bregetova，1956）

大；具刚毛 2 对；与肛板的距离小于肛孔之长。肛板前端宽圆，长短于宽；肛侧毛接近肛孔后缘的水平。足后板呈圆形。气门沟前端达基节 II 前半部。螯肢粗壮；动趾内缘具 2 个齿突，定趾具 2 个大齿和 7~8 个连续排列的小齿；钳齿毛呈刺状，细小，往往不易看清。须肢叉毛 3 叉。足 II 较其他足粗壮，股节、膝节、胫节各具 1 距，其中以股节距最粗壮。

分布：中国黑龙江省、吉林省、辽宁省、内蒙古自治区、河北省、山西省、青海省、江苏省、四川省、福建省、贵州省；俄罗斯。

（二十五）土厉螨属 *Ololaelaps* Berlese，1904

Ololaelaps Berlese，1904，*Redia*，1：260.

模式种：*Ololaelaps venetus* (Berlese，1903)。

中型螨类，成螨一般骨化强，背部表面凸起，背板覆盖全背部，由背部两侧到腹部两侧形成上侧板，上有 37~39 对刚毛，并有不成对的附加毛。大部分躯体刚毛和末端刚毛细长，多成毛发状。雌螨胸叉基短，稍具分支。具胸前板。胸板具 3~4 对刚毛（其中 1 对为 Mst，也在板上）及 3 对隙孔。腹殖板大，除 3 根围肛毛外有 4~6 对刚毛。盾间膜上刚毛不多（不超过 10 对）。足侧板或足外板在各基节间相互愈合并向后达足 IV 基节后，呈角状突。气门板发达，向前与背板愈合，后端游离或与腹殖肛板愈合。若干种的受精囊角化程度高。口下板的内叶交叉弯曲，可见于雌螨和若螨期。第二胸板具 6 横列齿沟。头盖简单，不分叉，边缘具细齿或光滑。螯肢趾上有齿，定趾上具钳齿毛，其背部具有短而直的刚毛；动趾的基部具有若干短毛。须肢具简单的刚毛，所有足都具有爪和爪垫。雄螨腹面具 1 块全腹板，与足侧板愈合。雄螨具导精趾，长而突出于动趾。口下板的内叶具简单结构。足 II 跗节具中等棘（有的很不发达），足 III、IV 若干节上有时具有棒状长刚毛。幼螨仅具背板，无色。腹面具肛孔，所有刚毛则细短且同一形状。前若螨稍骨化，其板比较宽，其前端边缘中部凸起。后若螨则全背部被背板覆盖，背板达到边缘并常破裂，腹面具有 1 大的胸板，从前到后几乎并不收缩，具有平直的后缘。

该属螨类生活于土壤表层、岸边、丛林中、各种植物残余物中、鼠巢中、虫穴中和小野兽巢中，也可偶见于鸟巢中。分布广，一些种类可能是世界性分布。

土厉螨属分种检索表（雌螨）
Key to Species of *Ololaelaps* (females)

1. 背板具有很宽的上侧板延伸到腹面，上具网纹；气门板末端游离，其后方不与腹殖肛板愈合 ……
……………………………… 乌苏里土厉螨 *Ololaelaps ussuriensis* Bregetova et Koroleva，1964
背板具有较窄的上侧板延伸到腹面，其上无网纹；气门板后方与腹殖肛板愈合 ………………………
……………………………………………… 维内土厉螨 *Ololaelaps veneta* (Berlese，1903)

87. 乌苏里土厉螨 *Ololaelaps ussuriensis* Bregetova et Koroleva，1964

Ololaelaps ussuriensis Bregetova et Koroleva，1964：1977，Гиляров M. C. Изд. Наука，Ленинград：537 – 539.

模式标本产地：俄罗斯。

雌螨（图 3-96）：体褐色，卵圆形。背板覆盖全背部，上侧板宽，向腹部延伸，其肩部具网纹。气门板末端游离，不与腹殖肛板愈合。腹殖肛板大，上具 6 对肛前毛，板上的网纹组成的网格大都呈鳞片状，相互并不平行排列。胸板长宽几乎相等，上具网纹，有 St 毛 4 对，St_1 毛长不达板长的 1/2。口下板的第二胸板具 6 横列齿沟，每列具 2～3 个齿。

分布：中国吉林省白城市，辽宁省丹东市、本溪市桓仁县、沈阳市（东陵、棋盘山风景区和沈阳农业大学）、铁岭市（龙首山）；俄罗斯（沿海边区）。

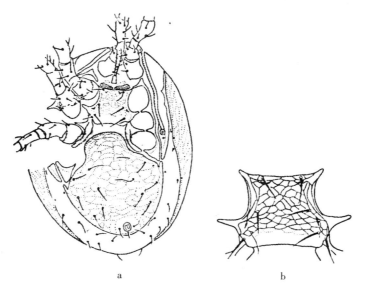

图 3-96　乌苏里土厉螨 *Ololaelaps ussuriensis* Bregetova et Koroleva，1964♀

a. 腹面（venter）　b. 胸板（sternal shield）

（仿 Bregetova et Koroleva，1964）

88. 维内土厉螨 *Ololaelaps veneta*（Berlese，1903）

Laelaps venetus Berlese，1903；

Ma，Yin，Chen，2002，*Entomological Journal of East China*，11（1）：117.

异名：*Ololaelaps halaskovae* Bregetova et Koroleva，1964。

模式标本产地：意大利。

雌螨（图 3-97）：背板具有较窄的上侧板延伸到腹面，其上无网纹格，气门板后方与腹殖肛板愈合，在体后方具有受精囊，腹殖肛板前半部具大的网状格，但并不呈横向排列，其后半部网纹则呈横向排列，相互平行，板上除围肛毛外具 6 对刚毛，背板上具 38 对刚毛和 1 根位于 D_5 与 D_7 之间的附加毛。胸板上具 4 对刚毛，在后两对刚毛后方则无网纹。

后若螨（图 3-98）：体黄色，椭圆形，长 689，宽 517。背板覆盖整个背面，有深而狭的侧切口，前区及后区各有毛 18 对，均细小。胸板后端较宽。肛板三角形。胸板后方有 2 对小骨片。足后板 1 对，气门沟前端达到基节 I 中部。腹表皮毛 11 对左右。头盖看不清。螯钳动趾 2 齿，定趾有 4 齿突。颚毛光滑。叉毛 3 叉。足毛针状。

分布：中国黑龙江省伊春市（带岭区凉水自然保护区森林土壤）；欧洲西部地区及俄罗斯，亚美尼亚。

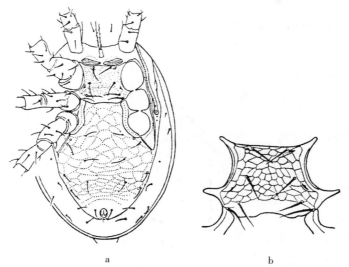

图 3 - 97　维内土厉螨 *Ololaelaps veneta*（Berlese，1903）♀

a. 腹面 (venter)　b. 胸板 (sternal shield)

（仿 Bregetova et Koroleva，1964）

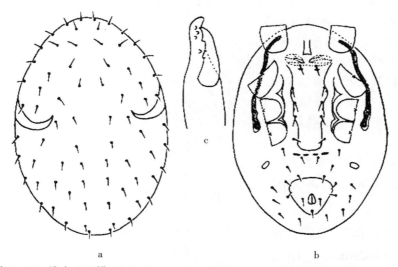

图 3 - 98　维内土厉螨 *Ololaelaps veneta*（Berlese，1903）后若螨 (deutonymph)

a. 背面 (dorsum)　b. 腹面 (venter)　c. 螯肢 (chelicera)

（仿马立名，2002）

（二十六）肺厉螨属 *Pneumolaelaps* Berlese，1920

模式种：*Pneumolaelaps bombicolens*（Canestrini，1885）。

背板覆盖整个背部，板上通常具刚毛 39 对。有的具附加毛。胸前板 1 对，较大。胸板具网纹，着生 3 对刚毛，具前足内板，胸后毛着生于膜质区，具足外板和足内板。须肢趾节 2 叉，第 2 胸板具齿 6 列，口下板前缘毛长。腹殖板水滴状，具纹络，板上刚毛 1 对，位于该板边缘上。

89. 卡氏肺厉螨 *Pneumolaelaps karawaiewi* (Berlese, 1903), **rec. nov.** （中国新记录种）

Hypoaspis (*Euandrolaelaps*) *karawaiewi* (Berlese, 1903), *Redia*, 1：432.

模式标本产地：意大利。

雌螨（图 3-99）：背板覆盖整个背部，板上具刚毛 39 对。有的在 D_8 间具 1 根附加毛。胸前板 1 对，较大。胸板具网纹，着生 3 对刚毛，具前足内板，胸后毛着生于膜质区，具足外板和足内板。气门沟延伸至侧顶毛 F_2 处。颚角窄且长，端部延伸至须肢股节中部以上，内磨叶不清楚但似边缘须毛状。趾节 2 叉，第 2 胸板具齿 6 列，口下板前缘毛长。腹殖板水滴状，具网纹，板上刚毛 1 对，位于板的边缘上。受精囊梨形。螯肢动趾 1 齿，定趾 2 齿。足 II 腿节粗大，具 1 表皮突起，膝节、胫节各具 1 棘，跗节具 2 棘。

分布：中国辽宁省阜新市、沈阳市（棋盘山风景区）；南欧地区，俄罗斯。

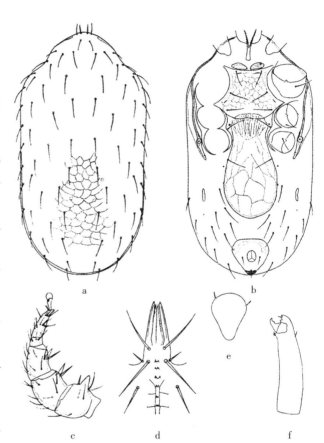

图 3-99　卡氏肺厉螨 *Pneumolaelaps karawaiewi* (Berlese, 1903) ♀

a. 背面 (dorsum)　b. 腹面 (venter)　c. 足 II (leg II)
d. 颚体 (gnathosoma)　e. 受精囊 (spermatheca)
f. 螯肢 (chelicera)
（仿 Berlese, 1903）

（二十七）伪寄螨属 *Pseudoparasitus* Oudemans，1902

模式种：*Pseudoparasitus meridionalis* (Canestrini, 1882)。

生殖板与肛板分离，生殖板上具有 4 或 5 对刚毛，有 2 或 3 对刚毛在生殖板边缘处，板上具有 2 对刚毛，足侧板在基节 III 后很大，包围足 III 后半部，呈三角形。头盖具 1 边缘具齿的尖突。

90. 吉林伪寄螨 *Pseudoparasitus jilinensis* Ma，2004

Pseudoparasitus jilinensis Ma，2004，*Acta Arachnologica Sinica*，13（1）：18 - 22.

模式标本产地：中国吉林省长春市。

雌螨（图 3 - 100）：体黄色，椭圆形，长 586～643，宽 379～437。背板覆盖整个背面，边缘稍卷向腹面；刚毛 35～36 对，有的缘毛随板缘卷向腹面。胸前板 1 对，楔形。胸板前半部或前 2/3 布满网纹，后侧角与胸后板及足内板相连，后缘拱形；胸毛 3 对，隙孔 3 对，无胸后毛。腹殖板呈粗瓶状，基节 Ⅳ 的后部特别膨大，板长 299～345，最宽处 276～299，板面具大网眼状网纹，刚毛 5 对。肛板倒三角形，长短于宽，前缘直，肛前毛 1 对；Ad 位于肛孔中横线或后缘水平，Ad 与 Pa 均长于肛孔。足外板在基节 Ⅳ 后发达，三角形，后角尖锐。气门沟前端达到颚基，气门板后突游离，狭长。腹表皮毛 2 对。头盖具前突，边缘有锯齿或光滑。颚角较宽，前端圆钝，形状有变异。颚沟齿 6 横列。颚毛较短，内颚毛最长。叉毛 2 叉。螯钳动趾 2 齿，定趾有几个突起，钳齿毛细小。跗节 Ⅱ 刚毛较粗，呈亚刺形。

分布：中国吉林省长春市。

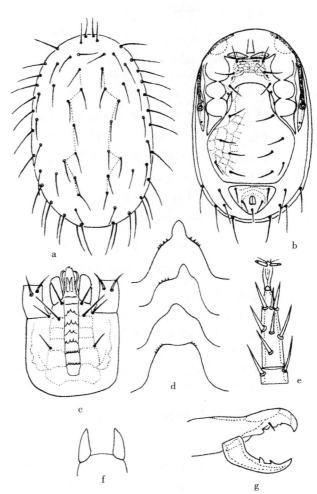

图 3 - 100　吉林伪寄螨 *Pseudoparasitus jilinensis* Ma，2004♀
a. 背面（dorsum）　b. 腹面（venter）　c. 颚体（gnathosoma）
d. 头盖（tectum）　e. 足Ⅱ跗节（tarsus Ⅱ）　f. 颚角（corniculus）
g. 螯钳（chela）
（仿马立名，2004）

七、巨螯螨科
Macrochelidae Vitzthum，1930

Macrochelidae Vitzthum，Graf H.，*Zool. Jahrb.（Syst.）*，1930，59：300.

成螨表皮革质，背板1块，背毛不少于28对。体呈卵圆形或长卵圆形，体长400～3 000。淡黄色、黄色、黄褐色到深褐色。雌螨腹面为胸板、生殖板和腹肛板所覆盖。胸板具刚毛3对。在基节Ⅲ～Ⅳ之间有1对小的胸后板。胸后板、生殖板上各具1对刚毛。腹肛板1块，上具腹肛毛2～5对。在生殖板两侧各具骨板1块。足后板不发达。足内板和足侧板发达。螯肢具强壮的齿，动趾基部的关节膜背缘和腹缘着生1对明显的羽状毛和1根光滑毛，定趾基部具有1个膜状结构，边缘具细齿，钳齿毛位于定趾上。气门位于基节Ⅲ～Ⅳ之间的外侧，气门沟很发达，在气门区成圈状。气门板在前方与背板愈合，但后方游离。足Ⅰ无前跗节，爪间突或爪末端为1簇刚毛。足Ⅰ胫节有腹毛3根，背毛5根和前侧毛2根。足Ⅰ膝节有腹毛2根和前侧毛2根。第2胸板齿排成横列。须肢叉毛3叉。头盖3叉。雄螨腹面为1块全腹板或胸殖板与腹肛板所覆盖，腹肛板不与背板愈合。导精趾末端游离。

本书记述3属，巨螯螨属 *Macrocheles* Latreille，雕盾螨属 *Glyptholaspis* Fil. et Pegaz.，小全盾螨属 *Holostaspella* Berlese。

巨螯螨科分属检索表（雌螨）
Key to Genera of Macrochelidae（females）

1. 背板前缘具前突 ··· 小全盾螨属 *Holostaspella* Berlese, 1904
   背板前缘不具前突 ·· 2
2. 胸板后侧角至多伸达基节Ⅲ中央；背板和腹肛板光滑，具网纹或刻点 ··············
   ··· 巨螯螨属 *Macrocheles* Latreille, 1829
   胸板后侧角伸达基节Ⅲ后与胸后板相接并包围生殖板；背板和腹肛板具雕刻纹 ··········
   ··· 雕盾螨属 *Glyptholaspis* Fil. et Pegaz.，1960

（二十八）巨螯螨属 *Macrocheles* Latreille，1829

Macrocheles Latreille，P.（1829）. In Cuvier，*Regne Anim*.，ed. 2，4：282.

异名：*Coprholaspis* Berlese，A.（1918）. *Redia*，13：146；

Nothrholaspis Berlese，A.（1918）. *Redia*，13：169；

Dissoloncha Falconer，W.（1923）. *Naturalist*，Lond.，151；

Monoplites Hull，J. E.（1925）. *Ann. Mag. Nat. Hist.*（9）15：215.

模式种：*Macrocheles muscaedomesticae*（Scopoli，1772）。

头盖常有3个突起，螯钳基部腹侧刚毛长，羽状。顶毛 F_1 位于背板边缘，不着生在背板瘤状突上。气门板与足侧板分离。腹肛板具3对腹肛毛。足Ⅱ股节无瘤状突起物。雄螨具1块全腹板或分成2块（胸殖板与腹肛板）。足Ⅱ、Ⅳ常有距或刺。

该螨是仓库、蘑菇房、蚕室以及养虫室常见的捕食性螨类。

巨螯螨属分种检索表（雌螨）
Key to Species of *Macrocheles*（females）

1. 背板不完全覆盖背部，具裸露区 ·· 2
   背板完全覆盖背部 ··· 3

2. 背毛 29 对，均羽状；生殖板较大 ······················· 萎缩巨螯螨 *Macrocheles reductus* Petrova，1966

  背毛 28 对，其中 2 对光滑；生殖板较小 ······ 小板巨螯螨 *Macrocheles plateculus* Ma et Wang，1998

3. 背毛均光滑 ··· 4

  背毛全部或部分羽状 ··· 5

4. 腹肛板长宽近等长；肛侧毛位于肛孔前缘水平处 ··

  ·· 异常巨螯螨 *Macrocheles insignitus* Berlese，1918

  腹肛板长大于宽；肛侧毛位于肛孔中部水平处 ··

  ·· 粪巨螯螨 *Macrocheles merdarius*（Berlese，1889）

5. 背毛均羽状 ··· 6

  背毛部分羽状，部分光滑 ··· 8

6. F_1 基部互相靠近；肛板近圆形 ······ 柯氏巨螯螨 *Macrocheles kolpakovae* Bregetova et Koroleva，1960

  F_1 基部互相远离；肛板长大于宽 ··· 7

7. M_{11} 长为 M_{10} 的 1/2 ···························· 褪色巨螯螨 *Macrocheles decoloratus*（C. L. Koch，1839）

  M_{11} 与 M_{10} 近等长 ···························· 马特巨螯螨 *Macrocheles matrius*（Hull，1925）

8. 背毛多为羽状 ··· 9

  背毛多为光滑刚毛 ··· 11

9. F_1 基部互相远离 ·············· 外贝加尔巨螯螨 *Macrocheles transbaicalicus* Bregetova et Koroleva，1960

  F_1 基部互相靠近 ··· 10

10. 具 6 对光滑背毛；肛侧毛位于肛孔前缘水平 ········· 李氏巨螯螨 *Macrocheles liguizhenae* Ma，1996

  具 8 对光滑背毛；肛侧毛位于肛孔中部水平 ··

  ·· 家蝇巨螯螨 *Macrocheles muscaedomesticae*（Scopoli，1772）

11. F_1 基部互相远离 ·············· 莫岛巨螯螨 *Macrocheles moneronicus* Bregetova et Koroleva，1960

  F_1 基部互相靠近 ··· 12

12. 仅 F_1 毛羽状 ·· 光滑巨螯螨 *Macrocheles glaber*（Müller，1860）

  背板具 4 或 8 对羽状毛 ··· 13

13. 背板具 4 对羽状毛 ·· 春巨螯螨 *Macrocheles vernalis*（Berlese，1887）

  背板具 8 对羽状毛 ··············· 那塔利巨螯螨 *Macrocheles nataliae* Bregetova et Koroleva，1960

91. 褪色巨螯螨 *Macrocheles decoloratus*（C. L. Koch，1839）

Gamasus decoloratus Koch，C. L. (1893). *Deutsch. Crust. Myr. Arach.* fasc. 25，t. 14；

Macrocheles decoloratus，Oudemans，A. C. (1913). *Ent. Ber. Amst.*，4：5.

模式标本产地：德国。

雌螨（图 3-101）：体长 775，宽 489。背板几乎覆盖整个背面；长 757，宽 461；具羽状和微羽状刚毛 28 对；F_1 基部互相远离；M_{11} 之长为 M_{10} 的 1/2。胸板前缘及后缘内凹；长 148，宽 144（最窄处）；板上刻点明显，St_2 之后具 2 个大刻点区；具光滑的刚毛 3 对。胸后板小，卵圆形，各具刚毛 1 根。生殖板后缘平直；具刚毛 1 对。腹肛板倒梨形，前端圆钝，两侧向后逐渐变窄；长大于宽（274×218）；具肛前毛 3 对，均光滑，但末端稍钝；肛侧毛位于肛孔中部水平之前，板上具横纹 7 条。气门沟前端达体前缘中部。螯肢发达，螯钳具齿，动趾长 88。颚沟具 5 列齿列。叉毛 3 叉。跗节 Ⅱ～Ⅳ 腹面具粗刺状刚毛。

分布：中国黑龙江省、内蒙古自治区、吉林省九台县［东方田鼠（*Microtus fortis*）巢内］和白城市［黑线姬鼠（*Apodemus agrarius*）和草原鼢鼠（*Myospalax aspalax*）巢内］；俄罗斯，荷兰，澳大利亚，德国等。

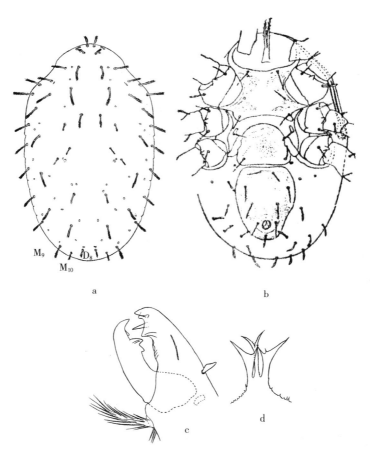

图 3 - 101　褪色巨螯螨 *Macrocheles decoloratus*（C. L. Koch，1839）♀

a. 背面（dorsum）　b. 腹面（venter）　c. 螯钳（chela）　d. 头盖（tectum）

（仿 Bregetova et Koroleva，1960）

92. 光滑巨螯螨 *Macrocheles glaber*（Müller，1860）

Holostaspis glabra Müller, J.（1860）. *K. K. Mähr. Schles. Ges. Brünn*：178；

Macrocheles（*Coprholaspis*）*glaber* Berlese, A.（1921）. *Redia*，14：85.

异名：*Gamasus stercorarius* Kramer, P.（1876）. *Arch. Naturgesch.*，42：95；

Holostaspis badius，Berlese, A.（1889）. *Acari, Myriopoda* etc.，fasc. 52, n. 3；

Macrocheles marginatus var. *littoralis* Halbert, J. N.（1915）. *Proc. Roy. Irish Acad.* 31, 39 ii：67；

Macrocheles (*Monoplites*) *oudemansii* Hull，J. E. (1925). *Ann. Mag. Nat. Hist.* (9) 15：215. (in part)；

Macrocheles veterrimus Sellnick，M. (1940). *Göteborg. Vetensk. Samh. Handl.*，(5) 6B：80；

Coprholaspis anglicus Turk，F. A. (1946). *Ann. Mag. Nat. Hist.*，(Ⅱ) 12：791，syn. nov.

模式标本产地： 德国。

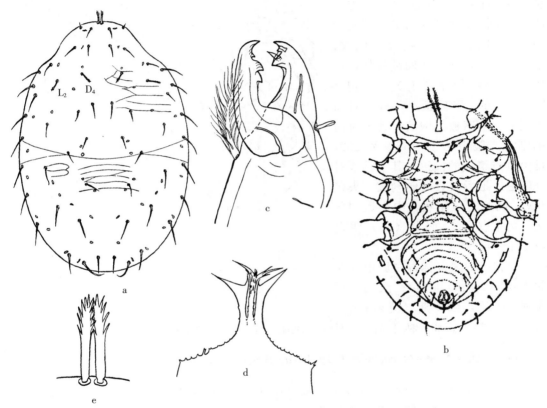

图 3 - 102　光滑巨螯螨 *Macrocheles glaber* (Müller，1860) ♀

a. 背面 (dorsum)　b. 腹面 (venter)　c. 螯钳 (chela)　d. 头盖 (tectum)　e. F_1 毛 (setae F_1)

(仿 Bregetova et Koroleva，1960)

雌螨 (图 3 - 102)：体长 858，宽 600。背板覆盖整个背面；具刚毛 28 对，大部分刚毛光滑，F_1 前半部羽状，基部互相紧靠，M_{11} 光滑并略向内弯曲；板的中部有一条纹横贯。胸板上刻点明显；St_2 之间具一横纹，其后方具一大的刻点区；具刚毛 3 对，隙孔 2 对。胸后板卵圆形，各具 1 根刚毛。生殖板前缘圆钝，后端截平；具明显的刻点；两侧各具棒状骨板 1 块。腹肛板前缘平直，两侧在第 2 对肛前毛水平最宽；长短于宽；具肛前毛 3 对；具 7 条由刻点组成的弧纹。气门沟前端达体前端的中部。螯肢发达，螯钳具齿，动趾长 69。颚沟具 6 列齿列。叉毛 3 叉。足Ⅰ、Ⅱ股节、膝节背面具羽状刚毛。足Ⅲ、Ⅳ除基节、转节外，其余各节的背面具羽状刚毛。

分布：中国黑龙江省、河北省、青海省、辽宁省沈阳市（污水沟旁的砖下）；俄罗斯及其他欧洲地区。

93. 异常巨螯螨 *Macrocheles insignitus* Berlese，1918

Macrocheles（*Coprholaspis*）*insignitus* Berlese，A.（1918）. *Redia*，13：158.

模式标本产地：法国。

雌螨（图 3 - 103）：体型小，长 445，宽 275。背毛 28 对，均光滑。F_1 刺状，基部稍分开。背面具网状纹和 22 对孔。胸板具网纹，中横线前凸，前斜线前端相接，连接 4 条横线，沿各线有刻点，胸毛 3 对，简单。胸后板小，具 1 对简单刚毛。生殖板具网纹，具 1 对简单刚毛。腹肛板长 156，宽 152，具由刻点组成的横纹，其上具 3 对肛前毛。足后板具微弱刻纹。头盖 3 突，两侧突鱼尾状，中突远端分叉。足 I（350）胫节（55）明显短于跗节（72）。

分布：中国吉林省白城市（花盆土壤、鸡舍、甲虫）；法国，意大利，英国，俄罗斯（莫斯科省、伯力市），格鲁吉亚（栖于温床、马粪、堆肥、草垛下、草屑中）。

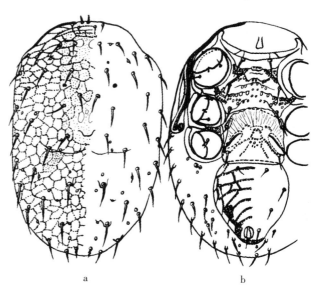

图 3 - 103　异常巨螯螨 *Macrocheles insignitus*
Berlese，1918♀
a. 背面（dorsum）　b. 腹面（venter）
（仿 Karg，1993）

94. 柯氏巨螯螨 *Macrocheles kolpakovae* Bregetova et Koroleva，1960

Macrocheles kolpakovae Bregetova et Koroleva，1960，*Паразитологический Сборник XIX Акадмии Наука СССР.* ：101 - 103.

模式标本产地：俄罗斯。

雌螨（图 3 - 104）：体呈卵圆形，长 880～980，宽 520～660。背板上孔很少，边缘具细齿，板上具 28 对刚毛，其中 D_3 最短，F_2 较 F_1 短，M_{11} 较 M_{10} 短。胸板和胸后板上的刚毛稍有分支或光滑，而生殖板与腹肛板上刚毛及板外毛均全部具浓密的绒毛。胸板长，具有刻点，其后半部具网状的刻点板块。生殖板具弯突前端，其角质化较两侧弱，腹肛板圆形，在足 IV 后具 1 大的孔，较之气门板后的孔大。螯肢的背刚毛羽状并具齿。足 III 和足 IV 上的刚毛浓密羽状，足 II 和足 III 上刚毛稍具绒毛，足 II 跗节上具刺状刚毛。

分布：中国吉林省辉县［褐家鼠（*Rattus norvegicus*）巢内］；俄罗斯。

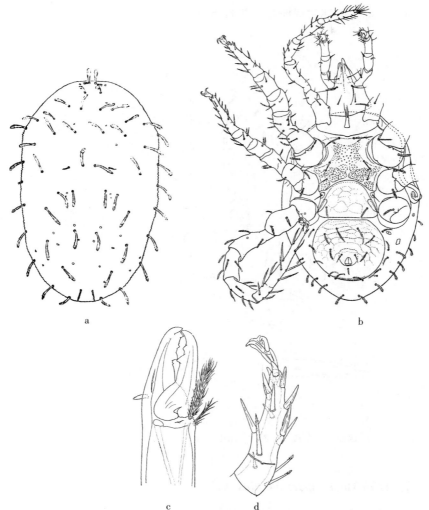

图 3-104 柯氏巨螯螨 *Macrocheles kolpakovae* Bregetova et Koroleva，1960♀
a. 背面（dorsum） b. 腹面（venter） c. 螯钳（chela） d. 足Ⅱ跗节（tarsus Ⅱ）
（仿 Bregetova et Koroleva，1960）

95. 李氏巨螯螨 *Macrocheles liguizhenae* Ma，1996

Macrocheles liguizhenae Ma，1996，*Acta Arachnologica Sinica*，5（2）：89-91.

模式标本产地：中国吉林省前郭尔罗斯蒙古族自治县。

雌螨（图 3-105）：体黄色，椭圆形。背板覆盖整个背面或两侧留有很窄裸露区，长
770～885，宽 483～632，有 15 对左右小圆圈，网纹不甚明显；背板上刚毛 28 对，F_2、
D_2～D_4、D_6 和 I_1 光滑，S_8 微羽状，其余刚毛均末端羽状，F_1 基部靠近。背表皮毛 4～6
对，光滑。腹面刚毛均光滑。胸板中横线较直，弧线由刻点断续排列而成，后缘有 2 个较
大的点状区。生殖板长 138～161，宽 172～207。腹肛板长 241～287，宽 264～299，其宽等
于或稍大于长。Ad 位于肛孔前缘水平，长于肛孔，Pa 很短。气门沟前端达到颚基。腹表皮
毛 7～9 对。螯钳动趾有 1 大齿和 2 小齿，定趾有 1 大齿。跗节Ⅰ有刺状毛。跗节Ⅳ毛均短。

分布：中国吉林省前郭尔罗斯蒙古族自治县（马粪）、白城市（腐殖土）。

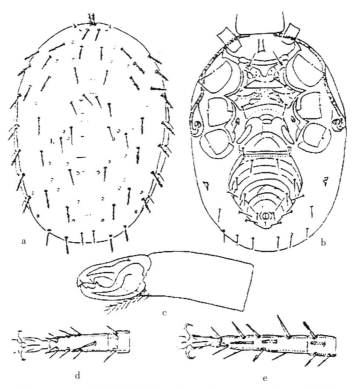

图 3-105　李氏巨螯螨 *Macrocheles liguizhenae* Ma，1996♀

a. 背面（dorsum）　b. 腹面（venter）　c. 螯钳（chela）　d. 足Ⅱ跗节（tarsus Ⅱ）　e. 足Ⅳ跗节（tarsus Ⅳ）

（仿马立名，1996）

96. 马特巨螯螨 *Macrocheles matrius*（Hull，1925）

Nothrholaspis matrius Hull，J. E.（1925）. *Ann. Mag. nat. Hist.*（9）15：212.

异名：*Macrocheles subbadius* var. *robustulus* Sellnick，M.（1940）. *Göteborg. Vetensk. Samh. Handl.*，（5）6B：86；

Macrocheles carinatus Hughes A. M.（1948）. *Mites Associated with Stored Food Products*. H. M. S. O.：126.

模式标本产地：英国（英格兰）。

雌螨（图 3-106）：体长 803，宽 517。背板几乎覆盖整个背面；具 28 对羽状刚毛，F_1 基部互相远离，M_{11} 与 M_{10} 约等长。胸板前缘略平，后缘内凹；板上刻点明显，St_2 之间具一横纹，其后方具 2 个大

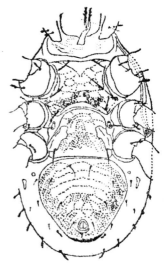

图 3-106　马特巨螯螨 *Macrocheles matrius*（Hull，1925）♀

腹面（venter）

（仿 Hull，1925）

刻点区；3 对胸毛光滑；具隙状器 2 对。胸后板卵圆形，各具刚毛 1 根。生殖板前缘圆钝，后缘平直；具刚毛 1 对；两侧各具 1 块棒状骨板。腹肛板近似心脏形，长 295，宽 304；具肛前毛 3 对。肛侧毛位于肛孔中部水平之前。气门沟前端达体前缘中部。螯肢发达，螯钳具齿，动趾长 79。颚沟具 5 列齿列。叉毛 3 叉。跗节 Ⅱ～Ⅳ 腹面具粗刺状刚毛。

　　分布：中国黑龙江省、内蒙古自治区、吉林省白城市〔草原黄鼠（*Citellus dauricus*）巢内〕；俄罗斯及欧洲其他地区。

97. 粪巨螯螨 *Macrocheles merdarius*（Berlese，1889）

Holostaspis merdarius Berlese，A.（1889）. *Acari，Myriopoda* et *Scorpiones* etc.，Fasc. 52，n.1；

Macrocheles merdarius，Sellnick，M.（1949）. *Göteborg. Vetensk. Samh. Handl.*，（5）6B：86.

模式标本产地：英国（英格兰）。

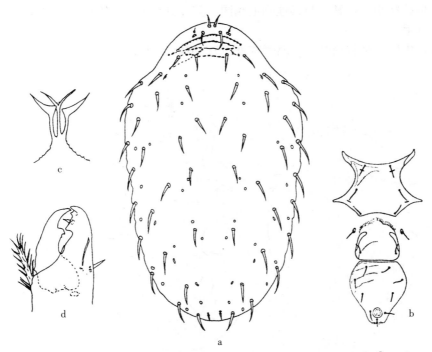

图 3-107　粪巨螯螨 *Macrocheles merdarius*（Berlese，1889）♀
a. 背面（dorsum）　b. 腹面（venter）　c. 头盖（tectum）　d. 螯钳（chela）
（仿 Bregetova et Koroleva，1960）

　　雌螨（图 3-107）：背板长 500，宽 290，不完全覆盖背面，板上网纹明显；具 28 对刚毛，均光滑，F_1 粗短，F_2 尖细且短于 F_1，距 F_1 较远。胸板前、后缘均凹陷，两侧角延伸至足基节 Ⅰ 与 Ⅱ 之间；St_2 之间具一明显的弧纹，另外板上还有若干横纹；胸毛光滑，隙孔 2 对。胸后板小，生殖板后缘平直，板两侧各具 1 块细棒状骨板。腹肛板倒梨形，前缘平直，两侧缘间以第 2 对肛前毛处最宽，长 150，宽 120，板上具 5 条横纹。气门沟前端达体前缘中部。头盖3叉。螯肢动趾2齿，定趾3齿。

分布：中国河北省、辽宁省沈阳市（草堆、羊毛）；日本，俄罗斯及欧洲其他地区。

98. 莫岛巨螯螨 *Macrocheles moneronicus* Bregetova et Koroleva，1960

Macrocheles moneronicus Bregetova et Koroleva，1960，*Паразитологический Сборник XIX Акадмии Наука* СССР.：143 - 144.

模式标本产地：俄罗斯。

雌螨（图3-108）：体呈卵圆形，体长700～750，宽460～480。背板上无网纹，有光滑针状的刚毛28对，M_1在末端呈羽状，F_2相互间分开，其间距超过其长度。胸板长，前半部具有网纹，后半部有点状区，在St_2毛基部有一条不平整的细线，全部胸刚毛针状光滑。胸后板卵形。生殖板呈帽状，具1对刚毛。腹肛板长大于宽，前1/3向两侧突出，1/3处最宽，向后则逐渐变窄，上有肛前毛3对和3根围肛毛，均呈光滑针状。足后板不对称，较小。头盖具3叉，中央1叉长分为两支，两侧2叉较短，分叉，但不对称。须肢在末端具棍棒状刚毛，其长与其他刚毛相同。螯肢具有大的螯钳。足上的刚毛光滑，仅有少数稍具绒毛。

分布：中国吉林省白城市（腐烂草堆下）；俄罗斯（库页岛地区）。

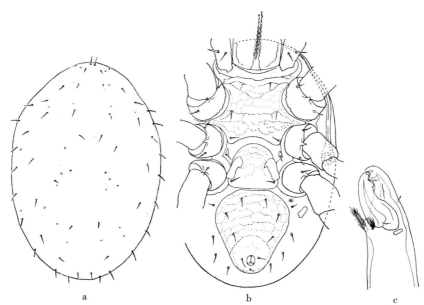

图3-108　莫岛巨螯螨 *Macrocheles moneronicus* Bregetova et Koroleva，1960♀

a. 背面（dorsum）　b. 腹面（venter）　c. 螯钳（chela）

（仿 Bregetova et Koroleva，1960）

99. 家蝇巨螯螨 *Macrocheles muscaedomesticae*（Scopoli，1772）

Acarus muscae domesticae Scopoli, J. A.（1772）. *Annus. V. Hist. Nat.*：n. 125，157；

Macrocheles muscae domesticae，Sellnick，M.（1940）. *Göteborg. Vetensk. Samh. Handl.*（5）6B，No. 14：78；

Macrocheles muscaedomesticae，Pereira，C. & de Castro，M. P.（1945）. *Arq. Inst. Boil. S. Paulo*，16：163.

异名：*Acarus marginatus* Hermann，J. F.（1804）. *Mém. Apt.*：76。

模式标本产地：未详。

雌螨（图 3 - 109）：体长 923，宽 655。背板几乎覆盖整个背面；具刚毛 28 对，F_1 基部互相紧靠，$D_2 \sim D_8$、I_1 光滑，其余的刚毛末端羽状或微羽状。胸板前、后缘内凹；板上的刻点及线纹明显，St_2 之间具一直线及一弧线，St_2 之后具 3～4 排刻点，3 对胸毛均光滑。胸后板卵圆形，各具刚毛 1 根。生殖板后缘平直，板上刻点明显，具刚毛 1 对。腹肛板长短于宽，具光滑的肛前毛 3 对，肛侧毛位于肛孔中部水平之前，板上网纹明显。气门沟前端达躯体前端中部。螯肢发达，螯钳具齿，动趾长 73。颚沟具 6 列齿列。叉毛 3 叉。跗节 Ⅱ～Ⅳ 腹面具粗刺状刚毛。

分布：中国吉林省长春市。该螨为世界性螨虫。

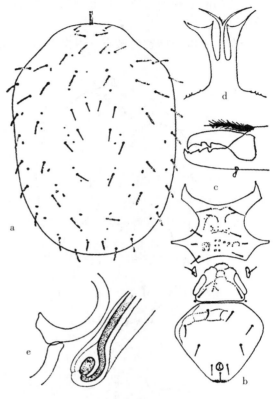

图 3 - 109　家蝇巨螯螨 *Macrocheles muscaedomesticae*（Scopoli，1772）♀

a. 背面（dorsum）　b. 腹面（venter）　c. 螯钳（chela）

d. 头盖（tectum）　e. 气门沟（peritreme）

（仿 Bregetova et Koroleva，1960）

100. 那塔利巨螯螨 *Macrocheles nataliae* Bregetova et Koroleva，1960

Macrocheles nataliae Bregetova et Koroleva，1960，*Паразитологический Сборник XIX Академии Наука* СССР.：140 - 143.

模式标本产地：俄罗斯。

雌螨（图 3 - 110）：宽卵圆形。背板长 820～850，宽 520～540。背板几乎覆盖全部背部，其两侧到末端保留有明显变窄的区域，板上具网纹，形成细的线条，在其中部的线条呈弧形。背板边缘光滑，上有 28 对短刚毛，F_1 顶端具浓绒毛，$M_1 \sim M_3$ 稍具绒毛，末端 4 对刚毛（S_7，S_8，M_{10}，M_{11}）具浓绒毛（但有时缺如），其余刚毛光滑。腹面刚毛短小光滑。胸板后缘稍凹，St_2 之间具一直线。胸后板小，长卵形。腹肛板在中部最宽。生殖板上有 1 对骨片。腹表皮刚毛不对称，基节 Ⅳ 后具小圆形孔。颚体基部宽，内颚毛长约为外颚毛的 4～4.5 倍。头盖中央突在端部分叉，两侧支较短，顶端光滑尖锐。螯肢具强大的齿，背面刚毛短而光滑。足上刚毛多光滑短小，仅少数刚毛稍具绒毛。足Ⅱ跗节末端具若干粗刚毛。

分布：中国吉林省白城市（甲虫上），云南省；俄罗斯。

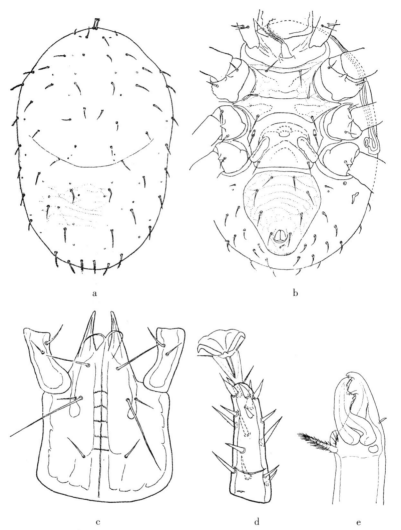

图 3-110 那塔利巨螯螨 *Macrocheles nataliae* Bregetova et Koroleva，1960♀

a. 背面（dorsum） b. 腹面（venter） c. 颚体（gnathosoma） d. 足Ⅱ（leg Ⅱ） e. 螯钳（chela）

（仿 Bregetova et Koroleva，1960）

101. 小板巨螯螨 *Macrocheles plateculus* Ma et Wang，1998

Macrocheles plateculus Ma et Wang，1998，*Acta Arachnologica Sinica*，7（2）：90 - 93.

模式标本产地：中国吉林省洮安县。

雌螨（图 3-111）：体黄色，宽卵形。背板长 689，宽 414，向后明显收缩，留有很大的裸露区；板上刚毛 28 对，多数毛末端达到下位毛基部，F_2 和 D_3 光滑，D_4 和 S_8 微羽状，其余背毛均末端羽状，F_1 基部靠近，D_2 长于 D_3。背表皮毛 11 对，其中前部有 3 对且光滑，其余末端羽状。腹面刚毛均光滑。胸板可见角线、中横线和后斜线，其余各线不明显，无刻点。生殖板长 138，宽 138，后缘直。腹肛板较小，长 207，宽 184，前缘直，与生殖板后缘有一定距离。腹表皮毛 6 对。气门沟前端达到颚基。头盖及螯钳看不清。跗节 Ⅱ 有刺状毛。跗节 Ⅳ 有 2 根刚毛长约为其邻近毛的 2 倍。

分布：中国吉林省洮安县（煤窑牛粪中）。

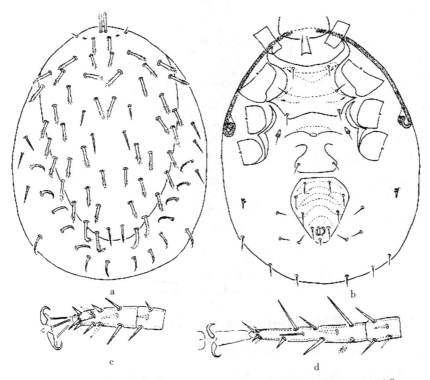

图 3-111　小板巨螯螨 *Macrocheles plateculus* Ma et Wang，1998♀
a. 背面（dorsum）　b. 腹面（venter）　c. 足 Ⅱ 跗节（tarsus Ⅱ）　d. 足 Ⅳ 跗节（tarsus Ⅳ）
（仿马立名等，1998）

102. 萎缩巨螯螨 *Macrocheles reductus* Petrova，1966

Macrocheles reductus Petrova，1966；1977. Гиляров М. С. Изд. Наука，Ленинград：359-360.

模式标本产地：俄罗斯。

雌螨（图 3-112）：躯体卵圆形。背板从前 1/4 处开始逐渐收缩变窄，使躯体两侧及后部裸露，板上具网纹，边缘光滑；板上有刷状刚毛 29 对，其中 F_1 较其他刚毛宽而长，其余刚毛几乎等长。胸板长与宽几乎相等，板后缘平直，板前无对角线。胸后板豆状，1 对，上有 1 对刚毛。生殖板较腹肛板宽，上具刚毛 1 对。腹肛板长大于宽，具网纹，肛侧毛和肛后毛针状，第 1 对肛前毛针状，第 2 对和第 3 对肛前毛羽状。腹部膜质区域上具 4 对羽状短刚毛。头盖 3 叉，两侧支较短，边缘具锯齿，中突长，末端分叉。

分布：中国黑龙江省伊春市，吉林省（长白山自然保护区）；俄罗斯（赤塔州沿海地区）。

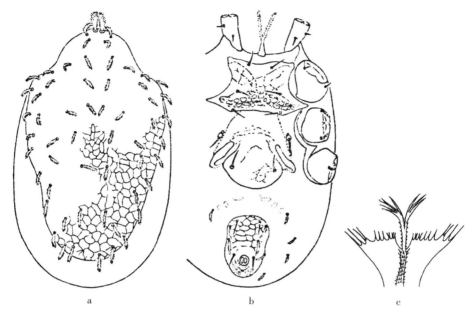

图 3-112 萎缩巨螯螨 *Macrocheles reductus* Petrova，1966♀
a. 背面（dorsum） b. 腹面（venter） c. 头盖（tectum）
（a、b 仿 Petrova，1966；c 补充描记）

103. 外贝加尔巨螯螨 *Macrocheles transbaicalicus* Bregetova et Koroleva，1960

Macrocheles transbaicalicus Bregetova et Koroleva，1960，*Паразитологический Сборник XIX Акадмии Наука* CCCP.：128-131.

模式标本产地：俄罗斯。

雌螨（图 3-113）：体长 812，宽 572。背板几乎覆盖整个背面；板上具 28 对刚毛，大部分刚毛末端稍膨大和微羽状，$D_2 \sim D_6$ 光滑，末端尖锐；F_1 基部互相远离。胸板宽扁，前、后缘内凹，后缘的凹底达 $St_2 \sim St_3$ 中部；具刚毛 3 对，均光滑；具隙孔 2 对；St_2 之间具一明显的横纹；板上平滑，无大刻点。胸后板小，各具刚毛 1 根。生殖板后缘平直，具刚毛 1 对，两侧各具粗棒状骨板 1 块。腹肛板倒梨形，长大于宽（长 283，宽 227），前缘较平直，两侧于第 2 对肛前毛处最宽；具肛前毛 3 对；肛侧毛位于肛孔中部水平偏前。气门沟前端达基节Ⅰ与Ⅱ之间。螯肢发达，螯钳具齿，动趾长 84。颚沟具 5 列齿列。叉毛 3 叉。跗节Ⅱ近末端腹面具 2 根粗刺，背面亦具 2 根粗刺，其中 1 根较细。跗节Ⅲ、Ⅳ具若干刺。

分布：中国内蒙古自治区呼伦贝尔市；俄罗斯。

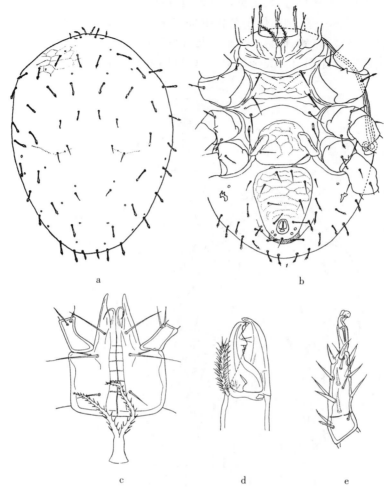

图 3 - 113 外贝加尔巨螯螨 Macrocheles transbaicalicus Bregetova et Koroleva，1960♀

a. 背面（dorsum） b. 腹面（venter） c. 颚体和胸叉（gnathosoma and tritosternum） d. 螯钳（chela）

e. 足 II 跗节（tarsus II）

（仿 Bregetova et Koroleva，1960）

104. 春巨螯螨 *Macrocheles vernalis*（Berlese，1887）

Holostaspis siculus Oudemans，A. 1887，*Acari，Myriopoda et Scorpiones*，etc.，
Fasc. 45，No. I；

Macrocheles siculus Oudemans，A. C.，1906，*Ent. Ber.*，2：7.

模式标本产地：意大利。

雌螨（图 3 - 114）：背板长 700，宽 500，不完全覆盖背面，背板具网纹，具 28 对刚毛，2 根顶毛 F_1 基部紧密接近，末端为柔毛状，M_7、S_5 和 M_{11} 末端亦呈柔毛状，其余均光滑，D_6 缺如。胸后板小，鞋底状，有刚毛 1 对。胸板无纹饰，两侧角不延伸至足间，胸板中部有一横缝横贯 St_2，将胸板分为 2 块。生殖板宽，后缘平直。腹肛板有两种类型：

一种是长宽约相等；另一种是长大于宽，其最宽处在第 2 对肛前毛之后。本文描述的为后一类型，长 200，宽 160。肛侧毛位于肛孔中部水平线上；腹肛板上有下弯的横纹。螯肢动趾 3 齿，定趾 2 齿。第二胸板具 6 列齿。足 Ⅱ 跗节的端跗节具粗刺刚毛 8 根。

分布：中国辽宁省沈阳市（粪金龟上）。该螨属世界性螨虫。

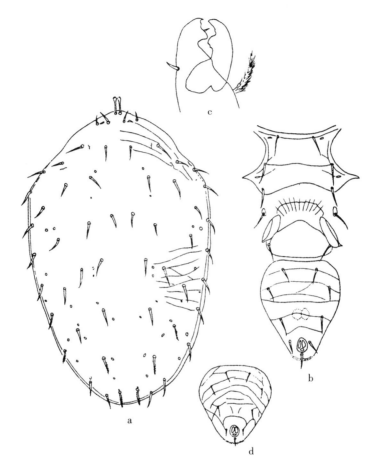

图 3-114　春巨螯螨 *Macrocheles vernalis*（Berlese，1887）♀

a. 背面（dorsum）　b. 腹面（venter）　c. 螯钳（chelicera）　d. 腹肛板（ventrianal shield）

（仿 Bregetova et Koroleva，1960）

（二十九）雕盾螨属 *Glyptholaspis* Fil. et Pegaz.，1960

模式种：*Glyptholaspis fimicola*（Sellnick，1931）。

中等和大型螨类（体长 970～1 550），背板 1 块，上有 28 对刚毛，背板角质化强，呈黄褐色或暗褐色，板上有明显刻纹，背板从前向后逐渐收缩变窄，边缘具齿。胸板巨大，其后缘凹陷，与生殖板前缘凸起相互对应，其后部两侧较伸向足 Ⅱ 与足 Ⅲ 基节间与内足板愈合，胸后板游离或与内足板愈合，腹肛板宽大于长，具有 3 对肛前毛，雄螨具 1 块巨大全腹板，前缘具生殖孔。

该属螨类生活于粪便、腐败物、森林腐殖土中。

雕盾螨属分种检索表（雌螨）
Key to Species of *Glyptholaspis*（females）

1. 背板不完全覆盖背部，具裸露区 ·· 2
   背板完全覆盖背部 ·· 3
2. 背毛均羽状；St₁ 毛光滑 ···························· 白城雕盾螨 *Glyptholaspis baichengensis* Ma，1997
   背毛多数羽状，部分光滑；St₁ 毛羽状 ·············· 吴氏雕盾螨 *Glyptholaspis wuhouyongi* Ma，1997
3. 腹肛板紧靠前缘的许多凹陷之后有光滑带 ····· 忽视雕盾螨 *Glyptholaspis neglectus* Bregetova，1977
   腹肛板无光滑带 ··· 4
4. 肛侧毛光滑 ····································· 美国雕盾螨 *Glyptholaspis americana*（Berlese，1888）
   肛侧毛微羽状 ································ 绒腹雕盾螨 *Glyptholaspis confusa*（Foa，1900）

105. 美国雕盾螨 *Glyptholaspis americana*（Berlese，1888）

Holostaspis americana Berlese，1888；

Ma，2001，*Acta Arachnologica Sinica*，10（2）：22.

模式标本产地：美国。

雌螨（图 3-115a～f）：体呈宽卵圆形，长 1 170～1 350，宽 740～850。背板具明显的网纹，其边缘特别是后 1/3 部分具大小间隔的锯齿；背板具有 28 对刚毛，大部分具绒毛，F₁ 毛羽状，相距较近，D₃ 刚毛短而光滑，呈针状，D₂、D₄、D₅ 和 I₁ 刚毛长针状或稍具绒毛，S₈ 短针状，光滑或稍具绒毛，无胸前板。腹面各板具浓密的网状纹。胸板长，具浓密的刻纹，后缘凹陷，两侧角伸向两侧。胸后板 1 对，卵圆形，板上各具 1 个隙孔和 1 根光滑的刚毛。生殖板具有附加的长条状骨片，上有 1 对羽状刚毛。腹殖板宽大于长，两侧宽圆形；板上具 3 对肛前毛，呈羽状，1 对肛侧毛小，光滑，肛后毛短小，羽状。足后板 1 对，形状不规则。气门沟和气门板正常。足Ⅳ基节处具 1 根刚毛，羽状。颚体腹面具 4 对刚毛，其后侧毛为内侧毛长的 1/2。第 2 胸板具 7 列齿。头盖具 4 尖突，两侧相互对称，基部具细齿，中央 1 对突起，从基部到两侧末端具细齿，另 1 对无齿。螯肢定趾 4 齿，顶齿小于其余齿。足Ⅰ转节内侧具 1 小棘状突，足Ⅱ跗节具刺状刚毛，其余刚毛均呈羽状。

雄螨（图 3-115g～k）：长 870～930，宽 560～630。背板从前到后逐渐变窄，其背部毛序与雌螨相同，腹部具有 1 块完整的全腹板，覆盖腹部大部分，其上具 9 对刚毛及 3 根围肛毛。雄螨的导精趾长于动趾。足Ⅱ、Ⅲ、Ⅳ上具有距，足Ⅱ股节有巨距，足Ⅲ转节有大距，足Ⅱ跗节和膝节、足Ⅲ转节、足Ⅳ转节和股节具小距。

分布：中国黑龙江省伊春市（带岭区凉水自然保护区）、吉林省敦化县（森林土壤）。该螨为世界分布（栖于林中落叶层、畜粪）。

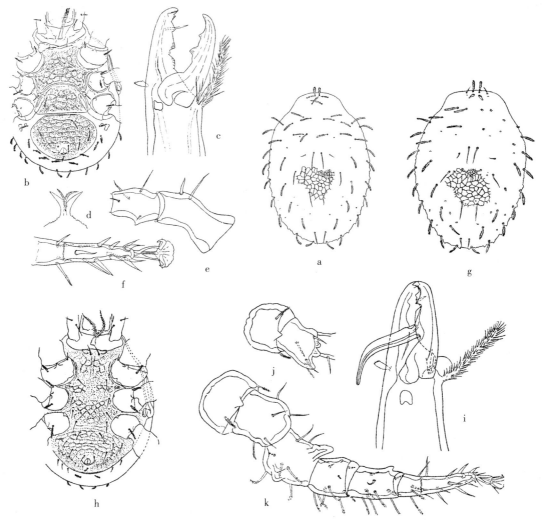

图 3-115　美国雕盾螨 *Glyptholaspis americana*（Berlese，1888）a～f♀，g～k♂

a、g. 背面（dorsum）　b、h. 腹面（venter）　c、i. 螯肢（chelicera）　d. 头盖（tectum）

e. 足Ⅰ转节（trochanterⅠ）　f. 足Ⅱ跗节（tarsusⅡ）　j. 足Ⅲ（legⅢ）　k. 足Ⅱ（legⅡ）

（仿 Bregetova et Koroleva，1960）

106. 白城雕盾螨 *Glyptholaspis baichengensis* Ma，1997

Glyptholaspis baichengensis Ma，1997，*Acta Zootaxonomica Sinica*，22（1）：41-44.

模式标本产地： 中国吉林省白城市。

雌螨（图 3-116a～f）：体棕黄色，长为 1 057～1 160，宽 747～827。背板长 977～1 092，宽 575～632，边缘密布小圆凸；板上花纹蜂窝状，网眼多角形，网眼间隔较宽而平直，D_2 附近网眼长多角形；背板刚毛 28 对，均密羽状，D_4 和 I_1 约在同一水平线上，S_8 等于或稍短于 M_{11}。背表皮毛 7～10 对，形状同背板毛。胸毛光滑。胸后板椭圆形。胸板与生殖板花纹云朵状。胸后毛与生殖毛微羽状。腹肛板长 310～368，宽 333～402，前缘直，后缘圆形；板上花纹同背板；肛前毛3对，密羽状，Ad位于肛门前缘水平稍前方。足后板小而圆，中间薄。气门板前端与背板相连。腹表皮毛3～5对，同肛前毛。螯钳动趾2齿，定趾3齿，定趾背毛单侧有小锯齿，钳齿毛小，钳基毛密羽状，长约达动趾之半。颚角细长，长115，宽23。叉毛3叉。颚毛光滑，外颚毛及后颚毛短。各足有密羽状刚毛，跗节Ⅱ有刺状刚毛，跗节Ⅳ有普通粗刚毛。

雄螨（图3-116g～k）：体色同雌螨，长666～770，宽483～575。背板边缘和板上花纹及背面刚毛均同雌螨。背表皮毛2～5对。全腹板长517～586，该板两侧与气门板及背板均连接。胸殖板和腹肛板花纹与雌螨相应部位相似，但骨化极弱，远不如雌螨清晰。围肛毛同雌螨。腹表皮毛约2对。螯肢构造同雌螨，导精趾带状，弯曲，末端细。叉毛及颚毛同雌螨。足Ⅰ仅股节有距，跗节Ⅰ有刺状刚毛，跗节Ⅳ有普通粗刚毛和末段密羽状的刚毛。

分布：中国吉林省白城市（腐烂鼠巢中）。

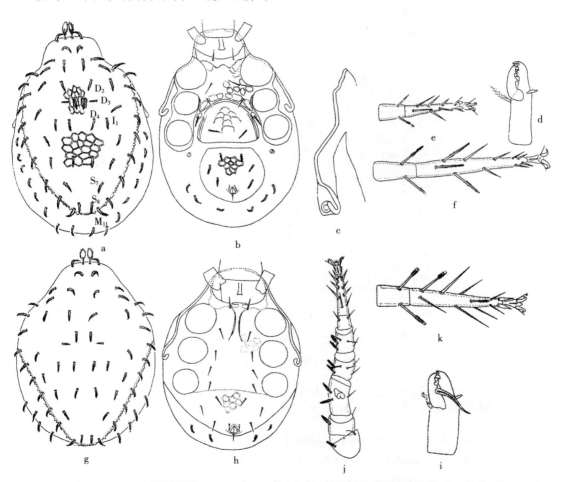

图3-116 白城雕盾螨 *Glyptholaspis baichengensis* Ma, 1997 a～f♀，g～k♂
a、g. 背面（dorsum） b、h. 腹面（venter） c. 气门板（peritrematal plate） d、i. 螯钳（chela）
e. 足Ⅱ跗节（tarsus Ⅱ） f、k. 足Ⅳ跗节（tarsus Ⅳ） j. 足Ⅱ（leg Ⅱ）

（仿马立名，1997）

107. 忽视雕盾螨 *Glyptholaspis neglectus* Bregetova，1977

Glyptholaspis neglectus Bregetova，1977，Наука，Ленинград：392；
Ma，2001，*Acta Arachnologica Sinica*，10（2）：22.

模式标本产地：俄罗斯。

雌螨（图 3-117）：大型螨类。背板几乎覆盖整个背面；侧缘及后缘呈锯齿状；板上网纹明显；位于背板后缘的 M_{11} 附近 2 个大齿之间有 3 个小齿。F_1 不宽，具短绒毛；D_2、D_4、I_1 和 D_6 细长光滑；D_3 细短；S_8 稍长于 M_{11}。胸板前、后缘内凹；板上刻点、花纹非常明显；胸板 St_1 较粗长，有羽枝。生殖板两侧各具长棒状骨板 1 块。腹肛板紧靠前缘的许多凹陷之后有光滑带。腹肛板近似五角形，宽大于长；具肛前毛 3 对。气门沟前端达体前端中央。

分布：中国黑龙江省伊春市（带岭区凉水自然保护区）、吉林省敦化县（森林土壤）；俄罗斯（滨海边区）（栖于林中落叶层，也发现于啮齿动物体外）。

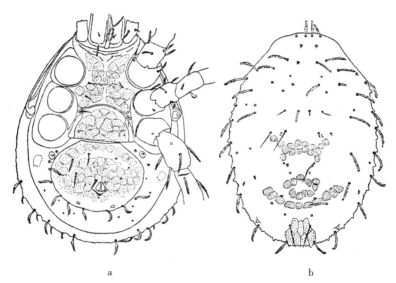

a   b

图 3-117 忽视雕盾螨 *Glyptholaspis neglectus* Bregetova，1977♀

a. 腹面（venter） b. 背面（dorsum）

（仿 Bregetova et Koroleva，1960）

108. 绒腹雕盾螨 *Glyptholaspis confusa*（Foa，1900）

异名：*Macrocheles plumiventris* Hull，1925；

Holostaspis marginatus Berlese，A.（1889）. *Acari，Myriopoda et Scorpiones*，etc.，fasc. 52，no. 4 and 5；

Macrocheles gladiator Hull，J. E.（1918）. *Trans. Nat. Soc. Northumb.*，N. S. 5：71；

Macrocheles plumipes Hull，J. E.（1918）. *Tom. Cit.*，72；

Macrocheles (*Monoplites*) *oudemansii* Hull，J. E. (1925). *Ann. Mag. Nat. Hist.* (9)，15：216；

Nothrholaspis fimicola Sellnick，M. (1931). *S. B. Akad. Wiss. Wien.*，140：765，fig. syn. nov.

模式标本产地：未详。

雌螨（图 3 - 118）：大型螨类。体长 1 200，宽 895。背板几乎覆盖整个背面，长 1 200，宽 812；侧缘及后缘呈锯齿状，板上网纹明显；F_1 羽状，基部互相远离，F_2 之长约为 F_1 的 1/2；D_3、D_4、I_1、S_8 光滑，其余的刚毛羽状，此外，$D_4 \sim D_5$ 或 D_5 之间尚具微羽状刚毛 1 根。胸板前、后缘内凹，板上刻点、花纹非常明显；具刚毛 3 对，St_1 羽状，St_2、St_3 光滑，末端稍钝；具隙孔 2 对。胸后板 1 对，卵圆形，各具羽状刚毛 1 根。生殖板具羽状刚毛 1 对，两侧各具长棒状骨板 1 块。腹肛板近似五角形，宽大于长，长 369，宽 526；具肛前毛 3 对，均羽状，肛侧毛微羽状，肛后毛明显羽状，其长度较肛侧毛小。气门沟前端达体前端中央。螯肢发达，螯钳具齿，动趾长 125。颚沟具 6 列齿列。叉毛 3 叉。足 II 较其他对粗，足 I 最细，跗节 II～IV 腹面具粗刺状刚毛。

分布：中国河北省，辽宁省沈阳市（羊圈土内）；俄罗斯及欧洲其他地区。

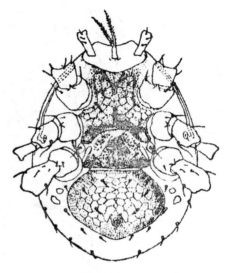

图 3 - 118　绒腹雕盾螨 *Glyptholaspis confusa* (Foa，1900) ♀ 腹面 (venter)
(仿 Hull，1925)

109. 吴氏雕盾螨 *Glyptholaspis wuhouyongi* Ma，1997

Glyptholaspis wuhouyongi Ma，1997，*Acta Zootaxonomica Sinica*，22 (3)：263 - 267.

模式标本产地：中国吉林省白城市。

雌螨（图 3 - 119a～f）：体棕黄色，椭圆形，长 862～1 034，宽 632～804。背板长 862～931，宽 597～689，卵圆形，M_2 水平最宽；背板边缘排列小圆突，M_{11} 之间的圆突不清晰；背板在 D_4 和 D_6 之间水平以前密布小斑块，大小与形状不太规则，以后则呈花纹网状，网眼间线波形。背腹刚毛均密羽状。背板毛 28 对，F_1 间距较远。F_2、D_3 和 S_8 短，D_4、D_6 和 I_1 稍细。I_1 位于 D_4 稍后水平。背表皮毛 8～11 对，较小。胸板 St_1 长于 St_2 和 St_3。生殖板长 172～195，宽 253～287。腹肛板近五角形，长短于宽。肛前毛 3 对。Ad 位于肛孔前缘水平之前，远长于肛孔，Pa 短于 Ad。腹表皮毛 6～8 对。气门沟前端达到 F_2 基部。螯钳动趾 2 齿，定趾齿看不清。颚角细长，长 92～126，宽 17。叉毛 3 叉。颚毛光滑，内颚毛长，后颚毛短，前及外颚毛中等。足 I 无爪和爪垫。足毛多密羽状，跗节 II～IV 有刺状刚毛。跗节 IV 刺状刚毛粗长，成对排列。

雄螨（图 3 - 119g～l）：体棕黄色，近圆形，长 643～666，宽 494～529。两侧有不大

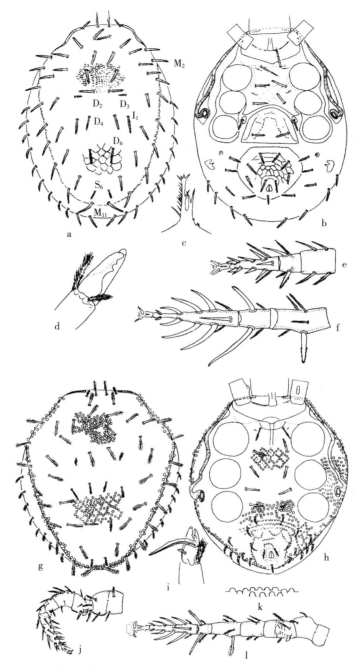

图 3 - 119　吴氏雕盾螨 *Glyptholaspis wuhouyongi* Ma，1997 a～f♀，g～l♂

a、g. 背面（dorsum）　b、h. 腹面（venter）　c. 头盖（tectum）　d、i. 螯肢（chelicera）

e. 足Ⅱ胫节及跗节（tibia and tarsus of leg Ⅱ）　f. 足Ⅳ胫节及跗节（tibia and tarsus of leg Ⅳ）

j. 足Ⅱ（leg Ⅱ）　k. 背板小圆突侧面观（side view of small round projections on dorsal shield）

l. 足Ⅳ（leg Ⅳ）

（仿马立名，1997）

的裸露区。背板密布小圆突，约在 D_4 水平以后者排成网状。侧面观则小圆突为凸起于板面的半球形。背腹刚毛密羽状。背板毛 28 对，同雌螨。背表皮毛 6～8 对，小于背板毛。全腹板长 529～552，板面密布小圆突，多排成网状，肛孔周围呈云朵状。除胸毛、胸后毛和围肛毛外，腹板还有刚毛 6～8 对。腹表皮毛 2～3 对。St_1 最长，St_2、St_3、Mst 和 Vl_1 稍短，腹板毛更短。Ad 位于肛孔前缘稍前水平，Ad 与 Pa 均稍长于肛孔。气门沟前端达到 F_2 基部。螯钳导精趾带状，略弯曲，末端细。颚角长 80～92，宽 17。叉毛及颚毛同雌螨。足上有小圆突和云朵状花纹。足 I 股节及胫节和足 IV 股节有距。各跗节刺状刚毛同雌螨。

　　分布：中国吉林省白城市（土壤、马粪中）。

（三十）小全盾螨属 *Holostaspella* Berlese，1904

Holostaspella Berlese A. (1904). *Redia*，1：241.

　　模式种：*Holostaspella sculpta* (Berlese，1903)。

　　中等到大型螨类，体长 550～1 150，宽 400～750，板块角质化强。背板具 28 对刚毛，前缘有前突，上有 1 对羽状刚毛。胸毛 3 对。胸后板游离。腹肛板具 4 对肛前毛。雌螨足 I 具粗刺。叉毛 3 叉。

110. 饰样小全盾螨 *Holostaspella ornate* (Berlese，1904)

Holostaspis ornatus Berlese，A. (1904). *Redia*，1：277；

Holostaspella ornate Oudemans，A. C. (1931). *Ent. Ber.*，8：273，syn. nov.

　　异名：*Macrocheles vagabundus*，Oudemans，A. C. (1902). *Tijdschr. Ent.*，45：43.

　　模式标本产地：荷兰。

　　雌螨（图 3-120a～e）：体长 924～950，宽 550～560。背板花纹浓重，斑状，前端凸出；背板刚毛 28 对，有短的密毛，顶毛具刺，伸出背板外，F_3 长，末端超过 V 基部。胸板大，具网纹，胸毛 3 对，St_1 羽状，后 2 对光滑。胸后板 1 对，三角形，各具 1 根刚毛。生殖板具网纹，具刚毛 1 对。腹肛板长大于宽，肛前毛 4 对，第 1 对肛前毛具微刺，肛后毛羽状。头盖末端分叉。足 I 胫节（121）短于跗节（132），股节 II 和转节 II 有距。

　　雄螨（图 3-120f～j）：体黄色，椭圆形，前端有前突，长 575，宽 391。背腹各板密布大而浓重的刻点，并组成网状。背板覆盖整个背面。背毛 28 对，边缘密布小刺，呈栉状，F_1、F_2 和 D_3 较短，F_1 较宽，M_{10} 和 M_{11} 大于其他毛。胸殖板和腹肛板中部相连，两侧有深的狭缝，连接处骨化弱，刻点稀疏而不明显。胸殖板刚毛 5 对，光滑，St_1 亦未见羽枝。腹肛板有肛前毛 4 对，光滑。Ad 位于肛孔前缘水平，Ad 与 Pa 均光滑，等于或微长于肛孔。足外板与胸殖板相连。气门板后部由狭缝与足外板分开。气门沟前端达到体前突基部，后部弯曲。腹表皮毛 8 对左右，形状同背毛，但较小。螯钳动趾 1 齿，导精趾狭长，弯成弧形。颚角狭长。颚毛光滑，前及内颚毛长，外及后颚毛短。足有光滑毛和栉状毛。股节 II 有 1 距。跗节 II 中部有粗毛，末端有 4 根短刺。足 I 无爪和爪垫。

　　分布：中国吉林省白城市（腐殖土、落叶层及杂草下）；荷兰，澳大利亚，俄罗斯（圣彼得堡）等欧洲其他地区（栖于落叶下、禾草下、堆肥中）。

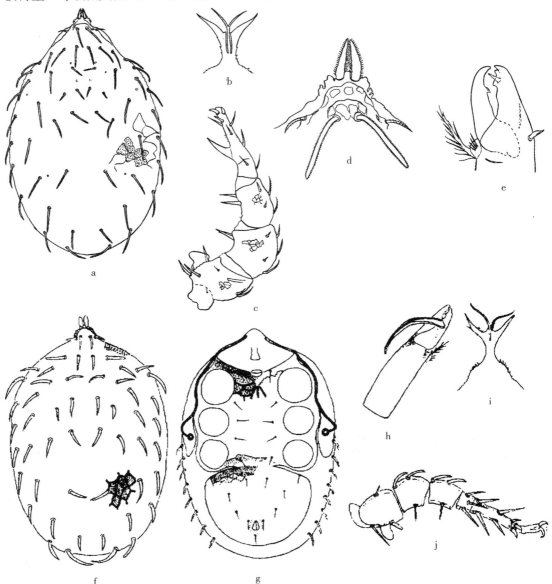

图 3 - 120　饰样小全盾螨 *Holostaspella ornate*（Berlese，1904）a～e♀，f～j ♂
a、f. 背面（dorsum）　b、i. 头盖（tectum）　c、j. 足Ⅱ（leg Ⅱ）　d. 背板前缘（anterior region of dorsal shield）
e、h. 螯钳（chela）　g. 腹面（venter）
（♀仿 Evans，1956，♂仿马立名，1999）

八、土革螨科
Ologamasidae Ryke，1962

躯体角质化强，成螨背板 1 块。部分成螨躯体几乎完全被骨片所包围，形成一整块板。有的种背部表面隆起很高。雌螨胸板与胸后板、内足板愈合，上面具 4 对刚毛；生殖板短而宽，有宽而呈圆形的前缘和几乎呈直线的后缘，几达足Ⅳ基部或后侧角，生殖板上具 1 对刚毛；腹肛板游离，部分或全部与背板愈合。雄螨具 1 块全腹板或 2 块板（前缘具生殖孔的胸殖板和腹肛板）；气门板短或长；螯肢具齿，导精趾长针状且游离，其顶端前部稍弯曲；须肢叉毛 3 叉（其中 1 个有时很大）；足Ⅱ上有距。

本书记述 1 属，革伊螨属 *Gamasiphis* Berlese。

（三十一）革伊螨属 *Gamasiphis* Berlese，1904

模式种：*Gamasiphis pulchellus* (Berlese, 1887)。

雌螨背面圆凸，背板覆盖整个背面，并卷向腹面。背板与腹肛板后部和气门板相连，背板卷向腹面部分与气门板和腹肛板侧缘之间均有狭缝。胸前板 1~2 对，基部窄。胸板与胸后板及内足板愈合，着生 4 对刚毛，St_3 位于胸板中部。螯肢动趾 4 齿。各足均具爪，足Ⅰ较其他足长，足Ⅱ股节粗壮，其膝节和胫节上有 1~2 个小距。雄螨胸殖板与腹肛板靠近或完全相连。螯肢发达，动趾具 1 齿。导精趾游离、狭长，有时鞭状。若螨背板 2 块，很大，彼此不接近，刚毛长短相差悬殊。胸板三角形。肛板小，阔三角形，有 1 对肛前毛。

该属螨类生活于土壤、茂密草丛、灌木丛、木莓丛、悬钩子丛等地。分布在黑海海岸、高加索地区（苏呼米）、南欧（意大利）、北美洲、南美洲、南非、日本、中国及印度尼西亚。

革伊螨属分种检索表（雄螨）
Key to Species of *Gamasiphis*（males）

1. 螯肢导精趾宽短，末端钝 ················· 丽革伊螨 *Gamasiphis pulchellus* Berlese，1887
   螯肢导精趾末端细长，呈鞭状 ·· 2
2. 螯肢导精趾基段宽阔；股节Ⅱ距柱状 ········ 新美革伊螨 *Gamasiphis novipulchellus* Ma et Yin，1998
   螯肢导精趾基段狭窄；股节Ⅱ距钩状 ·············· 钩形革伊螨 *Gamasiphis aduncus* Ma，2004

111. 钩形革伊螨 *Gamasiphis aduncus* Ma，2004

Gamasiphis aduncus Ma，2004，*Acta Arachnologica Sinica*，13 (1)：23-27。

模式标本产地：中国吉林省长春市。

雄螨（图 3-121a~f）：体深黄色，椭圆形，长 379~402，宽 253~276。背板覆盖整个背面，并卷向腹面。背面有长毛约 14 对，后端 1 对最长，另有微毛约 13 对。胸前板 2 对，前对细长，杆状；后对较宽，楔形。胸殖板刚毛 5 对。腹肛板前缘圆凸，后部与背板相连，板面具明显横纹，除围肛毛外有刚毛 8 对，后 1 对特别长。Ad 位于肛孔中横线水平，微小，Pa 特别长。背板卷向腹面部分与气门板和腹肛板侧缘之间均有狭缝。气门沟前端达到基节Ⅰ内缘。头盖有长的中突和短的侧突。螯钳动趾 1 齿，定趾有几个小齿；导精趾细长，鞭状，基段狭窄。颚角内缘稍凹。颚毛较短。叉毛 3 叉。足Ⅱ股节有 1 大距和1 小距，大距呈钩状，膝节有 2 小距，胫节有 1 小距。

雌螨（图 3 - 121g～i）：体色与体形同雄螨，长 356～425，宽 264～287。背面同雄螨。胸板刚毛 4 对。St₂ 稍粗，内移。生殖板前缘弧形，后缘直，具刚毛 1 对。腹肛板、胸前板、气门沟、头盖、颚毛及叉毛均同雄螨。颚角牛角状。

分布：中国吉林省长春市、长白山自然保护区，辽宁省本溪市（老秃顶子自然保护区）、北宁市。

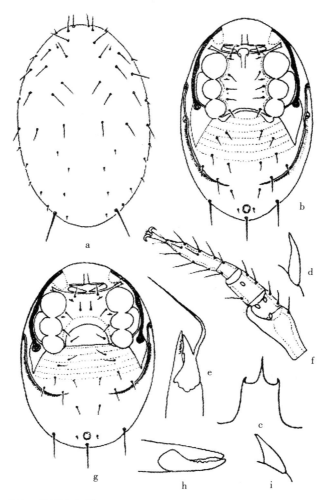

图 3 - 121 钩形革伊螨 *Gamasiphis aduncus* Ma，2004 a～f ♂，g～i♀
a. 背面（dorsum） b, g. 腹面（venter） c. 头盖（tectum） d, i. 颚角（corniculi）
e, h. 螯肢（chelicera） f. 足Ⅱ（legⅡ）
（仿马立名，2004）

112. 新美革伊螨 *Gamasiphis novipulchellus* Ma et Yin，1998

Gamasiphis novipulchellus Ma et Yin，1998，*Acta Entomologica Sinica*，41（3）：319 - 322.

模式标本产地：中国黑龙江省伊春市。

雄螨（图 3-122a～f）：体深黄，短椭圆形，长 437，宽 322。背面有长毛约 12 对，另有数对短毛和若干对微毛，由于背面褶叠、扭曲，毛数看不准。胸前板 2 对，前对细长，后对较大。胸殖板刚毛 5 对。腹肛板前缘圆凸，后部与背板相连，板面横纹明显，除围肛毛外有刚毛 8 对，后 1 对特别长。Ad 位于肛孔后缘稍前水平，很短，Pa 特别长。背板卷向腹面部分与气门板和腹肛板之间均有狭缝。气门沟前端达到基节 I 内缘。头盖有长的中突和短的侧突。螯钳动趾 1 齿，定趾齿看不清；导精趾基段较宽，末段细长，呈鞭状。颚角内缘有缺刻。颚毛均长，外颚毛稍短。叉毛 3 叉。足 II 股节有 1 大距和 1 小距，大距呈柱状，膝节有 2 小距，胫节有 1 小距。

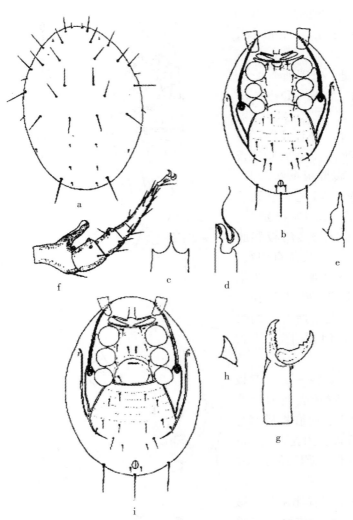

图 3-122　新美革伊螨 *Gamasiphis novipulchellus* Ma et Yin，1998 a～f ♂，g～i♀
a. 背面（dorsum）　b、i. 腹面（venter）　c. 头盖（tectum）　d、g. 螯肢（chelicera）　e、h. 颚角（corniculi）
f. 足 II（leg II）
（仿马立名等，1998）

雌螨（图 3-122g～i）：体色与体形同雄螨，体长 460～483，宽 333～379。背毛同雄螨。胸板刚毛 4 对，St₃ 内移，稍粗。腹肛板毛、围肛毛、胸前板、气门沟、头盖、颚毛及叉毛均同雄螨。螯钳动趾 4 齿，近侧 2 齿大，远侧 2 齿小；定趾 6～7 齿，大小不等。颚角宽短，三角形。

分布：中国黑龙江省伊春市，吉林省（长白山自然保护区），辽宁省本溪市市区、本溪市老秃顶子自然保护区、丹东市（凤凰山风景区）、铁岭市（龙首山）、阜新市、辽阳市（汤河水库）、沈阳市（东陵）。

113. 丽革伊螨 *Gamasiphis pulchellus*（Berlese，1887）

Gamasiphis pulchellus（Berlese，1887），*Protici et Padova*，fasc. I-XCVIII.

模式标本产地：俄罗斯。

雄螨（图 3 - 123e～f）：体深黄，椭圆形，背板长 350，宽 300。胸前板 2 对，前对较小，后对较大。胸殖板刚毛 5 对。胸殖板与腹肛板紧邻。腹肛板前缘圆凸，后部与背板相连。Ad 位于肛孔后缘稍前水平，很短，Pa 特别长。背板卷向腹面部分与气门板和腹肛板之间均有狭缝。头盖有中突。螯钳动趾 1 齿，导精趾宽短，末端钝。在足 Ⅱ 的腿节、膝节和胫节上各有 1～2 个突起。所有的前足跗节同样大小，但足 Ⅰ 上的较简单。

雌螨（图 3 - 123a～d）：背板长 415，宽 265；背板表面向上凸起，背板与气门板、腹肛板后部愈合。胸板与胸后板、内足板愈合；胸板上具 4 对刚毛，无足后板；具 1～2 对胸前板。

分布：中国辽宁省沈阳市、鞍山市（千山风景区），吉林省（长白山自然保护区）；俄罗斯，德国，意大利，非洲。

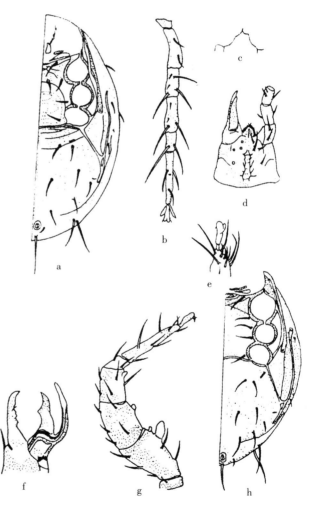

图 3 - 123 丽革伊螨 *Gamasiphis pulchellus*
（Berlese，1887）a～d♀，e～h ♂
a、h. 腹面（venter） b、g. 足 Ⅱ（leg Ⅱ） c. 头盖（tectum）
d. 颚体（gnathosoma） e. 足 Ⅰ 跗节（tarsus Ⅰ） f. 螯肢（chelicera）
（仿 Lee，1970）

九、厚厉螨科
Pachylaelapidae Berlese，1913

Pachylaelapidae Berlese，1913，*Redia*，9：77－111.

成螨背板完整，1块，背板上具成对的（一般30对）光滑刚毛。雌螨或胸板与胸后板愈合，着生4对刚毛；或胸后板游离，其上着生1对刚毛。生殖板与腹板愈合具2对刚毛，或独立仅具1对刚毛。肛板游离，具3根围肛毛，或与腹板甚至生殖板愈合。雄螨具全腹板或具胸殖板和腹肛板，生殖孔位于全腹板或胸殖板的前缘。气门板与足侧板融合，后端超过基节Ⅳ水平，很少种类后端游离。头盖多样。螯肢发达，具齿，导精趾形态不一，从很宽到狭长如鞭状。各足均具爪与爪垫，跗节Ⅱ多具1～2个棘。须肢跗节叉毛3叉。

本科科下分类各国学者意见不一，Bregetova et al.（1977）在前苏联地区报道了4个属，其后又有一些新属陆续被报道（M. L. Moraza & D. E. Johnston，1990；R. B. Halliday，1997），目前该科约有18个属。本书记述2属：厚厉螨属 *Pachylaelaps* Berlese，厚绥螨属 *Pachyseius* Berlese。

厚厉螨科分属检索表（雌螨）
Key to Genera of Pachylaelapidae（females）

1. 胸板与胸后板愈合，其上着生刚毛4对；肛板游离 ·············· 厚厉螨属 *Pachylaelaps* Berlese，1886
   胸板与胸后板分离，其上着生刚毛3对；肛板与腹板愈合为腹肛板 ·········
   ·· 厚绥螨属 *Pachyseius* Berlese，1910

（三十二）厚厉螨属 *Pachylaelaps* Berlese，1886

Pachylaelaps Berlese，1886，*Acari*，*Myriapoda* et *Scorpiones hucusque in Italia*. *Ordo Mesostigmata*. Padova.

模式种：*Pachylaelaps pectinifer*（G. et R. Canestrini，1882）。

成螨背板上具30对光滑刚毛。雌螨胸板与内足板、胸后板愈合，具刚毛4对；腹殖板多具2对刚毛；气门板与足侧板愈合，末端伸至基节Ⅳ之后，紧靠腹殖板，常有一窄的部分与之相连；肛板游离。雄螨全腹板上除3根围肛毛外，还具有8～9对刚毛。头盖一般具有1个长的中突，其顶端具齿或呈梳齿状。足Ⅱ跗节上具1根或2根棘。

本属种类多营自由生活，大多生活在土表、腐殖质、青苔、粪肥、草垫上，少数可在蚁穴、鼠巢中发现。该属种类较多，为世界性分布螨类。

厚厉螨属分种检索表（雌螨）
Key to Species of *Pachylaelaps*（females）

1. 腹殖板上着生刚毛3对 ··· 2
   腹殖板上着生刚毛2对 ··· 3

2. 足后板1对 ·················· 长白厚厉螨 *Pachylaelaps changbaiensis* Chen，Bei et Gao，2009

   足后板缺如 ·················· 东方厚厉螨 *Pachylaelaps orientalis* Koroleva，1977

3. 足Ⅱ跗节具5棘 ·················· 新梳厚厉螨 *Pachylaelaps neoxenillitus* Ma，1997

   足Ⅱ跗节具1～3棘 ······························· 4

4. 足Ⅱ跗节具3棘 ·················· 梳状厚厉螨 *Pachylaelaps pectinifer* (G. et R. Canestrini，1882)

   足Ⅱ跗节具1～2棘 ······························· 5

5. 足Ⅱ跗节具1棘 ······························· 6

   足Ⅱ跗节具2棘 ······························· 8

6. 气门沟有曲折，且具多分支 ·················· 枝沟厚厉螨 *Pachylaelaps ramoperitrematus* Ma，1999

   气门沟正常，无分支 ······························· 7

7. 螯肢定趾1齿 ·················· 西西里厚厉螨 *Pachylaelaps siculus* Berlese，1892

   螯肢定趾2齿 ·················· 克瓦厚厉螨 *Pachylaelaps kievati* Davydova，1971

8. 背毛短，末端不到下位毛基部 ······························· 9

   背毛长，末端达到下位毛基部 ·················· 光滑厚厉螨 *Pachylaelaps nuditectus* Ma et Yin，2000

9. 螯肢定趾1齿 ·················· 天山厚厉螨 *Pachylaelaps tianschanicus* Koroleva，1977

   螯肢定趾2齿 ·················· 布氏厚厉螨 *Pachylaelaps buyakovae* Goncharova et Koroleva，1974

114. 布氏厚厉螨 *Pachylaelaps buyakovae* Goncharova et Koroleva，1974

Pachylaelaps buyakovae Goncharova et Koroleva，1974，*Зоол. журн.*，53 (8)：1257.

模式标本产地：俄罗斯。

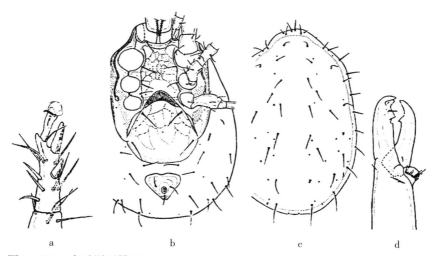

图 3-124　布氏厚厉螨 *Pachylaelaps buyakovae* Goncharova et Koroleva，1974♀

a. 足Ⅱ跗节（tarsus Ⅱ） b. 腹面（venter） c. 背面（dorsum） d. 螯肢（chelicera）

(仿 Bregetova et al.，1977)

雌螨（图 3-124）：体卵圆形，长 920，宽 620。背板具光滑刚毛 30 对，较短，一般不达下列毛基，S_7 长超过 S_8 长的 4 倍。胸板具网纹，与内足板及胸后板愈合，具刚毛 4 对。腹殖板近五边形，后缘平直，长 332，宽 320，板上具网纹，着生刚毛 2 对。气门板与足侧板愈合，末端伸至基节Ⅳ之后并与腹殖板部分愈合。肛板游离，倒三角形，长

130，宽 178。足后板 1 对，长条状。螯肢动趾 1 齿；定趾粗壮，2 齿，钳齿毛针状。足 II 跗节具 2 棘。

分布：中国吉林省（长白山自然保护区）；俄罗斯，乌兹别克斯坦。

115. 长白厚厉螨 *Pachylaelaps changbaiensis* Chen，Bei et Gao，2009

Bei et al.，2007，*Entomotaxonomia*，29（2）：157；

Pachylaelaps changbaiensis Chen，Bei et Gao，2009，*Acta Zootaxonomica Sinica*，34（1）：25 - 27.

模式标本产地：中国吉林省长白山自然保护区。

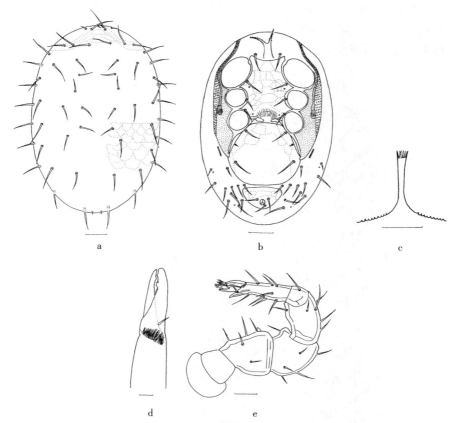

图 3 - 125 长白厚厉螨 *Pachylaelaps changbaiensis* Chen，Bei et Gao，2009♀

a. 背面（dorsum） b. 腹面（venter） c. 头盖（tectum） d. 螯肢（chelicera） e. 足 II（leg II）

（仿陈万鹏等，2009）

雌螨（图 3 - 125）：体卵圆形，长 880～920，宽 580。背板具浅的网纹，板上着生光滑刚毛 30 对，较长（除 F$_1$、F$_3$、S$_8$），可达下列毛基，S$_7$ 长超过 S$_8$ 长的 4 倍。胸板具网纹，与内足板及胸后板愈合，具刚毛 4 对，2 对隙孔。腹殖板近五边形，后缘平直，长 284～300，宽 320～336，仅在边缘具不明显网纹，着生刚毛 3 对。储精囊茄形。气门板发达具小刻点，与足侧板愈合，末端伸至基节 IV 之后并与腹殖板部分愈合。

肛板游离，倒三角形，长 94～112，宽 166～178，板上具浅的网纹，3 根围肛毛几乎等长。足后板 1 对，近长方形。腹表皮毛 11 对。头盖 5 突，边缘具细齿。螯肢动趾 1 齿；定趾粗壮，2～3 齿，基部具 1 刺，钳齿毛针状。足Ⅱ腿节端部内侧具 1 表皮突起，跗节具 2 棘。

分布：中国吉林省（长白山自然保护区土壤）。

附记：贝纳新等于 2007 年在《昆虫分类学报》上发表的新记录巨大厚厉螨 *Pachylaelaps grandis* Koroleva，1977 应为本种。

116. 克瓦厚厉螨 *Pachylaelaps kievati* Davydova，1971

Pachylaelaps kievati Davydova，1971，Ma et Yin，2005，*Entomological Journal of East China*，14（3）：287 - 288.

模式标本产地：俄罗斯。

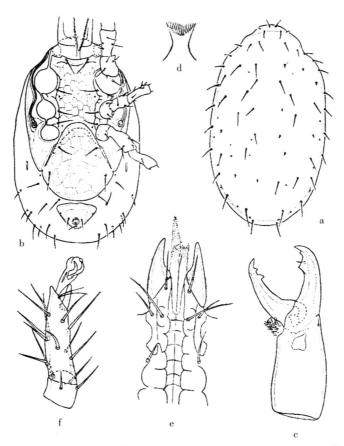

图 3 - 126　克瓦厚厉螨 *Pachylaelaps kievati* Davydova，1971♀

a. 背面（dorsum）　b. 腹面（venter）　c. 螯肢（chelicera）　d. 头盖（tectum）　e. 颚体（gnathosoma）

f. 足Ⅱ（leg Ⅱ）

（仿 Davydova，1971）

雌螨（图 3 - 126）：中型螨类，体卵形。背板 1 块，覆盖背部，长 610～700，宽 350～450，背板刚毛长、光滑，末端达不到下位毛基部，S_7 与 S_8 几等长。腹面由胸板、足内板与胸后板愈合成 1 块，长大于宽，具网纹，上具刚毛 4 对。腹殖板后端圆形，具网纹，上具刚毛 2 对，侧缘后部与气门板愈合。肛板宽大于长，3 根围肛毛几等长。足后板 1 对，长条状。气门板向后延伸与腹殖板部分愈合，其前端伸向背部近 F_2 基部。颚角向前延伸，角质化强，其前口下板毛和后内侧口下板毛长。齿沟 6 列。螯肢动趾具 2 齿，定趾具 1 大齿、1 小齿和钳齿毛。足 II 跗节末端具 1 棘。

雄螨（图 3 - 127）：体黄色，卵圆形，长 552～666，宽 356～402。背板覆盖整个背面，板缘稍卷向腹面；背毛 30 对，光滑，F_2 最短，其余毛中等长，末端达不到下位毛基部，缘毛随板缘卷至腹面。全腹板长 425～529，基节 IV 后缘水平处宽 253～299，布满网纹；胸殖区刚毛 5 对，隙孔 3 对；腹区刚毛 3 对；Ad 位于肛孔前缘水平，长于肛孔，Pa 约等于 Ad 长。气门沟前端达到基节 I 前缘或中部。腹表皮毛每侧 5～8 根。头盖前缘密布长刺。螯钳导精趾长带状。颚毛光滑，前颚毛及内颚毛长，外颚毛及后颚毛短。叉毛 3 叉。足 II 股节有 1 大距，膝节及胫节各有 1 小距，跗节末端有 2 大刺。足 IV 股节及膝节末端各有 1 齿。

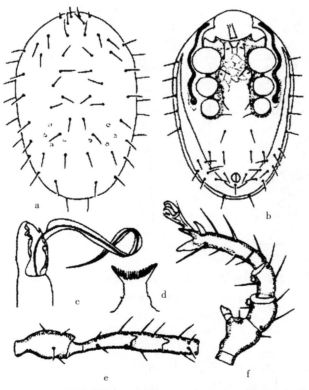

图 3 - 127 克瓦厚厉螨 *Pachylaelaps kievati* Davydova，1971 ♂

a. 背面（dorsum） b. 腹面（venter） c. 螯肢（chelicera） d. 头盖（tectum） e. 足 IV（leg IV）

f. 足 II（leg II）

（仿马立名等，2005）

分布：中国黑龙江省伊春市（带岭区凉水自然保护区森林土壤）；俄罗斯（诺沃西比尔斯克、秋明地区、阿尔泰边区的草丛、森林土壤、鼠巢内）。

117. 新梳厚厉螨 *Pachylaelaps neoxenillitus* Ma，1997

Pachylaelaps neoxenillitus Ma，1997，*Acta Arachnologica Sinica*，6（1）：31－36.
模式标本产地：中国吉林省白城市。

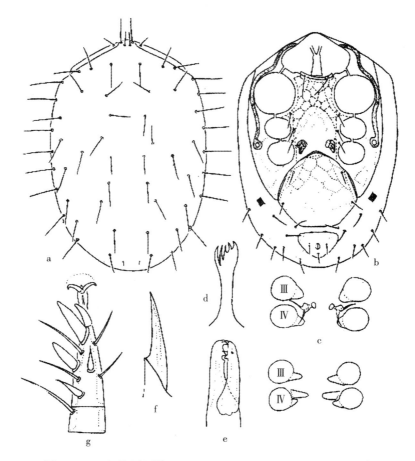

图 3－128　新梳厚厉螨 *Pachylaelaps neoxenillitus* Ma，1997♀
a. 背面（dorsum）　b. 腹面（venter）　c. 受精囊（spermatheca）　d. 头盖（tectum）　e. 螯钳（chela）
f. 颚角（corniculi）　g. 足Ⅱ跗节（tarsus Ⅱ）
（仿马立名，1997）

雌螨（图 3－128）：体黄色，盾形，长 862，宽 620。全身刚毛光滑。背板覆盖整个背面，有刚毛 30 对左右，F_2 和 F_3 较短，S_8 最短，其余均细长。胸叉体粗大，紧靠胸板。胸板有多角形网纹，中部有 1 明显拱形线，该线前部网纹明显，后部网纹微弱。受精囊如图 3－128c 所示。腹殖板有多角形网纹，前部较后部明显。肛板长短于宽，三角形，前部有网纹。Ad 位于肛孔前缘水平，长于肛孔，Pa 等于 Ad。足后板梳状。气门沟前端达到颚基。腹表皮毛8对。头盖细长，末端稍膨大，有分支。螯钳动趾1齿，定趾2齿，1个靠近末端，另1个在前1/3处，该齿后方有1凹。颚角很长。叉毛3叉。前颚毛及内颚毛长，外颚毛及后颚毛短。股节Ⅱ后缘有1突起。跗节Ⅱ有5刺，末端1刺基部有爪，其后2刺粗大，另2刺较小，末端变细。

分布：中国吉林省白城市。

118. 光滑厚厉螨 *Pachylaelaps nuditectus* Ma et Yin，2000

Pachylaelaps nuditectus Ma et Yin，2000，*Acta Entomologica Sinica*，43（1）：94 – 97.

模式标本产地：中国黑龙江省伊春市。

雌螨（图3-129）：体黄色，椭圆形，长1 218，宽816。背板长1 149，宽793，覆盖背面绝大部分，后部及两侧留有狭窄裸露区。背毛长，末端达到下位毛基部，S_7 长115，S_8 长11。胸板网纹明显，刚毛4对。腹殖板前部网纹明显，刚毛2对。腹殖板与肛板间距为46。肛板长短于宽，三角形。Ad位于肛孔前缘水平，Ad与Pa长于肛孔。足后板狭窄。气门沟前端达到颚基。腹表皮毛7对。头盖简单，前缘无刺。螯齿不明显。叉毛3叉。颚毛光滑，内颚毛长。足毛细长光滑。股节Ⅱ内侧末端有1突起，其上有1根刚毛。跗节Ⅱ有2大刺，另有几根粗刚毛。

分布：中国黑龙江省伊春市（带岭区凉水自然保护区）。

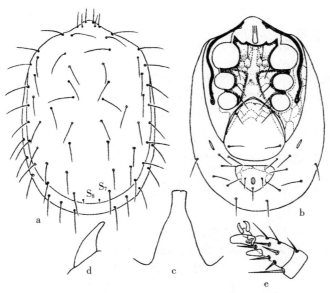

图3-129 光滑厚厉螨 *Pachylaelaps nuditectus* Ma et Yin，2000♀

a. 背面（dorsum） b. 腹面（venter） c. 头盖（tectum） d. 颚角（corniculi） e. 足Ⅱ跗节（tarsus Ⅱ）

（仿马立名等，2000）

119. 东方厚厉螨 *Pachylaelaps orientalis* Koroleva，1977

Pachylaelaps orientalis Koroleva，1977，*Изд. Наука*，467.

模式标本产地：俄罗斯。

雌螨（图 3-130）：体型较小，卵圆形，长 470，宽 348。背板具光滑刚毛 30 对，中部背毛较短，不达下列毛基，S_7 长约等于 S_8 长的 4 倍。胸板与内足板及胸后板愈合，具刚毛 4 对；板上网纹较少，在 St_2 和 St_3 间有两条近平行的横纹。腹殖板近五边形，后缘平直；板上着生刚毛 3 对，其中 1 对位于板的边缘。气门板与足侧板愈合，末端伸至基节 Ⅳ 之后并与腹殖板部分愈合。肛板与腹殖板紧邻，倒三角形，长 60，宽 96。足后板缺如。螯肢动趾 2 齿；定趾粗壮，2 齿，钳齿毛针状。足 Ⅱ 跗节具 1 棘。

分布：中国辽宁省沈阳市（东陵区）；俄罗斯。

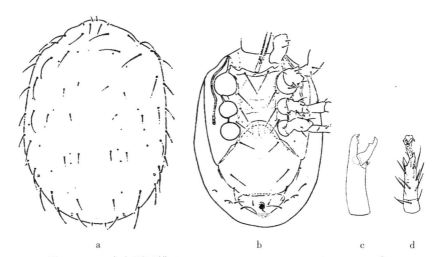

图 3-130　东方厚厉螨 *Pachylaelaps orientalis* Koroleva，1977♀

a. 背面（dorsum）　b. 腹面（venter）　c. 螯肢（chelicera）　d. 足 Ⅱ 跗节（tarsus Ⅱ）

（仿 Koroleva，1977）

120. 梳状厚厉螨 *Pachylaelaps pectinifer* (G. et R. Canestrini，1882)

Gamasus pectinifer G. et R. Canestrini，1882，*Padova*.

模式标本产地：未详。

雌螨（图 3-131）：体长 842，宽 492，黄色，卵圆形。背面具网纹，背毛 30 对，背毛 S_8 极小，D_1 较体后部的 D_7、$S_6 \sim S_7$ 小。颚角细长，角化强。受精囊明显，端部膨大。腹殖板长 $280 \sim 340$，宽 $260 \sim 310$，具刚毛 2 对。肛板三角形，宽大于长。足后板为多个单独的小板连成一长条，如串珠状。头盖具较长而宽的颈部，远端呈梳状，有近 10 个齿。螯钳动趾具 2 齿，定趾 1 齿，趾的端部分叉。跗节 Ⅱ 具 3 棘。

分布：中国宁夏回族自治区银川市，黑龙江省；西欧地区，北美地区，俄罗斯，以色列。

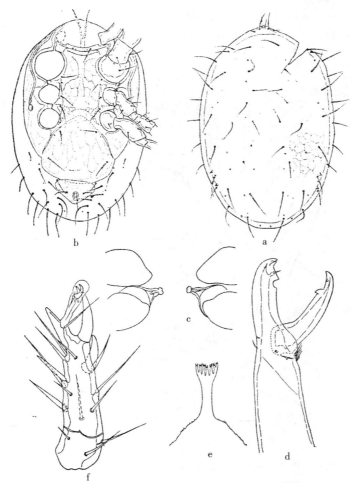

图 3 - 131　梳状厚厉螨 *Pachylaelaps pectinifer*（G. et R. Canestrini，1882）♀

a. 背面（dorsum）　b. 腹面（venter）　c. 受精囊（spermatheca）　d. 螯肢（chelicera）　e. 头盖（tectum）

f. 足Ⅱ跗节（tarsus Ⅱ）

（仿 Koroleva，1977）

121. 枝沟厚厉螨 *Pachylaelaps ramoperitrematus* Ma，1999

Pachylaelaps ramoperitrematus Ma，1999，*Acta Zootaxonomica Sinica*，24（2）：153－155.

模式标本产地：中国吉林省白城市。

雌螨（图 3-132a～g）：体黄色，椭圆形，有前突，长 724，宽 471。背板覆盖整个背面，具刚毛 30 对，除 S_8 短小外其余均长而光滑，前部刚毛末端尖，后部刚毛末端钝，尤其后端刚毛末端膨大呈球状，S_7 长 80，S_8 长 6。胸板后部两侧有明显的网纹，板上刚毛 4 对，第 1 对隙孔清晰。腹殖板具刚毛 2 对，前部有明显网纹。肛板长短于宽，宽三角形，前缘平直。Ad 位于肛孔前缘水平，远长于肛孔，Pa 短于 Ad。足后板长杆状。气门沟有曲折，并具多分支。腹表皮毛 9 对。头盖顶部分 2 支，其前缘密布细长齿，基部两侧有小锯齿。螯钳动趾 2 齿，定趾齿看不清。内颚毛最长。叉毛 3 叉。基节Ⅰ内侧近末端有 1 齿突。股节Ⅱ内侧末端有 1 骨突，其上有 1 根刚毛。跗节Ⅱ有 1 刺。

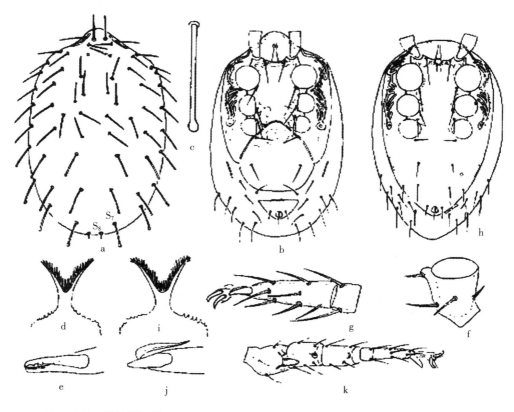

图 3－132　枝沟厚厉螨 *Pachylaelaps ramoperitrematus* Ma，1999a～g♀，h～k♂

a. 背面（dorsum）　b、h. 腹面（venter）　c. S₇ 毛（seta S₇）　d、i. 头盖（tectum）　e、j. 螯钳（chela）

f. 足Ⅱ股节（femur Ⅱ）　g、k. 足Ⅱ（leg Ⅱ）

（仿马立名，1999）

　　雄螨（图 3－132h～k）：体黄色。卵圆形，前部宽圆，后端较尖，长 678，宽 414。背板覆盖整个背面，背毛同雌螨。全腹板长 529，除围肛毛外，板上有刚毛 8 对。气门沟折曲并多分支。腹表皮毛 9 对。头盖、颚毛及叉毛同雌螨。导精趾较短，足Ⅱ股节有 2 距，一大一小，膝节距小，胫节距为 1 小圆突。跗节Ⅱ有 1 刺。

　　分布：中国吉林省白城市（杨树林中腐殖土）。

122. 西西里厚厉螨 *Pachylaelaps siculus* Berlese，1892

Pachylaelaps siculus Berlese，1892，*Acari，Myriopoda et Scorpiones hucusque in Italia Reperta. Padova*，fasc. 69。

　　异名：*Pachylaelaps xinghaiensis* Ma，1985，*Entomotaxonomia*，7（4）：337－340。

　　模式标本产地：意大利。

　　雌螨（图 3 - 133）：体卵圆形，长 587～664，宽 384～469。背板具光滑刚毛 30 对，较长，可达下列毛基，S_7（68）短于 S_8（42）的 2 倍；在 D_6 和 S_5 的连线上方具 1 对大的隙孔；背板具网纹，在 D_4 与 D_5 的区域具一"）—（"形纹络。胸板与内足板及胸后板愈合，具刚毛 4 对；板上具明显网纹。腹殖板近五边形，后缘平直，具稀疏的网纹；板上着生刚毛 2 对。气门板与足侧板愈合，末端伸至基节Ⅳ之后并与腹殖板部分愈合。肛板与腹殖板紧邻，倒三角形，长短于宽。足后板 1 对，长条状。螯肢动趾 2 齿；定趾粗壮，1 齿，钳齿毛针状。头盖仅具一个突起，端部呈刷状分支，侧缘具若干小齿。足Ⅱ跗节具 1 棘。

　　分布：中国云南省陇川县，辽宁省鞍山市（千山风景区）、沈阳市（东陵区）；南欧及俄罗斯，以色列。

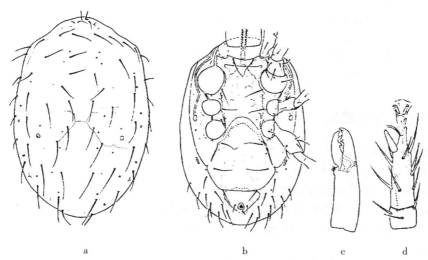

　　　a　　　　　　　　　　b　　　　　c　　　　d

图 3 - 133　西西里厚厉螨 *Pachylaelaps siculus* Berlese，1892♀

a. 背面（dorsum）　b. 腹面（venter）　c. 螯肢（chelicera）　d. 足Ⅱ跗节（tarsus Ⅱ）

（仿 Bregetova，1977）

123. 天山厚厉螨 *Pachylaelaps tianschanicus* Koroleva，1977

Pachylaelaps tianschanicus Koroleva，1977，*Изд. Наука*，423.

　　模式标本产地：俄罗斯。

　　雌螨（图 3 - 134）：体型较大，卵圆形，长 1 180，宽 800。背板具光滑刚毛 30 对，背毛较短，不达下列毛基，S_7 长于 S_8 的 4 倍。胸板与内足板及胸后板愈合，具刚毛 4 对；板上网纹在后缘呈漏斗状。腹殖板近五边形，后缘平直，板上具网纹，着生刚毛 2 对。气门板与足侧板愈合，末端伸至基节Ⅳ之后并与腹殖板部分愈合。肛板游离，倒三角形，长短于宽。足后板 1 对，长条状。螯肢动趾 1 齿；定趾粗壮，1 齿，钳齿毛针状。足Ⅱ跗节具 2 棘。

　　分布：中国吉林省（长白山自然保护区）；俄罗斯。

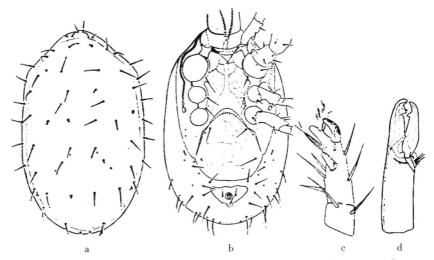

图 3-134　天山厚厉螨 *Pachylaelaps tianschanicus* Koroleva，1977♀

a. 背面（dorsum）　b. 腹面（venter）　c. 足Ⅱ跗节（tarsus Ⅱ）　d. 螯肢（chelicera）

（仿 Koroleva，1977）

（三十三）厚绥螨属 *Pachyseius* Berlese，1910

Pachyseius Berlese，1910，*Redia*，6：225.

模式种：*Pachyseius humeralis* Berlese，1910。

背板1块，具简单或柳叶状背毛30对。胸板具刚毛3对，胸后板独立，着生刚毛1对。生殖板近矩形，后缘平直，着生刚毛1对。腹肛板后缘和后侧缘不与背板愈合；腹肛板具肛前毛2～4对，肛侧毛位于肛孔之前。气门板狭窄。足后板细长。须肢跗节叉毛3叉。足Ⅱ跗节多具棘。

W. Karg（1993）认为该属隶属于巨螯螨科（Macrochelidae Vitzthum，1930）厚绥螨亚科（Pachyseiinae Karg，1971），目前大多数学者以该属隶属于厚厉螨科（Pachylaelapidae Berlese，1913）。

厚绥螨属分种检索表（雌螨）
Key to Species of *Pachyseius*（females）

1. 腹肛板具肛前毛4对 ··· 2
   腹肛板肛前毛少于4对 ·· 3
2. 足Ⅱ跗节末端具棘2根 ············· 中国厚绥螨 *Pachyseius sinicus* Yin, Lv et Lan, 1986
   足Ⅱ跗节末端无棘 ············· 马氏厚绥螨 *Pachyseius malimingi* Bei, Chen et Wu, 2010
3. 足Ⅱ跗节末端具棘1根 ············· 东方厚绥螨 *Pachyseius orientalis* Nikolsky, 1982
   足Ⅱ跗节末端具棘2根 ·· 4
4. 腹表皮毛7对；腹肛板具肛前毛2对 ···
   ················· 桓仁厚绥螨 *Pachyseius huanrenensis* Chen, Bei et Gao, 2009
   腹表皮毛一侧6根，另一侧5根；肛前毛一侧2根，另一侧3根 ···
   ················· 陈氏厚绥螨 *Pachyseius chenpengi* Ma et Yin, 2000

124. 陈氏厚绥螨 *Pachyseius chenpengi* Ma et Yin，2000

Pachyseius chenpengi Ma et Yin，2000，*Acta Entomologica Sinica*，43（1）：94-97.

模式标本产地：中国黑龙江省伊春市。

雌螨（图3-135）：体黄色，椭圆形，侧缘较直，长689，宽402。背板覆盖整个背面。背毛30对，短而光滑，末端达不到下位毛基部。无胸前板。胸板前缘中间凹陷，St_1 之前有1对角状突，后缘平直；表面具明显网纹，网眼小，多边形。胸后板小，形状不太规则，有隙孔，胸后毛位于板外缘。生殖板长103，宽92。腹肛板长大于宽，前部明显宽于后部，前缘微凹，表面有横行线纹；肛前毛一侧2根，另一侧3根。Ad位于肛孔前缘之前，Ad与Pa均长于肛孔。足后板杆状。足后板内侧与腹肛板前侧方有2对小骨片。腹表皮毛一侧6根，另一侧5根。气门沟前端达到颚基。头盖三角形，边缘有细齿。螯齿不明显。颚角狭长。外颚毛最短，内颚毛最长。跗节Ⅱ有2大刺，另有几根刺状刚毛。

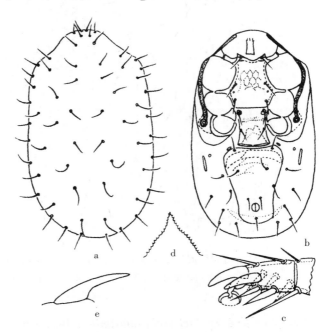

图3-135　陈氏厚绥螨 *Pachyseius chenpengi* Ma et Yin，2000♀
a. 背面（dorsum）　b. 腹面（venter）　c. 足Ⅱ跗节（tarsus Ⅱ）
d. 头盖（tectum）　e. 颚角（corniculi）
（仿马立名，2000）

分布：中国黑龙江省伊春市（带岭区凉水自然保护区森林土壤）。

125. 桓仁厚绥螨 *Pachyseius huanrenensis* Chen，Bei et Gao，2009

Pachyseius huanrenensis Chen，Bei et Gao，2009，*Acta Zootaxonomica Sinica*，34（1）：25-27.

模式标本产地：中国辽宁省本溪市桓仁县。

雌螨（图3-136）：体长卵圆形，长526，宽299，黄褐色。背板完整，板上具光滑刚毛30对。胸叉基狭窄，叉丝多毛。胸板具全网纹，前缘具两个角状突起，后缘具小斑点，具胸毛3对；胸板与足内板愈合。胸后板1对，上具刚毛1对。生殖板长大于宽，刚毛1对，具网纹。腹肛板长，具网纹，前缘凹陷，接近生殖板末端，其上着生2对肛前毛。足后板细长。在生殖板和腹肛板之间具3块小板。腹表皮毛约7对。气门板前缘延伸至背板前缘，后缘延伸至基节Ⅳ后缘，气门板与足侧板愈合。颚体具颚毛4对，颚角长且尖。头盖前端方形具微齿。动趾具3齿。跗节Ⅱ具2棘及很多粗刚毛。

分布：中国辽宁省本溪市桓仁县（老秃顶子自然保护区）。

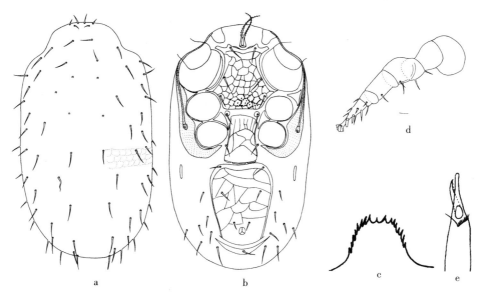

图 3-136　桓仁厚绥螨 *Pachyseius huanrenensis* Chen，Bei et Gao，2009♀
a. 背面（dorsum）　b. 腹面（venter）　c. 头盖（tectum）　d. 足Ⅱ（leg Ⅱ）　e. 螯肢（chelicera）
（仿陈万鹏等，2009）

126. 马氏厚绥螨 *Pachyseius malimingi* Bei，Chen et Wu，2010

Pachyseius malimingi Bei，Chen et Wu，2010，*Acta Zootaxonomica Sinica*，35（2）：270.

模式标本产地：中国辽宁省鞍山市。

雌螨（图 3-137a～d）：体宽卵圆形。背板完整，上具瓦状网纹，长 745，宽 527；板上具光滑刚毛 30 对，M_2 刀状。胸板具网状纹，长 152，宽 128；具胸毛 3 对；前缘角质化强，在 St_1 前有一对角状突起；后缘平直，达足Ⅲ基节中水平。胸后板卵圆形，着生刚毛 1 对。生殖板后缘呈斧刃状，上具生殖毛 1 对，在生殖毛前具 2 条 M 形纹。腹肛板发达，倒三角形，具网纹，前 1/3 处最宽，长 260，宽 312；肛前毛 4 对。在腹肛板和生殖板之间有 2 对小板，排成一横排，其外侧尚有 1 对小板，细长。足后板 1 对，短棒状。腹部膜质区域着生刚毛 14 对，其中后缘 7 对呈刀状。气门板发达，板上在足Ⅱ基节外侧水平具隙孔 1 对；气门沟前端达到 F_2 毛基部水平。胸叉基部长 40，宽 12，叉丝 2 叉，具细小分支。头盖冠状，前缘具细齿，为两条脊线分为明显的 3 部分。足Ⅱ跗节末端无棘。

雄螨（图 3-137e～h）：体长 729，宽 518。背板毛序及纹络同雌螨。胸殖板长 332，具网纹，着生刚毛 5 对；St_1 毛基处隆起且角质化强；生殖孔位于胸殖板的前缘。腹肛板具网纹，长 608，宽 770，除 3 根围肛毛外具肛前毛 4 对。腹部膜质区域着生刚毛 15 对。气门板及胸叉同雌螨。头盖中央隆起，前端光滑，侧缘锯齿状。螯肢定趾 3 齿，动趾 2 齿，导精趾带状，较长。足Ⅱ粗壮，腿节具 1 大的表皮突起；膝节前侧具 1 角状突起，后侧具 1 指状突起；胫节后侧端部具 2 个表皮突起；跗节无棘。

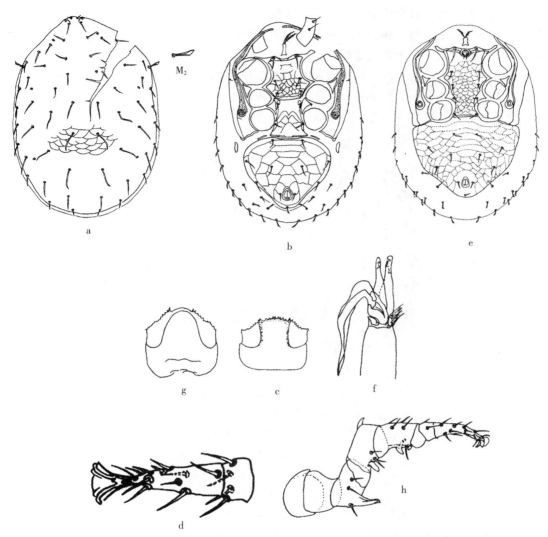

图 3-137　马氏厚绥螨 *Pachyseius malimingi* Bei，Chen et Wu，2010 a～d♀；e～h ♂

a. 背面（dorsum）　b、e. 腹面（venter）　c、g. 头盖（tectum）　d. 足Ⅱ跗节（tarsus Ⅱ）　f. 螯肢（chelicera）

h. 足Ⅱ（leg Ⅱ）

（仿贝纳新等，2010）

分布：中国辽宁省鞍山市（千山风景区），吉林省（长白山自然保护区）。

127. 东方厚绥螨 *Pachyseius orientalis* Nikolsky，1982

Pachyseius orientalis Nikolsky，1982，*Гельминты клещи инасекомые Новосибирск*，стр. 14-19.

模式标本产地：俄罗斯。

雌螨（图 3-138）：体宽卵圆形，长 560～608，宽 352～400。背板具光滑刚毛 30 对，其中背板中部刚毛较短。胸前板 1 对，横条状。胸板前部和两侧部具网状纹；前缘角质化强，后缘平直；板上着生刚毛 3 对。胸后板倒梨形，具刚毛 1 对和隙孔 1 对。生殖板后缘平直，上具生殖毛 1 对。腹肛板具网状纹，倒三角形，长宽近等，除 3 根围肛毛外，具肛前毛 2 对，其中 1 对位于板前缘增厚部分。足后板 1 对，长条状。在腹肛板前缘的生殖板后缘两侧具 2 对骨化的小片。腹部膜质区域着生刚毛 12 对。头盖弧形，边缘具细齿。螯肢定趾无齿，动趾 2 齿。足 II 粗短，末端具 1 棘。

分布：中国吉林省（长白山自然保护区）；俄罗斯（沿海边区）。

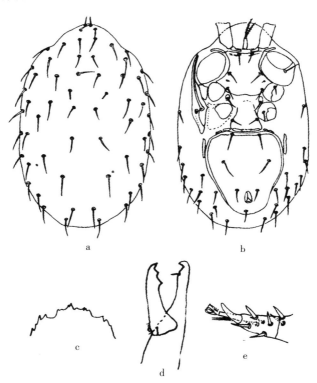

图 3-138　东方厚绥螨 *Pachyseius orientalis* Nikolsky，1982 ♀

a. 背面（dorsum）　b. 腹面（venter）　c. 头盖（tectum）　d. 螯肢（chelicera）　e. 足 II 跗节（tarsus II）

（仿 Nikolsky，1982）

128. 中国厚绥螨 *Pachyseius sinicus* Yin，Lv et Lan，1986

Pachyseius sinicus Yin，Lv et Lan，1986，*Acta Zootaxonomica Sinica*，11 (2)：191.

模式标本产地：中国吉林省。

雌螨（图 3-139）：体卵圆形。背板完整，上具网纹，边缘呈锯齿状，长 640～650，宽 375～410；板上具光滑刚毛 30 对，长度相近。胸板具网状纹，前缘角质化强，后缘中部稍凹；St_1 前有 1 对角状突起；具胸毛 3 对，St_1 和 St_2 后各有隙孔 1 对。胸后板不规则，上具刚毛 1 对。生殖板后缘平直，上具生殖毛 1 对。腹肛板倒梨形，具网纹，前 1/3 处最宽，长 240～245，宽 200～205；肛前毛 4 对，其中 3 对位于板缘的角质增厚部分。在腹肛板和生殖板之间有 3 块小板，排成一横列，其外侧尚有 1 对小板。足后板 1 对，细长。腹部膜质区域着生刚毛 11 对。头盖舌形，边缘具细齿。足 II 跗节末端具 2 棘。

分布：中国吉林省（长白山自然保护区）。

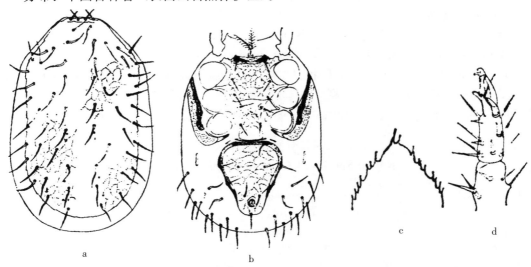

图 3-139 中国厚绥螨 *Pachyseius sinicus* Yin，Lv et Lan，1986♀

a. 背面（dorsum） b. 腹面（venter） c. 头盖（tectum） d. 足 II 跗节（tarsus II）

（仿殷绥公等，1986）

十、派伦螨科
Parholaspidae Evans，1965

Parholaspinae Evans，1965，*Proc. Zool. Soc. London*，127：345.

Parholaspidae：Krantz，1960，*Acarologia*，2：393.

体小到大型（350~1 300）。背板 1 块，背毛 27 对或更多；背毛长，有匙状、刚毛状等。有胸前板；胸板具 3 或 4 对毛；胸后板独立或与胸板、内足板愈合。生殖板独立，亦有与腹肛板愈合者。腹板与肛板愈合为腹肛板，亦有腹肛板与气门板、足后板愈合的。须肢叉毛 3 叉，中间叉为刮刀状。颚角长，一般其长度为宽度的 4 倍以上。足 I 爪微小或缺如。

全世界共报道 6 属，本书记述 4 属，革板螨属 *Gamasholaspis* Berlese，卡盾螨属 *Krantzholaspis* Petrova，讷派螨属 *Neparholaspis* Evans，派伦螨属 *Parholaspulus* Evans。

派伦螨科分属检索表（雌螨）
Key to Genera of Parholaspidae（females）

1. 气门沟板与腹肛板紧邻或愈合 ·· 2
   气门沟板与腹肛板远离 ·· 3
2. 腹肛板与气门板紧邻但不愈合 ······················ 卡盾螨属 *Krantzholaspis* Petrova，1967
   腹肛板与气门板愈合 ······························· 讷派螨属 *Neparholaspis* Evans，1956
3. 背毛 F_2 存在；螯肢动趾等于或长于颚角 ··········· 派伦螨属 *Parholaspulus* Evans，1956
   背毛 F_2 缺如；螯肢动趾短于颚角 ··········· 革板螨属 *Gamasholaspis* Berlese，1904

（三十四）革板螨属 *Gamasholaspis* Berlese，1904

Gamasholaspis Berlese，A.（1904）. *Redia* 1，265.

异名：*Evansolaspis* Bregetova et Koroleva，1960。

模式种：*Holostaspis*（*Gamasholaspis*）*gamasoides* Berlese，1904。

背板具 29 对刚毛，F_2 缺如。胸板具 3 对刚毛，胸前板不分裂成小板，胸后板游离或与内足板愈合；腹肛板与生殖板游离，具 4 对腹肛毛。动趾短于颚角。头盖基部宽，在呈带状的中突上有较宽的小齿，有时在中央突起的两侧有 1 对很短的，或长而窄的小支。

革板螨属分种检索表（雌螨）
Key to Species of *Gamasholaspis*（females）

1. 足 I 跗节无爪 ……………………………………………………………………………… 2
   足 I 跗节具爪 ……………………………………………………………………………… 3
2. 足 II 跗节末端有棘 …………… 中国革板螨 *Gamasholaspis sinicus* Yin，Cheng et Chang，1964
   足 II 跗节末端无棘 ………… 布氏革板螨 *Gamasholaspis browningi*（Bregetova et Koroleva，1960）
3. 腹肛板长大于宽 ………………………………… 亚洲革板螨 *Gamasholaspis asiaticus* Petrova，1967
   腹肛板宽大于长 ………………………………………………………………………………… 4
4. 具足后板；Ad 位于肛孔前缘水平之前 ………… 易变革板螨 *Gamasholaspis varibilis* Petrova，1967
   无足后板；Ad 位于肛孔前缘水平 ……… 副变革板螨 *Gamasholaspis paravariabilis* Ma et Yin，1999

129. 亚洲革板螨 *Gamasholaspis asiaticus* Petrova，1967

Gamasholaspis asiaticus Petrova，1967，*Biull. Mosk. Obshch. Ispyt. Prir.*（*Biol.*），72（2）：46；

Ma et Yin，2006，*Entomological Journal of East China*，15（2）：81-82.

模式标本产地：俄罗斯。

雌螨（图 3-140）：背板长 785～896，宽 417～524，具淡网纹，前缘圆钝；背板着生 29 对长的简单刚毛，M_1 缺如，顶毛长 36，D_2 90，D_3 121，D_4 128，D_5 100，D_{10} 103，肩毛 113。胸叉发达，具 1 对多毛的叉丝。胸前板发达，由 1 对大板组成。胸板具网纹，部分与足内板愈合，着生 3 对刚毛和 2 对隙孔，胸后板游离，着生 1 对刚毛和隙孔。生殖板具网纹，具 1 对长的简单刚毛。腹肛板具 4 对肛前毛和 3 根围肛毛。足后板狭长，位于第 2 对肛前毛两侧。气门位于基节 IV 前侧角，气门沟发达，延伸超出基节 I 前端，气门板部分与足外板愈合。头盖锯齿状中突，两侧均有 1 个隆起。须肢 5 节，须肢叉毛 3 叉。螯肢定趾 4 齿，动趾具 1 大齿和 1 小齿，远远短于颚角。定趾上的背毛楔形。跗节 I 有小爪和爪垫，跗节 II 到 IV 发达，具爪和爪垫，跗节 II 有一系列刺。

雄螨（图 3-141）：体黄色，椭圆形，背板覆盖整个背面，具 29 对光滑长毛，末端远超过下位毛基部。胸前板 1 对，发达，楔形。全腹板布满网纹；胸殖区刚毛 5 对，腹区刚毛 4 对，Ad 位于肛孔前缘水平之前，Ad 与 Pa 均长于肛孔。气门沟前端达到基节 I 中部。腹表皮毛 6～7 对。头盖有 1 中突，边缘具小齿。螯钳动趾长 57，导精趾剑状，弯向后方。颚角远长于动趾。颚毛光滑，前颚毛最长，外颚毛最短。叉毛 3 叉。足 II 股节有 1

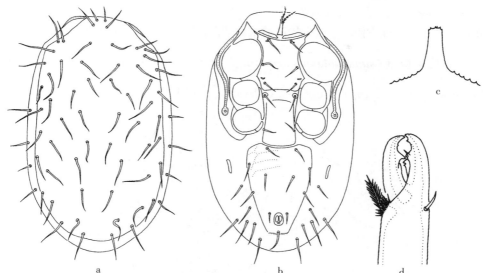

图 3 - 140 亚洲革板螨 *Gamasholaspis asiaticus* Petrova，1967♀

a. 背面（dorsum） b. 腹面（venter） c. 头盖（tectum） d. 螯肢（chelicera）

（仿 Petrova，1967）

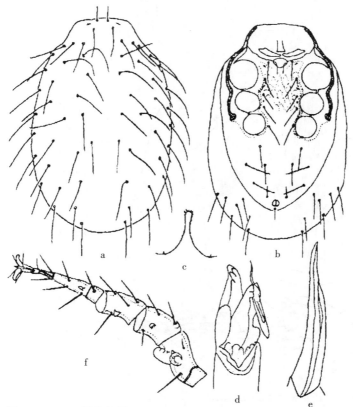

图 3 - 141 亚洲革板螨 *Gamasholaspis asiaticus* Petrova，1967♂

a. 背面（dorsum） b. 腹面（venter） c. 头盖（tectum） d. 螯肢（chelicera） e. 颚角（corniculi） f. 足Ⅱ（legⅡ）

（仿马立名等，2006）

大距，膝节、胫节和跗节各有1小距。

分布：中国黑龙江省伊春市（带岭区凉水自然保护区），辽宁省凤城市；俄罗斯，日本。

130. 布氏革板螨 *Gamasholaspis browningi*（Bregetova et Koroleva，1960）

Evansolaspis browningi Bregetova et Koroleva，1960，*Parazit. Sbor. Zool. SSSR*，19：54；

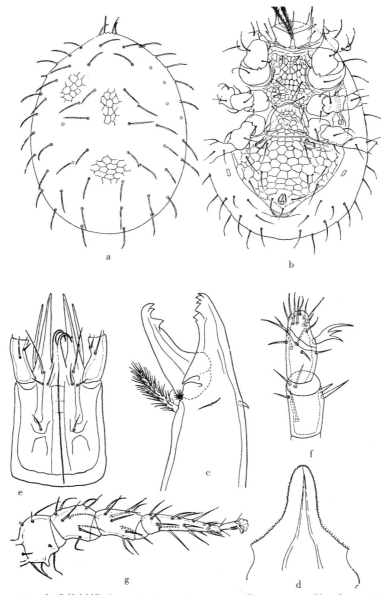

图 3 - 142　布氏革板螨 *Gamasholaspis browningi*（Bregetova et Koroleva，1960）♀

a. 背面（dorsum）　b. 腹面（venter）　c. 螯肢（chelicera）　d. 头盖（tectum）　e. 颚体（gnathosoma）

f. 须肢（palp）　g. 足Ⅱ（leg Ⅱ）

（仿 Bregetova et Koroleva，1960）

Gamasholaspis browningi Bregetova et Koroleva，1967，*Biull. Mosk. Obshch. Ispyt. Prir.* （*Biol.*），72（2）：44.

模式标本产地：俄罗斯。

雌螨（图3-142）：背板长687～785，宽493～576，具明显网纹，前缘圆钝；背板着生29对镰刀状刚毛，M_1缺如，顶毛长64，D_2 74，D_3 77，D_4 77，D_5 67，D_{10} 85，肩毛82。胸叉发达，具1对多毛的叉丝，约长于基部的2倍。胸前板1对，狭窄。胸板具明显网纹，部分与足内板愈合，其上着生3对刚毛和2对隙孔。胸后板游离（有时与足内板或生殖板边缘愈合），具1对长刚毛和1对隙孔。生殖板具网纹，前端圆钝，后端平截，在后侧角具1对刚毛，两侧缘增厚。腹肛板具明显网纹，倒三角形，具4对肛前毛和3根围肛毛。2块黑斑位于基节Ⅳ后缘。足后板明显，位于第2对肛前毛两侧。气门位于基节Ⅳ前侧角，气门沟发达延伸超出基节Ⅰ前端，气门板部分与足外板愈合。头盖锯齿状中突，两侧均有1个隆起。须肢5节，须肢叉毛3叉。螯肢定趾4齿，动趾具1大齿和1小齿，远远短于颚角。定趾上的背毛楔形。跗节Ⅰ无爪和爪垫，跗节Ⅱ～Ⅳ发达，具爪和爪垫，跗节Ⅰ（189）约为胫节Ⅰ（95）的2倍。

分布：中国吉林省（长白山自然保护区）；俄罗斯（西伯利亚东部），日本。

131. 副变革板螨 *Gamasholaspis paravariabilis* Ma et Yin，1999

Gamasholaspis paravariabilis Ma et Yin，1999，*Entomotaxonomia*，21（1）：74-78.

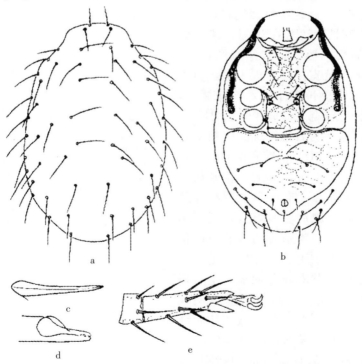

图3-143　副变革板螨 *Gamasholaspis paravariabilis* Ma et Yin，1999♀

a. 背面（dorsum）　b. 腹面（venter）　c. 颚角（corniculi）　d. 螯肢（chelicera）　e. 足Ⅱ跗节（tarsus Ⅱ）

（仿马立名等，1999）

模式标本产地：中国黑龙江省伊春市。

雌螨（图3-143）：体黄色，卵圆形，长804～850，宽517～575。背板长735～816，宽448～529，覆盖背面全部或大部分，具29对光滑长毛。背表皮毛5对左右，形同背板毛。胸叉体宽短。胸前板发达，楔形。胸板具胸毛3对，隙孔2对。胸后板小而圆，其上有胸后毛和隙孔。生殖板具生殖毛1对。腹肛板长短于宽，宽大，前缘中部微凹，肛前毛4对。Ad位于肛孔前缘水平，长于肛孔，Pa约等于Ad长。胸板、生殖板和腹肛板网纹均明显。气门沟前端达到基节Ⅰ。腹表皮毛6对左右。颚角细长。螯钳短于颚角，齿看不清。前颚毛及内颚毛长，外颚毛及后颚毛短。叉毛3叉。跗节Ⅰ有爪，跗节Ⅱ近末端有1刺。

分布：中国黑龙江省伊春市（带岭区凉水自然保护区）、吉林省新化县。

132. 中国革板螨 *Gamasholaspis sinicus* Yin，Cheng et Chang，1964

Gamasholaspis sinicus Yin，Cheng et Chang，1964，*Acta Zootaxonomica Sinica*，1（2）：320-324.

异名：*Gamasholaelaps communis* Petrova，1967。

模式标本产地：中国辽宁省鞍山市。

雌螨（图3-144）：大型螨类，卵圆形，长940，宽720。背板1块，几乎覆盖全部体背，长890，宽670，板侧缘呈锯齿状，肩部有一切迹。板上有长针状刚毛29对，其中F_1短小。胸叉基部长方形，向前分为2长支，每支上有许多细小分支。胸前板1对，呈不规则的横条状。胸板长大于宽，前缘微凹，后缘凹陷。两前角较宽，伸向第Ⅰ、Ⅱ基节之间与内足板相连；两后角钝圆。胸板上有针状刚毛3对（St_1～St_3）及隙孔两对。胸后板近圆形，上有刚毛1对（Mst）。生殖板前部圆形，后缘平直，板上有明显的网纹花纹及刚毛1对（Vl_1）。腹肛板甚宽大，近似圆三角形，前缘中1/3与生殖板相连的一段稍凹陷。板上有4对肛前毛及3根围肛毛，围肛毛较短。板上的网状花纹甚明显。足后板呈长卵圆形。腹面板外刚毛约10对。气门板与基节周围相愈合形成足—气门板，其后缘与腹肛板前缘相邻接。螯肢的动趾与定趾上均有齿，在动趾的基部有1大的羽状刚毛。

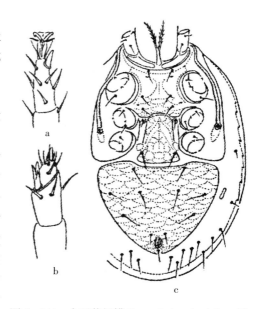

图3-144 中国革板螨 *Gamasholaspis sinicus* Yin，Cheng et Chang，1964♀
a. 足Ⅱ跗节（tarsus Ⅱ） b. 须肢（palp）
c. 腹面（venter）
（仿殷绥公等，1964）

须肢跗节叉毛3叉。足Ⅱ粗壮，足Ⅰ细长。跗节Ⅰ末端无爪及爪垫。跗节Ⅱ近末端有1粗大的棘。

分布：中国黑龙江省伊春市（带岭区凉水自然保护区）、吉林省辉山县（花鼠体上）、辽宁省鞍山市（千山风景区）。

133. 易变革板螨 *Gamasholaspis variabilis* Petrova，1967

Gamasholaspis variabilis Petrova，1967，*Biull. Mosk. Obshch. Ispyt. Prir.* (*Biol.*)，72（2）；

Ma，Yin et Chen，2005，*Entomological Journal of East China*，14（1）：82-83.

模式标本产地： 俄罗斯。

雌螨（图 3-145）：体黄色，椭圆形。背板长 940，宽 610，整体骨化强，背板光滑，具 29 对刚毛，F_2 缺如。胸前板 1 对，每块由 2 块重叠的骨片构成。胸板有纹饰，边缘骨化强。胸后板游离，不与足内板愈合。生殖板宽阔，上有网纹，底边有 4 块增厚部分。腹肛板极宽阔，长 325，宽 450，前缘中央稍有凹陷，不与足侧板愈合，板上有网纹。足后板 1 对，长条状。腹肛板具有变异。头盖仅具 1 中突，前部狭窄，侧缘布小刺。螯肢动趾具 2 齿。足 I 具爪，足 II 跗节具 1 棘。

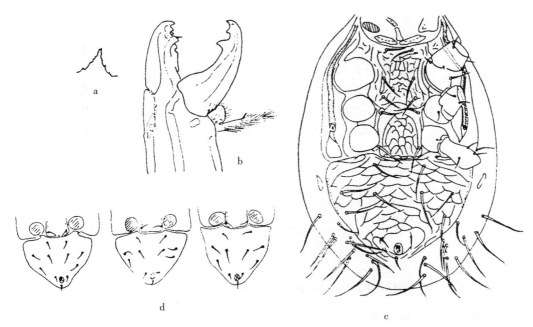

图 3-145 易变革板螨 *Gamasholaspis variabilis* Petrova，1967♀
a. 头盖（tectum） b. 螯肢（chelicera） c. 腹面（venter） d. 腹肛板变异（variety of ventrianal shields）
（仿 Petrova，1967）

雄螨（图 3-146）：体黄色，椭圆形，前端微凹或较平，长 701~839，宽 471~575。背板长 701~816，宽 425~563，覆盖背面全部或大部，具 29 对光滑长毛和若干对小圆圈。胸前板 1 对，楔形。全腹板侧缘有凹凸或较平，板面布满网纹。胸区刚毛 5 对，隙孔 3 对，腹区刚毛 4 对。Ad 位于肛孔前缘水平之前，Ad 与 Pa 均明显长于肛孔。气门板与全腹板融合在一起，气门沟前端达到基节 I 中部。腹表皮毛每侧 8~9 根。螯钳动趾具 1

大齿，导精趾折向后方，定趾在大齿后具1列小齿突。颚角细长，明显长于螯钳。颚毛均针状，前及内颚毛长，外及后颚毛短。叉毛3叉。足毛光滑。足Ⅱ股节有1大距，膝节、胫节及跗节各有1小距。

分布：中国吉林省（长白山自然保护区）；俄罗斯。

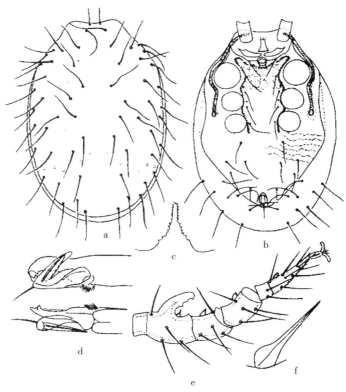

图3-146 易变革板螨 *Gamasholaspis variabilis* Petrova，1967 ♂
a. 背面（dorsum） b. 腹面（venter） c. 头盖（tectum） d. 螯钳（chelicera） e. 足Ⅱ（leg Ⅱ）
f. 颚角（corniculi）
（仿马立名等，2005）

（三十五）卡盾螨属 *Krantzholaspis* Petrova，1967

模式种： *Krantzholaspis ussuriensis* Petrova，1967。

卡盾螨属（*Krantzholaspis*）是 Petrova 于1967年从讷派螨属（*Neparholaspis*）中分离出的1个新属。它与讷派螨属的主要区别是雌螨腹肛板与气门分离。该属的属征是：背板上有刚毛29～30对。前胸板1对，不分裂。胸板上具刚毛3对。生殖板游离。腹肛板宽大，上有肛前毛4对。雌螨在第Ⅳ对足后或后腹部两侧有1对排废囊，螯肢定趾与颚角等长或稍短。螯肢上具楔状刚毛。头盖中央具较大突起。

134. 凹卡盾螨 *Krantzholaspis concavus* Yin，Bei et Lv，1999

Krantzholaspis concavus Yin，Bei et Lv，1999，*Journal of Shenyang Agricultural*

University，30（5）：517－519.

模式标本产地：中国辽宁省沈阳市。

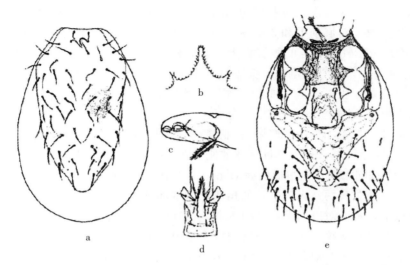

图 3－147 凹卡盾螨 *Krantzholaspis concavus* Yin，Bei et Lv，1999♀

a. 背面（dorsum） b. 头盖（tectum） c. 螯肢（chelicera） d. 颚体（gnathosoma） e. 腹面（venter）

（仿殷绥公等，1999）

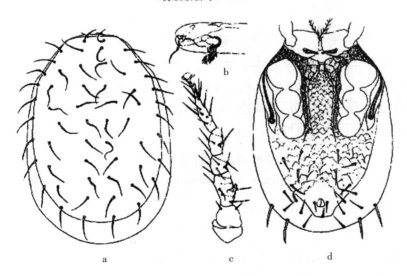

图 3－148 凹卡盾螨 *Krantzholaspis concavus* Yin，Bei et Lv，1999 ♂

a. 背面（dorsum） b. 螯肢（chelicera） c. 足Ⅱ（leg Ⅱ） d. 腹面（venter）

（仿殷绥公等，1999）

雌螨（图 3－147）：体呈椭圆形。体长 850，宽 490。背部具背板 1 块，长 635，宽 315，覆盖体背 3/5 左右；后半体大部分裸露。背板呈五角形，前缘几平直，肩部两侧最宽，向后逐渐收缩。背板上有弯曲的针状刚毛 29 对，缺 F_2，刚毛长度超过横列刚毛和下列刚毛间距离。腹面在胸叉基后方有胸前板 1 对，呈长条状。胸板 1 块，前缘几平直，其两侧伸向足Ⅰ、足Ⅱ基节间，足侧板和气门板愈合；胸板前部增厚，板上有刚毛3对，板两侧具明显的网纹，板后缘中部稍凹。胸后板1对，游离，近似圆形，上具针状刚毛1对。生殖板1块，后1/4突入腹肛板的凹陷内。腹肛板1块与气门板和侧足板紧邻，但不愈合，腹肛板上具4对肛前毛和3根围肛毛，后者短于前者，1对肛侧毛位于肛孔中部两侧。1对排废囊位于气孔后方的腹肛板上。足后板1对，位于腹肛板的外侧，呈长条状。腹肛板外有24对较短的针状刚毛。头盖具3个突起，中央的突起大，边缘均具细齿。螯肢动趾3齿，定趾6齿；钳齿毛1根，钳基毛粗壮，呈狼牙棒状；定趾基部有1楔状刚毛。口下板上具4对刚毛。须肢叉毛3分叉。

雄螨（图3-148）：体小于雌螨，呈椭圆形，体长600，宽370。背部有背板1块，呈卵圆形，长565，宽325，板上具针状弯曲刚毛29对。腹面除整块的全腹板外，其前方有1对胸前板，形状同雌螨。全腹板前缘部除角质化增厚外，尚有1雄性生殖孔；全腹板在足Ⅱ到足Ⅳ间，两侧具两条纵列平行的角质化增厚部分，其间有5对针状刚毛；在足Ⅳ后增宽的全腹板上，具4对肛前毛和3根围肛毛，其中1对肛侧毛位于肛孔的前缘两侧；整个全腹板上具明显的网纹；全腹板与气门板、足内板愈合，板上无排废囊；全腹板外除5对较短的刚毛外，尚有2对较长的刚毛。足4对，在足Ⅱ的腿节上有1巨大的距，在膝节、胫节和跗节上各有1小距。螯肢动趾具2齿和1导精趾，基部有1狼牙棒状刚毛；定趾3齿，基部有1楔状刚毛。

分布：中国辽宁省沈阳市。

（三十六）讷派螨属 *Neparholaspis* Evans，1956

模式种：*Neparholaspis spatulatus* Evans，1956。

背毛29或30对，背毛简单，匙状或长鞭状；背板有网纹。胸前板由1或2对小板组成。胸板有3对胸毛。雌螨胸后板或独立，或与胸板和内足板愈合。气门板与腹板和外足板愈合。第Ⅰ足爪和爪间突有或无。

讷派螨属分种检索表（雌螨）
Key to Species of *Neparholaspis*（females）

1. 气门板与腹肛板间具狭缝 ………………………… 唯一讷派螨 *Neparholaspis unicus* Petrova，1967

   气门板与腹肛板间无狭缝 ………………… 陈氏讷派螨 *Neparholaspis chenpengi* Ma et Yin，1999

135. 陈氏讷派螨 *Neparholaspis chenpengi* Ma et Yin，1999

Neparholaspis chenpengi Ma et Yin，1999，*Entomotaxonomia*，21（1）：74-78.

模式标本产地：中国黑龙江省伊春市。

雌螨（图3-149）：体黄色，卵圆形，长885，宽575。背板覆盖整个背面，约有29对光滑长毛。胸叉体宽短。胸前板很大，楔形。胸板具胸毛3对，隙孔2对。胸后板小而圆，有胸后毛和隙孔。生殖板长138，宽115，生殖毛1对。腹肛板长短于宽，后部明显收缩，前侧部与气门板相连，其间无缝，排废囊紧靠生殖板后角，肛前毛4对。Ad位于肛孔前缘水平，长于肛孔。胸板、生殖板和腹肛板均有明显网纹。足后板Ⅰ对，狭长，靠近腹肛板后侧缘。气门沟较宽，前端达到基节Ⅰ前缘。头盖狭长，边缘布满小齿。颚角细长。螯钳短于颚角。前及内颚毛长，外及后颚毛短。叉毛3叉。跗节Ⅰ有爪，跗节Ⅱ近末端有1刺。

分布：中国黑龙江省伊春市（带岭区凉水自然保护区森林土壤）。

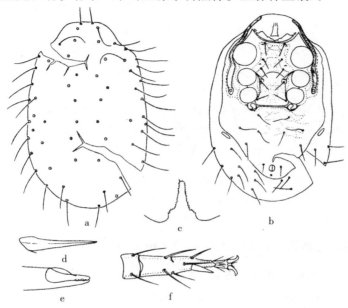

图3-149 陈氏讷派螨 *Neparholaspis chenpengi* Ma et Yin，1999♀

a. 背面（dorsum） b. 腹面（venter） c. 头盖（tectum） d. 颚角（corniculi） e. 螯钳（chela）

f. 足Ⅱ跗节（tarsus Ⅱ）

（仿马立名等，1999）

136. 唯一讷派螨 *Neparholaspis unicus* Petrova，1967

Neparholaspis unicus Petrova，1967，*Biull. Mosk. Obshch. Ispyt. Prir.*（*Biol.*），72（2）：55.

模式标本产地：俄罗斯。

雌螨（图3-150）：体呈椭圆形，长900～980，宽560～640。背板1块，覆盖全背部，板光滑，上具长刚毛29对，缺F_2，呈波纹状。胸前板1对，横列。胸板长大于宽，前侧角伸向基节Ⅰ、Ⅱ间，后缘中部稍凹，板四周有增厚部分，具网纹，胸板刚毛3对，长达下列毛基部。胸后板1对，游离，上有Mst 1对。生殖板斧形，前缘圆钝，具网纹，上有生殖毛1对。腹肛板宽大于长，前缘中部稍凹，生殖板后部嵌入其间，两侧向外伸与气门板和足外板愈合于生殖毛水平线处。在腹肛板与气门板外侧角相邻处有1排废囊。腹肛板上有肛前毛4对，3根围肛毛几等长，板上具网纹，腹板外有长刚毛7对。足后板1对，长条状。螯肢短，其趾不长于颚角，具齿。定趾背刚毛楔形。

分布：中国吉林省（长白山自然保护区）；俄罗斯（沿海边区土壤内或鼠巢内）及欧洲其他地区。

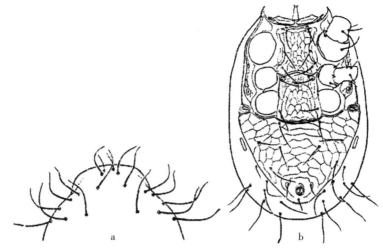

图 3-150　唯一讷派螨 *Neparholaspis unicus* Petrova，1967♀

a. 背面（dorsum）　b. 腹面（venter）

（仿 Petrova，1967）

（三十七）派伦螨属 *Parholaspulus* Evans，1956

Parholaspulus Evans，1956，*Proc. Zool. London*，127：373.

模式种：*Parholaspulus alstoni* Evans，1956。

背板具 28～31 对刚毛，具 F_2。胸板大，具 3 对刚毛。胸前板分成许多块，最少 1 对。胸后板游离或与足内板愈合。生殖板长方形或梯形，具 1 对刚毛。气门板与足侧板愈合。腹肛板上具有 2～4 对腹肛毛。螯肢具长的螯钳，动趾长等于或超过颚角，螯肢的背刚毛简单。头盖具狭长的中央凸起和 2 个侧突（很少有若干侧突的）。

派伦螨属分种检索表（雌螨）
Key to Species of *Parholaspulus*（females）

1. 具 3 对肛前毛 ··· 2
   具 2 或 4 对肛前毛 ·· 9
2. 具 7 对胸前板 ··· 3
   具 6 对胸前板 ·························· 似阿氏派伦螨 *Parholaspulus paralstoni* Yin et Bei，1993
3. 背板具 30 对刚毛 ··· 6
   背板刚毛少于 30 对 ·· 4
4. 背板具 29 对刚毛 ···················· 千山派伦螨 *Parholaspulus qianshanensis* Yin et Bei，1993
   背板具 27 对刚毛 ··· 5
5. 背表皮毛 4 对；腹肛板宽大于长；Ad 位于肛孔中线水平 ··
   ························· 辽宁派伦螨 *Parholaspulus liaoningensis* Ma，1998
   背表皮毛 3 对；腹肛板长大于宽；Ad 位于肛孔前缘水平 ··
   ························· 丹东派伦螨 *Parholaspulus dandongensis* Ma，1998
6. 螯肢动趾具 10 个以上小齿 ············ 勃氏派伦螨 *Parholaspulus bregetovae* Alexandrow，1965

　　　螯肢动趾具2齿 ·· 7

7. 螯肢定趾7齿 ························ 鞍山派伦螨 *Parholaspulus anshanensis* Bei，Gu et Yin，2004

　　　螯肢定趾4齿 ·· 8

8. 肛前毛第2对刚毛与第1和第3对刚毛之间距离相等 ·····················

　　　·································· 东方派伦螨 *Parholaspulus orientalis* Petrova，1967

　　　肛前毛第1对和第2对刚毛间距离较第2和第3对刚毛间距短 ·····················

　　　··································· 阿氏派伦螨 *Parholaspulus alstoni* Evans，1956

9. 肛前毛2对 ·················· 拟双毛派伦螨 *Parholaspulus paradichaetes* Petrova，1967

　　　肛前毛4对 ·· 10

10. 背毛29对 ·················· 偏心派伦螨 *Parholaspulus excentricus* Petrova，1967

　　　背毛30对 ·· 11

11. 腹肛板长大于宽，胸前板9对 ·········· 微小派伦螨 *Parholaspulus minutus* Petrova，1967

　　　腹肛板宽大于长，胸前板5对 ·····················

　　　·················· 巨腹派伦螨 *Parholaspulus ventricosus* Yin，Zheng et Zhang，1964

137. 阿氏派伦螨 *Parholaspulus alstoni* Evans，1956

Parholaspulus alstoni Evans，1956，*Proc. Zool. Soc. London*，127：374．

模式标本产地：英国（英格兰）。

雌螨（图3-151）：躯体呈椭圆形，背板1块，几乎覆盖全背部，板长480～620，宽220～300，板上有针状刚毛30对，F_1 与 F_2 几等长。胸前板具4列，共14块，每侧7块，中央两列各3块，两侧各4块。胸板长大于宽，具网纹，上有刚毛3对，隙孔2对。

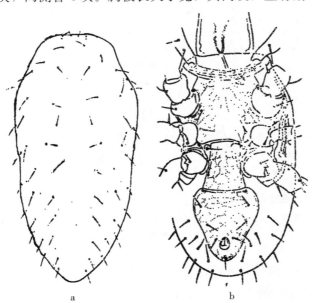

a　　　　　　　　　　　　　b

图3-151　阿氏派伦螨　*Parholaspulus alstoni* Evans，1956♀

a. 背面（dorsum）　b. 腹面（venter）

（仿 Evans，1956）

胸后板1对，游离，上有刚毛1对，具网纹。腹肛板紧邻生殖板，前缘平直，网纹较浅，上有肛前毛3对，其中第1和第2对刚毛间距离较第2和第3对刚毛间距离近。气门板与足侧板愈合，向后延伸至足IV基节后。颚角细长，但短于动趾，动趾具2齿，定趾除2大齿外，还有2个小齿，钳齿毛短小。头盖具3个突起，两侧突起，末端分叉，中突长，中部再分叉。足II跗节末端具2粗棘，其余刚毛粗大。

分布：中国吉林省辉南县（缺齿鼩鼱体上）；阿塞拜疆，俄罗斯（库页岛，千岛群岛）及欧洲其他地区（公园土壤内）。

138. 鞍山派伦螨 *Parholaspulus anshanensis* Bei，Gu et Yin，2004

Parholaspulus anshanensis Bei，Gu et Yin，2004，*Acta Zootaxonomica Sinica*，29（4）：708－710.

模式标本产地：中国辽宁省鞍山市。

图3-152　鞍山派伦螨 *Parholaspulus anshanensis* Bei，Gu et Yin，2004♀
a. 背面（dorsum）　b. 腹面（venter）　c. 头盖（tectum）　d. 螯肢（chelicera）　e. 足II跗节（tarsus II）
（仿贝纳新等，2004）

雌螨（图3-152）：体呈卵圆形，长620，宽360。背板长580，宽368，不完全覆盖背面；板上具30对光滑的刚毛，F_2长于F_1，几乎所有背毛都长达下一毛的基部，有的个体在D_8下方有1根附加毛。背板前缘平直。板上有较浅的网纹和小孔。胸前板7对。胸板与足内板愈合，边缘网纹极明显，胸毛3对。胸后板小，胸后毛1对。生殖板梯形，长大于宽，后缘外凸具生殖毛1对。气门板与足侧板愈合。腹肛板心形，长大于宽，第2对腹肛毛上部为最宽，纹饰不清晰；共有3对腹肛毛，第1对着生于骨化较厚的边缘上，第1对毛的毛间距与第2对毛的约相等，第3对稍窄于前两对。足后板长条形，1对。头盖具长的中央突起和两侧突，且每个突起上都有小刺。螯肢动趾具2齿，定趾7齿。足Ⅱ跗节端部具7根较粗的刚毛。

雄螨（图3-153）：体形、背板及背毛均同于雌螨。胸前板7对。全腹板具10对刚毛及3根围肛毛；第1对基节间网纹明显，其他部分较浅。螯肢动趾具1齿，定趾4齿，导精趾长于螯肢。头盖具中央突起，顶端宽大。足Ⅱ转节、腿节、膝节各有1距。

分布：中国辽宁省鞍山市（千山风景区）、凤城市（凤凰山风景区）、本溪市桓仁县（老秃顶子自然保护区）、抚顺市清原县。

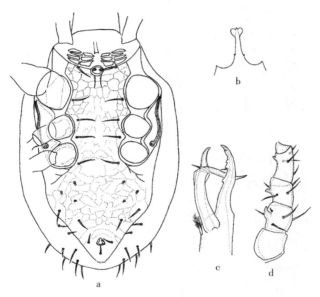

图3-153　鞍山派伦螨 *Parholaspulus anshanensis* Bei，Gu et Yin，2004 ♂

a. 腹面（venter）　b. 头盖（tectum）　c. 螯肢（chelicera）

d. 足Ⅱ腿节、膝节、胫节（femur，genu and tibia of leg Ⅱ）

（仿贝纳新等，2004）

139. 勃氏派伦螨 *Parholaspulus bregetovae* Alexandrov，1965

Parholaspulus bregetovae Alexandrov，1965，Энтомол. Обозр.，44（1）：217-220.

异名：*Parholaspulus dentatus* Ishikawa，1969，*Bull. Natn. Sci. Mus.，Tokyo*，12：58。

模式标本产地：俄罗斯。

雌螨（图3-154a、b、d、e）：背板长400～520，宽220～240，具30对刚毛，光滑，背板前缘平截。腹面各板均具网纹。胸前板为7对。胸后板游离。胸板较大，具刚毛3对。生殖板近于长方形，具刚毛1对。腹肛板卵形，具3对腹肛毛，几乎位于同一纵列上，围肛毛3根，近等长。螯肢狭长，动趾具10个以上小齿。足Ⅱ转节、腿节、膝节上各具1距。

雄螨（图3-154c；图3-155）：背毛序与雌螨相似，导精趾长约为动趾基部的2倍，定趾具9～10齿。

分布：中国吉林省（长白山自然保护区），辽宁省沈阳市（东陵区土壤）、凤城市（凤凰山风景区）、本溪市桓仁县（老秃顶子自然保护区）、锦州市（医巫闾山）、朝阳市；俄罗斯，日本。

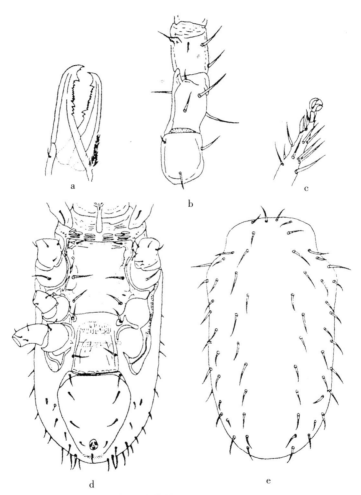

图3-154 勃氏派伦螨 *Parholaspulus bregetovae*

Alexandrov，1965 a，b，d，e♀；c♂

a. 螯肢（chelicera） b. ♀足Ⅱ（legⅡ of female） c. ♂足Ⅱ（legⅡ of male）

d. 腹面（venter） e. 背面（dorsum）

（仿 Alexandrov，1965）

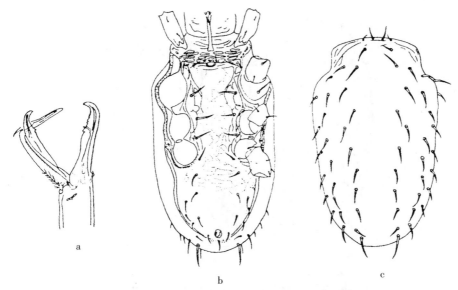

图 3 - 155　勃氏派伦螨 *Parholaspulus bregetovae* Alexandrov，1965 ♂

a. 导精趾（spermatophoral process）　b. 腹面（venter）　c. 背面（dorsum）

（仿 Alexandrov，1965）

140. 丹东派伦螨 *Parholaspulus dandongensis* Ma，1998

Parholaspulus dandongensis Ma，1998，*Acta Arachnologica Sinica*，7（2）：81 - 85.

模式标本产地：中国辽宁省丹东市。

雌螨（图 3 - 156a～e）：体棕黄色，椭圆形，两侧缘近平行，前部收缩，长 655～712，宽 379～402。背板长 620～643，宽 356～379，覆盖背面绝大部分，后部留有裸露区。背板刚毛 27 对，短而光滑，末端远达不到下位毛基部。背表皮毛 3 对。胸前板 7 对。胸板具隙孔 2 对。生殖板前狭后宽。腹肛板长稍大于宽，肛前毛 3 对，第 1 对毛和第 2 对毛距离约等于第 2 对毛和第 3 对毛间距离，第 2 对毛明显位于第 1 对毛和第 3 对毛的连线内侧。Ad 位于肛孔前缘水平，Ad 与 Pa 均稍长于肛孔。足后板很小。气门沟前端达到基节 I 前缘。腹表皮毛 6 对。头盖有末端分叉的中突，两侧各有 2 或 3 根细突，并有小锯齿。螯钳动趾 2 齿。颚角细长。前颚毛及内颚毛较长，外颚毛及后颚毛较短。叉毛 3 叉。足 I 有前跗节、爪及爪垫。胫节 I 长 92，跗节 I 长 184。跗节 II 亚末端有 2 刺，另有 4 根较粗刚毛。

雄螨（图 3 - 156f～i）：体色与体形同雌螨，长 632，宽 368。背板长 563，宽 345，背板毛及背表皮毛同雌螨。全腹板长 471，宽 287，板上除围肛毛外有刚毛 10 对。围肛毛、胸前板和气门沟同雌螨。腹表皮毛 4 对。头盖同雌螨，但两侧细突仅各有 1～2 根。螯钳导精趾短。颚角、颚毛及叉毛同雌螨。足 I 股节距很大，膝节及胫节距很小。跗节 I 和跗节 II 同雌螨。

分布：中国辽宁省丹东市。

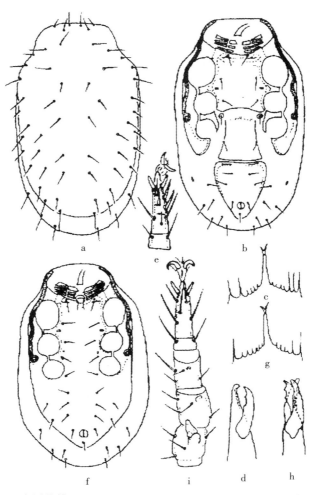

图 3-156　丹东派伦螨 *Parholaspulus dandongensis* Ma，1998，a～e♀，f～i♂
a. 背面（dorsum）　b、f. 腹面（venter）　c、g. 头盖（tectum）　d、h. 螯钳（chela）
e. ♀足Ⅱ跗节（tarsus Ⅱ♀）　i. ♂足Ⅱ（leg Ⅱ♂）
（仿马立名，1998）

141. 偏心派伦螨 *Parholaspulus excentricus* Petrova，1967

Parholaspulus excentricus Petrova，1967，*Biull. Mosk. Obshch. Ispyt. Prir.*（*Biol.*），72（2）.

模式标本产地：俄罗斯。

雌螨（图 3-157a、c、d）：背板长 665，宽 350，背板有蜂窝状纹饰，上具 29 对光滑的刚毛，F_2 短于 F_1。胸前板 5 对，最后 1 对间断或断裂。胸板宽大，与足内板愈合，板上具网纹，具刚毛 3 对。胸后板游离。生殖板梯形，宽大于长，后缘外凸，具刚毛 1 对。腹肛板心形，具 4 对肛前毛，最前端 1 对着生于骨化较厚的边缘上，4 对毛基部不在一条纵线上。头盖有 1 中央突起，且有 2 个较长的侧突。螯肢动趾 2 齿，定趾 4 齿。足Ⅰ具长的前跗节和爪。足Ⅱ跗节具2根棘。

雄螨（图3-157b）：胸前板7对，导精趾略长于螯肢，足同雌螨。

分布：中国吉林省（长白山自然保护区苔藓土壤）；俄罗斯。

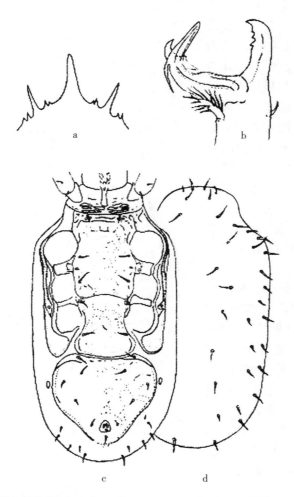

图3-157 偏心派伦螨 *Parholaspulus excentricus* Petrova，1967 a、c、d♀，b♂
a. 头盖（tectum） b. 导精趾（spermatophoral process） c. 腹面（venter） d. 背面（dorsum）
（仿 Petrova，1967）

142. 辽宁派伦螨 *Parholaspulus liaoningensis* Ma，1998

Parholaspulus liaoningensis Ma，1998，*Acta Arachnologica Sinica*，7（2）：81-85.

模式标本产地：中国辽宁省丹东市。

雌螨（图3-158a~e）：体棕黄色，椭圆形，两侧近平行，前部收缩，前缘较平。长689，宽379。背板长609，宽345，覆盖背面大部，后部留有裸露区，板上刚毛27对，短而光滑，末端远达不到下位毛基部。背表皮毛4对。胸前板7对。胸板具隙孔2对。胸后板小而圆，其上有胸后毛。生殖板前狭后宽，呈斧头状。腹肛板宽稍大于长。肛前毛 3 对，第 1 对毛和第 2 对毛间距离约等于第 2 对毛和第 3 对毛距离，第 2 对毛明显位于第 1 对毛和第 3 对毛的连线内侧。Ad 位于肛孔中线水平，Ad 与 Pa 均稍长于肛孔。足后板很小。气门沟前端达到基节 I 前缘。腹表皮毛 6 对。头盖 3 突，均细而末端分叉，3 突之间有小锯齿。螯钳动趾 2 齿。颚角细长。前颚毛及内颚毛较长，外颚毛及后颚毛较短。叉毛 3 叉。足 I 有前跗节、爪及爪垫。胫节 I 长 92，跗节 I 长 195。跗节 I 亚末端有 2 刺，另有 4 根较粗刚毛。

雄螨（图 3 - 158f～i）：体色与体形同雌螨，长 597，宽 379。背板长 540，宽 356，背板毛同雌螨。背表皮毛 3 对。全腹板长 460，宽 287，板上除围肛毛外有刚毛 10 对，Ad 位于肛孔前缘水平。胸前板和气门沟同雌螨。腹表皮毛 4 对。导精趾很短。头盖、颚角、颚毛和叉毛同雌螨。足 I 股节距很大，膝节及胫节距很小。跗节 I 和 II 同雌螨。

分布：中国辽宁省丹东市。

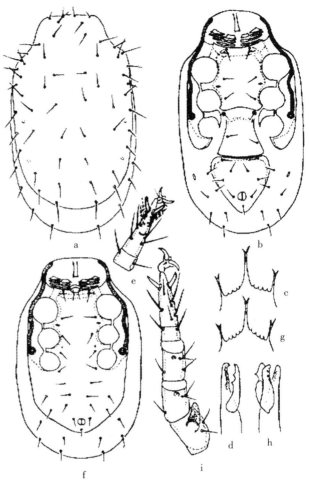

图 3 - 158　辽宁派伦螨 *Parholaspulus liaoningensis* Ma，1998，a～e♀，f～i ♂
a. 背面（dorsum）　b、f. 腹面（venter）　c、g. 头盖（tectum）
d、h. 螯钳（chela）　e. ♀足 II 跗节（tarsus II ♀）
i. ♂足 II（leg II ♂）
（仿马立名，1998）

143. 微小派伦螨 *Parholaspulus minutus* Petrova，1967

Parholaspulus minutus Petrova，1967，*Biull. Mosk. Obshch. Ispyt. Prir.* (*Biol.*)，72 (2).

模式标本产地：俄罗斯。

雌螨（图 3 - 159）：背板长 390，宽 235，具 30 对刚毛，光滑，板的前部呈截状，F_1 和 F_2 几等长，板上有模糊的网纹。胸前板 9 对，胸板宽阔，边缘网纹极明显。具胸后板。生殖板梯形，上部网纹不甚清楚。腹肛板长大于宽，心脏形，上面网纹模糊，具 4 对腹肛毛，其中纵向 3 根几乎位于同一直线上。螯肢动趾 2 齿，定趾 5 齿。头盖具3突起，两侧突小。足Ⅰ跗节无爪和前跗节；足Ⅱ腿节具不大的距，跗节具1棘和若干粗刚毛。

分布：中国吉林省（长白山自然保护区），辽宁省锦州市（医巫闾山）；俄罗斯。

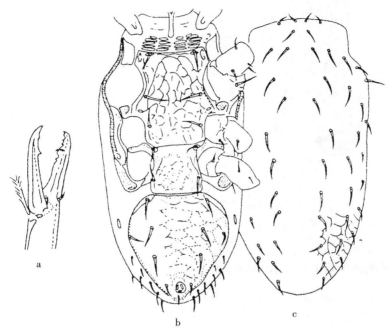

图 3-159　微小派伦螨 *Parholaspulus minutus* Petrova，1967♀
a. 螯肢（chelicera）　b. 腹面（venter）　c. 背面（dorsum）

（仿 Petrova，1967）

144. 东方派伦螨 *Parholaspulus orientalis* Petrova，1967

Parholaspulus orientalis Petrova，1967，*Biull. Mosk. Obshch. Ispyt. Prir.* (*Biol.*)，72（2）：40.

模式标本产地：俄罗斯。

雌螨（图 3-160）：体椭圆形，长 450～490，宽 220～240，后 1/3 处最宽。背板 1块，光滑，上具针状刚毛 30 对，F_1 与 F_2 几等长，短于其他背板刚毛。胸前板 4 列，中央两列各 3 块，两侧两列各 4 块。胸板长大于宽，具网纹，上有刚毛 3 对。胸后板游离，圆形，上有刚毛 1 对。生殖板斧形，具网纹，上有生殖毛 1 对，后缘稍凸。腹肛板卵形，具肛前毛 3 对，第 1 对刚毛位于前侧角增厚处，第 2 对刚毛与第 1 和第 3 对刚毛之间距离相等。1 对肛侧毛长于肛后毛，螯肢具齿，动趾长 72～80，具 2 齿，定趾顶端具 2 齿，其下方还具 2 齿，钳齿毛短小。

分布：中国吉林省（长白山自然保护区）；俄罗斯（沿海地区）。

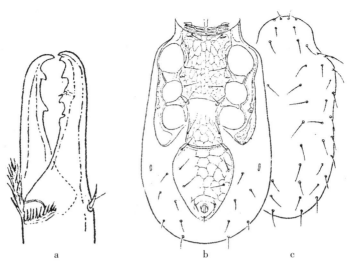

图 3-160　东方派伦螨 *Parholaspulus orientalis* Petrova，1967♀

a. 螯肢（chelicera）　b. 腹面（venter）　c. 背面（dorsum）

（仿 Petrova，1967）

145. 拟双毛派伦螨 *Parholaspulus paradichaetes* Petrova，1967

Parholaspulus paradichaetes Petrova，1967，Гиляров М. С. Иэд. Наука，Ленинград：323-324.

模式标本产地：俄罗斯。

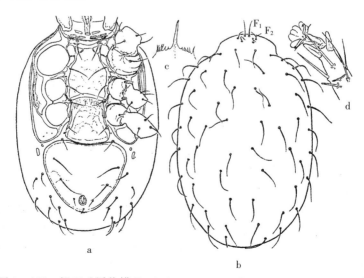

图 3-161　拟双毛派伦螨 *Parholaspulus paradichaetes* Petrova，1967♀

a. 腹面（venter）　b. 背面（dorsum）　c. 头盖（tectum）　d. 足Ⅱ跗节（tarsusⅡ）

（仿 Petrova，1967）

雌螨（图 3-161）：体长 920～980，宽 540～600，体棕色。背板 31 对刚毛，F_2 长为

F_1 的 2 倍。胸前板 5 对，上部 1 对与其余骨片分离较远。胸板的边缘骨化极强，不与内足板愈合，3 对刚毛着生于骨化的边缘上；胸后板游离。生殖板梯形，在其底缘依稀可见 4 块间断着的条状骨片。腹肛板心脏形，着生 3 对肛前毛，第 1 对紧靠腹肛板的前缘及生殖板两侧，在腹肛板中下部有 1 对条形折光体。背板、胸板、腹肛板具网纹。头盖具 1 中央突起，无侧突，在其基部两侧具若干小的突起。足 I 具前跗节和爪；足 II 跗节末端有 2 个几等大的距。

分布：中国辽宁省本溪市桓仁县（老秃顶子自然保护区）；俄罗斯（锡霍特山脉，南部沿海）。

146. 似阿氏派伦螨 *Parholaspulus paralstoni* Yin et Bei，1993

Parholaspulus paralstoni Yin et Bei，1993，*Acta Zootaxonomica Sinica*，18（4）：434－437.

模式标本产地：中国吉林省。

雌螨（图 3－162）：背板长 440，宽 250，光滑，具 30 对光滑的刚毛，F_1 长于 F_2，背板不完全覆盖背面。胸前板 6 对。胸板不与足内板愈合，两侧纹理清晰，中部模糊。胸后板形状不规则，游离。生殖板梯形，无纹饰，后缘平滑。腹肛板长 140，宽 130，前缘略凹，心形，具 3 对腹肛毛，几乎位于同一纵线上，板上无纹饰，肛侧毛位于肛孔中线水平之上，远离肛孔。足后板条状。螯肢定趾多齿。头盖具 3 突起，两侧突略长于中突。足 I 无前跗节，爪和爪垫，为 1 簇刚毛；足 II 跗节无棘，具若干粗刺状刚毛。

分布：中国吉林省（长白山自然保护区）。

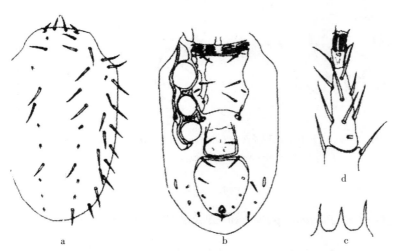

图 3－162　似阿氏派伦螨 *Parholaspulus paralstoni* Yin et Bei，1993♀
a. 背面（dorsum）　b. 腹面（venter）　c. 头盖（tectum）　d. 足 II 跗节（tarsus II）

（仿殷绥公等，1993）

147. 千山派伦螨 *Parholaspulus qianshanensis* Yin et Bei，1993

Parholaspulus qianshanensis Yin et Bei，1993，*Acta Zootaxonomica Sinica*，18（4）：

434 - 437.

模式标本产地：中国辽宁省鞍山市。

雌螨（图3-163）：背板长570，宽380，不完全覆盖背面，板上有锯齿状或不规则的纹理和若干小孔，上具29对光滑的刚毛，F_2长于F_1（有的个体在V之间水平线上方有1根附加毛；也有在1个毛基上着生2根刚毛的特异现象），几乎所有的背毛长达下位毛基部。胸前板7对。胸板宽阔，布满纹理，侧角与足内板愈合。胸后板近圆形，游离。生殖板梯形，纹理不清晰。腹肛板心形，长210，宽190，于第2对腹肛毛稍上部为最宽，纹饰模糊；共有3对腹肛毛，第1对刚毛之间的宽度与第2对的宽度约相等，第3对狭于前2对；肛侧毛位于肛孔中线水平略下。足后板长条形，1对。螯肢动趾具2齿，定趾多齿。头盖3叉，中央突起有小的分支。第2胸板具齿7列。足Ⅰ无前跗节，爪及爪垫，仅为1簇刚毛；足Ⅱ跗节有1棘和若干粗刺刚毛；足Ⅲ、Ⅳ跗节无棘，有爪及若干粗刚毛。

分布：中国辽宁省鞍山市（千山风景区）。

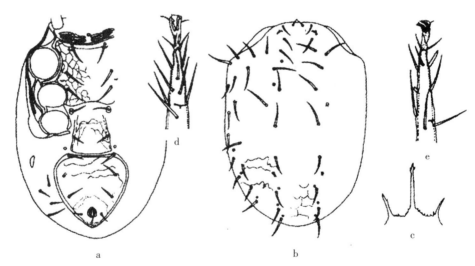

图3-163　千山派伦螨 *Parholaspulus qianshanensis* Yin et Bei，1993♀
a. 腹面（venter）　b. 背面（dorsum）　c. 头盖（tectum）　d. 足Ⅲ、Ⅳ跗节（tarsus Ⅲ、Ⅳ）
e. 足Ⅱ跗节（tarsus Ⅱ）
（仿殷绥公等，1993）

148. 巨腹派伦螨 *Parholaspulus ventricosus* Yin，Zheng et Zhang，1964

Parholaspulus ventricosus Yin，Zheng et Zhang，1964，*Acta Zootaxonomica Sinica*，1（2）：320 - 324.

模式标本产地：中国吉林省辉山县。

雌螨（图3-164）：体长卵圆形，长700，宽380，背板1块，覆盖大部分体背；长640，宽380，肩部具切迹，前缘平直，末端圆，两侧缘稍凹陷，在M_1处最宽。板上有针状刚毛30对，均等长。胸叉分2支，末端呈羽状。胸前板有4列，中央2列各有2块，旁边 2 列各有 3 块。胸板长大于宽，前缘平直；两前角较宽，伸向基节Ⅰ、基节Ⅱ间；两侧角亦宽，伸向基节Ⅱ、基节Ⅲ间；后角圆钝；板上有等长的针状刚毛 3 对及 2 对隙孔。胸后板 1 对，卵圆形，上有刚毛 1 对。生殖板宽大于长。腹肛板前缘略凹，与生殖板甚近；侧缘明显突出，因此整个板呈不正的圆五角形；板上有肛前毛 4 对及围肛毛 3 根，各毛均为针状并等长。足后板 1 对，长条状。腹面板外有针状刚毛 4 对。气门板与内足板愈合，宽大并伸到基节Ⅳ之间后方。螯肢的动趾与定趾上均有齿。在动趾的基部有 1 根棍棒状的刚毛。足Ⅰ最细长，足Ⅱ短粗，各足除跗节Ⅱ有 1 对棘状刚毛及 4 根粗大的刚毛外，其余均为针状刚毛。

分布：中国吉林省辉山县（山林鼢鼠体上）。

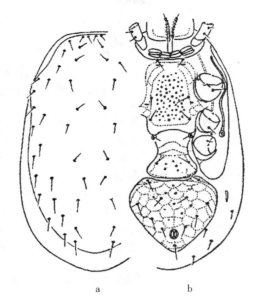

图 3 - 164　巨腹派伦螨 *Parholaspulus ventricosus*
　　　　　　Yin，Zheng et Zhang，1964♀
　　　　　a. 背面（dorsum）　b. 腹面（venter）
　　　　　　　（仿殷绥公等，1964）

十一、寄螨科
Parasitidae Oudemans，1901

Parasitidae Oudemans，1901，*Tijdschr. Ned. Dierk. Vereen.*，7：59.

异名：Poecilochiridae Willmann，1940，*Zool. Anz.*，130：215；

Saprogamasidae Willmann，1949，*Veröff. Mus. Nat. Völker - Handelsk Bremen*，A1：136；

Eugamasidae Hirschmann，1962，*Acarologie*，5（5）：39。

背板 1 块或分为 2 块。须肢跗节叉毛 3 叉。头盖通常具 3 个突起。雌螨胸后板异常发达，具刚毛 1 对，生殖板呈三角形，顶端尖细并伸入胸后板之间。雄螨螯肢具导精趾，足Ⅱ具强大的表皮突。

本科种类繁多，分布广泛，常见于土壤落叶层和腐殖质层以及腐败的海藻、粪肥中，也见于小的哺乳动物的洞穴中，有些种类可随土蜂、甲虫一道传播扩散。大多数种类营自由生活，可捕食土壤中的线虫以及其他小的节肢动物的卵和幼虫（Hartenstein 1962，Evans and Till 1979，Hyatt 1980）。

本科科下分类各国学者之间意见不一，Evans 和 Till（1979）采用 Juvara-Bals（1972）的提议将其分为寄螨亚科（Parasitinae Oudemans，1901）和偏革螨亚科（Pergamasinae Juvara-Bals，1972 or Athias-Henriot，1973）2 个亚科，其中寄螨亚科包含 9 属，偏革螨亚科包含 5 属。我国蜱螨学者多采用上述系统，现已报道本科 9 属（寄螨亚科 8 属，偏革螨亚科 1 属）50 多种。

本书记述寄螨亚科 5 属，新革螨属 *Neogamasus* Tichomirov，常革螨属 *Vulgarogamasus*

Tichomirov，角革螨属 *Cornigamasus* Evans et Till，寄螨属 *Parasitus* Latreille，异肢螨属 *Poecilochirus* G. et R. Canestrini。

寄螨科分属检索表（雌螨）

Key to Genera of Parasitidae（females）

1. 生殖板与腹肛板完全愈合 ················· 异肢螨属 *Poecilochirus* G. et R. Canestrini, 1882
    生殖板与腹肛板不完全愈合 ·· 2
2. 须肢膝节 g_1 毛和 g_2 毛末端多分支 ················· 新革螨属 *Neogamasus* Tichomirov, 1969
    须肢膝节 g_1 毛和 g_2 毛光裸 ··· 3
3. 须肢股节 f_1 毛端部尖 ····················· 角革螨属 *Cornigamasus* Evans et Till, 1979
    须肢股节 f_1 毛端部分叉 ·· 4
4. 须肢股节 f_1 毛端部分 2 叉 ····················· 寄螨属 *Parasitus* Latreille, 1795
    须肢股节 f_1 毛端部多分叉 ················· 常革螨属 *Vulgarogamasus* Tichomirov, 1969

（三十八）角革螨属 *Cornigamasus* Evans et Till，1979

Cornigamasus Evans et Till，1979，*Trans. Zool. Soc. Lond.*，35：209.

模式种：*Cornigamasus lunaris*（Berlese，1882）。

雌螨与后若螨背板 2 块，背毛 D_3 与 D_2、D_4 形状不同。雌螨与后若螨的胸叉分 2 叉。胸板与后胸板的接缝斜形。雌螨生殖板三角形。后部腹表皮毛一般少于 15 对。须肢股节内侧毛端部尖；膝节内侧毛匙形。雌螨与后若螨足上无距。雄螨背板整块，具横的线缝。胸叉缺如。螯肢对称。颚角细长，平行，顶端超过须肢股节前缘，具颚角沟，正好容纳涎针。足 II 具距。爪垫正常，圆形。

149. 新月角革螨 *Cornigamasus lunaris*（Berlese，1882）

Parasitus lunaris Sellnick，1940：23；Schweizer，1961：17；Micherdzinski，1969：437；Karg，1971：446；

Parasitus（*Coleogamasus*）*lunaris* Tichomirov，1969：1476；Bregetova et al.，1977：85，89；

Eugamasus lunaris Holzmann，1969：14；

Cornigamasus lunaris Evans & Till，1979：209.

异名：*Gamasus coleoptratorum* var. *lunaris* Berlese，1882 a：125；

Gamasus fucorum var. *lunaris* Berlese，1882 b：640；

Parasitus spinipediformis Trägårdh，1904：37；Micherdzinski，1969：437。

模式标本产地：意大利。

雌螨（图 3 - 165）：前背板具 21 对刚毛，大多细小，但 F_1、D_1、D_3 与 M_2 长并具细小分支；其后缘中部凸出，紧靠后背板前缘的凹入处。后背板具 12 对刚毛，其中 S_4、S_6、S_8 粗长并具小分支。胸叉叉丝具小分支，前胸板 1 对，呈楔形。3 对胸毛约相等，仅胸后毛较细。胸生殖区角化较弱，生殖板中部有一清晰的粒状带，一侧有 1 舌状的前突。后腹板两侧向后渐缩窄，在肛门前有 1 缺刻；板上具刚毛 7 对，生殖板后面的 1 对短，其他各对中等长度，最靠近肛门的 1 对粗长并具分支。围肛毛 3 根均细小。气门沟前端达基节Ⅰ中部。头盖由 1 长的中突和有小齿的基部组成。螯钳与后若螨相仿，定趾侧面更多 1 齿。颚角长，平行，末端超过须肢股节前缘；具颚角沟，从螯肢腹侧伸出的涎针适可嵌在其内。须肢股节内侧毛未特化，膝节 2 根内侧毛匙状。足毛光滑。基节Ⅲ有 1 小突起。

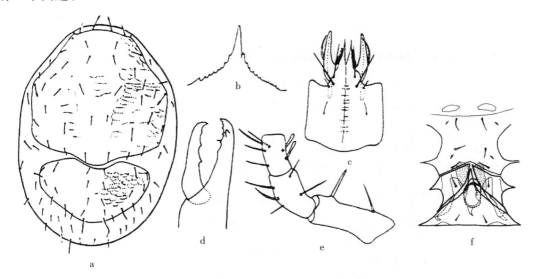

图 3 - 165　新月角革螨 *Cornigamasus lunaris* (Berlese, 1882) ♀

a. 背面（dorsum）　b. 头盖（tectum）　c. 颚角（corniculi）　d. 螯肢（chelicera）　e. 须肢转节、股节

及膝节（trochanter, femur and genu of palp）　f. 生殖板（genital shield）

（仿 Berlese, 1882）

分布：中国贵州省安顺市，云南省宾川县，陕西省洛南县，辽宁省锦州市；欧洲，亚洲其他地区，非洲。

（三十九）新革螨属 *Neogamasus* Tichomirov, 1969

模式种：*Neogamasus islandicus* (Sellnick, 1940)。

胸板与胸后板常分开。生殖板两侧无齿状结构或有该结构，角质化强的螨类生殖腔内常具有对称的、成对的角质化的齿状结构。腹板宽，末端呈圆形，肛板与腹板相互不分离，形成腹肛板的两侧均平行。

新革螨属分种检索表（雌螨）
Key to Species of *Neogamasus*（females）

1. 腹肛板后部收缩狭长；后背板毛少于 20 对 ……………………………………………… 2

　腹肛板后部不呈狭长状；后背板毛多于 20 对 ……………………………………………… 3

2. 头盖 3 突；内殖器囊形 ……………………… 囊形新革螨 *Neogamasus ascidiformis* Ma, 2003

　头盖 1 突；内殖器梨形 ……………………… 狭腹新革螨 *Neogamasus stenoventralis* Ma, 1997

3. 生殖区内具 1 对长刺 ……………………… 单角新革螨 *Neogamasus unicornutus* (Ewing, 1909)

生殖区无长刺 ·· 4

4. 生殖腔圆锥形，后部有 1 对骨化较强的半圆形构造，腔后有皱褶 ·······················
·· 皱形新革螨 Neogamasus crispus Ma et Yan，1998

生殖腔无上述联合结构 ·· 5

5. 内殖器陀螺状，中间有纵纹带，前端伸出内殖器前缘，并有许多小齿 ·················
·· 陀螺新革螨 Neogamasus turbinatus Ma et Yin，1999

内殖器无上述联合结构 ····················· 阿穆尔新革螨 Neogamasus amurensis Volonikhina，1993

150. 阿穆尔新革螨 *Neogamasus amurensis* Volonikhina, 1993

Neogamasus amurensis Volonikhina，1993，Эоол. ж.，72 (8)：11－21。

异名：*Parasitus mengyangchunae* Ma，1995，*Acta Zootaxonomica Sinica*，20 (4)：455。

模式标本产地：俄罗斯。

雌螨（图 3－166）：体黄色，卵圆形，长 672～778，宽 389～486。背板分为 2 块，

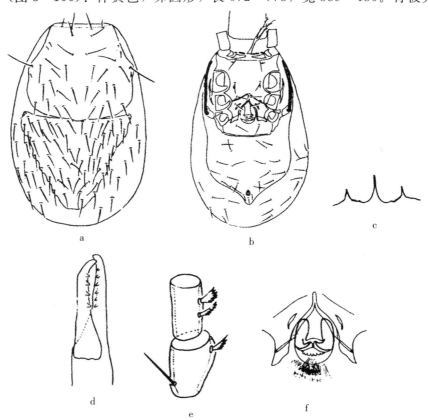

图 3－166　阿穆尔新革螨 *Neogamasus amurensis* Volonikhina，1993 ♀

a. 背面（dorsum）　b. 腹面（venter）　c. 头盖（tectum）　d. 鳌肢（chelicera）　e. 须肢股节、膝节

（palp femur and genu）　f. 生殖区（genital region）

（仿马立名，1995）

具淡网状纹；前背板长宽相近，板上具刚毛 20 对，其中 F_2、ET_1、ET_2 和 M_3 短小；后背板近三角形，向后明显收缩，不完全覆盖背面，具光滑刚毛 24～32 对；背表皮毛 6～15 对。胸前板 2 对，不规则形，骨化强。胸板具淡网状纹，前缘在 St_1 外侧具小的凹陷，两侧角伸向基节Ⅰ、Ⅱ间，板上具胸毛 3 对和隙孔 2 对，后缘呈脊形凹陷。胸后板发达，板上具刚毛 1 对，板内具 1 骨化的碎片。生殖板三角形，具生殖毛 1 对，生殖区内具 1 对对称的钩状结构和 1 列小齿及许多细纹。腹肛板具淡网纹，除 3 根围肛毛外另具肛前毛 9 对。须肢腿节 f_1 毛和膝节 g_1 毛、g_2 毛端部均多分支。头盖具 3 个突起，相距较远，各突起间具多个小齿。螯肢定趾多于 5 齿，动趾端部 4 齿。足上有的刚毛具微毛。

分布：中国吉林省前郭尔罗斯蒙古族自治县（小家鼠巢）、白城市（树下土壤），黑龙江省哈尔滨市，辽宁省鞍山市（千山风景区）、沈阳市（东陵区）；俄罗斯（伯力边区、阿穆尔地区）（栖于落叶层）。

151. 囊形新革螨 *Neogamasus ascidiformis* Ma，2003

Neogamasus ascidiformis Ma，2003，*Acta Zootaxonomica Sinica*，28（1）：71.

模式标本产地：中国吉林省敦化县。

雌螨（图 3-167）：体黄色，长椭圆形，前端较平，长 575，宽 310。前背板长 322，宽 253，刚毛 22～23 对，M_3 在板上或板外；后背板长 184，宽 241，宽大于长，略呈三角形，刚毛 15～16 对。背板毛均光滑，中列毛末端不超过下位毛基部，M_2 最长，F_2、ET_1、ET_2 和 M_1 稍短于其他毛，M_3 最短。胸前板 2 对，内侧者三角形，外侧者狭窄，

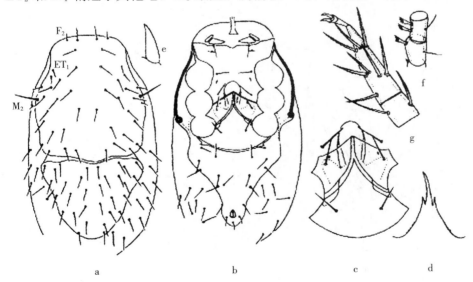

图 3-167　囊形新革螨 *Neogamasus ascidiformis* Ma，2003 ♀
a. 背面（dorsum）　b. 腹面（venter）　c. 生殖区（genital region）　d. 头盖（tectum）
e. 颚角（corniculi）　f. 须肢股节及膝节（femur and genu of palp）　g. 足Ⅱ跗节（tarsus Ⅱ）

（仿马立名，2003）

互相靠近。胸板前缘中部有小凹，胸毛 3 对，隙孔 2 对。St_1 在板前缘上。胸后板有 1 对毛和 1 对隙孔。生殖板有毛 1 对。内殖器囊形，囊内无其他构造。腹肛板向后急剧收缩，腹毛 7～8 对。Ad 位于肛孔后缘水平，Ad 与 Pa 稍长于肛孔。气门沟前端达到基节 I 和 II 之间的中点。头盖有 1 狭长中突，两侧有 1 对尖刺。颚角牛角状。须肢股节 al 毛和须肢膝节 al_1 及 al_2 均多分支。颚毛光滑，约等长。足毛有的细而光滑，有的粗而具短羽枝。

分布：中国吉林省敦化县（森林中土壤）。

152. 具刺新革螨 *Neogamasus belemnophorus* Athias-Henriot，1977

Neogamasus belemnophorus Athias-Henriot，1977，*Ann. Hist. Nat. Mus. Nat. Hung.*，69：340 - 341；

Ma et Cui，1999，*Acta Arachnologica Sinica*，8（2）：109 - 110.

模式标本产地：朝鲜。

雄螨（图 3 - 168）：体黄色，长椭圆形，长 540，宽 310。背腹刚毛均细长光滑。前后背板由 1 条缝分开，前背板有刚毛 21 对，其中 F_2、ET_1、ET_2 和 M_3 细短，其余均很长；后背板刚毛很多，短于前背板毛。胸叉基退化，被生殖孔前缘遮盖，叉丝发达。胸前板 1 对，三角形。全腹板有网纹，除围肛毛外有刚毛 18 对，隙孔 3 对。Ad 位于肛孔后缘水平，Ad 与 Pa 均约等于肛孔长。气门沟前端达到基节 I 后部。头盖 3 突，中突远长于侧

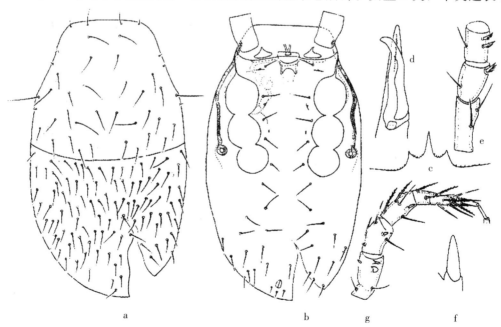

图 3 - 168　具刺新革螨 *Neogamasus belemnophorus* Athias-Henriot，1977 ♂

a. 背面（dorsum）　b. 腹面（venter）　c. 头盖（tectum）　d. 螯钳（chela）　e. 须肢（palp）

f. 颚角（corniculi）　g. 足 II（leg II）

（仿马立名，1999）

突，其间有小齿。螯钳狭长，定趾有 1 列小锯齿，动趾齿看不清。须肢转节毛光滑，须肢股节 al 毛和须肢膝节 al_1 及 al_2 多分支。颚角狭长，颚毛均针状，约等长。足毛多光滑，亦有羽状毛。足 Ⅱ 股节 2 距均短，但 1 距较狭，另 1 距宽圆；膝节 1 距，细短；胫节 1 距，稍长。

分布：中国吉林省集安县（树下落叶层）；朝鲜。

153. 皱形新革螨 *Neogamasus crispus* Ma et Yan，1998

Neogamasus crispus Ma et Yan，1998，*Zoological Research*，19（6）：463 - 467。

模式标本产地：中国湖北省武汉市。

雌螨（图 3 - 169）：体黄色，长 689，宽 425。两背板仅隔 1 条横线，前背板长 345，宽 391，刚毛 20 对；后背板长 322，宽 391，刚毛 40 对左右，不完全对称。背毛细长光滑，末端超过下位毛基部，但 F_2、ET_1 和 ET_2 较短，M_3 微小。胸叉体狭长。胸前板 1 对，楔形，每块板又由 1 条斜缝分开。胸板网纹明显。生殖腔圆锥形，后部有 1 对骨化较强的半圆形构造，腔后有皱褶。腹肛板宽阔，网纹明显，腹毛 9 对。Ad 位于肛孔中线水平，Ad 和 Pa 约等于肛孔长。气门沟前端达到基节 Ⅱ 前缘之前。腹表皮毛 4 对。头盖 3

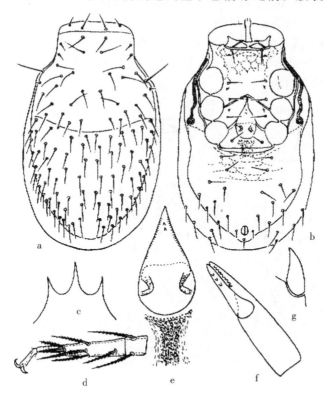

图 3 - 169　皱形新革螨 *Neogamasus crispus* Ma et Yan，1998 ♀

a. 背面（dorsum）　b. 腹面（venter）　c. 头盖（tectum）　d. 足 Ⅱ 跗节（tarsus Ⅱ）

e. 内殖器（endogynium）　f. 螯肢（chelicera）　g. 颚角（corniculi）

（仿马立名等，1998）

突。螯钳较长，动趾长 115，3 齿，定趾有 1 列小齿。须肢转节毛前 1 根羽状，后 1 根光滑；须肢股节 al 毛单侧多分支，须肢膝节 al_1 和 al_2 形状看不清。颚毛光滑，叉毛 3 叉。足毛多羽状，少数光滑。

分布：中国湖北省武汉市，吉林省（长白山自然保护区）。

154. 狭腹新革螨 *Neogamasus stenoventralis* Ma，1997

Neogamasus stenoventralis Ma，1997，*Acta Arachnologica Sinica*，6（1）：32－36.

模式标本产地：中国吉林省白城市。

雌螨（图 3-170）：体黄色，椭圆形，长 632，宽 368。背腹毛均细而光滑。前背板长 299，宽 287，后缘中部圆凸；后背板较小，长 230，宽 213，前缘中部圆凹。前背板刚毛 23 对，后背板一侧 13 根，另一侧 14 根，多数刚毛末端达到下位毛基部，M_2 最长，F_2、ET_1、ET_2 和 M_3 最短。背表皮毛一侧 12 根，另一侧 10 根。胸叉体较长。胸前板 2 对，前 1 对小而色深，后 1 对大而色淡。胸板前缘在 St_1 外侧有小凹。生殖腔倒梨形，内有 1 对粗长而弯曲的刺。腹肛板后半部狭窄，板上除围肛毛外有刚毛一侧 8 根，另一侧 9 根。Ad 位于肛孔后缘水平，Ad 与 Pa 约等于肛孔长。腹表皮毛每侧 7 根。气门沟前端达到基节 I 前缘之前。头盖中突明显，后部有 1 对小齿。螯钳较长，其长为 115，动趾勉强看到 3 个不明显齿突，定趾 7 个齿突。须肢转节毛 1 根细而光滑，另 1 根粗而羽状。须肢股节 al 毛和须肢膝节 al_1 及 al_2 均多分支。颚毛光滑。足有细短光滑毛和粗长羽状毛。

分布：中国吉林省白城市。

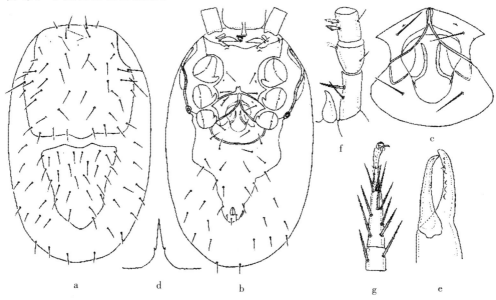

图 3-170　狭腹新革螨 *Neogamasus stenoventralis* Ma，1997 ♀

a. 背面（dorsum）　b. 腹面（venter）　c. 生殖区（genital region）　d. 头盖（tectum）

e. 螯钳（chela）　f. 须肢及颚角（palp and corniculi）　g. 足 II 跗节（tarsus II）

（仿马立名，1997）

155. 陀螺新革螨 *Neogamasus turbinatus* Ma et Yin，1999

Neogamasus turbinatus Ma et Yin，1999，*Acta Entomologica Sinica*，42（4）：428-430.

模式标本产地：中国黑龙江省伊春市。

雌螨（图 3-171）：体黄色，长椭圆形，前端较平，长 575，宽 368。背腹各板均有网纹，腹面板网纹较背板更明显。体毛及足毛均细长光滑。前后背板紧相靠近，仅由一条线分开。前背板刚毛 21 对，后背板刚毛 32 对左右，可辨清毛序。前后背板毛除 F_2、ET_1、ET_2 和 M_3 细小外，其余毛末端均超过下位毛基部。胸前板 3 对，其中 1 对短杆状，另 2 对近三角形。胸板网纹多角形。内殖器陀螺状，中间有纵纹带，前端伸出内殖器前缘，并有许多小齿。腹肛板宽阔，与气门板相连，基节 IV 水平处内凹，其后圆凸。腹肛板有横向网纹，除围肛毛外有刚毛 9 对，其中前侧 1 对细小。Ad 位于肛孔后缘水平，Ad 与 Pa 约等于肛孔长。气门沟前端达到基节 I 和基节 II 之间的中点。腹表皮毛 3 对左右。头盖 3 突均短，其间无小齿。颚角宽牛角状。须肢股节 al 毛和须肢膝节 al_1 及 al_2 均多分支。颚毛光滑，约等长。叉毛 3 叉。

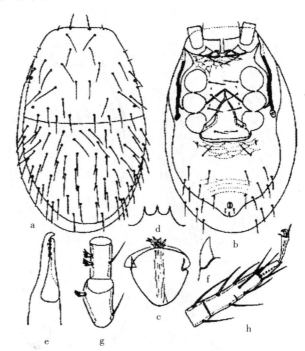

图 3-171　陀螺新革螨 *Neogamasus turbinatus* Ma et Yin，1999 ♀
a. 背面（dorsum）　b. 腹面（venter）　c. 内殖器（endogynium）
d. 头盖（tectum）　e. 螯肢（chelicera）　f. 颚角（corniculi）
g. 须肢股节及膝节（femur and genu of palp）　h. 足 II 跗节（tarsus II）
（仿马立名等，1999）

分布：中国黑龙江省伊春市（带岭区凉水自然保护区），吉林省（长白山自然保护区）。

156. 单角新革螨 *Neogamasus unicornutus*（Ewing，1909）

Neogamasus unicornutus（Ewing，1909），*Amer. Entomol. Soc.*，35：401-415.

异名：*Neogamasus islandicus*（Sellnick，1940）。

模式标本产地：美国。

雌螨（图 3-172a～g）：体黄色，卵圆形，长 678～701，宽 368～414。背板几乎覆盖整个背面，后部留狭窄裸露区。前背板长 345～356，宽 345～356，刚毛 21 对。后背板长 333～345，宽 368～379，刚毛较多，不完全对称。背表皮毛 6 对左右。胸前板 1 对，楔形，每板又分成 2 小板。胸板具胸毛 3 对，隙孔 2 对。胸后板各有 1 根胸后毛和 1 个隙孔。生殖板长 149～161，宽 184～195，生殖毛 1 对，生殖腔内有 2 长刺。腹肛板长 264～276，宽 310～345，与气门板相连，后部宽，除围肛毛外有腹毛 9 对，最前 1 对短小。Ad 位于肛孔后缘或后缘之前水平，Ad 与 Pa 约等于肛孔长。气门沟前端达到基节 Ⅰ 和 Ⅱ 之间。腹表皮毛 7 对左右。头盖 3 突，其间有小齿。螯钳很长，动趾 3 齿或 4 齿，定趾约 5

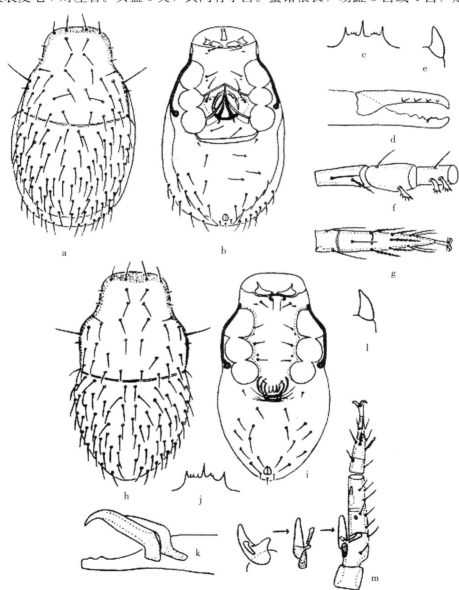

图 3-172　单角新革螨 *Neogamasus unicornutus*（Ewing，1999）a～g♀，h～m ♂
a、h. 背面（dorsum）　b、i. 腹面（venter）　c、j. 头盖（tectum）　d、k. 螯钳（chela）
e、l. 颚角（corniculi）　f. 须肢（palp）　g. 足Ⅱ跗节（tarsus Ⅱ）　m. 足Ⅱ（legⅡ）
（仿马立名，2003）

齿。颚角很短。须肢转节毛 1 根光滑，另 1 根短羽状；须肢股节 al 毛和须肢膝节 al_1 及 al_2 均多分支。叉毛 3 叉。颚毛光滑，约等长。足有光滑毛和羽状毛。

雄螨（图 3 - 172h～m）：体长 632～643，宽 310～322，侧缘在两背板相连处收缩，前端宽平，后端较尖。前背板长 345，刚毛 21 对；后背板长 287～299，刚毛较多。全腹板有胸毛 3 对，胸后毛 1 对，生殖毛 1 对，腹毛 9 对，围肛毛 3 根。基节 Ⅳ 水平之后有特殊花纹。足 Ⅱ 股节距很大，从不同方向看形状不同；膝节距极小，椭圆形；胫节距较小，指状，有椭圆形基座。

分布：中国吉林省集安市，辽宁省鞍山市（千山风景区）、沈阳市（沈阳农业大学校园土壤）、本溪市桓仁县（老秃顶子自然保护区）；俄罗斯，美国，西欧地区。

（四十）寄螨属 *Parasitus* Latreille，1795

Parasitus Latreille，1795，*Magazin Encycl*.，4（13）：19.

异名：*Carpais* Latreille，1796，（In part）. *Précis des Caractères Genériques des Insects Disposés dan un Ordre Naturel*. Abrive：184；

Gamasus Latreille，1802，*Histoire Naturelle*，*Générale et Particulière des Crustacés insects*. Paris，3：64；

Coleogamasus Tichomirov，1969，*Zool. Zh.*，48：1470。

模式种：*Parasitus coleoptratorum*（Linnaeus，1758）。

背板在雄螨为 1 整块，具横的线缝；在雌螨与后若螨则分为 2 块。背毛 D_3 与 D_2、D_4 明显不同。雄螨胸叉缺如或有不同的变异，如分 2 支，则基部紧靠生殖孔；雌螨和后若螨的胸叉正常。雌螨生殖板与胸后板间隙缝呈斜向形。生殖板三角形。末体腹表皮毛极少超过 30 对。须肢腿节内侧毛 2 叉，或具 1 个或多个小分支；膝节内侧毛完整，匙状或毛状。雄螨螯肢对称。颚角短，完整或分 2 叉。雄螨足 Ⅱ 具棘。

寄螨属分种检索表（雌螨）
Key to Species of *Parasitus*（females）

1. 生殖腔内有 4 个齿，前后各 2 个 ⋯⋯⋯⋯⋯⋯ 富生寄螨 *Parasitus diviortus*（Athias-Henriot，1967）
   生殖腔内无上述结构⋯⋯⋯⋯⋯⋯⋯⋯⋯⋯⋯⋯⋯⋯⋯⋯⋯⋯⋯⋯⋯⋯⋯⋯⋯⋯⋯⋯⋯⋯⋯⋯ 2

2. St_1 末端分 2 叉 ⋯⋯⋯⋯⋯⋯⋯⋯⋯⋯⋯⋯⋯⋯⋯⋯⋯⋯⋯⋯⋯⋯⋯⋯⋯⋯⋯⋯⋯⋯⋯⋯⋯ 3
   St_1 末端不分叉 ⋯⋯⋯⋯⋯⋯⋯⋯⋯⋯⋯⋯⋯⋯⋯⋯⋯⋯⋯⋯⋯⋯⋯⋯⋯⋯⋯⋯⋯⋯⋯⋯⋯ 5

3. 前背板毛 21 对；螯肢定趾 5 齿 ⋯⋯ 亲缘寄螨 *Parasitus consanguineus* Oudemans et Voigts，1904
   前背板毛 22 对；螯肢定趾 4 齿 ⋯⋯⋯⋯⋯⋯⋯⋯⋯⋯⋯⋯⋯⋯⋯⋯⋯⋯⋯⋯⋯⋯⋯⋯⋯⋯ 4

4. 生殖区具小齿组成的区域 ⋯⋯⋯⋯⋯⋯⋯ 乳突寄螨 *Parasitus mammillatus*（Berlese，1904）
   生殖区无小齿⋯⋯⋯⋯⋯⋯⋯⋯⋯⋯⋯⋯⋯⋯ 王氏寄螨 *Parasitus wangdunqingi* Ma，1995

5. 后背板毛多于 30 对 ⋯⋯⋯⋯⋯⋯⋯⋯⋯⋯⋯⋯⋯⋯⋯⋯⋯⋯⋯⋯⋯⋯⋯⋯⋯⋯⋯⋯⋯⋯ 6
   后背板毛少于 30 对 ⋯⋯⋯⋯⋯⋯⋯⋯⋯⋯⋯⋯⋯⋯⋯⋯⋯⋯⋯⋯⋯⋯⋯⋯⋯⋯⋯⋯⋯⋯ 7

6. 后背板毛 34～36 对；肛后毛与肛侧毛近等长 ⋯⋯⋯⋯ 甲虫寄螨 *Parasitus coleoptratorum*（Linnaeus，1758）
   后背板毛 31 对；肛后毛约为肛侧毛的 2 倍⋯⋯⋯⋯ 鼬寄螨 *Parasitus mustelarum* Oudemans，1903

7. 前背板毛 21 对 ⋯⋯⋯⋯⋯⋯⋯⋯⋯⋯⋯⋯⋯⋯⋯⋯⋯⋯⋯⋯⋯⋯⋯⋯⋯⋯⋯⋯⋯⋯⋯⋯ 8

　　前背板毛 22 对 ·· 10

8. 螯肢动趾 2 齿 ························· 甜菜寄螨 *Parasitus beta* Oudemans et Voigts，1904

　　螯肢动趾 3 齿 ·· 9

9. 螯肢定趾 2 列小齿；生殖区具小齿 ············· 粪堆寄螨 *Parasitus fimetorum*（Berlese，1904）

　　螯肢定趾 1 列小齿；生殖区无小齿 ············· 拟脆寄螨 *Parasitus imitofragilis* Ma，1990

10. 肛前毛 8 对 ·· 11

　　肛前毛 9 对 ·· 12

11. 生殖区具 2 块明显的点状区域 ··········· 透明寄螨 *Parasitus hyalinus*（Willmann，1949）

　　生殖区无上述结构 ·············· 邓氏寄螨 *Parasitus tengkuofani* Ma，1995

12. 生殖区有 1 对乳突状刺和 1 柱形构造，其后有皱褶 ······· 二刺寄螨 *Parasitus bispinatus* Ma，1996

　　生殖区无上述结构 ·············· 温氏寄螨 *Parasitus wentinghuani* Ma，1996

157. 甜菜寄螨 *Parasitus beta* Oudemans et Voigts，1904

Parasitus beta Oudemans et Voigts，1904，*Zool. Ann.*，27：652.

模式标本产地：德国。

雌螨（图 3 - 173）：体淡黄色，卵圆形，长 639，宽 389。背板分为 2 块，具淡网状纹；前背板长宽相近，板上具刚毛 21 对，其中 F_1、D_1、D_3 和 M_2 较其他背毛粗大且具微毛；后背板具刚毛 26 对，有的毛较粗大且具微毛。胸板前缘骨化弱，板上具胸毛 3 对和隙孔 2 对，

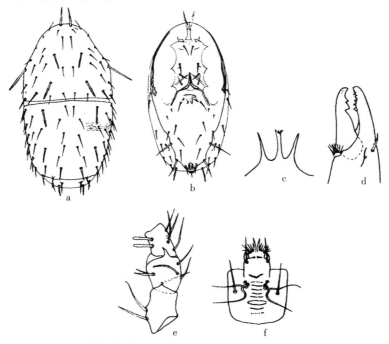

图 3 - 173　甜菜寄螨 *Parasitus beta* Oudemans et Voigts，1904 ♀

a. 背面（dorsum）　b. 腹面（venter）　c. 头盖（tectum）　d. 螯肢（chelicera）　e. 须肢转节、

股节、膝节（trochanter, femur and genu of palp）　f. 颚体腹面（venter of gnathosoma）

（仿 Hyatt，1980）

后缘屋脊形凹陷。胸后板发达，板上具刚毛 1 对。生殖板三角形，具生殖毛 1 对。腹肛板具
淡网纹，除 3 根围肛毛外另具肛前毛 8 对，其中后侧缘 2 对较粗长。须肢腿节 f_1 毛 2 分叉；
膝节 g_1 毛和 g_2 毛端部光裸。头盖具 3 个突起。螯肢定趾多于 5 齿，动趾端部 2 齿。

分布：中国宁夏回族自治区永宁县，辽宁省鞍山市、昌图县；德国，英国（北爱尔兰）。

158. 二刺寄螨 *Parasitus bispinatus* Ma, 1996

Parasitus bispinatus Ma，1996，*Acta Zootaxonomica Sinica*，21（2）：317-320.
模式标本产地：中国吉林省大安县。

雌螨（图 3-174a～f）：体卵圆形，深黄色，长 919～1 034，宽 632～666。前背板长

图 3-174 二刺寄螨 *Parasitus bispinatus* Ma，1996 a～f♀，g～o♂
a、i. 背面（dorsum） b、j. 腹面（venter） c. 生殖区（genital region） d、k. 头盖（tectum）
e、l. 螯钳（chela） f、m. 颚角（corniculus） g、n. 须肢股节及膝节
（femur and genu of palp） h. 足Ⅱ跗节（tarsusⅡ） o. 足Ⅱ（legⅡ）
（仿马立名，1996）

425～460，宽 575～632，刚毛 22 对；后背板长 402～460，宽 632～655，刚毛 26 对。M_2、D_1、D_3 和后背板若干毛粗大，末端钝，有绒毛；D_1 80～92，D_2 34～46，D_3 115，D_4 46。后部裸露区刚毛约 3 对，生在小骨片上。胸前板前外角细长。胸后板后部细长，呈杆状。生殖板有 1 对乳突状刺和 1 柱形构造，其后有皱褶。腹肛板刚毛 9 对，最后 1 对末端有绒毛。Ad 在肛孔后缘水平处，Ad 与 Pa 约等于肛孔长。腹面表皮毛约 7 对，最后 3 对在小骨片上，最后 1 对粗大，末端有绒毛。头盖 3 突细长。螯钳动趾 3 齿，定趾有 1 列小齿。颚角长 23～34，宽 11。跗节 Ⅰ～Ⅳ 末端刺粗短。

雄螨（图 3-174g～o）：体形与体色同雌螨，长 850～885，宽 540～575。前背板长 402～425，刚毛 22 对；后背板长 448～471，刚毛 29 对左右，D_1 92，D_2 46，D_3 115，D_4 46。胸前板细长，内缘有 1 小尖突。全腹板在基节 Ⅲ 水平处侧缘微凸。生殖孔前缘有 1 横骨片。Mst 明显内移。生殖区与腹肛板区刚毛 13 对左右，最后 1 对粗大，末端有绒毛。Ad 在肛孔后缘稍前水平处。螯钳动趾齿 2 列，一列 4～6 大齿，另一列为许多细小齿；定趾内缘近末端稍凸，其上有数个小齿；导精趾 2 节。颚角长 23，宽 11，近三角形，不分叶，在较高的基部上。足 Ⅱ 股节 2 距相连，膝节距较大，胫节距细长，跗节末端刺粗短。

分布：中国吉林省大安县舍力镇［达乌尔黄鼠（*Citellus dauricus* Brandt）巢中］。

159. 甲虫寄螨 *Parasitus coleoptratorum* （Linnaeus，1758）

Acarus coleoptratorum Linnaeus，1758：618；

Gamasus (Gamasus) coleoptratorum (Linnaeus) Latreille，Berlese，1906：155；

Gamasus coleoptratorum Hull，1917：103. Non Berlese，1892b：fasc. 69，T. 7＝*Gamasus distinctus* Berl.，1904a；

Parasitus coleoptratorum：Oudemans，1908：28. Costa，1963：27，Micherdzinski，

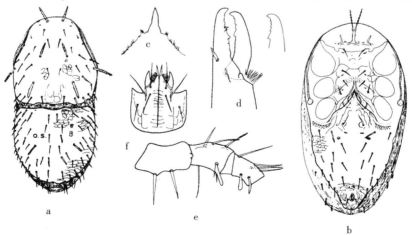

图 3-175 甲虫寄螨 *Parasitus coleoptratorum* （Linnaeus，1758）♀

a. 背面（dorsum） b. 腹面（venter） c. 头盖（tectum） d. 螯肢（chelicera） e. 须肢转节、股节、膝节（trochanter, femur and genu of palp） f. 颚体腹面（venter of gnathosoma）

（仿 Hyatt，1980）

1969：393. Karg，1971：446. Evans & Till，1979：210.

异名：*Eugamasus celer*（C. L. Koch，1835）Holzmann，1969：8；

Parasitus（*Coleogamasus*）*celer* Tichomirov，1969：1476. Bregetova et al.，1977：85，89。

模式标本产地：未详。

雌螨（图3-175）：背板2块，前背板长720～792，宽660～768，具21对刚毛，j_1、j_4、Z_5、r_3长具刺毛，后背板长650～700，宽708～816，具34～36对刚毛，Z_3具刺毛，背表皮约具5对刚毛。胸叉基部狭窄，叉丝具刺毛。胸前板1对，L形，胸板和胸后板具点状刻点，刚毛正常。腹殖板前缘尖锐，腹毛10～12对，3根围肛毛近等长。腹表皮毛少。气门位于基节Ⅲ后缘，气门沟前缘伸至基节Ⅰ水平。头盖基部边缘具齿，基节Ⅳ后缘具数列小齿。

分布：中国吉林省大安县；德国，英国，冰岛，芬兰，比利时，波兰，捷克，斯洛伐克，匈牙利，奥地利，意大利，瑞士，以色列，智利。

160. 亲缘寄螨 *Parasitus consanguineus* Oudemans et Voigts，1904

Parasitus consanguineus Oudemans et Voigts，1904，*Zool. Ann.*，27：651.

模式标本产地：德国。

雌螨（图3-176）：体卵圆形，长880，宽500。背板分为2块，具网纹；前背板具刚毛21对，其中F_1、D_1、D_3和M_2较其他背毛粗大且具微毛；后背板具刚毛33对，有的

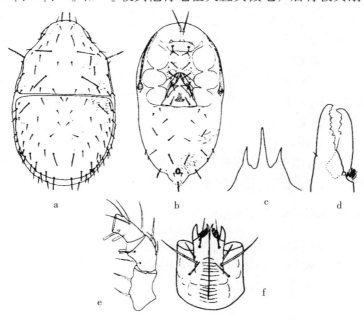

图3-176　亲缘寄螨 *Parasitus consanguineus* Oudemans et Voigts，1904 ♀

a. 背面（dorsum）　b. 腹面（venter）　c. 头盖（tectum）　d. 螯肢（chelicera）　e. 须肢转节、股节、

膝节（trochanter，femur and genu of palp）　f. 颚体腹面（venter of gnathosoma）

（a，c～f 仿 Hyatt，1980）

毛较粗大且具微毛。胸板前缘骨化弱，St_1 末端分 2 叉。胸后板发达，板上具刚毛 1 对。生殖板三角形，具生殖毛 1 对。腹肛板区域具网纹，除 3 根围肛毛外另具肛前毛 10 对，肛后毛及近肛孔的两对刚毛较粗大且末端具微毛。第 3 对口下板毛长约为第 2 对的 2 倍。须肢腿节 f_1 毛 2 分叉；膝节 g_1 毛和 g_2 毛端部光裸。头盖具 3 个突，末端尖细，中央突较长。螯肢定趾 5 齿，动趾 3 齿。

分布：中国贵州省、青海省、云南省、江苏省、宁夏回族自治区、陕西省、辽宁省（千山风景区）；德国，英国，爱尔兰，冰岛，瑞典，荷兰，比利时，俄罗斯（西西伯利亚），乌克兰，希腊，以色列。

161. 富生寄螨 *Parasitus diviortus*（Athias-Henriot，1967）

Parasitus diviortus（Athias-Henriot，1967），*Acarologia* Ⅸ（1967b）.

模式标本产地： 未详。

雌螨（图 3–177）：体长 750～820，宽 390～400，角质化强。背板 2 块，相互紧邻，前背板具刚毛 21～22 对，后背板刚毛数量较多。胸后板发达，板上具刚毛 1 对。生殖板三角形，后缘平直，生殖毛 1 对，生殖腔内有 4 个齿，前后各 2 个，前 1 对齿较大，后 1 对齿较小。颚体腹面刚毛和须肢转节刚毛呈针状，须肢膝节 g_1 和 g_2 毛针刺状，f_1 则 3 分叉。足 Ⅱ 膝节具 1 个巨大的距，在这个距的顶端有 1 羽状刚毛，基部具 1 根棒状刚毛。

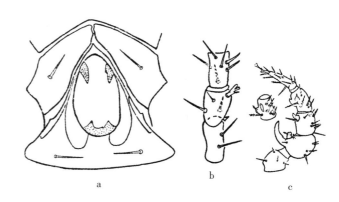

图 3–177　富生寄螨 *Parasitus diviortus*（Athias-Henriot，1967）♀
a. 生殖区（genital region）　b. 须肢转节、股节、膝节
（trochanter, femur and genu of palp）　c. 足 Ⅱ（leg Ⅱ）
（仿 Karg，1993）

分布：中国吉林省白城市、云南省昆明市；俄罗斯。

162. 粪堆寄螨 *Parasitus fimetorum*（Berlese，1904）

Gamasus fimetorum Berlese，1904，*Redia*，1：238.

异名： *Parasitus eta* Oudemans et Voigts，1904，*Zool. Anz.*，27：652；

Parasitus hibernicus Turk & Turk，1952，*Ann. Mag. Nat. Hist.*，12（5）：475.

模式标本产地： 意大利。

雌螨（图 3–178）：体黄色，卵圆形，长 875～1 020，宽 583～640。背板分为 2 块，具网状纹；前背板具刚毛 21 对，其中 D_1、D_3 和 M_2 较其他背毛粗大且具微毛；后背板具刚毛 26 对，S_6 较粗大且具微毛。胸板前缘骨化弱，板上具胸毛 3 对和隙孔 2 对，后缘屋脊形凹陷。胸后板发达，板上具刚毛 1 对。生殖板三角形，具生殖毛 1 对，生殖区具齿丛状结构。腹肛板具网纹，除 3 根围肛毛外另具肛前毛 8 对。须肢腿节 f_1 毛 2 分叉；膝节 g_1 毛和 g_2 毛端部光裸。头盖具 3 个突起，中央突末端尖细或分 2 叉。螯肢定趾 2 列，一列 3 齿，较大，一列 7 齿，较小；动趾 3 齿。

分布：中国辽宁省沈阳市（北陵）、鞍山市（千山风景区），云南省宾川县（蜣螂体上），陕西省太白县〔东方田鼠（*Microtus fortis* Buchner）体上〕；意大利，英国，冰岛，荷兰，比利时，德国，奥地利，瑞典，波兰，俄罗斯，加拿大。

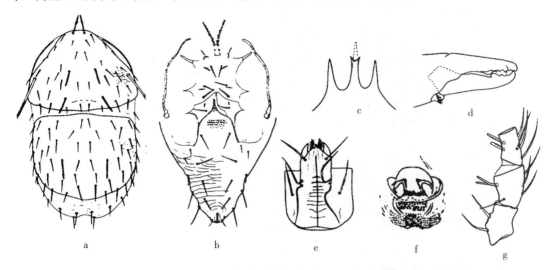

图 3 - 178　粪堆寄螨 *Parasitus fimetorum*（Berlese，1904）♀

a. 背面（dorsum）　b. 腹面（venter）　c. 头盖（tectum）　d. 螯肢（chelicera）　e. 颚体腹面
(venter of gnathosoma)　f. 生殖区（genital region）　g. 须肢转节、股节、膝节
(trochanter, femur and genu of palp)

(仿 Hyatt，1980)

163. 透明寄螨 *Parasitus hyalinus*（Willmann，1949）

Eugamasus hyalinus Willmann，1949a：110. Holzmann，1969：15；
Parasitus hyalinus Micherdzinski，1969：529. Karg，1971：447；
Parasitus (Vulgarogamasus) hyalinus Bregerova et al.，1977：80.

模式标本产地：英国。

雌螨（图 3 - 179）：前背板长 290～350，宽 230～350，边缘具网纹，具 22 对简单刚毛，r_3 最长；后背板长 250～270，宽 300～380，边缘具网纹，具 26 对简单刚毛。胸叉 2 分叉，具微毛。腹面各毛均光滑。胸前板很小。胸板具浅网纹，St_2 与 St_3 较 St_1 粗。胸后板发达，胸后毛 1 对。腹殖板前缘尖锐，生殖区具 2 块明显的点状区域，生殖毛 1 对。围肛毛 3 根，肛前毛 8 对。头盖 3 突，光滑。口下板毛 4 对，光滑。螯肢定趾具齿 2 列，一列 6 齿，一列 3 齿；动趾 3 齿。

分布：中国吉林省大安县，德国，英国，波兰。

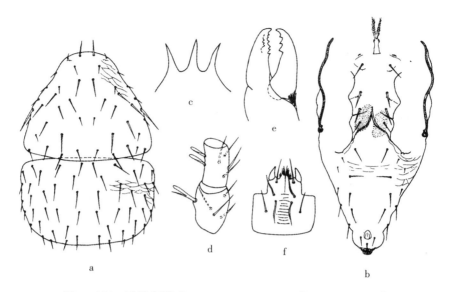

图 3 - 179　透明寄螨 *Parasitus hyalinus*（Willmann，1949）♀

a. 背面（dorsum）　b. 腹面（venter）　c. 头盖（tectum）　d. 须肢（palp）

e. 螯钳（chela）　f. 颚体（gnathosoma）

（仿 Hyatt，1980）

164. 拟脆寄螨 *Parasitus imitofragilis* Ma，1990

Parasitus imitofragilis Ma，1990，*Entomotaxonomia*，12（1）：61 - 68.

模式标本产地：中国吉林省前郭尔罗斯蒙古族自治县。

雌螨（图 3 - 180a～f）：体长 781，宽 517。骨化很弱。背板边缘不甚清晰。前背板长 333，宽 391，刚毛 21 对。后背板长 287，宽 483，刚毛约 26 对。M_2、D_1、D_3 和后部某些背毛粗大，末端钝，刷状；其余背毛大小不等，针状。D_1 57，D_2 34，D_3 80，D_4 34。胸后板与生殖板间界线清晰，胸板与胸后板间界线和肛板后缘稍能看出，各板其余边缘均看不到。腹面刚毛光滑。St_1～St_3 较粗，St_2 和 St_3 稍短；Mst 和中部腹毛较细。生殖板侧缘无齿。Ad 在肛孔后缘水平处，Pa 与 Ad 等大，均接近肛孔长。基节 Ⅳ 后腹面刚毛大小不等。气门沟前端达基节 Ⅰ 前缘。内、外颚毛较长，稍呈波浪形；前、后颚毛较短，针状。螯钳动趾 3 齿，定趾有 1 列细齿。头盖 3 突较窄，等长，中突长 34，宽 6。颚角长 34，宽 11，三角形，基部很高。须肢股节 al 毛 2 分叉，须肢膝节 al_1 和 al_2 刺状。叉毛 3 叉。各足有粗大刷状刚毛，跗节 Ⅱ～Ⅳ 末端 4 刺很小。

雄螨（图 3 - 180g～k）：体长 552～586，宽 368。前后背板之间的缝达不到体侧缘。前背板长 299～310，刚毛 21 对；后背板长 241～287，刚毛 30 对左右；D_1 57，D_2 34，D_3 69，D_4 34。Mst 和 $Ⅵ_1$ 稍短于 St_1～St_3。Ad 在肛孔后缘水平处，Pa 与 Ad 等大。此外，腹部尚有刚毛 10 对左右，最末 1 对粗大，末端钝圆，刷状。气门沟前端达基节 Ⅰ 中部。颚毛光滑。头盖中突长 23，宽 5，颚角长 23，宽 11。足 Ⅱ 股节距分叉，膝节距钝圆，胫节距狭长而尖；跗节 Ⅱ～Ⅳ 末端 4 刺很小。

分布：中国吉林省前郭尔罗斯蒙古族自治县〔达乌尔黄鼠（*Citellus dauricus* Brandti）、大仓鼠（*Cricetulus triton* Winton）、五趾跳鼠（*Allactaga sibirica* Forster）和小家鼠（*Mus musculus* Linnaeus）体及其巢〕。

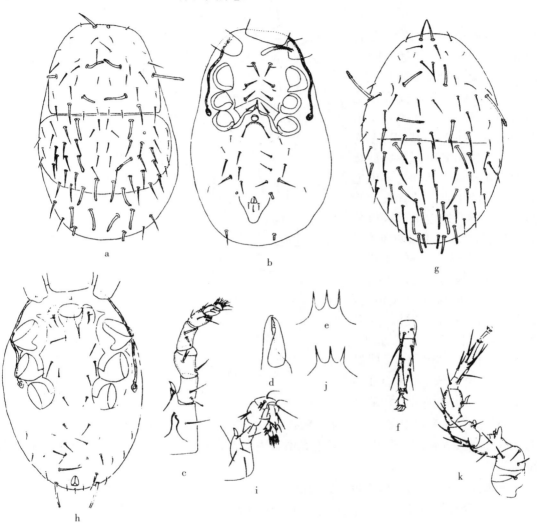

图 3-180 拟脆寄螨 *Parasitus imitofragilis* Ma，1990，a～f♀，g～k ♂

a、g. 背面（dorsum） b、h. 腹面（venter） c、i. 须肢、颚角及颚毛（palp, corniculi and gnathosomal setae）

d. 螯钳（chelicera） e、j. 头盖（tectum） f. 足Ⅱ跗节（tarsusⅡ） k. 足Ⅱ（legⅡ）

（仿马立名，1990）

165. 乳突寄螨 *Parasitus mammillatus*（Berlese，1904）

Parasitus mammillatus（Berlese，1904），

Ma et Ma，*Entomological Journal of East China*，2000，9（2）：117-119；

Cui，Ma et Wang，*Entomological Journal of East China*，2002，11（2）：118-119.

模式标本产地：未详。

雌螨（图 3‑181）：体黄色，卵圆形，长 712～793，宽 402～483。背板覆盖整个背面，前背板长 345～379，后背板长 345～414。前背板刚毛 22 对，后背板刚毛 28 对左右；M_2、D_1、D_3 和后背板 2 对毛粗长，末端钝，具短羽枝；F_1 和 V 较长，光滑；其余背毛均细短，ET_1 和 ET_2 最短，后背板 D 列毛末端，达到与下位毛基部距离的中点。前背板后侧角外侧有 1 对表皮毛。胸板前缘骨化弱，胸叉基部两侧有 1 对三角形小骨片，St_1 末端 2 分叉。胸后板具内突。生殖区如图。腹肛板与气门板相连，腹毛 10 对，其中 6 对长，4 对短。Ad 位于肛孔后缘水平，约等于肛孔长，光滑，Pa 明显长于 Ad，有羽枝。腹表皮毛 6 对左右。气门沟前端达到基节

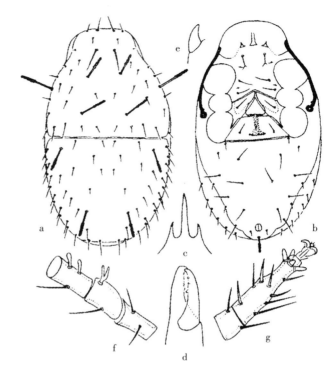

图 3‑181　乳突寄螨 *Parasitus mammillatus* (Berlese, 1904) ♀
a. 背面（dorsum）　b. 腹面（venter）　c. 头盖（tectum）　d. 螯钳（chela）
e. 颚角（corniculi）　f. 须肢（palp）　g. 足Ⅱ跗节（tarsus Ⅱ）
（仿崔世全等，2002）

Ⅰ后部。头盖 3 突，中突长于侧突。螯钳动趾 3 齿，定趾约 4 齿。颚角短。须肢股节 al 毛 2 分叉，膝节 al_1 和 al_2 匙状。颚毛光滑，内颚毛较长。叉毛 3 叉。跗节 Ⅱ 末端有 4 根短钝刺。

雄螨（图 3‑182）：体黄色，卵圆形，长 655，宽 448。背毛长短相差悬殊。前背板刚毛 22 对。后背板刚毛 33 对左右，其中 1 对粗长，末端钝，密布小刺。毛长度分别为 D_1 75，D_2 29，D_3 80，D_4～D_8 23。后背板 D 列毛末端达到与下位毛基部距离的中点。生殖孔两侧有 1 对长形骨片。全腹板有胸毛 3 对，胸后毛 1 对，生殖毛 1 对，腹毛约 15 对，围肛毛 3 根。Ad 位于肛孔后缘水平，约等于肛孔长，Pa 粗长，末端钝，密布小刺。胸区隙孔 3 对。气门沟前端达到基节 Ⅰ后缘。头盖 3 突，中突长于侧突。螯钳动趾在端齿附近有 1 大齿，定趾近末端膨大，除端齿外尚有 2 齿。须肢转节毛光滑，须肢股节 al 毛 2 叉，须肢膝节 al_1 和 al_2 无分支。颚角较狭，颚毛光滑，前颚毛及外颚毛短，内颚毛及后颚毛长。叉毛 3 叉。足 Ⅱ 股节 2 距基部相连，膝节及胫节距均为 2 个基部相连的小圆突。跗节 Ⅱ～Ⅳ 末端有 4 短刺。

分布：中国吉林省、辽宁省（啮齿动物巢穴和土壤）；朝鲜。

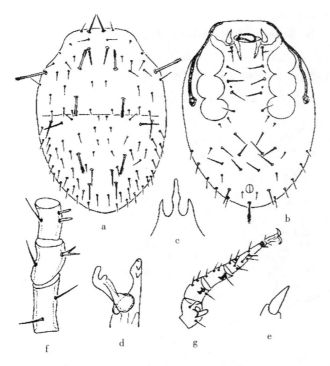

图 3-182　乳突寄螨 *Parasitus mammillatus*（Berlese，1904）♂
a. 背面（dorsum）　b. 腹面（venter）　c. 头盖（tectum）　d. 螯钳（chela）
e. 颚角（corniculi）　f. 须肢（palp）　g. 足Ⅱ（leg Ⅱ）
（仿马立名等，2000）

166. 鼬寄螨 *Parasitus mustelarum* Oudemans，1903

Parasitus mustelarum Oudemans，1902b：9，33 nomen nudum；1903b：85；1905a：78；1912c：260. Karg，1965：232，239，245；1971：448. Micherdzinski，1969：444；

Parasitus（*Coleogamasus*）*mustelarum* Tichomirov，1969：1476. Bregerova et al.，1977：85，91.

异名：*Gamasus coleoptratorum* L.；Berlese，1882c：120（tritonymph）；

Gamasus intermedius Berlese，1904a：240. Micherdzinski，1969：450；

Gamasus（*Gamasus*）*intermedius* Berlese，1906：152；

Eugamasus intermedius Holzmann，1969：14。

模式标本产地：德国。

雌螨（图 3-183l～p）：体长 900～990，宽 560～635，前背板刚毛 22 对，4 对粗毛具刺，后背板刚毛约 31 对，2 对粗毛具刺。胸毛 3 对，光滑。胸后板发达，具胸后毛 1 对。生殖板前缘尖锐，生殖区具齿，生殖毛 1 对，光滑。肛后毛长且具刺毛，长约为肛侧毛 2 倍，除围肛毛外具 9 对肛前毛，最后 1 对长，具刺。

雄螨（图 3-183f～k）：体长 900，宽 480，前背板刚毛 22 对，粗毛 4 对具刺，后背板刚毛28对，粗毛1对具刺。

后若螨（图3-183a～e）：背板具网纹，前背板长420～444，宽420～456，具20对刚毛，S_2位于板外，j_1、j_4、Z_5、r_3长具刺毛，后背板长276～288，宽360～396，具17对刚毛，Z_3较粗具刺毛，胸前板1对，胸板具网纹，后缘伸至基节Ⅳ之间。St_1间具一窄的横条纹，胸毛从St_1至St_4逐渐变短，腹毛短小，近31对，肛毛3根，短小，气门板伸

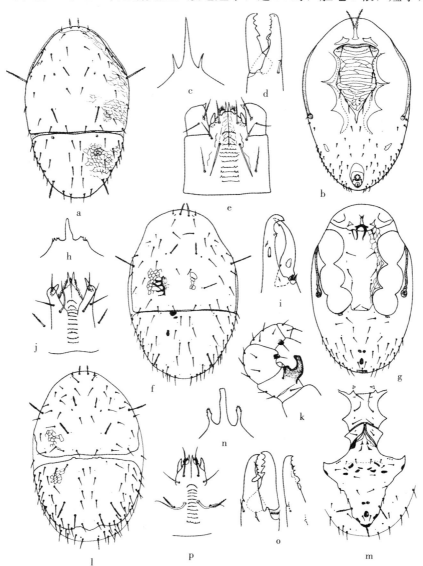

图3-183　鼬寄螨 *Parasitus mustelarum* Oudemans, 1903, a～e 后若螨（deutonymph），
f～k ♂，l～p ♀

a、f、l. 背面（dorsum）　b、g、m. 腹面（venter）　c、h、n. 头盖（tectum）　d、i、o. 螯肢
（chelicera）　e、j、p. 颚体（gnathosoma）　k. 足Ⅱ（leg Ⅱ）

（仿 Hyatt，1980）

至基节Ⅰ。

　　分布：中国宁夏回族自治区永宁县（采自甲虫）、吉林省白城市（腐烂鼠巢）；英国，挪威，荷兰，德国，奥地利，波兰，瑞士，意大利，俄罗斯（欧洲部分，高加索，西伯利亚西部）（栖居处所为甲虫、麦秸、畜粪、堆肥、蕈类，还可偶然采于小型哺乳动物体）。

167. 四毛寄螨 *Parasitus quadrichaetus* Ma et Cui, 1999

Parasitus quadrichaetus Ma et Cui，1999，*Acta Zootaxonomica Sinica*，24（1）：43-45；

Ma，2001，*Acta Arachnologica Sinica*，10（2）：22.

　　模式标本产地：朝鲜。

　　后若螨（图 3-184）：体黄色，椭圆形，长 1 115～1 149，宽 632～747。前背板略呈三角形，后缘较直，长 529～552，宽 575～597；后背板前缘较凸，长 345～379，宽540～575。背毛大小相差悬殊。前背板刚毛 20 对，其中 F_1、M_2、D_1 和 D_3 特别粗长，F_2和 ET_1 最小，F_1 长 149，F_2 11，F_3 34，D_1 115，D_2 34，D_3 207，D_4 34；后背板刚毛 15 对，其中后端 4 根（M_{10} 和 M_{11}）特别粗长，均为 172。背表皮毛约 15 对，细小，在小而圆的基骨片上。胸板前缘凹，后突宽短，前 3 对胸毛很长，后 1 对很短。足后板长椭圆形，横位或斜位。肛板梭形，前后端均突出，肛孔大，Ad 位于肛孔中线稍后水平，稍短于肛孔，Pa 与 Ad 等长。气门沟前端达到基节Ⅰ中部或后部。腹表皮毛约 16 对，细小，在基

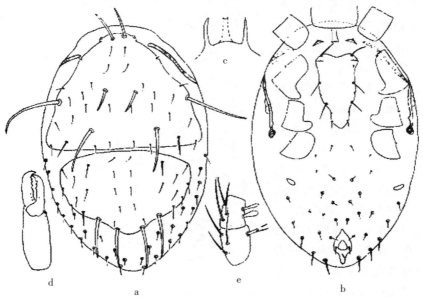

图 3-184　四毛寄螨 *Parasitus quadrichaetus* Ma et Cui，1999 后若螨（deutonymph）
a. 背面（dorsum）　b. 腹面（venter）　c. 头盖（tectum）　d. 螯钳（chela）　e. 须肢股节及膝节
（femur and genu of palp）

（仿马立名等，1999）

骨片上。头盖 3 突，狭窄。螯钳动趾 3 齿，定趾 6 小齿。须肢转节毛常形，光滑，股节 al 毛 2 分叉，膝节 al_1 和 al_2 宽钝。颚毛光滑。足毛光滑。

分布：中国吉林省临江县（树下腐殖土）；朝鲜（发现于圆木树皮下）。

168. 邓氏寄螨 *Parasitus tengkuofani* Ma, 1995

Parasitus tengkuofani Ma，1995，*Acta Zootaxonomica Sinica*，20（4）：439 - 449.

模式标本产地：中国吉林省前郭尔罗斯蒙古族自治县。

雌螨（图 3 - 185）：体黄褐色，长 816～908，宽 517～575。前背板长 379～391，宽 494～529，刚毛 22 对；F_2、ET_1、ET_2、M_1 和 M_3 细小；D_1 和 D_3 粗大，末端圆钝，有细毛；D_1 69，D_2 46，D_3 80，D_4 57。后背板长 345～379，宽 517～575，前缘微凸，后缘破裂状，有变异；刚毛 26 对，中部者较小，两侧者较大，有的末端有细毛。体后表皮毛 2～3 对。胸前板有变异。胸板前缘不清，St_2 和 St_3 较 St_1 和 Mst 稍粗。腹肛板刚毛 8 对。Ad 位于肛孔后缘水平，Ad 与 Pa 约等于肛孔长。腹表皮毛 3～8 对，最后 1 对粗大，末端圆钝，有绒毛。前颚毛、后颚毛直，内颚毛、外颚毛弯曲。须肢转节 2 根刚毛光滑。头盖 3 突，均细，中突有的末端分叉。螯钳动趾 3 齿，定趾 4～7 齿。

雄螨（图 3 - 186）：体色同雌螨，长 689～804，宽 414～417。前背板长 368，刚毛 22 对，形状同雌螨，D_1 69，D_2 46，D_3 69，D_4 46。后背板长 322～437，刚毛 29 对，末端较尖。无胸叉。生殖孔前缘有一弧形骨片，两侧有 1 对小骨片。腹肛板刚毛约 13 对。围肛毛同雌螨。颚毛均直，前颚毛、内颚毛及外颚毛在特殊的颚角基部上。螯钳动趾 2 齿，定趾近末端有 2 齿突紧相靠近。

分布：中国吉林省前郭尔罗斯蒙古族自治县。

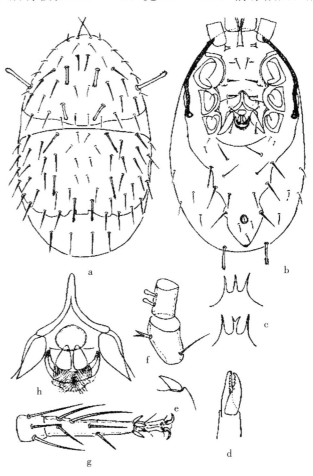

图 3 - 185　邓氏寄螨 *Parasitus tengkuofani* Ma，1995 ♀
a. 背面（dorsum）　b. 腹面（venter）　c. 头盖（tectum）　d. 螯钳（chela）　e. 颚角（corniculi）　f. 须肢股节膝节（femur and genu of palp）　g. 足 II 跗节（tarsus II）　h. 生殖区（genital region）
（仿马立名，1995）

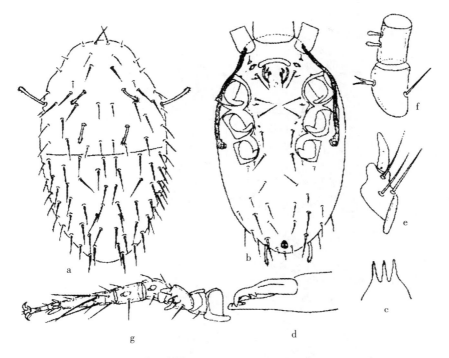

图 3 - 186　邓氏寄螨 *Parasitus tengkuofani* Ma，1995 ♂

a. 背面（dorsum）　b. 腹面（venter）　c. 头盖（tectum）　d. 螯钳（chela）　e. 颚角（corniculi）

f. 须肢股节及膝节（femur and genu of palp）　g. 足 II（leg II）

（仿马立名，1995）

169. 王氏寄螨 *Parasitus wangdunqingi* Ma，1995

Parasitus wangdunqingi Ma，1995，*Acta Zootaxonomica Sinica*，20（4）：439 - 449.

模式标本产地：中国吉林省前郭尔罗斯蒙古族自治县。

雌螨（图 3 - 187）：体黄色，长 804～919，宽 448～597。前背板长 368～402，宽 414～483，刚毛 22 对。后背板长 414～483，宽 425～552，刚毛 25～31 对。M_2、D_1、D_3 和后背板若干毛粗大，末端圆钝，有绒毛；F_2、ET_1 和 ET_2 细小。D_1 69，D_2 57，D_3 80，D_4 46。胸前板近三角形。胸板前缘不清，St_1 分叉。胸后板有内突、末端圆钝。腹肛板刚毛 10 对，后部 1 对粗大。Ad 位于肛孔后缘水平，约等于肛孔长；Pa 粗大，末端圆钝，有细毛。腹表皮毛 4～9 对，前部者细小，后部者粗大。内颚毛最长。须肢转节 2 根刚毛光滑。头盖 3 突。螯钳动趾 3 齿，定趾 4 齿。

雄螨（图 3 - 188）：体色同雌螨，长 689～770，宽 379～442。前背板长 345～379，刚毛 22 对；后背板长 322～391，刚毛 25～33 对。背毛形状同雌螨。D_1 69，D_2 57，D_3 80，D_4 46。生殖孔两侧有 1 对小骨片，St_1 位于该骨片后方的圆凸部。无胸叉。腹板区毛 10～15 对。围肛毛同雌螨。外颚毛最短。颚角细长。螯钳动趾有 1 大齿，定趾有 2 齿和 1 背突。足 I 膝节、胫节距各为 2 个小突起，远侧突稍长于近侧突，膝节 2 突基部相连，胫节

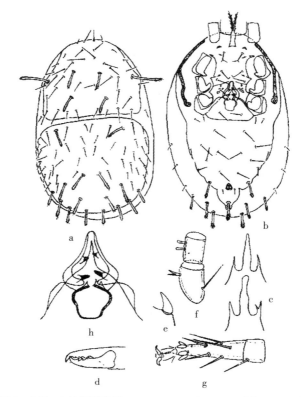

图 3-187　王氏寄螨 *Parasitus wangdunqingi* Ma，1995 ♀

a. 背面（dorsum）　b. 腹面（venter）　c. 头盖（tectum）　d. 螯钳（chela）　e. 颚角（corniculi）

f. 须肢股节及膝节（femur and genu of palp）　g. 足Ⅱ跗节（tarsus Ⅱ）　h. 生殖区（genital region）

（仿马立名，1995）

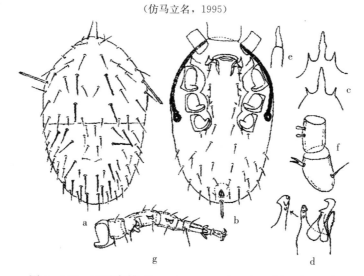

图 3-188　王氏寄螨 *Parasitus wangdunqingi* Ma，1995 ♂

a. 背面（dorsum）　b. 腹面（venter）　c. 头盖（tectum）　d. 螯钳（chela）　e. 颚角（corniculi）　f. 须肢投节及膝节（femur and genu of palp）　g. 足Ⅱ（leg Ⅱ）

（仿马立名，1995）

2 突独立，但仍在同一基部上。

分布：中国吉林省前郭尔罗斯蒙古族自治县。

170. 温氏寄螨 *Parasitus wentinghuani* Ma, 1996

Parasitus wentinghuani Ma, 1996, *Acta Zootaxonomica Sinica*, 21 (2)：170 - 173.

模式标本产地：中国吉林省大安县。

雌螨（图 3 - 189）：体黄色，长 666～827，宽 437～575。前背板长 299～356，宽 425～506，刚毛 22 对。后背板长 287～345，宽 437～517，刚毛每侧 23～28 根，不对称。D_1 46～58，D_2 23，D_3 58～80，D_4 23～35。多数毛末端达不到或接近下位毛基部，ET_1、ET_2、M_1 和 M_4 最小。体后裸露区毛约 3 对。St_2 和 St_3 较 St_1 和 Mst 稍粗。生殖板侧缘无齿。生殖区有一圆环，其后有一不明显弧形线纹，有的生殖区无任何构造。腹殖板毛 9 对。Ad 在肛孔后缘水平，Ad 与 Pa 约等于肛孔长。腹表皮毛 5 对左右，最后 1 对粗大。跗节 II～IV 末端有 4 短刺。

雄螨（图 3 - 190）：体长 494～540，宽 310～368。前背板长 264～287，刚毛 22 对。后背板长 218～253，刚毛 20 对左右。背毛形状及排列同雌螨。D_1 46，D_2 12～23，D_3 58，D_4 17～23。腹殖板毛 10 对左右。足 II 距均小。股节 2 距约相等，基部不相连。跗节末端刺同雌螨。

分布：中国吉林省大安县 [达乌尔黄鼠（*Citellus dauricus* Brandti）巢]。

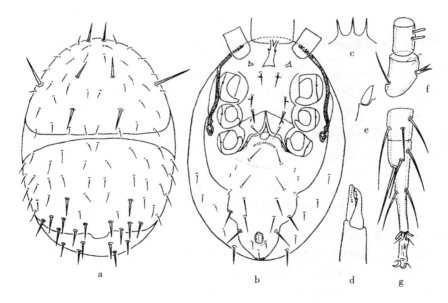

图 3 - 189 温氏寄螨 *Parasitus wentinghuani* Ma, 1996 ♀

a. 背面（dorsum） b. 腹面（venter） c. 头盖（tectum） d. 螯钳（chela） e. 颚角（corniculi）

f. 须肢股节及膝节（femur and genu of palp） g. 足 II 跗节（tarsus II）

（仿马立名，1996）

图 3-190　温氏寄螨 *Parasitus wentinghuani* Ma，1996 ♂

a. 背面（dorsum）　b. 腹面（venter）　c. 头盖（tectum）　d. 螯钳（chela）　e. 颚角（corniculi）

f. 须肢股节及膝节（femur and genu of palp）　g. 足 II（leg II）

（仿马立名，1996）

（四十一）异肢螨属 *Poecilochirus* G. et R. Canestrini，1882

模式种：*Poecilochirus carabi* G. et R. Canestrini，1882。

体大型或中型，骨化较弱。外形与寄螨属相似，与寄螨科其他属的区别在于雄螨的颚角呈钩状，而雌螨的生殖板与腹肛板完全愈合。已知种的雄螨跗节 I 均无爪。后若螨螯钳有钳齿毛；胸板前部有深色网纹（仅有一种例外）。大多数的种类是依据后若螨描述，近些年仅有若干种记述了雌螨和雄螨。

异肢螨属分种检索表（后若螨）
Key to Species of *Poecilochirus*（deutonymphs）

1. 胸板两侧及后缘有深色缘带；体小 ··· 2

　胸板两侧及后缘无深色缘带；体大 ··· 3

2. 背毛长，后背板中列毛明显超过下位毛基 ···

 ···················· 地下异肢螨 *Poecilochirus subterraneus*（J. Müller，1860）

　背毛短，后背板中列毛不超过下位毛基 ············· 达氏异肢螨 *Poecilochirus davydovae* Hyatt，1980

3. 螯钳定趾末端膜状附属物短或看不清 ········ 澳亚异肢螨 *Poecilochirus austroasiaticus* Vitzthum，1930

　螯钳定趾末端膜状附属物长而分叉 ············· 4

4. 背毛长，后背板中列毛远超过下位毛基 ···

 ···················· 卡拉毕异肢螨 *Poecilochirus carabi* G. et R. Canestrini，1882

背毛中等，后背板中列毛达到或接近下位毛基 ···································
···································· 埋岬异肢螨 *Poecilochirus necrophori* Vitzthum，1930

171. 澳亚异肢螨 *Poecilochirus austroasiaticus* **Vitzthum，1930**

Poecilochirus austroasiaticus Vitzthum，1930b：392. Willmann，1939a：438. Holzmann，1969：7. Micherdzinski，1969：665. Karg，1971：419. Bregerova et al.，1977：99，101，102.

异 名：*Poecilochirus nordi* Davydova，1969：29；1976：109. Bregerova et al.，1977：101，102. syn. nov.。

模式标本产地：俄罗斯。

后若螨（图 3 - 191）：体长 1 050～1 330，宽 1000。前背板长 432～460，宽 480～492，21 对刚毛，均粗，z_1 很短，s_1，s_2，r_2 较短但渐长，r_3 最长且具刺毛，z_5 与 r_3 近等长，其余毛末端具刺毛；后背板长 276～330，宽 400～456，具 13 对末端具刺毛的刚毛。背表皮毛短。螯肢动趾与定趾末端均具短小的膜状结构，但有的不明显，动趾具 1 齿。基节间板不发达。胸板具 4 对刚毛，在 St_1 与 St_2 间有一深褐色横带，胸板前区具 2 块骨板。

分布：中国吉林省白城市；英国，波兰，捷克，斯洛伐克，德国，俄罗斯。

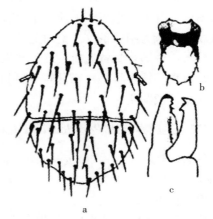

图 3 - 191 澳亚异肢螨 *Poecilochirus austroasiaticus*
Vitzthum，1930 后若螨 （deutonymph）
a. 背板 （dorsal shield） b. 胸板 （sternal shield）
c. 螯钳 （chela）
（仿 Karg，1993）

172. 卡拉毕异肢螨 *Poecilochirus carabi* **G. et R. Canestrini，1882**

Poecilochirus carabi G. & R. Canestrini，1882：56. Vitzthum，1930b：392. Micherdzinski，1969：629. Hilzmann，1969：7. Karg，1971：420. Bregerova et al.，1977：99，101，102；

Gamasoides carabi Halbert，1915：55.

异 名：*Poecilochirus necrophori* Vitzthum，1930b：392. Cooreman，1943：15. Neumann，1943：1 - 21. Turk & Turk，1952：480. Micherdzinski，1969：633. Holzmann，1969：7. Karg，1971：419. Bregerova et al.，1977：99，101. syn. nov.；

Poecilochirus fucorum （De Geer） Berlese，

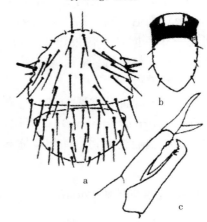

图 3 - 192 卡拉毕异肢螨 *Poecilochirus carabi*
G. et R. Canestrini，1882 后若螨
（deutonymph）
a. 背板 （dorsal shield），b. 胸板 （sternal
shield） c. 螯钳 （chela）
（仿 Karg，1993）

1892b，fasc. 69，no. 4，fig 1－4；

Gamasoides eurasiaticus Trägårdh，1937：8. Willmann，1939a：438. Micherdzinski，1969：633. Davydova，1976：103；

Gamasus stygius Hull，1918：85. Holzmann，1969：7. Micherdzinski，1969：629。

模式标本产地：未详。

后若螨（图3－192）：前背板长576～670，宽720～930，具21对刚毛，z_1、s_1、s_2钉状，很短，其余刚毛粗，z_5、r_3最长；后背板420～480，宽720～860，具13对刚毛，长度不同。背表皮毛短。胸前板暗色长方形，在St_1和St_2之间具一横向暗带，其前缘具点状纹，后缘为网状条纹。螯钳定趾末端膜状附属物长而分叉。

分布：中国吉林省通榆县（埋葬虫）、内蒙古自治区（科右前旗采自普通田鼠）、甘肃省（孕海喜马拉雅旱獭）；英国，比利时，德国，瑞士，意大利，波兰，罗马尼亚，捷克，斯洛伐克，俄罗斯。

173. 达氏异肢螨 *Poecilochirus davydovae* Hyatt，1980

异名：*Poecilochirus subterraneus*（Müller）Davydova，1969：27，28。

模式标本产地：英国。

后若螨（图3－193）：背板分为2块，前背板前端宽圆，后缘平直，具刚毛21对，边缘1对粗长；后背板前缘略平直，后端圆钝，具刚毛10对。背板刚毛均短，V毛长达不到D_1基部，后背板刚毛达不到下位毛基部。胸板具刚毛4对，第1对与第2对刚毛之间具一深色横带。胸板边缘围以深色带。肛板倒梨形，前端圆钝，后端尖窄。螯钳定趾末端透明膜短。

分布：中国吉林省通榆县［达乌尔黄鼠（*Citellus dauricus* Brandti）］；英国，波兰，俄罗斯（小型哺乳动物、动物尸体和甲虫携带）。

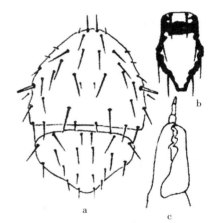

图3－193 达氏异肢螨 *Poecilochirus davydovae* Hyatt，1980 后若螨（deutonymph）
a. 背板（dorsal shield） b. 胸板（sternal shield）
c. 螯钳（chela）
（仿Karg，1993）

174. 埋甿异肢螨 *Poecilochirus necrophori* Vitzthum，1930

Pan et Teng，1980，*Economic Insect Fauna of China*，Acarina：Gamasina，fasc. 17：140.

模式标本产地：俄罗斯。

后若螨（图3－194）：体长1181，宽840。背板分为2块，前背板前端宽圆，后缘平直，长618，宽849，板上具20余对刚毛，其中边缘的1对特长，微羽状。后背板前缘略平直，后端圆钝，长443，宽720，具刚毛约13对。胸板前区具2块骨板。胸板具刚毛4对，隙孔3对。第1对与第2对刚毛之间具一深色横带。肛板倒梨形，前端圆钝，后端尖窄，肛侧毛位于肛孔中部水平之后，肛后毛与肛侧毛略等长。气门沟前端达足基节Ⅰ后部。足后板小，呈不规则形。螯肢发达，螯钳具齿。叉毛3叉。头盖前端分3叉，中叉较两侧叉大。足Ⅱ较其他足粗壮，股节Ⅳ背前缘具1根微羽状长刚毛，长约295。

分布：中国黑龙江省、吉林省［埋葬虫、蟋蟀、达乌尔黄鼠、褐家鼠（*Rattus norvegicus* Berkenhout）、大仓鼠（*Cricetulus triton* de Winton）和东北鼢鼠（*Myospalax psilurus* Milne-Edwards）］、内蒙古自治区、河北省、青海省；俄罗斯及欧洲其他国家。

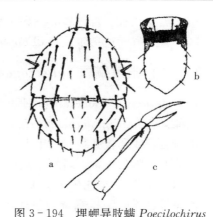

图3-194 埋蚏异肢螨 *Poecilochirus necrophori* Vitzthum, 1930 后若螨（deutonymph）
a. 背板（dorsal shield） b. 胸板（sternal shield） c. 螯钳（chela）
（仿 Karg, 1993）

175. 地下异肢螨 *Poecilochirus subterraneus*（J. Müller，1860）

Porrhostaspis subterranean Müller, 1860：176；

Parasitus subtertaneus Oudemans, 1902b：31；

Poecilochirus subterraneus Berlese, 1904b：280. Cooreman, 1943：17. Bregerova, 1956：62. Micherdzinski, 1969：664. Holzmann, 1969：7. Karg, 1971：419. Non Davydova, 1969：27, 28；1976：106 = *P. davydovae* P. 358；Pan et Teng, 1980, *Economic Insect Fauna of China*, fasc. 17, *Acarina*：*Gamasina*，139.

模式标本产地：捷克。

后若螨（图3-195）：体长674，宽452。背板分为2块，前背板前端圆钝，两侧于足基节Ⅱ水平最宽，后缘平直，长360，宽433，板上具20对刚毛，其中边缘的1对特长，长167。后背板前缘平直，后端圆钝，长194，宽342，具刚毛11对。胸板前区具2块小骨板。胸板盾形，前缘微凸，两侧于第3对胸毛处外凸，后端尖窄；板的前部具一深色横带，此外两侧缘及后缘几丁质加厚，深色，具刚毛4对。肛板梨形，前端狭窄，中部微凹，后端圆钝，具围肛毛3根。气门沟达足基节Ⅰ中部。螯肢发达，螯钳具齿。叉毛3叉。股节Ⅳ背前缘具1长刚毛，长138。

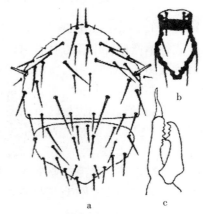

图3-195 地下异肢螨 *Poecilochirus subterraneus*（J. Müller，1860）后若螨（deutonymph）
a. 背板（dorsal shield） b. 胸板（sternal shield） c. 螯钳（chela）
（仿 Karg, 1993）

分布：黑龙江省，吉林省［埋葬岬和达乌尔黄鼠（*Citellus dauricus* Brandti)］，内蒙古自治区，青海省［达乌尔鼠兔*Ochotona daurica*（Pallas)］；俄罗斯及欧洲其他国家。

（四十二）常革螨属 *Vulgarogamasus* Tichomirov，1969

Vulgarogamasus Tichomirov，1969，*Zool. Zh.*，48：1335.

模式种：*Vulgarogamasus burchanensis*（Oudemans，1903）。

雌螨与后若螨背板 2 块。背毛 D_3 与 D_2、D_4 形状和大小相同，只是后若螨的 D_3 有时是最长的背毛。胸叉正常。雌螨生殖板与胸后板接缝斜形。生殖板三角形。后腹表皮毛很少超过 26 对。须肢股节内侧毛分多叉、羽状或远端呈扇形；膝节内侧毛完整，匙形。雌螨与后若螨各足无距。雄螨背板整块，具横的线缝。螯肢对称。颚角短，完整。足Ⅱ具距。爪垫正常，圆形。

常革螨属分种检索表（雌螨）
Key to Species of *Vulgarogamasus*（females）

1. 前背板毛 17 对，后背板毛 5 对 …… 长囊常革螨 *Vulgarogamasus longascidiformis* Ma et Lin，2005

  前背板毛 21～22 对，后背板毛超过 15 对 …………………………………………………… 2

2. 胸板具纵行裂缝；肛前毛 6 对 ………………………………………………………………

  …………………………… 裂缝常革螨 *Vulgarogamasus lyriformis*（McGrow et Farrier，1969）

  胸板无纵行裂缝；肛前毛 10 或 15 对 …………………………………………………………… 3

3. 生殖板侧缘有齿…………………………………… 东北常革螨 *Vulgarogamasus dongbei* Ma，1990

  生殖板侧缘无齿 ………………………………… 前郭常革螨 *Vulgarogamasus qiangorlosana* Ma，1990

176. 东北常革螨 *Vulgarogamasus dongbei* Ma，1990

Vulgarogamasus dongbei Ma，1990，*Entomotaxonomia*，12（1)：61-68.

模式标本产地：中国吉林省前郭尔罗斯蒙古族自治县。

雌螨（图 3-196a～f）：体长 1 172，宽 781。前背板长 552～712，刚毛 22 对；后背板长 506，宽 689，刚毛 25 对，后部刚毛有不太明显的细密短分支。前胸板形成 3 个尖突。生殖板侧缘有齿。腹板区有刚毛 10 对。Ad 位于肛孔后缘稍前水平处，稍长于肛孔；Pa 大于 Ad。腹侧毛 3 对。头盖中突长，侧突狭短，不及其半。须肢股节 al 毛单侧短分支，膝节 al_1 和 al_2 匙状。叉毛 3 叉。足很多刚毛有羽状分支。跗节Ⅱ端部有 2 根刺和 2 根刚毛，刺在末端，刚毛在亚末端；跗节Ⅲ和跗节Ⅳ端部各有 1 刺和 3 根刚毛，1 刺和 1 根刚毛在末端，另 2 根刚毛在亚末端。

雄螨（图 3-196g～k）：体长 1 057，宽 689。前背板长 552，刚毛 22 对；后背板长 517。D_1 115，D_2 126，D_3 138，D_4 103。前胸板同雌螨。螯钳动趾 1 齿，定趾远长于动趾，内侧 2 齿。头盖中突长，末端宽钝。颚毛和须肢同雌螨。足有羽状分支刚毛。足Ⅱ节距短枝和膝节、胫节距均宽短平顶。跗节Ⅱ端部刺同雌螨。跗节Ⅳ端部刺变细，呈短刚毛状。

分布：中国吉林省前郭尔罗斯蒙古族自治县［草原鼢鼠（*Myospalax aspalax* Pallas)］。

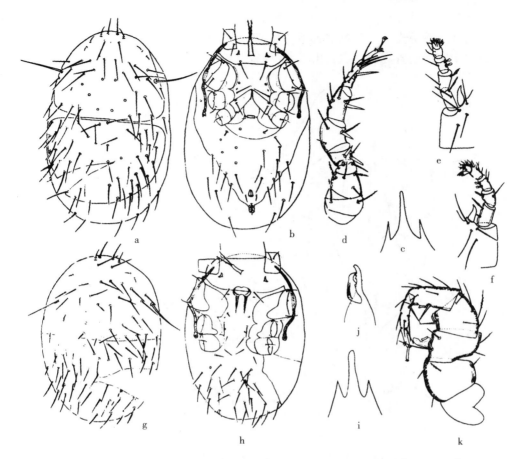

图 3 - 196 东北常革螨 *Vulgarogamasus dongbei* Ma，1990 a～f ♀，g～k ♂

a、g. 背面（dorsum） b、h. 腹面（venter） c、i. 头盖（tectum） d、k. 足Ⅱ（legⅡ） e、f. 须肢、
颚角及颚毛（palp，corniculi and gnathosomal setae） j. 螯钳（chela）

（仿马立名，1990）

177. 长囊常革螨 *Vulgarogamasus longascidiformis* Ma et Lin, 2005

Vulgarogamasus longascidiformis Ma et Lin，2005，*Acta Zootaxonomica Sinica*，30
(1)：73 - 80。

模式标本产地：中国河南省嵩县。

雌螨（图 3 - 197）：体黄色，椭圆形，长 575，宽 402。背板 2 块，前背板长 310，宽
345，板上刚毛 17 对，其中 M_2 最长，前部及外侧有 8 对毛细短，另 8 对毛中等长，
D_1 69，D_2 69，D_3 92，D_4 69，M_3 细短，在板外；后背板长 241，宽 287，刚毛 5 对，外侧 1
对较短。胸板长宽略相等，胸毛 3 对，隙孔 2 对。胸后板后角圆钝，各具胸后毛 1 根和隙
孔 1 个。生殖板具刚毛 1 对。内殖器狭长，呈长囊状。腹肛板半圆形，不与气门板相连；
腹毛 5 对，外侧 1 对稍短；围肛毛微小。气门沟很短，其长约为基节Ⅳ宽的 1/3；气门板
延至体前部。头盖 3 突或 4 突，细长，末端分叉或完整，两侧前缘有锯齿。螯钳 2 趾均有

齿。须肢转节 1 根毛光滑，另 1 根羽状；须肢股节 al 毛多分支；须肢膝节 al₁ 和 al₂ 光滑，宽而扁。前 3 对颚毛光滑，后颚毛具不明显绒毛。足有光滑毛和羽状毛。

　　分布：中国河南省嵩县（白云山）、吉林省（长白山自然保护区）。

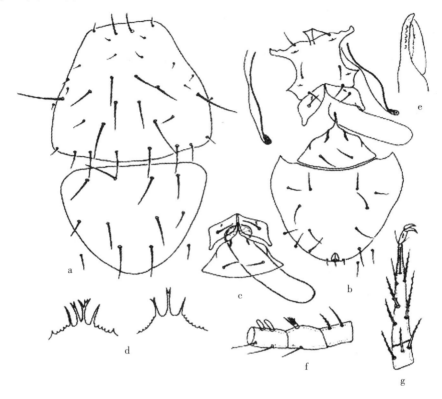

图 3 - 197　长囊常革螨 *Vulgarogamasus longascidiformis* Ma et Lin，2005 ♀

a. 背面（dorsum）　b. 腹面（venter）　c. 内殖器（endogynium）　d. 头盖（tectum）　e. 螯肢（chelicera）

f. 须肢转节、股节及膝节（trochanter，femur and genu of palp）　g. 足Ⅱ跗节（tarsusⅡ）

（仿马立名等，2005）

178. 裂缝常革螨 *Vulgarogamasus lyriformis*（McGrow et Farrier，1969）

Vulgarogamasus lyriformis（McGrow et Farrier，1969），2002，Cui，Zhang et Ma，*Entomological Journal of East China*，11（1）：115 - 116.

　　模式标本产地：未详。

　　雌螨（图 3 - 198）：体黄色，长椭圆形，长 804～919，宽 425～517。背板 2 块，前背板长 460～494，宽 425～471，刚毛 21 对，M₃ 在板外；后背板长 276～299，宽 402～471，半圆形，具 15～17 对刚毛。体后部有裸露区，背表皮毛 10～16 对。胸前板 1 对，很小，三角形。胸板中部有 1 条纵行裂缝，自后缘向前达到 St₁ 和 St₂ 之间中点的前方，St₁ 位于胸板上，隙孔 2 对。生殖板具生殖毛 1 对。胸后板内缘和生殖板前部有深色骨化增厚带。内生殖板角质化弱。腹肛板长短于宽，腹毛 6 对。Ad 位于肛孔中横线水平或中横线水平之后，Pa 长于 Ad。腹表皮毛 6～11 对。气门沟很细，前端达到基节Ⅰ后缘之后。头盖为 3 突，均呈三角形，中突宽大，高于两侧尖突。颚角牛角状。须肢转节 2 根毛均有短羽枝，须肢股节 al 毛单侧分枝，须肢膝节 al_1 和 al_2 无分支。叉毛 3 叉。前颚毛及内颚毛长，外颚毛及后颚毛短。足毛光滑。跗节 Ⅱ～Ⅳ 末端有 2 小刺，刺基近侧有 2 根短毛，远侧有 1 根长毛。

雄螨（图 3 - 199）：体呈卵形，前宽后狭，长 839，宽 471。体肩部水平最宽，向后逐渐收缩变窄。前后背板由一条狭缝分开，均与全腹板及气门板相融合。前背板长 506，刚毛 23 对；后背板长 322，能看出毛序的刚毛 16 对，后侧缘密布刚毛。全腹板具胸毛 3 对，胸后毛 1 对，生殖毛 1 对，腹毛 10 余对，围肛毛 3 根，隙孔 2 对。螯肢定趾背侧凹陷。

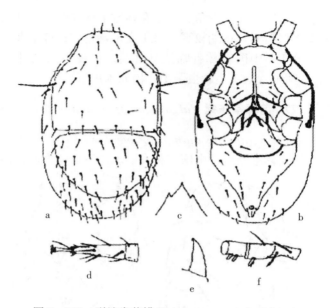

图 3 - 198 裂缝常革螨 *Vulgarogamasus lyriformis*
（McGrow et Farrier, 1969）♀

a. 背面（dorsum） b. 腹面（venter） c. 头盖（tectum）
d. 足Ⅱ（legⅡ） e. 颚角（corniculi） f. 须肢（palp）
（仿崔世全等，2002）

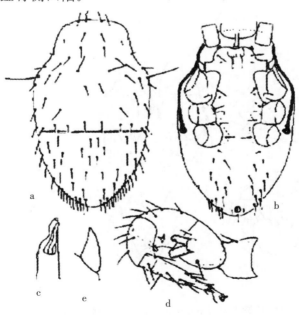

图 3 - 199 裂缝常革螨 *Vulgarogamasus lyriformis*（McGrow et Farrier，1969）♂

a. 背面（dorsum） b. 腹面（ventrer） c. 螯肢（chelicera） d. 足Ⅱ（legⅡ） e. 颚角（corniculi）

（仿崔世全等，2002）

围肛毛、气门沟、颚角、叉毛和须肢毛同雌螨。足Ⅱ股节距2支，宽大，基部相连，较大的1支似矩形，顶端较平，另1支末端稍弯；膝节及胫节距很小。跗节Ⅱ末端有2齿。

分布：中国吉林省临江县（腐烂树皮下）；美国，加拿大，俄罗斯（阿尔汉格尔地区），朝鲜（栖于小蠹虫洞中，松原木皮下）。

179. 前郭常革螨 *Vulgarogamasus qiangorlosana* Ma，1990

Vulgarogamasus qiangorlosana Ma，1990，*Entomotaxonomia*，12（1）：61 - 68.

模式标本产地： 中国吉林省前郭尔罗斯蒙古族自治县。

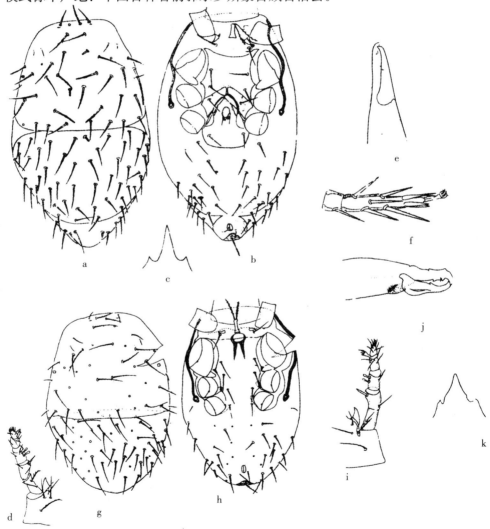

图 3 - 200　前郭常革螨 *Vulgarogamasus qiangorlosana* Ma，1990 a～f♀，g～k ♂
a、g. 背面（dorsum）　b、h. 腹面（venter）　c、k. 头盖（tectum）　d、i. 须肢、颚角及颚毛
（palp，corniculi and gnathosomal setae）　e、j. 螯钳（chela）　f. 足Ⅱ跗节（tarsusⅡ）

（仿马立名，1990）

雌螨 （图3-200a～f）：体长885～977，宽575～609。背腹各板网纹明显。前背板长460～483，宽517～552，刚毛22对；后背板长345～368，宽517～552，刚毛24对左右，有的不对称。F_1、D_1、D_3、M_1和M_2有细短而密的分支；ET_1、ET_2和M_3小而光滑；其余刚毛有不明显的稀疏极短小刺。D_1 92～103，D_2 103～115，D_3 103～115，D_4 92～103。St_1和第1对裂隙在胸板之前。前胸板呈破裂的三角形。生殖板侧缘无齿。腹肛板刚毛15对左右，光滑，数目和位置不完全对称。Ad在肛孔后缘水平处，稍长于肛孔，光滑；Pa长于Ad，尖端有小分支。气门沟前端达基节Ⅰ后缘。螯钳动趾3齿，定趾4齿；钳齿毛细短。头盖3突，中突长，侧突甚短。内颚毛、外颚毛及后颚毛有羽状分支。须肢股节al毛棒状，膝节al_1和al_2匙状。叉毛3叉。各足刚毛多羽状。跗节Ⅱ末端刺变成有细密短分枝的粗短刚毛，2根短钝，2根较长尖；跗节Ⅲ、跗节Ⅳ末端刺亦有不明显的极短小刺。

雄螨 （图3-200g～k）：体长747～781，宽460～517。前背板长402～460，刚毛23对；后背板长322～345，刚毛24～35对，数目及位置不对称，形同雌螨。D_1 80，D_2 115，D_3折断，D_4 92。胸板在第1对裂隙前骨化很弱。基节Ⅳ后腹面前部刚毛光滑，后部有不明显的稀疏极短小刺。围肛毛同雌螨。前胸板横三角形。气门沟前端达基节Ⅰ中部。螯钳动趾1齿；定趾末端钩状，背侧有2突起，内缘有2齿；钳齿毛细短。头盖3突，中突宽大，3突均比雌螨短钝。颚角三角形。前颚毛、内颚毛、外颚毛光滑，后颚毛有羽状细分支。

分布：中国吉林省前郭尔罗斯蒙古族自治县〔大仓鼠（*Cricetulus triton* Winton）和黑线仓鼠（*Cricetulus barabensis* Pallas）〕。

十二、植绥螨科
Phytoseiidae Berlese，1916

Phytoseiidae Berlese，1916.

身体由颚体和躯体组成，颚体位于体前方，由须肢、口针、螯肢组成。须肢跗节具2分叉的叉毛1根，螯肢分动趾和定趾，雄螨动趾上具导精趾。躯体椭圆形，被1块完整的背板覆盖（少数种分裂为2块），背面刚毛13～23对，绝大多数为20对以下，背板两侧的盾间膜上具1～3对亚侧毛。腹面具胸板、生殖板（雄螨愈合成胸殖板）、足后板和腹肛板（有些种分裂为腹板和肛板或仅有肛板）。足发达，跗节被裂缝分为基跗节和端跗节，末端为爪和爪间突。气门沟板1对，发达，位于足Ⅳ基节外侧，气门沟板向前延伸，可达背板前缘。

植绥螨科包括4个亚科。我国已知3个亚科共10属。植绥螨亚科Phytoseiinae 2属，即盲走螨属*Typhlodromus*和植绥螨属*Phytoseius*；钝绥螨亚科Amblyseiinae 7属，即钝绥螨属*Amblyseius*、小植绥螨属*Phytoseiulus*、伊绥螨属*Iphiseius*、冲绥螨属*Okiseius*、拟植绥螨属*Paraphytoseius*、真绥螨属*Euseius*和印小绥螨属*Indoseiulus*。钱绥螨亚科Chantiinae有1属，即钱绥螨属*Chanteius*。

本科世界共报道63属，1 363种，分布于世界各地，我国已知共10属250多种。本书记述 2 属，伊绥螨属 *Iphiseius* Berlese，钝绥螨属 *Amblyseius* Berlese。

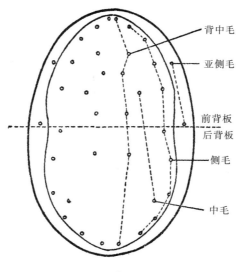

背中毛
亚侧毛

前背板
后背板
侧毛

中毛

a

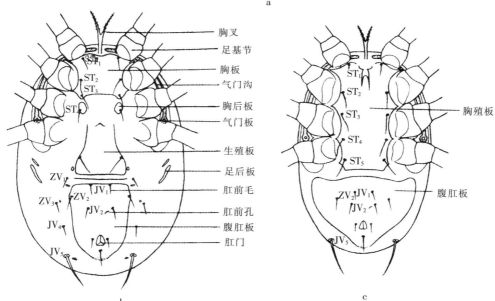

胸叉
足基节
胸板
气门沟
胸后板
气门板

生殖板
足后板
肛前毛
肛前孔
腹肛板
肛门

胸殖板

腹肛板

b   c

图 3 - 201　成螨外部形态 exterior form of adult

a. 背面（dorsum）（♀）　b. 腹面（venter）（♀）　c. 腹面（venter）（♂）

（a 仿马恩沛等，1984，b～c 仿吴伟南等，1997）

植绥螨科分属检索表（雌螨）
Key to Genera of Phytoseiidae（females）

1. 背板盾间膜骨化，r_3 与 R_1 在骨化的盾间膜上　·····················　伊绥螨属 *Iphiseius* Berlese，1916

背板盾间膜膜质，r_3 与 R_1 在膜上或背板上　·····················　钝绥螨属 *Amblyseius* Berlese，1915

（四十三）钝绥螨属 *Amblyseius* Berlese，1915

Amblyseius Berlese，1915.

模式种：*Amblyseius obtusus*（Koch，1893）。

背板前侧毛 4 对（j_3、z_2、z_4、s_4）。前背毛总毛数 8～10 对，后背板 5～10 对。亚侧毛 r_3 和 R_1 在侧膜上或背板上。背板形状和结构变化由窄长至近圆形，由光滑到骨化很强的网纹，背刚毛也由短、纤弱且光滑到长、粗大且锯齿状。胸板具 2～3 对胸毛，第 3 对胸毛在膜上或小骨板上。腹肛板的形状由近圆形到三角形或五边形，其大小与形状是多变的，腹肛板由完整至分开或退化为肛板。肛前毛常为 3 对，足后板 1 或 2 对。气门沟长度、受精囊颈状、螯肢的齿数、足巨毛的多寡多变。

全世界已记录本属螨虫 980 多种，已知约 120 种分布于我国，是植绥螨科中种类最多的一属。我国已发现和正在研究、利用的植绥螨多为本属的种类。

钝绥螨属分种检索表（雌螨）

Key to Species of *Amblyseius*（females）

1. j_1、j_3、s_4、Z_4 和 Z_5 长于背板上其他各毛，S_2、S_4、z_2 和 z_4 的长度不超过 j_3；Z_5 和 Z_4 是背板上最长的刚毛 ………………………………………………………………………………… 2
   不具上述联合特征 ……………………… 长白山钝绥螨 *Amblyseius changbaiensis* Wu，1987
2. Z_4 和 Z_5 很长，Z_5 毛长于 150 以上 …………………………………………………… 3
   不具上述联合特征 …………………………………………………………………………… 7
3. 肛前孔在 JV_2 毛的内侧，并且或多或少在一直线上 ……………………………………… 4
   肛前孔在 JV_2 毛的正下方或外侧 ………………… 高山钝绥螨 *Amblyseius alpigenus* Wu，1987
4. 受精囊颈细，长管状 ………………………………………………………………………… 5
   受精囊颈粗，短 ……………………… 拟海南钝绥螨 *Amblyseius subhainensis* Ma，2002
5. 受精囊颈细长，向囊端部张开，似漏斗形 …………………………………………………
   ……………………… 杂草钝绥螨 *Amblyseius gramineous* Wu，Lan et Zhang，1992
   受精囊颈短 …………………………………………………………………………………… 6
6. 受精囊颈似钟形，主管细长 ……………… 东方钝绥螨 *Amblyseius orientalis* Ehara，1959
   受精囊颈 U 形 ……………………… 石锤钝绥螨 *Amblyseius ishizuchiensis* Ehara，1972
7. 背板上稍长的刚毛为 j_3，s_4，Z_4，Z_5 ………… 拉德马赫钝绥螨 *Amblyseius rademacheri* Dosse，1958
   背板刚毛 Z_4 与 Z_5 稍长，其余各毛短小 …………………………………………………… 8
8. 足Ⅳ膝节、胫节和基跗节各具巨毛 1 根 … 西奥克斯钝绥螨 *Amblyseius sioux* Chant et Hansell，1971
   足Ⅳ仅基跗节具巨毛 1 根 …………………… 条纹钝绥螨 *Amblyseius striatus* Wu，1983

180. 高山钝绥螨 *Amblyseius alpigenus* Wu，1987

Amblyseius alpigenus Wu，1987，*Acta Zootaxonomica Sinica*，12（3）：260 - 261.

模式标本产地：中国吉林省。

雌螨（图 3 - 202）：背板长 410，宽 340，背板和腹面各骨板骨化强，光滑。背面刚毛 17 对，j_1 和 j_3 中等长度外，s_4、Z_4、Z_5 长或很长，其余各毛很短或微小。胸板前缘宽

138，长 83，胸毛 3 对，胸后毛 1 对在梨形小骨板上。生殖板宽 93，具生殖毛 1 对。腹肛板近三角形，前缘宽 118，长 113，肛前毛 3 对，肛前孔 1 对，孔距 35。生殖板与腹肛板之间具线形的小骨板 2 对。足后板 2 对，初生板近纺锤形，长 30，宽 9。气门沟向前伸至 j_1 毛之间的水平位置，受精囊颈长 38。螯肢因位置关系隐约可见定趾和动趾多齿。足 IV 膝节、胫节、基跗节各具 1 根长巨毛，长度分别为 137～150、120～125、90～103。各毛长度：j_1 28～30，j_3 53～58，j_4、j_5、j_6、J_2 和 z_5 均为 5，J_5 10，z_2 8，z_4 13，Z_5 5～8，Z_4 187～200，Z_5 290～300，s_4 150～158，S_2 10～12，S_4 8～9，S_5 10，r_3 20～22，R_1 15。

分布：中国吉林省（长白山自然保护区）、宁夏回族自治区、甘肃省。

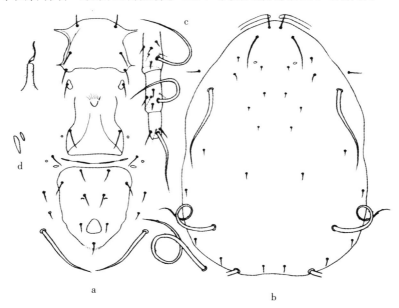

图 3 - 202　高山钝绥螨 *Amblyseius alpigenus* Wu，1987 ♀
a. 腹面（venter）　b. 背板（dorsal）　c. 足 IV 膝节、胫节和基跗节（genus-tarsus of leg IV）

d. 受精囊（spermatheca）

（仿吴伟南，1987）

181. 长白山钝绥螨 *Amblyseius changbaiensis* Wu, 1987

Amblyseius changbaiensis Wu，1987，*Acta Zootaxonomica Sinica*，12（3）：262 - 263.

模式标本产地：中国吉林省。

雌螨（图 3 - 203）：背板长 375，宽 250～260，光滑。背面刚毛 17 对，j_1、j_3、s_4、Z_4 和 Z_5 中等长度，其余各毛短小。Z_4 和 Z_5 具稀疏的小刺，余者光滑。胸板前缘长 78，宽 113，胸毛 3 对，胸后毛在小骨板上。生殖板后缘平直，在生殖毛外侧下方有 1 对孔。生殖板宽于腹肛板（100：83）。腹肛板长 113，显著的新月状的肛前孔 1 对，肛前毛 3 对。腹肛板两侧盾间膜上有 3 对毛。足后板 2 对，初生板长 25，宽 4；次生板长 15，宽 3。受精囊颈钟形，长 13。气门沟长，伸至 j_1 毛之间。足 IV 膝节、胫节、基跗节各具 1 根长巨毛，长度分别为 85、55～59、70～75，各毛长度：j_1 25～28，j_3 40～43，j_4、j_5、j_6

各为 8，J_2 10，J_5 10，z_2 10，z_4 8，z_5 8，Z_1 8，Z_4 93～98，Z_5 120～125，s_4 68～70，S_2 20，S_4 8，S_5 8，r_3 18，R_1 10。

分布：中国吉林省（长白山自然保护区）、宁夏回族自治区。

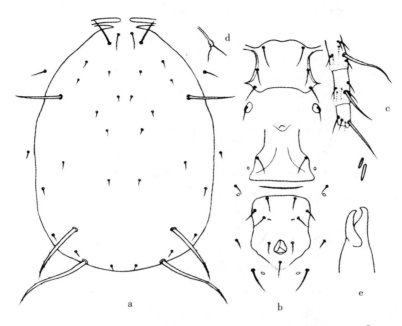

图 3 - 203　长白山钝绥螨 *Amblyseius changbaiensis* Wu，1987 ♀

a. 背板（dorsal）　b. 腹面（venter）　c. 足Ⅳ膝节、胫节和基跗节

（genus-tarsus of leg Ⅳ）　d. 受精囊（spermatheca）　e. 螯肢（chelicera）

（仿吴伟南，1987）

182. 杂草钝绥螨 *Amblyseius gramineous* Wu, Lan et Zhang, 1992

Amblyseius gramineous Wu, Lan et Zhang, 1992, *Acta Zootaxonomica Sinica*, 17 (1)：53 - 54.

模式标本产地：中国黑龙江省。

雌螨（图 3 - 204）：背板长 360～370，宽 280～288，光滑。背面刚毛 17 对，孔 2 对。Z_4 与 Z_5 很长，鞭状，具稀疏的微刺，j_1 和 j_3 次之，其余各毛微小，光滑。胸板长 75，宽 100。生殖板后缘平直，宽 88。腹肛板长 127，宽 103，具网纹，肛前毛 3 对，肛前孔 1 对，在 JV_2 毛之间，孔距 23～25。受精囊颈细长，长 20，端部张开，直径 13。螯肢定趾长 33，多齿，钳齿毛 1 根；动趾长 28，3 齿。气门沟伸至 j_1 毛之间。足Ⅳ膝节、胫节、基跗节各具巨毛 1 根。各毛长度为：j_1 25，j_3 38，j_4 5，j_5 5，j_6 5，J_2 13，J_5 13，z_2 5，z_4 5，z_5 5，Z_1 13，Z_4 120～125，Z_5 225，s_4 85，S_2 10～13，S_4 15，S_5 10～13，r_3 13，R_1 13。

分布：中国黑龙江省、河北省、天津市、辽宁省沈阳市（东陵区落叶层）。

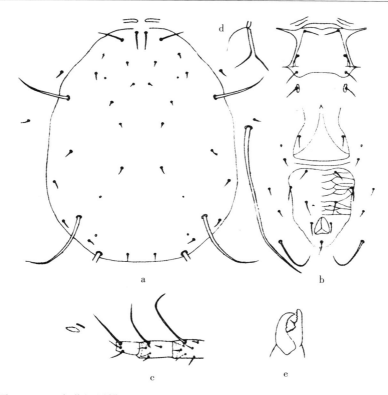

图 3 - 204　杂草钝绥螨 *Amblyseius gramineous* Wu，Lan et Zhang，1992 ♀

a. 背板（dorsal）　b. 腹面（venter）　c. 足Ⅳ膝节、胫节和基跗节（genus-tarsus of leg Ⅳ）

d. 受精囊（spermatheca）　e. 螯肢（chelicera）

（仿吴伟南等，1992）

183. 石锤钝绥螨 *Amblyseius ishizuchiensis* Ehara，1972

Amblyseius ishizuchiensis Ehara，1972，*Mushi*，46（12）：162 - 163.

模式标本产地：日本。

雌螨（图 3 - 205）：背板长 380，宽 290，体表强度骨化，背板侧缘具网纹和许多细小的孔。背中毛 6 对。背毛 s_4、Z_4 和 Z_5 很长，鞭状，光滑；j_1、j_3 较短，光滑；其他毛短小。r_3 和 R_1 在盾间膜上。气门沟伸达 j_1 毛之间。气门板后端延伸部具 1 个横向和 2 个纵向的缝。胸板宽大于长，具网纹，胸毛 3 对；胸后板发达。生殖板宽，具网纹。腹肛板三角形，宽大于长，宽于生殖板，具明显的网纹；肛前毛 3 对，肛前孔位于第 3 对肛前毛内侧后方。腹肛板两侧盾间膜上有 4 对毛。足后板较宽，2 对。受精囊颈 U 形，螯肢定趾多齿，动趾至少具 4 齿。毛序：足Ⅱ膝节 2 - 2/0，2/0 - 1，足Ⅲ膝节 1 - 2/1，2/0 - 1，足Ⅳ膝节、胫节、基跗节各具巨毛 1 根，长度分别为 135、91、54。各毛长度：j_1 25，j_3 33，j_4 8，j_5 7，j_6 8，J_2 11，J_5 9，z_2 10，z_4 8，z_5 6，Z_1 11，Z_4 175，Z_5 223，s_4 147，S_2 11，S_4 12，S_5 10，r_3 13，R_1 13。

分布：中国吉林省（长白山自然保护区）；日本。

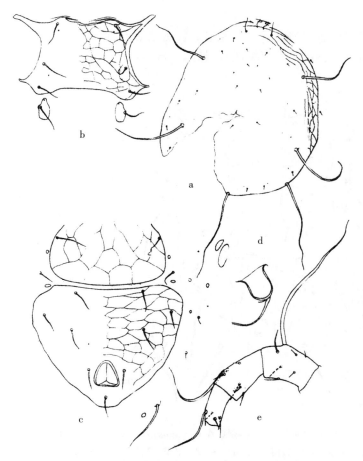

图 3 - 205　石锤钝绥螨 *Amblyseius ishizuchiensis* Ehara，1972 ♀

a. 背板（dorsal）　b、c. 腹面（venter）　d. 受精囊（spermatheca）　e. 足Ⅳ膝节、

胫节和基跗节（genus-tarsus of leg Ⅳ）

（仿 Ehara，1972）

184. 东方钝绥螨 *Amblyseius orientalis* **Ehara, 1959**

Amblyseius orientalis Ehara，1959，*Acarol.*，1（3）：285 - 295.

模式标本产地：日本。

雌螨（图 3 - 206）：背板长 365～375，宽 220～225，光滑。背面刚毛 17 对，亚侧毛 r_3 与 R_1 在盾间膜上。Z_4、Z_5 很长，具微刺，长度 $Z_5 > Z_4 > s_4 > j_3 > j_1$，其余各毛短小或微小。腹肛板五边形，长大于宽，且稍宽于生殖板，肛前毛 3 对，肛前孔 1 对，孔距 19。腹肛板两侧盾间膜各具 4 对毛，JV_5 毛长，光滑。足后板 2 对，长形。螯肢强大，定趾多齿，钳齿毛 1 根，动趾 3 齿。气门沟伸至 j_1 毛之间，足Ⅳ膝节、胫节、基跗节各具巨毛 1 根。各毛长度：j_1 30，j_3 56～60，j_4、j_5、j_6、J_2、J_5 和 z_5 分别为 6～8，z_2 14，z_4 18～19，

$Z_1 9 \sim 10$，$Z_4 98 \sim 100$，$Z_5 205 \sim 213$，$s_4 83 \sim 95$，$S_2 13 \sim 12$，$S_4 10$，$S_5 9 \sim 10$，$r_3 20$，$R_1 25 \sim 27$。

分布：中国辽宁省、河北省、山东省、江苏省、江西省、湖南省、福建省、广东省、贵州省、吉林省（长白山自然保护区）；韩国，日本，俄罗斯，美国（夏威夷）。

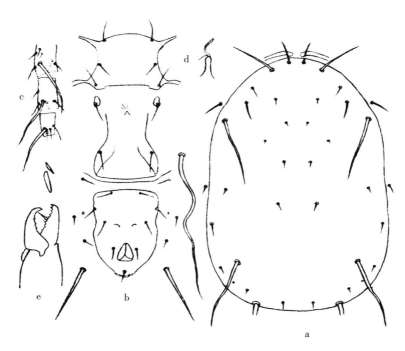

图 3 - 206　东方钝绥螨 Amblyseius orientalis Ehara，1959 ♀

a. 背板（dorsal）　b. 腹面（venter）　c. 足Ⅳ膝节、胫节和基跗节（genus-tarsus of leg Ⅳ）

d. 受精囊（spermatheca）　e. 螯肢（chelicera）

（仿 Ehara，1959）

185. 拉德马赫钝绥螨 *Amblyseius rademacheri* Dosse，1958

Amblyseius rademacheri Dosse，1958，*Pflanzensch. Ber.*，20：1 - 11.

模式标本产地：德国。

雌螨（图 3 - 207）：背板长 350，宽 220，具网纹。背面刚毛 17 对，其长度 $Z_5 > Z_4 > s_4 > j_3 > j_1$，$Z_4$、$Z_5$ 毛具明显小刺，其他背毛短小光滑。气门沟前端伸达 j_1 毛之间。螯肢定趾具 6～7 齿，无钳齿毛。胸板后缘有回钩，胸毛 3 对。腹肛板两侧收缩，肛前毛 3 对。足后板 2 对。足Ⅳ膝节、胫节、基跗节各具巨毛 1 根，以基跗节上的为最长，胫节上的最短。各毛长度：$j_1 23$，$j_3 37$，$j_4 6.5$，$j_5 6.5$，$j_6 9$，$J_2 9$，$J_5 6.5$，$z_5 6.5$，$z_2 15$，$z_4 15$，$Z_1 10$，$Z_4 85$，$Z_5 108$，$s_4 64$，$S_2 15$，$S_4 11$，$S_5 11$。

分布：中国吉林省（长白山自然保护区）、北京市、辽宁省、江西省，德国，日本。

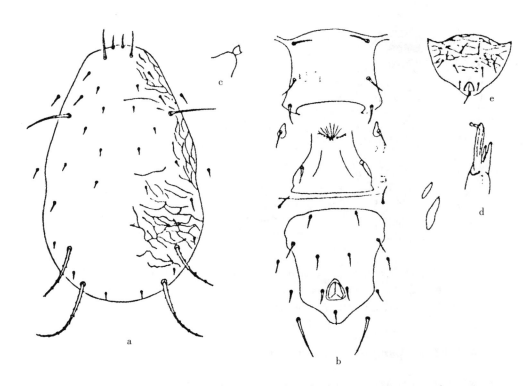

图 3-207　拉德马赫钝绥螨 *Amblyseius rademacheri* Dosse，1958 a～d ♀，e ♂

a. 背板（dorsal）　b. 腹面（venter）　c. 受精囊（spermatheca）　d. 螯肢（chelicera）

e. 腹肛板（ventro-anal shield）

（仿 Dosse，1958）

186. 西奥克斯钝绥螨 *Amblyseius sioux* Chant et Hansell，1971

Amblyseius sioux Chant et Hansell，1971，*Canadina Journal of Zoology*，49：718-719.

模式标本产地：加拿大。

雌螨（图 3-208）：背板长 380，宽 242，背板骨化较弱，具明显网纹，背面刚毛 17 对，背侧毛 9 对，背中毛 6 对，盾间膜上 2 对。Z_4 和 Z_5 具稀疏的小刺，Z_4 长 28，Z_5 最长，为 50；其他毛短小，在 10～22 之间；S_1 略长于 S_2，S_4 与 S_5 等长；r_3 和 R_1 在盾间膜上。胸板骨化较弱，光滑，胸毛 3 对，胸后毛着生在膜上。生殖板窄，宽 74，骨化弱，具生殖毛。腹肛板宽大，骨化弱，长 130，宽 112，侧缘凹入，肛前毛 3 对，显著的肛前孔 1 对，新月形。腹肛板两侧盾间膜上有 4 对毛，最长 36。足后板 2 对，初生板长 28，次生板长 18，气门沟前端伸达 j_1 毛水平位置，气门板后缘平滑。螯肢定趾多齿，9 个或 9 个以上，动趾具 2 个小齿。毛序：足 Ⅱ 膝节 2-2/0，2/0-1，足 Ⅲ 膝节 1-2/1，2/0-1，足 Ⅲ 具 1 根巨毛，足 Ⅳ 膝节、基跗节各具巨毛 1 根。

分布：中国吉林省（长白山自然保护区），加拿大。

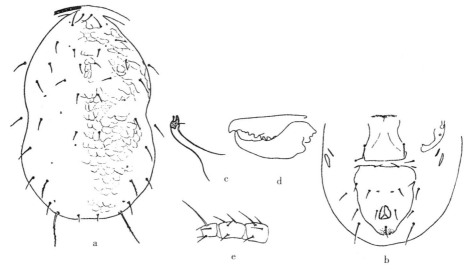

图 3 - 208　西奥克斯钝绥螨 *Amblyseius sioux* Chant et Hansell，1971 ♀

a. 背板（dorsal）　b. 腹面（venter）　c. 受精囊（spermatheca）　d. 螯肢（chelicera）

e. 足Ⅳ膝节、胫节和基跗节（genus-tarsus of leg Ⅳ）

（仿 Chant et Hansell，1971）

187. 条纹钝绥螨 *Amblyseius striatus* Wu, 1983

Amblyseius striatus Wu，1983，*Acta Zootaxonomica Sinica*，8（3）：267 - 268.

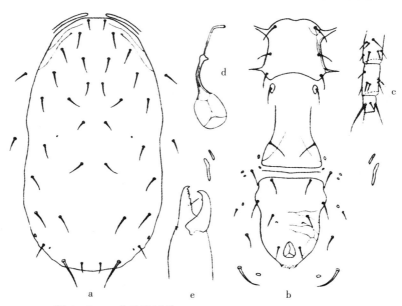

图 3 - 209　条纹钝绥螨 *Amblyseius striatus* Wu，1983 ♀

a. 背板（dorsal）　b. 腹面（venter）　c. 足Ⅳ膝节、胫节和基跗节（genus-tarsus of leg Ⅳ）

d. 受精囊（spermatheca）　e. 螯肢（chelicera）

（仿吴伟南，1983）

模式标本产地：中国山东省。

雌螨（图 3-209）：背板长 360，宽 170，光滑。背板和腹板强度骨化。背板具刚毛 17 对，孔 5 对，Z_5 毛较长，其余各毛短小、尖锐，r_3 和 R_1 在盾间膜上。气门沟前端伸达 j_1 水平位置。胸板宽大于长（100:80），具胸毛 3 对，胸后毛着生在近三角形的胸后板上。生殖板狭于腹肛板，有生殖毛 1 对。腹肛板与生殖板之间有一长形的小骨板，外侧有 3 对孔。腹肛板长大于宽（118:94），具肛前毛 3 对，肛前孔 1 对，孔距 38。细长的足后板 2 对，初生板长 15，次生板长 33。有 4 对毛围绕在腹肛板两侧的膜上，JV_5 毛长 40。受精囊颈长 28，具条纹。螯肢定趾 5 齿，有 1 钳齿毛，动趾 1 齿。足 IV 基跗节上有巨毛 1 根，长 43。各毛长度：j_1 15，j_3 19，j_4 15，j_5 18，j_6 14～18，J_2 18～19，J_5 10～13，z_2 14～17，z_4 19，z_5 15，Z_1 19，Z_4 24，Z_5 33～35，s_4 19～20，S_2 19～20，S_4 19～20，S_5 20，r_3 13，R_1 17。

分布：中国辽宁省、山东省、吉林省（长白山自然保护区）。

188. 拟海南钝绥螨 *Amblyseius subhainensis* Ma, 2002

Amblyseius subhainensis Ma, 2002, *Entomotaxonomia*, 24 (3): 227-231.

模式标本产地：中国吉林省。

雌螨（图 3-210）：体宽椭圆形，骨化较强，深黄色。背板长 397～414（397），宽

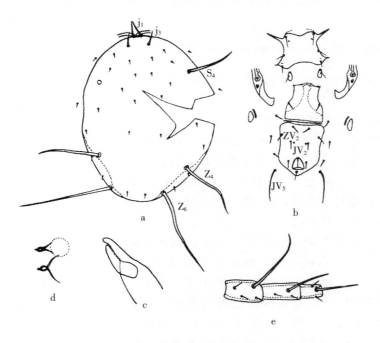

图 3-210 拟海南钝绥螨 *Amblyseius subhainensis* Ma，2002 ♀

a. 背板（dorsal）　b. 腹面（venter）　c. 螯肢（chelicera）　d. 受精囊（spermatheca）

e. 足 IV 膝节、胫节和基跗节（genus-tarsus of leg IV）

（仿马立名，2002）

276～322（292），覆盖整个背面，后侧部卷向腹面。背板毛 17 对，r_3 和 R_1 在盾间膜上。j_1 长 24～32（27），$j_3$28～32（30），$s_4$80～103（89），$Z_4$126～138（131），$Z_5$184～287（230），其余毛均短小。胸板长，St_2 水平宽80～92（89），后缘凹陷，胸毛 3 对。胸后板较狭长，前端有 1 隙孔，外缘有 1 根胸后毛。生殖板长 80～92（84），最宽处宽86～92（91），生殖毛 1 对。腹肛板宽阔，长 103～126（121），前部最宽处宽 92～103（101），前缘及侧缘微凹，肛前毛 3 对，孔距 23，Ad 位于肛孔前缘之后。腹肛板两侧盾间膜上有毛 4 对，JV_5 长 57～92（80）。足后板 2 对。气门沟前端超过 j_1 基部。螯钳定趾长于动趾，有 1 列小锯齿。足Ⅳ膝节、胫节、基跗节巨毛长分别为 80～103（94），57～80（71），57～67（62）。

分布：中国吉林省（长白山自然保护区）。

（四十四）伊绥螨属 *Iphiseius* Berlese，1916

模式种：*Iphiseius degenerans*（Berlese，1889）＝*Seius degenerans* Berlese，1889。

背板光滑，高度骨化。背毛 16～18 对，其中 L 毛 9 对，D 毛 5～6 对，M 毛 2～3 对。背毛长短相差很大。体侧盾间膜骨化达 S 毛基部，S_1 和 S_2 位于体侧骨化的盾间膜上。雌螨有的腹肛板分裂成肛板和腹板 2 块。胸板具胸毛 3 对，第 4 对胸毛着生于盾间膜上或胸后板上。腹肛板周围的盾间膜上具刚毛 2～4 对。足后板 2 对，细长。受精囊很发达。气门板的前端与背板愈合。足Ⅳ具大毛。足毛序与钝绥螨属相同。

189. 王氏伊绥螨 *Iphiseius wangi* Yin，Bei et Lv，1992

Iphiseius wangi Yin，Bei et Lv，1992，*Journal of Shenyang Agricultural University*，23（4）：281－285.

模式标本产地：中国吉林省。

雌螨（图 3－211）：背板 1 块，覆盖整个背部，两侧和末端向腹面弯曲和延伸，末端平截。背板长 380，宽 264，板上无网纹，具微小刻点。背板上有刚毛 17 对；其中 L 毛 9 对，D 毛 6 对，M 毛 2 对；S 毛 2 对均位于背板向腹面的延伸部。除 3 对长刚毛 L_4、L_9 和 M_2 长超过 150 外，D_1 和 L_1 分别长 23 和 32.5；其余刚毛长均不超过 10。腹面前方有胸板 1 块，具网纹，宽大于长，长 55.5，宽 78.5（St_2 水平线处），胸板前侧角伸向足Ⅰ、足Ⅱ基节间，前缘正中稍凹，两侧隆起，后缘中部稍凹；板上有刚毛 3 对，等长，长 25。胸后板 1 对，卵形，上有 Mst1 对，生殖板 1 块，具网纹，后缘平截，最宽处 105.5，上有生殖毛 1 对。腹肛板 1 块，较生殖板宽，宽大于长，宽 132.5，长 100，板上具网纹。生殖板与腹肛板间无小板，板上除 3 根围肛毛外，有肛前毛 3 对，其中前面 2 对等长，长 19，第 3 对长 21。肛侧毛位于肛孔近后缘处，长 17.5，肛后毛长 13.5。足后板 2 对，前 1 对大，后 1 对小。腹肛板外有刚毛 3 对，除 Vl_1 较长外，其余 2 对短小。足侧板向后延伸超过第Ⅳ基节后缘，与气门板紧邻。气门沟向前超过 D_1。螯肢具定趾和动趾，动趾 8 齿，定趾 6 齿。受精囊近似梨形，末端尖细。足Ⅳ膝节、胫节和基跗节上各具巨毛 1 根，膝节巨毛长 134.5，胫节巨毛长 90，基跗节巨毛长 57.5。测得背板上各毛长度：D_1 23，D_2 5.8，D_3 5.8，D_4 3.8，D_5 9.6，D_6 9.6，L_1 32.5，L_2 7.7，L_3 7.7，L_4 157.5，L_5 7.7，L_6 7.7，L_8 7.7，L_9 220.0，M_1 5.8，M_2 182.4，S_1 9.6，S_2 9.6，Vl_1 51.9。

　　分布：中国吉林省（长白山落叶层内）。

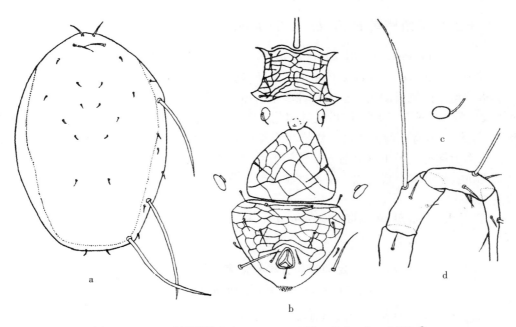

图 3-211　王氏伊绥螨 Iphiseius wangi Yin，Bei et Lv，1992 ♀
a. 背面（dorsum）　b. 腹面（venter）　c. 受精囊（spermatheca）　d. 足Ⅳ膝节、胫节和基跗节
（genus-tarsus of leg Ⅳ）
（仿殷绥公等，1992）

十三、足角螨科
Podocinidae Berlese，1913

Podocinini Berlese，1913，*Acarotheca Italica*，Firenze：12.

Podocinidae Berlese，Evans & Hyatt，1957，*Annals and Magazine of Natural History*，12（10）：916.

　　小型螨类，体长 250～600。背板 1 块，完整，少数种类背板后部有缺刻；背板表面有小瘤突，常构成网纹；背板具刚毛 14～23 对。足Ⅰ极长，一般超过躯体长的 2.5 倍，末端具 1～2 根长鞭状毛。雌螨胸板具 3 对简单刚毛，生殖板斧形，腹板与肛板愈合为大的腹肛板。雄螨具全腹板，生殖孔开口于板的前缘。气门位于足Ⅳ基节区域，气门沟、气门板发达。螯肢正常。头盖具 3 个突起。

　　本科种类及个体数量都不多，栖息于土壤枯枝落叶层和腐殖质层，少数见于啮齿动物巢穴中，营自由生活（Evans and Hyatt，1958；温廷桓，1965；梁来荣，1993）。

本科 Бретеtova 分 2 属，Karg 分为 8 属。仅足角螨属 *Podocinum* Berlese，1882 在中国有报道。

此外，足角螨科背毛的毛序系统多采用 Garman（1948）的系统。

（四十五）足角螨属 *Podocinum* Berlese，1882

Podocinum Berlese，1882，*Bull. Ent. Soc. Ital.*，14：340.

模式种：*Podocinum sagax*（Berlese，1882）。

背板完整或两侧具缺刻，板上具许多小的瘤状突起。背毛 14～19 对，其中后半体 2～6 对较长。胸板具刚毛 3 对，胸后板具刚毛 1 对。生殖板斧形，具生殖毛 1 对。腹肛板除 3 根围肛毛外，另有肛前毛 4 对。雄螨具全腹板，着生刚毛 21 根。气门位于足Ⅳ基节外侧，气门沟前端伸达足Ⅰ基节前方，气门板发达。胸叉基部较短，端部叉丝 1 对。足Ⅰ跗节末端无爪和爪间突，代之以 2 根长鞭状端毛。背板毛序、饰纹、外形和足Ⅰ跗节毛序具重要分类意义。

已证明太平洋足角螨 *Podocinum pacificum* Berlese 捕食弹尾目昆虫（Wong，1967）。

足角螨属分种检索表（雌螨）
Key to Species of *Podocinum*（females）

1. 背板上除背毛 D_2 外，另有 6 对粗大且具细小分支背毛 ·················
·················· 链格足角螨 *Podocinum catenum* Ishikawa，1970
   背板上除背毛 D_2 外，另有 7～8 对粗大且具细小分支背毛··················· 2
2. 背板上除背毛 D_2 外，另有 8 对粗大且具细小分支背毛 ·················
·················· 长春足角螨 *Podocinum changchunense* Liang，1993
   背板上除背毛 D_2 外，另有 7 对粗大且具细小分支背毛 ·················
·················· 青木足角螨 *Podocinum aokii* Isikawa，1970

190. 青木足角螨 *Podocinum aokii* Ishikawa，1970

Podocinum aokii Ishikawa，1970，*Ann. Zool. Jap.*，48（2）：112–122.

模式标本产地：日本。

雌螨（图 3-212）：体长 470，淡黄褐色。足Ⅰ发达，约是体长的 2.5 倍（感觉毛除外），足Ⅰ跗节无爪，前端有 1 对长的感觉毛（约 440），跗节中部背面的感觉毛短。背板表面的小瘤突较其他种类大型，但数量较少。背毛 19 对，顶毛间隔距离较大，背板后半部具 7 对发达的刚毛。胸叉基部较短，叉丝 1 对。胸毛 3 对，胸后板有 1 对简单刚毛，生殖毛 1 对，腹肛板倒三角形，肛前毛 4 对，围肛毛 3 根。头盖具 3 个突起。螯肢定趾 7 齿。

分布：中国辽宁省本溪市桓仁县（老秃顶子自然保护区）；日本。

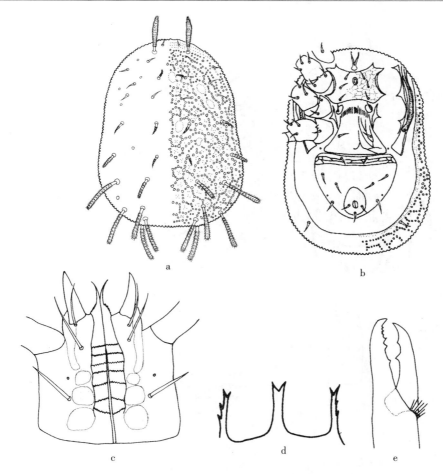

图3-212　青木足角螨 *Podocinum aokii* Ishikawa，1970 ♀

a. 背面（dorsum）　b. 腹面（venter）　c. 颚体（gnathosoma）　d. 头盖（tectum）

e. 螯肢（chelicera）

（a～b仿江原昭三，1980；c～e仿贝纳新等，2010）

191. 链格足角螨 *Podocinum catenum* Ishikawa，1970

Podocinum catenum Ishikawa，1970，*Annot. Zool. Japon.*，43（2）：116.

模式标本产地：日本。

雌螨（图3-213）：体卵圆形，淡黄褐色，长454～462，宽284～292。背板完整，表面有小瘤突组成的网纹。背板具小孔5对，背毛19对，D_1 微小，其间距为毛长的2倍，D_2 和后半部6对背毛（D_8、D_9、D_{10}、L_6、L_8、L_9）粗大且具分支，其余背毛光滑。胸板宽大于长，具简单刚毛3对。胸后板椭圆形，具刚毛1对。生殖板斧形，具生殖毛1对。腹肛板长宽相近，具小孔1对，除3根围肛毛外，另具肛前毛4对。头盖具3个突起，中央突末端2叉，侧突末端分叉，外侧锯齿状。螯肢动趾2齿，定趾5齿。

分布：中国吉林省（长白山自然保护区）；日本（北海道、本州、四国、九州），俄罗斯。

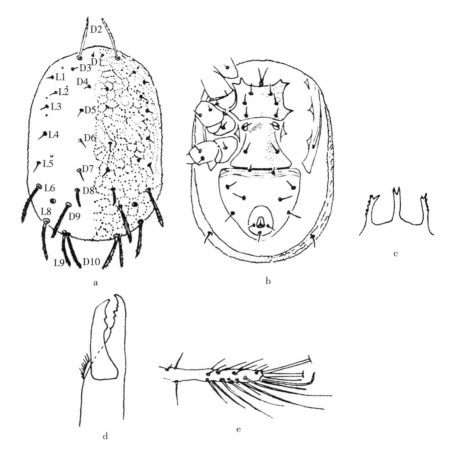

图 3-213　链格足角螨 *Podocinum catenum* Ishikawa，1970 ♀

a. 背面（dorsum）　b. 腹面（venter）　c. 头盖（tectum）　d. 螯肢（chelicera）

e. 足Ⅰ跗节（tarsusⅠ）

（仿 Ishikawa，1970）

192. 长春足角螨 *Podocinum changchunense* Liang，1993

Podocinum changchunense Liang，1993，*Acta Zootaxonomica Sinica*，18（1）：58-59.

模式标本产地：中国吉林省长春市。

雌螨（图 3-214）：体卵圆形，淡黄褐色，长 405～413，宽 280～296。背板完整，表面有小刺突组成的网纹。背板具小孔 5 对，背毛 19 对，D_1 微小，其间距为毛长的 2 倍；D_2 和后半部 8 对背毛（D_7、D_8、D_9、D_{10}、L_5、L_6、L_8、L_9）粗大且具分支；其余背毛光滑。胸板宽大于长，具简单刚毛 3 对。胸后板椭圆形，具刚毛 1 对。生殖板斧形，具生殖毛 1 对。腹肛板宽大于长，具小孔 1 对，除 3 根围肛毛外，另具肛前毛 4 对。头盖具 3 个突起，中央突末端 2 叉，侧突末端分叉，外侧锯齿状。螯肢动趾 2 齿，定趾 5 齿。

分布：中国吉林省长春市（净月潭）、长白山自然保护区，辽宁省沈阳市（东陵区）、鞍山市（千山风景区）、凤城市（凤凰山风景区）。

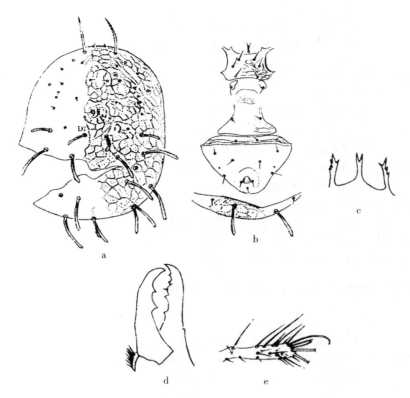

图 3-214　长春足角螨 *Podocinum changchunense* Liang，1993 ♀
a. 背面（dorsum）　b. 腹面（venter）　c. 头盖（tectum）　d. 螯肢（chelicera）
e. 足Ⅰ跗节（tarsus Ⅰ）
（仿梁来荣，1993）

十四、胭螨科
Rhodacaridae Oudemans，1902

体型各异，从狭长到宽卵圆形，末体与足体之间具一横线。成螨及第2若螨具有2块板，分为前背板和后背板，后背板有时前面边缘具纵的凹陷。胸板有3～4对刚毛。生殖板上有1对刚毛，在其前缘有生殖骨片。肛板和腹板愈合，上有几对肛前毛和3根围肛毛。跗节Ⅱ～Ⅳ具端跗节、爪和爪垫。跗节Ⅰ无端跗节或柄吸盘，爪退化。头盖前缘具3叉，中间突较两侧长。雄螨胸板向前延伸，故生殖孔不在胸板前缘上。少数胸板、生殖板与腹肛板愈合成1块板。足Ⅱ具棘，极少数无棘。导精趾1个游离，极少数导精趾与动趾愈合。

本科全世界共报道18属，本书记述6属，囊螨属 *Asca* von Heyden，胭螨属 *Rhodacarus* Oudemans，仿胭螨属 *Rhodacarellus* Willmann，枝厉螨属 *Dendrolaelaps* Halbert，斑点枝厉螨属 *Punctodendrolaelaps* Hirschmann et Wisniewski，革赛螨属 *Gamasellus* Berlese。

胭螨科分属检索表（雌螨）
Key to Genera of Rhodacaridae（females）

1. 前背板中部具 3 或 4 个角质化结构 ··· 2
   前背板中部不具角质化结构 ·· 5
2. 须肢叉毛 3 叉 ··· 3
   须肢叉毛 2 叉 ··· 4
3. 前背板中部具 3 个角质化结构 ······················ 胭螨属 Rhodacarus Oudemans，1902
   前背板中部具 4 个角质化结构 ············ 仿胭螨属 Rhodacarellus Willmann，1935
4. 受精囊开口在股节 Ⅲ 中间或远侧边缘 ········ 枝厉螨属 Dendrolaelaps Halbert，1915
   受精囊开口通常横裂，位于股节 Ⅲ 的基部和末端
   ···················· 斑点枝厉螨属 Punctodendrolaelaps Hirschmann et Wisniewski，1982
5. 后背板两后侧角具圆筒状疣突，上有 2 根刚毛；前背板 M_2 正常 ····· 囊螨属 Asca von Heyden，1826
   后背板两后侧角无疣突；前背板 M_2 较长，密羽状 ············· 革赛螨属 Gamasellus Berlese，1892

（四十六）囊螨属 *Asca* von Heyden，1826

异名：*Ceratozercon* Berlese，1913。

模式种：*Asca aphidioides* (Linnaeus，1758)。

背腹扁平，两块背板约相等。前背板有 17～18 对刚毛，刚毛 $r_5 \sim r_7$ 着生于膜上，r_1 缺如。后背板有 15 对刚毛，在后背板的每个后侧角有一圆筒状的疣突，每个疣突上有 2 根刚毛，在有的种里其中 1 根刚毛非常之小。胸板有 2 对刚毛，St_1 位于骨化较弱的颈板上；胸后毛 Mst 位于盾间膜上。腹肛板宽阔，除 3 根围肛毛外，有 6 对刚毛。头盖前缘光滑，锯齿形或有 2～3 个刺。

囊螨属分种检索表（雌螨）
Key to Species of *Asca*（females）

1. 背毛密羽状 ··· 2
   背毛光滑 ··· 3
2. 螯肢定趾 1 齿 ······························ 似蚜囊螨 Asca aphidioides Linnaeus，1758
   螯肢定趾 6 齿 ······························ 云囊螨 Asca nubes Ishikawa，1969
3. 足后板 2 对；背表皮毛 12 对 ·· 4
   足后板 1 对；背表皮毛少于 12 对 ·· 5
4. 生殖板和腹肛板间具骨片；2 块足后板距离较远 ········· 安氏囊螨 Asca anwenjui Ma，2003
   生殖板和腹肛板间无骨片；2 块足后板距离较近 ········· 拟巨囊螨 Asca submajor Ma，2003
5. 后背板的 2 筒状疣突上 2 根刚毛一长一短 ············· 植囊螨 Asca plantaria Ma，1996
   后背板的 2 筒状疣突上 2 根刚毛几相等 ············· 新囊螨 Asca nova Willmann，1939

193. 安氏囊螨 *Asca anwenjui* Ma，2003

Asca anwenjui Ma，2003，*Acta Arachnologica Sinica*，12 (2)：85 - 90。

模式标本产地：中国吉林省敦化县。

　　雌螨（图 3-215a～e）：体黄色，椭圆形，长 356～425，宽 207～287。背板布满花纹。前背板长 172～207，宽 172～207，刚毛 17 对，短小光滑；后背板长 161～207，宽 184～230，刚毛 15 对，其中 2 对在后侧突上，D 列毛长度 D_5（17）<D_6（23）<D_7（29）<D_8（34），两侧毛由前向后逐次变长，S_8 最短。背表皮毛 12 对。胸板自第 1 对隙孔水平至后端长 57～80，St_2 水平宽 57～69。生殖板在生殖毛之前收缩，生殖毛之后有缺刻。腹肛板长短于宽，前缘平直或不规则，有横纹，除围肛毛外有刚毛 6 对，最后 1 对长，Ad 位于肛孔中横线水平，约等于肛孔长，Pa 很长。足后板 2 对，外侧 1 对大，圆形或半圆形；内侧 1 对小，椭圆形或狭长，两板距离较远。腹表皮毛 2 对。气门沟前端达到 F_1 基部。头盖 3 突。颚角牛角状，颚毛短而光滑。螯钳动趾 2 齿，定趾齿数不清。叉毛 2 叉。足毛光滑，较短。

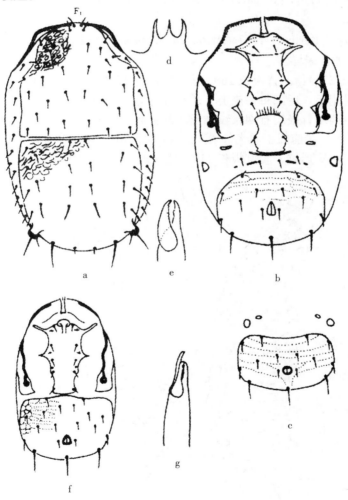

图 3-215　安氏囊螨 *Asca anwenjui* Ma，2003，a～e ♀，f～g ♂
a. 背面（dorsum）　b、f. 腹面（venter）　c. 腹肛板和足后板（ventro-anal shield and
metapodalia）　d. 头盖（tectum）　e、g. 螯钳（chela）
（仿马立名，2003）

　　雄螨（图 3 - 215f～g）：体黄色，椭圆形，长 287～299，宽 172～195。前背板长 138～155，宽 149～172；后背板长 138，宽 161～172。胸殖板自第 1 对隙孔水平至后端长 115，St_2 水平处宽 57，前侧角杆状且细长，板上刚毛 5 对。腹肛板长短于宽，肛前毛 8 对，后侧方 1 对最长。导精趾长于螯钳动趾。

　　分布：中国吉林省敦化县（森林土壤）。

194. 似蚜囊螨 *Asca aphidioides* Linnaeus, 1758

Acarus aphidioides Linnaeus, 1758, *Syst. Nat.*, 10：235；

Asca aphidioides Vitzthum, 1926, *Tierwelt Mitteleuropas*, 3：30.

　　异名：*Sejus bicornis*（in part）Canestrini, 1885, *Prospetto dell' Acarofauna Italiana*, pp. 91 - 92；

Zercon bicornis Berlese, 1887, *Acar. Myr. Scorp.*, 41：8.

　　模式标本产地：未详。

　　雌螨（图 3 - 216）：前背板长 160，宽 175，有 17 对粗壮的刚毛，上被柔毛。后背板长 140，具 15 对刚毛，后部每一疣突上着生 1 根羽状刚毛（形状同 S_5 相似），及 1 根长 3～4 的小刚毛。两块背板均有网状纹饰及小的突起。胸板具 2 对刚毛（St_2、St_3），St_1 着生在 1 对胸前板上，胸前板上具若干横纹。胸后毛 Mst 位于盾间膜上。生殖板楔形，上部有一显著的沟呈 V 形纹。腹肛板长 110，宽 200，具 6 对腹肛毛，3 根围肛毛。在生殖

图 3 - 216　似蚜囊螨 *Asca aphidioides* Linnaeus, 1758 ♀
a. 背面（dorsum）　b. 腹面（venter）　c. 头盖（tectum）
（仿 Linnaeus, 1758）

板与腹肛板之间有 6 小块骨板。具 1 对足后板。头盖有 3 突。螯肢动趾 2 齿，定趾 1 齿。足Ⅳ无前跗节。

分布：中国吉林省（长白山自然保护区），辽宁省铁岭市（龙首山）、辽阳市、丹东市；法国，瑞士，丹麦，德国，奥地利，日本。

195. 新囊螨 *Asca nova* Willmann, 1939

Asca nova Willmann，1939，*Zool. Anz.* 125：246－248.

异名：*Ceratozercon bicornis* Halbert，1923，J. Linn. *Soc. London Zool.*，35：375－376；*Asca bicornis* Schweizer，1948，*Ergebn. Wiss. Untersuch. Schweiz.*，*National parks* heft. 20，bd. 2：27－28.

模式标本产地：波兰。

雌螨（图 3－217）：前背板长 168，宽 200，具 17 对刚毛；后背板长 160，具 15 对刚毛，均光滑。2 块背板均有纹饰。刚毛 J_5 最短。后背板的两筒状疣突上各着生 2 根几相等的刚毛（27，25），光滑。胸板宽阔，两侧角伸向基节Ⅰ、基节Ⅱ之间。生殖板近楔形。腹肛板长 112，宽 175，板上有花纹。足后板 1 对，近三角形。头盖分 3 突。螯肢动趾 2

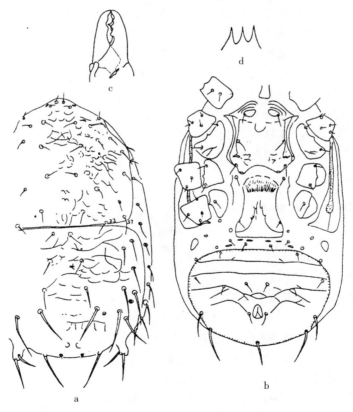

图 3－217　新囊螨 *Asca nova* Willmann，1939 ♀

a. 背面（dorsum）　b. 腹面（venter）　c. 螯钳（chela）　d. 头盖（tectum）

（仿 Willmann，1939）

齿，定趾 4 齿。足Ⅳ具前跗节。

分布：中国辽宁省沈阳市、朝阳市、建昌县；波兰，荷兰，美国，英国。

196. 云囊螨 *Asca nubes* Ishikawa, 1969

Asca nubes Ishikawa, 1969, *Bull. Nat. Sci. Mus. Tokyo*，12（1）：39 - 64.

模式标本产地：日本。

雌螨（图 3 - 218）：体长 300 左右，淡褐色。前背板背毛 17 对，密羽状；后背板背毛 14 对，9 对密羽状，背板后侧突各有 1 根毛，后背板后部 1 对长毛和两侧 3 对毛仅有少数小刺。胸板较宽短，前侧角长，伸向基节Ⅰ、基节Ⅱ之间。生殖板向后变宽，生殖毛 1 对。在生殖板与腹肛板之间有 4 小块骨板。腹肛板前缘明显凹陷，肛前毛 6 对。足后板 1 对，位于气门板后方。气门板后端明显向后外侧倾斜。头盖 3 突。叉毛 2 叉。螯肢动趾 2 齿，定趾 6 齿。各足具爪。

分布：中国黑龙江省伊春市（带岭区凉水自然保护区），吉林省敦化县（森林土壤）；日本（本州和四国的针叶林土壤）。

197. 植囊螨 *Asca plantaria* Ma, 1996

Asca plantaria Ma, 1996，*Acta Arachnologica Sinica*，5（1）：44.

模式标本产地：中国吉林省白城市。

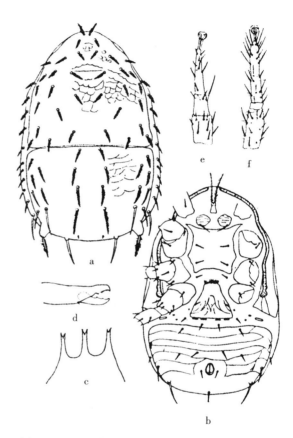

图 3 - 218 云囊螨 *Asca nubes* Ishikawa, 1969 ♀
a. 背面（dorsum） b. 腹面（venter） c. 头盖（tectum）
d. 螯肢（chelicera） e. 足Ⅳ跗节和胫节（tarsus and tibia of leg Ⅳ） f. 足Ⅰ跗节和胫节（tarsus and tibia of leg Ⅰ）
（仿 Ishikawa, 1969）

雌螨（图 3 - 219）：体椭圆形，黄色，长 322～368，宽 195～230。前背板长 161～184，宽 172～207，其上有 17 对短小光滑刚毛。后背板长 161～184，宽 172～207，有刚毛 15 对，光滑，向后逐次变长，其中 2 对在后结节上。背表皮毛 10～11 对。胸叉体短。胸板第 1 对隙孔之前骨化很弱，后缘弧形内凹。生殖板在生殖毛之后变宽，该处侧缘有小凹。腹肛板长 115～126，宽 161～195，前缘微凹或直，板面有明显横纹，肛周毛 6 对，后 2 对很长，肛孔前 1 对毛间的距离约为该毛长的 2 倍。Ad 位于肛孔后缘稍前水平，稍短于肛孔，Pa 很长。腹肛板之前有表皮毛 2 对。足后板椭圆形。气门沟前端达到 F$_1$ 基部。螯钳动趾 2 齿，定趾 4 齿。

分布：中国吉林省白城市。

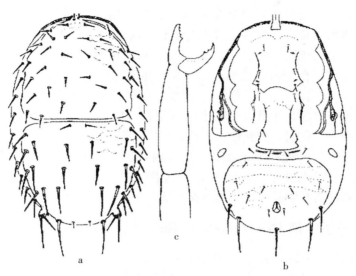

图 3 - 219 植囊螨 Asca plantaria Ma，1996 ♀

a. 背面（dorsum） b. 腹面（venter） c. 螯肢（chelicera）

（仿马立名，1996）

198. 拟巨囊螨 *Asca submajor* Ma, 2003

Asca submajor Ma，2003，*Acta Zootaxonomica Sinica*，28（1）：70.

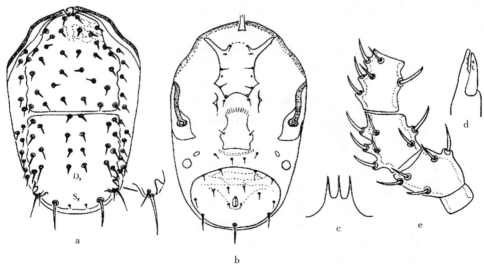

图 3 - 220 拟巨囊螨 *Asca submajor* Ma，2003 ♀

a. 背面（dorsum） b. 腹面（venter） c. 头盖（tectum） d. 螯钳（chela） e. 足 I 股节、

膝节及胫节（femur，genu and tibia of leg I）

（仿马立名，2003）

模式标本产地：中国吉林省长岭县。

雌螨（图3-220）：体黄色，椭圆形，前宽后狭，长356，宽230。前背板长184，宽172，刚毛17对，短小光滑；后背板长161，宽161，刚毛15对，光滑，D列毛均短小，两侧毛由前向后逐次变长，后侧突之后1对最长，S_8极小；后侧突顶部有一小凹和2根毛。两背板均有云朵状花纹。背表皮毛12对。胸板前侧角很长，后缘凹陷。Mst在足内板内侧表皮上。生殖板在生殖毛之前收缩，在生殖毛之后有缺刻或微凹，后缘较直或微凹。腹肛板长115，宽172，横椭圆形，有横纹，前缘凸，肛前毛6对，最后1对长。Ad位于肛孔中横线水平之后，明显短于肛孔，Pa粗长。足后板2对，外侧1对大而骨化强，圆形；内侧1对小而骨化弱，椭圆形。生殖板与腹肛板之间有毛2对。气门沟前部转至背面，末端达到F_1基部。头盖3突。螯钳动趾2齿，定趾有数个小齿。颚角牛角状，颚毛光滑。叉毛2叉。足毛光滑。足I毛序如图3-220e。

分布：中国吉林省长岭县（太平川草原土壤）。

（四十七）枝厉螨属 *Dendrolaelaps* Halbert，1915

模式种：*Dendrolaelaps oudemansi* Halbert，1915。

小型螨类，成螨或若螨有2个小的爪，雌螨背板前缘常有凹陷，或者有1或2个中部纵向的突起。胸前板和胸板愈合，其上着生4对刚毛。St_3毛间距小于St_2和Mst的毛间距。腹肛板游离或者后缘与背侧相连，板上着生1～5对腹毛，3根围肛毛。肛孔通常不大，少数原始种类肛孔周围着生1根毛，多数种类肛孔周围具3根毛。头盖具3个突起，中间突短于两侧突。颚沟具齿列5列。股节III具小管螺旋状或绳索状骨化结构。雄螨胸殖板着生4对刚毛，第4对刚毛独立。腹肛板前缘两侧突起，板侧后面与后背板侧面相连。足II粗壮，腹面具棘；足III、足IV有时也具棘。足I-II-III-IV转节毛序：6-5-5-5；股节毛序：13-11-6-6；膝节毛序：12-11-8（或9）-7；胫节毛序：12-10-8-7。

该属螨类通常生活于土壤、草丛中，腐殖质、堆肥和腐熟的厩肥上，卵、线虫、动物体表，真菌上。

枝厉螨属分种检索表（雌螨）
Key to Species of *Dendrolaelaps*（females）

1. 后背板毛15对 ··· 2
   后背板毛19对 ·· 5
2. 背板具网纹和刻点 ·················· 小坑枝厉螨 *Dendrolaelaps foveolatus* (Leitner，1949)
   背板光滑 ··· 3
3. 腹肛板狭窄，具肛前毛2对 ·············· 王氏枝厉螨 *Dendrolaelaps wangfengzheni* Ma，1995
   腹肛板宽阔，具肛前毛3或4对 ·· 4
4. 肛前毛3对 ··························· 白氏枝厉螨 *Dendrolaelaps baixuelii* Ma，1997
   肛前毛4对 ··························· 斯氏枝厉螨 *Dendrolaelaps stammeri* Hirschmann，1960
5. 后背板具刻点；肛前毛6对 ··············· 沙生枝厉螨 *Dendrolaelaps arenarius* Karg，1971
   后背板光滑；肛前毛4对 ··· 6
6. 背毛细长，超过下列刚毛毛基·············· 小虫枝厉螨 *Dendrolaelaps vermicularis* Ma，2001

背毛较短，不超过下列刚毛毛基 ⋯⋯⋯⋯⋯⋯⋯ 四条枝厉螨 *Dendrolaelaps fukikoae* Ishikawa，1977

199. 沙生枝厉螨 *Dendrolaelaps arenarius* Karg，1971

Dendrolaelaps arenarius Karg，1971，*Die Tierwelt Deutschlands und der Angrenze-den Meeresteile*，59. *Teil. Gustav Fischer Verlag*，*Jena*：475.

模式标本产地：德国。

雌螨（图 3 - 221）：长 300～310，体呈椭圆形，肩部则从前到后稍凹。背部具背板 2 块，前背板具短针状刚毛 18 对，r_1 位于边缘上，背面光滑，从 r_1 到 r_3 处凹陷；后背板具 19 对针状刚毛，其中 S_5 最长，Z_5 次之，其余均较短，板前缘具有两个向后的尖的缺刻，其中 Z_5 长 21，S_5 长 29，I_4 长 11，板后半部具微小圆孔，向后则逐渐变大。气门板较向前延伸到 r_4 处。腹面胸板具刚毛 3 对。生殖板具刚毛 1 对。足后板条状。腹肛板呈宽卵形，上具 6 对肛前毛及 3 根围肛毛。

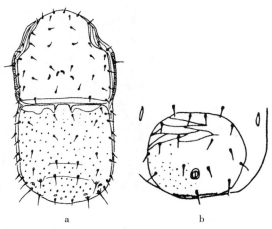

图 3 - 221　沙生枝厉螨 *Dendrolaelaps arenarius* Karg，1971 ♀

a. 背面（dorsum）　b. 腹面（venter）

（仿 Karg，1993）

分布：中国吉林省白城市（采自鸡舍）；德国（栖于土壤）。

200. 白氏枝厉螨 *Dendrolaelaps baixuelii* Ma，1997

Dendrolaelaps baixuelii Ma，1997，*Acta Arachnologica Sinica*，6（2）：137 - 138；Ma，2001，*Acta Arachnologica Sinica*，10（1）：13 - 15.

模式标本产地：中国吉林省白城市。

雌螨（图 3 - 222）：体浅黄色，狭长椭圆形，两侧缘几乎平行，长 322，宽 184。全身刚毛均光滑。前背板长 149，宽 161；刚毛 18 对，其中 F 毛 3 对；骨化构造 4 个，半圆形，中间者小，两侧者大。后背板长 184，宽 161；刚毛 15 对，后部中央 1 对最小，后侧角 1 对最长，二者之间 1 对较长。两背板之间以及气门板与背板之间表皮尚有刚毛数对。St_1 在胸前区，St_2、St_3 和 Mst 在胸板上。生殖板上刚毛 1 对。腹肛板长 103，宽 80（肛孔水平），前部近方形，后部呈圆形膨大，板上除围肛毛外有刚毛 3 对，其中最前 1 对位于前缘上，紧靠板边缘另有刚毛 2 对，腹表皮毛 4 对，其中最后 1 对较长。Ad 位于肛孔中线稍前水平，长于肛孔，Pa 短于 Ad。足后板楔形。气门沟前端达到基节 I 中部。头盖 3 突均细。足 I 有爪。股节 I 内骨化小管螺旋形，远侧端与股节 II 末端边缘相接。

雄螨（图 3 - 223）：体浅黄色，卵圆形，长 839，宽 207。前背板长 184，宽 172，前部与气门板相连；板上及板外刚毛共 22 对，其中 F 毛 3 对；骨化构造半圆形，中间 2 个小，侧方 2 个大。后背板长 149，宽 172；无骨突；刚毛 15 对，后侧方 1 对很长；板前缘

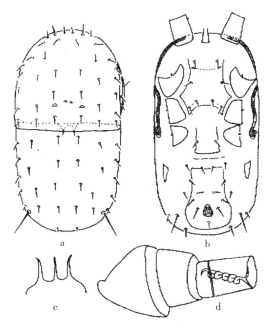

图 3 - 222　白氏枝厉螨 *Dendrolaelaps baixuelii* Ma，1997 ♀
a. 背面（dorsum）　b. 腹面（venter）　c. 头盖（tectum）　d. 足Ⅱ股节骨化小管
（sclerosis tubule in femur Ⅱ）
（仿马立名，1997）

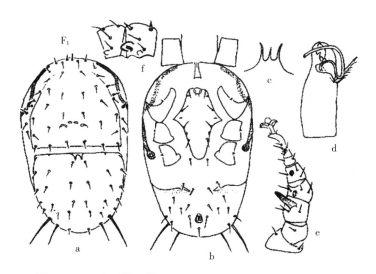

图 3 - 223　白氏枝厉螨 *Dendrolaelaps baixuelii* Ma，1997 ♂
a. 背面（dorsum）　b. 腹面（venter）　c. 头盖（tectum）　d. 螯肢（chelicera）
e. 足Ⅱ（leg Ⅱ）　f. 足Ⅳ股节及膝节（femur and genu of leg Ⅳ）
（仿马立名，2001）

两侧及后部两侧各有 1 小孔。胸板长 138，宽 57（St_2 水平处），刚毛 4 对，隙孔 3 对。胸板后有 1 对毛在表皮上。腹肛板除围肛毛外有刚毛 8 对。Ad 位于肛孔前缘稍后水平，长于肛孔，Pa 稍短于 Ad。气门沟前端达到基节 I 中部。头盖 3 突光滑。螯钳宽短，定趾 1 齿，动趾未看到齿，导精趾细长。叉毛 2 叉。外颚毛很小。足 II 股节有 1 粗长距，膝节、胫节、跗节各有 1 很小的距。足 IV 股节及膝节均有突起。

分布：中国吉林省白城市（采自杨树腐渣）。

201. 小坑枝厉螨 *Dendrolaelaps foveolatus* (Leitner，1949)

Ma，1997，*Acta Arachnologica Sinica*，6（2）：138.

模式标本产地： 未详。

雌螨（图 3 - 224）：体长 325～340，椭圆形。背部具背板 2 块，前背板上具针状刚毛 12 对，除 r_1 稍短外，其余等长，板前半部具网状格纹，后半部具细小刻点并具孔隙；后背板具刚毛 15 对，板上具刻点，前部细小，后部较大，S_5 与 Z_5 较其他刚毛长，Z_3 比 I_3 长 1.5 倍，所有刚毛均针状，板前缘宽，两个向后的光形缺刻。1 对胸前板位于胸板前缘两侧。胸板上具有针状刚毛 4 对及 2 对隙孔，第 4 对刚毛位于近后缘处。生殖板斧状，上具 1 对生殖刚毛。腹肛板呈长方形，长大于宽，四角圆钝，板上具有 V 刚毛 4 对，即 V_3、V_4、V_6、V_7，板上还具 1 根肛后毛，其余 V 毛位于板外。气门沟短，向前达 r_4 处。头盖 3 个突起，中突短于两侧突，顶端不分叉，两侧 2 个则末端分叉。

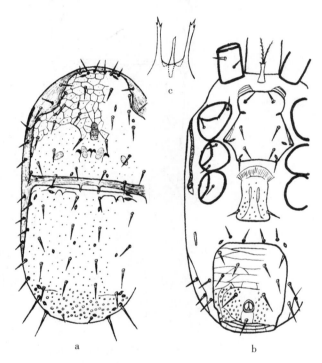

图 3 - 224　小坑枝厉螨 *Dendrolaelaps foveolatus*
(Leitner, 1949) ♀

a. 背面（dorsum）　b. 腹面（venter）　c. 头盖（tectum）

（仿 Karg，1993）

分布：中国吉林省白城市（落叶层）；奥地利，英国（栖于土壤和马粪中）。

202. 四条枝厉螨 *Dendrolaelaps fukikoae* Ishikawa，1977

Dendrolaelaps fukikoae Ishikawa，1977，*Annot. Zool. Jpn.*，50（2）：99 - 101.

模式标本产地： 日本。

雌螨（图 3 - 225）：体淡黄褐色，椭圆形，体长 370。背板 2 块，前背板具刚毛 22 对；后背板具刚毛 19 对，后缘 S_5 毛显著长，Z_5 毛较长。后背板前缘有 1 对增厚小板。

胸前板骨化程度弱。胸板后缘凹陷，具 4 对刚毛，第 4 对刚毛位于后缘两侧。生殖板后缘平直。腹肛板长方形，具 4 对肛前毛，1 对肛侧毛长于肛后毛。足后板细长。气门板位于基节IV外侧。头盖分 3 突。须肢叉毛 2 叉。螯肢定趾 5 齿，动趾 4 齿。各足均具爪。

    分布：中国吉林省（长白山自然保护区）；日本（本州，四国）。

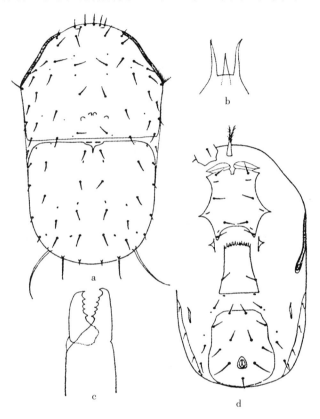

图 3 - 225　四条枝厉螨 *Dendrolaelaps fukikoae* Ishikawa，1977 ♀

a. 背面（dorsum）　b. 头盖（tectum）　c. 螯肢（chelicera）　d. 腹面（venter）

（仿 Ishikawa，1977）

203. 斯氏枝厉螨 *Dendrolaelaps stammeri* Hirschmann，1960

Dendrolaelaps stammeri Hirschmann，1960，*Acarologie*，3：83.

模式标本产地：德国。

    雌螨（图 3 - 226）：体浅黄色，狭长椭圆形，体长 364，宽 243。全身刚毛均光滑。背板 2 块，前背板长 166，宽 236，具刚毛 20 对，F 毛 3 对，具半圆形骨化构造 4 个。后背板长 194，宽 240，具刚毛 15 对，后缘 S_5（56）毛显著长，Z_3（32）、Z_5（30）毛其次。气门板与背板之间表皮有刚毛 2 对。胸板后缘凹陷，具 4 对刚毛，St_1 在胸前区，St_2、St_3、Mst 在胸板上，其中 Mst 位于后缘两侧。生殖板后缘平直，上具刚毛 1 对。腹肛板长略大于宽，近方形，具 4 对肛前毛，Ad 位于肛孔中线稍前水平，长于肛孔，Pa 略短于

Ad。腹表皮毛6对。足后板楔形。气门沟前端达到基节Ⅰ中部。头盖3突均细。螯肢定趾7齿；动趾4齿。各足均具爪。

分布：中国辽宁省辽阳市（汤河水库）；德国。

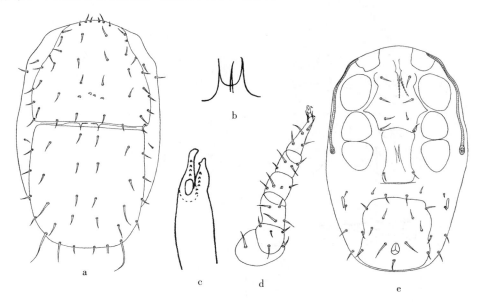

图3-226 斯氏枝厉螨 *Dendrolaelaps stammeri* Hirschmann，1960 ♀
a. 背面（dorsum） b. 头盖（tectum） c. 螯肢（chelicera） d. 足Ⅱ（legⅡ） e. 腹面（venter）
（仿 Hirschmann，1960）

204. 小虫枝厉螨 *Dendrolaelaps vermicularis* Ma，2001

Dendrolaelaps vermicularis Ma，2001，*Entomotaxonomia*，23（3）：231-233.
模式标本产地：中国吉林省敦化县。

雌螨（图3-227a～e）：体黄色，椭圆形，长368，宽218。前背板长172，宽218，D_2 和 D_4 之间有2对半月形骨化构造，刚毛21对；后背板长207，宽218，刚毛19对，其中4对随板侧缘卷向腹面。背毛细长光滑，M_{10} 和 M_{11} 最长，但 F_2、S_8 及 M_6～M_8 短小。胸板自第1对隙孔水平至后缘长75，St_2 水平宽69，前缘不清。胸毛4对。St_1 在胸板之前，St_2、St_3 和 Mst 在同一纵线上。生殖板后侧角突出，刚毛在板侧缘上。腹肛板长大于宽，近矩形，侧缘凸凹不平，肛前毛4对。Ad位于肛孔中横线水平之前，长于Pa，Pa长于肛孔。足后板狭窄。腹表皮毛3对。气门沟前端达到基节Ⅰ和基节Ⅲ之间。头盖3突，有的末端分叉。螯钳短，齿数看不清。颚毛光滑，外颚毛短。叉毛2叉。足Ⅰ有爪。股节Ⅲ骨化小管小蠕虫状。

雄螨（图3-227f～j）：体色与体形同雌螨，长316，宽184。前背板及后背板均为长161，宽184，前背板刚毛20对，后背板刚毛15对。胸殖板自生殖孔前缘至后端长138，St_2 水平宽57，前缘不清，刚毛5对。腹肛板与后背板相连，有菱形前突，肛前毛11对，长短不等。围肛毛及气门沟同雌螨。腹肛板之前有1对独立板。螯钳导精趾细长。足Ⅱ股节距指形，膝节、胫节及跗节距均为很小的圆突。

分布：中国吉林省敦化县（森林土壤）。

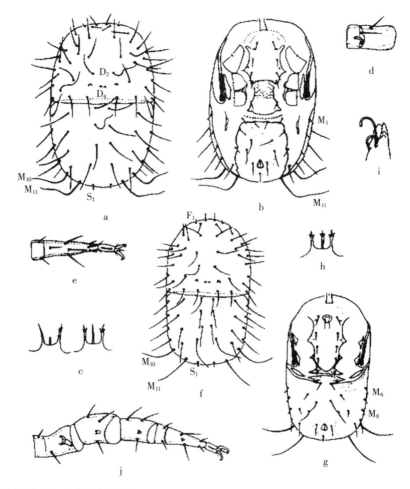

图 3-227　小虫枝厉螨 *Dendrolaelaps vermicularis* Ma，2001，a～e♀，f～j♂

a、f. 背面（dorsum）　b、g. 腹面（venter）　c、h. 头盖（tectum）　d. 足Ⅲ股节（femur Ⅲ）

e. 足Ⅱ跗节（tarsus Ⅱ）　i. 螯钳（chela）　j. 足Ⅱ（leg Ⅱ）

（仿马立名，2001）

205. 王氏枝厉螨 *Dendrolaelaps wangfengzheni* Ma，1995

Dendrolaelaps wangfengzheni Ma，1995，*Acta Arachnologica Sinica*，4（1）：50-55.

模式标本产地：中国吉林省白城市。

雌螨（图 3-228）：体浅黄色，长椭圆形，长 506～563，宽 253～310。前背板长 218～241，宽 207～230，前部与气门板相连；板上刚毛 19 对，其中 F 毛 3 对，F_2 较长；骨化构造 4 个，弧形，中间者小，两侧者大。后背板长 264～310，宽 207～230；板上刚毛 15 对，后缘中央 1 对最小，后侧角 1 对最长。背表皮毛约 5 对。胸板长 80，St_2 水平处宽 69，后缘凹宽浅。胸前区骨化弱，St_1 位于胸前区，St_2、St_3、Mst 和 3 对隙孔在胸板上。生殖板后缘较直，后侧角尖。腹肛板狭窄，长 149～195，肛孔水平处宽 80～92，腹

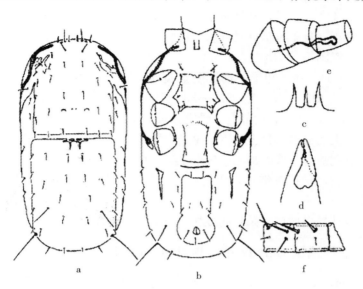

图 3 - 228　王氏枝厉螨 *Dendrolaelaps wangfengzheni* Ma，1995 ♀

a. 背面（dorsum）　b. 腹面（venter）　c. 头盖（tectum）　d. 螯钳（chela）　e. 足Ⅱ基节、转节、股节（coax, trochanter and femur of leg Ⅱ）　f. 足Ⅳ股节及膝节（femur and genu of leg Ⅳ）

（仿马立名，1995）

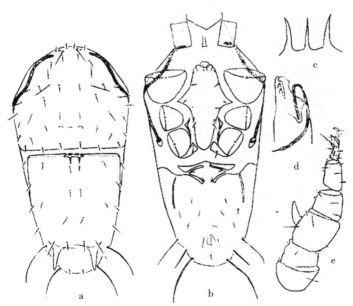

图 3 - 229　王氏枝厉螨 *Dendrolaelaps wangfengzheni* Ma，1995 ♂

a. 背面（dorsum）　b. 腹面（venter）　c. 头盖（tectum）　d. 螯钳（chela）　e. 足Ⅱ（leg Ⅱ）

（仿马立名，1995）

板部矩形，肛板部圆形，相接处侧缘内凹。肛前毛 2 对。Ad 位于肛孔中线或稍前水平，长于肛孔，Pa 短于 Ad。足后板细。腹表皮毛约 10 对。气门沟前段转至背面，末端达到基节 Ⅰ 中部。头盖 3 突，细长，基部宽于末端。螯钳动趾与定趾均有齿。叉毛 2 叉。颚毛均针状，外颚毛很小。足 Ⅰ 有爪；足 Ⅱ 股节内骨化小管细长，延至转节或基节部分不甚清晰；股节 Ⅳ 有 2 根粗刚毛。

雄螨（图 3 - 229）：体长卵形，前部明显宽于后部，体色同雌螨，长 460～609，宽 253～333。前背板长 195～253，宽 253～333，刚毛 22 对，F 毛和骨化构造同雌螨。后背板长 253～333，宽 184～264，后部有 2 骨突，板上刚毛 12 对。胸板上刚毛 4 对，隙孔 3 对。腹肛板前凸，大而分瓣，板上除围肛毛外有刚毛 9 对，后侧缘 3 对毛长，最后 1 对最长，有的种类在肛孔前有 1 根附加毛。围肛毛、气门沟和头盖同雌螨。螯钳动趾背侧有 1 突，定趾内侧有 2 齿，导精趾细长，弯向后方。叉毛与颚毛同雌螨。足 Ⅰ 股节及跗节距大，膝节及胫节距小。

分布：中国吉林省白城市（采自腐烂杨树皮下）。

（四十八）革赛螨属 *Gamasellus* Berlese，1892

Gamasellus Berlese，1892，*Acar. Myr. Scorp.*，63：4；*Ibidem*：61；1906：101.

异名：*Gamasus（Laelogamasus）* Berlese，1905，*Redia*，2：167；1906：113，syn. nov；*Digamasellus* Womersely，1942，*Trans. Roy. Soc. S. Aust.*，66：159。

模式种：*Gamasellus falciger*（G. et R. Canestrini，1881）。

小型或中型螨类（300～800），背板分为 2 块，前背板背毛以肩部的 M_2 最长，具密分支且伸向板外，在前背板外仅有 1 对细小的刚毛 M_3。胸前板发达，1 对或若干对。雌螨胸板具 4 对刚毛（St_1～Mst）。生殖板短，具 1 对刚毛，后缘几乎平直，其后有 2 对（少数 1 对）排成一列的小板。腹肛毛常为 6 对。气门板发达。颚体背面基部具两列不联合的小齿，腹面的刚毛纤细光滑，颚角发达。头盖骨化程度强，中央有向前的突起，两侧通常具小或大的齿。第 2 胸板具 7～8 横列的小齿。须肢膝节内侧刚毛呈树枝状，跗节叉毛 3 叉。螯肢发达，螯钳内缘具齿。足具跗节和前跗节。雄螨腹面具 2 块板。股节 Ⅱ 具很大的距，呈棒状或圆锥状。基节 Ⅱ 前背侧的刺不发达，具若干小刺。导精趾窄，从动趾伸出，呈带状。

该属螨类生活于森林的落叶内，土壤表层和哺乳动物的巢穴内。

革赛螨属分种检索表（雌螨）
Key to Species of *Gamasellus*（females）

1. 肛前毛均光滑 ··· 2
   最后 1 对肛前毛羽状 ··· 3
2. 基节 Ⅳ 内缘与生殖板交接处各有 1 椭圆形骨板 ··
   ························· 长白革赛螨 *Gamasellus changbaiensis* Bei et Yin，1995
   基节 Ⅳ 内缘与生殖板交接处无骨板 ······ 天目革赛螨 *Gamasellus tianmuensis* Liang et Ishikawa，1989
3. 后背板具 5 对羽状毛 ······························· 敦化革赛螨 *Gamasellus dunhuaensis* Ma，2003

后背板具 4 对羽状毛 ·· 4
4. 前背板具 3 对羽状毛 ······························· 毛真革赛螨 *Gamasellus vibrissatus* Emberson, 1967
前背板具 4 对羽状毛 ······························· 峰革赛螨 *Gamasellus montanus* Willmann, 1936

206. 长白革赛螨 *Gamasellus changbaiensis* Bei et Yin, 1995

Gamasellus changbaiensis Bei et Yin, 1995, *Entomotaxonomia*, 17 (1): 63 – 66.

模式标本产地：中国吉林省。

雌螨（图 3 - 230a~c）：背板长 440，宽 210，共分 2 块：前背板长 260，板上布满不规则的纹理，有刚毛 20 对，其中 M_1、D_1、D_3 密羽状；后背板长 180，板上也有纹理，着生 18 对刚毛，其中 D_8、S_8、S_6、M_{11} 密羽状，D_8 几乎与 D_7 在同一水平线上，S_8 为 M_{11} 长的 2/3 以上，背毛狭长。胸前板 3 对，最前 1 对板侧上角各有 1 小骨片。胸板具 4 对刚毛，板上有花纹。生殖板具刚毛 1 对，板上也有花纹。在基节 Ⅳ 内缘与生殖板交接

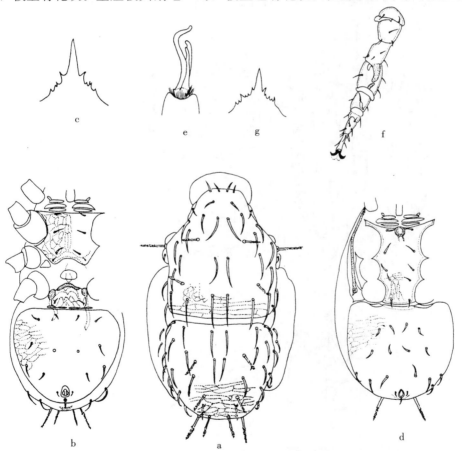

图 3 - 230　长白革赛螨 *Gamasellus changbaiensis* Bei et Yin, 1995a~c♀，d~g ♂
a. 背面（dorsum）　　b、d. 腹面（venter）　　c、g. 头盖（tectum）　e. 导精趾（spermatodactyl）
f. 足Ⅱ（legⅡ）
（仿贝纳新等，1995）

处，各有 1 椭圆形骨板，下接 1 非骨化的带状物。生殖板下有 1 横列为 4 块的小板。腹肛板具 6 对腹肛毛。

雄螨（图 3-230d～g）：背板长 460，宽 275，背部毛序与雌螨相同。胸殖板具 5 对刚毛。腹肛板具 7 对腹肛毛，在板的右下缘有 1 不成对刚毛，刚毛均光滑，板上具网纹。导精趾长于螯肢，呈带状。第 2 胸板具齿 8 列。

分布：中国吉林省（长白山自然保护区）。

207. 敦化革赛螨 *Gamasellus dunhuaensis* Ma, 2003

Gamasellus dunhuaensis Ma，2003，*Entomotaxonomia*，25（4）：313-317.

模式标本产地：中国吉林省敦化县。

雌螨（图 3-231）：体黄色，椭圆形，长 460～494，宽 276～310。背腹各板网纹中有刻点。背板 2 块，稍重叠，有网纹；前背板长 253～276，宽 253～287，刚毛 21 对，M_3

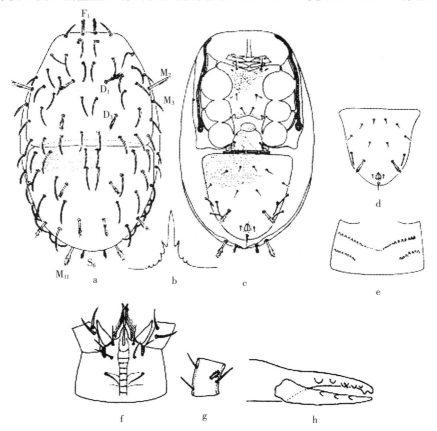

图 3-231 敦化革赛螨 *Gamasellus dunhuaensis* Ma，2003 ♀

a. 背面（dorsum） b. 头盖（tectum） c. 腹面（venter） d. 腹肛板变异（variation of ventro-anal shield） e. 颚基背面（dorsal view of gnathosoma base） f. 颚体腹面（ventral view of gnathosoma） g. 须肢膝节毛（setae on palpgenu） h. 螯肢（chelicera）

（仿马立名，2003）

在板外，其中 F_1、D_1、D_3 和 M_2 密羽状，其余毛光滑，弧形；后背板长 230～241，宽 264～287，后缘稍卷向侧方或腹面，刚毛 18 对，其中 5 对（包括 S_8）密羽状，其余毛光滑，弧形。背板两侧中部留有很小的裸露区，背表皮毛 3 对（包括 M_3），光滑，短于背板毛。胸叉体狭长。胸前板 3 对。胸板前缘微凹，后缘凹或直；胸毛 4 对，第 1 对最长，第 4 对最短；第 1 对隙孔位于 St_1 后外方。生殖板长 57，V_1 水平处宽 57，刚毛 1 对。腹肛板长短于宽，宽大，有横行网纹，肛前毛 6 对，其中 1 对密羽状。Ad 位于肛孔中横线水平，稍短于肛孔，Pa 长于 Ad。气门沟前端达到基节 I 中部。腹表皮毛 2 对。头盖有 1 狭长中突和 1 对短小侧突，其后有几个小齿。颚基背面每侧有 2 横列小齿。螯钳动趾 3 齿，定趾 6 齿，钳齿毛细小。颚角牛角状，向前外方斜伸。颚毛短，光滑，外颚毛最短。颚沟齿 8 横列。须肢膝节 al_1 树枝状，al_2 刚毛状。叉毛 3 叉，第 3 叉细小。足毛均细而光滑。

雄螨（图 3-232）：体色与体形同雌螨，长 471，宽 299。背板及背毛同雌螨，前背板长 264，宽 276，后背板长 230，宽 287。胸殖板具刚毛 5 对，St_1 最长。腹肛板长 195，宽 218，有横行网纹，肛前毛 6 对或 7 对，其中 1 对密羽状。腹表皮毛 1 对。螯钳动趾 1 齿，定趾有 2 大齿和 1 列小齿，导精趾细长。足 II 股节有 2 锥形距，一大一小，膝节有 2 指形距，胫节有 1 指形距。

分布：中国吉林省敦化县、长白山自然保护区。

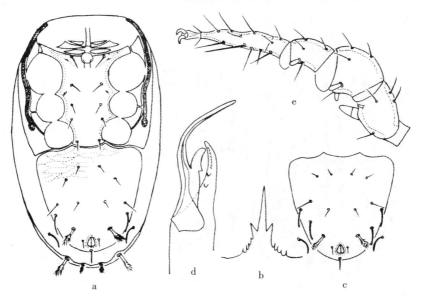

图 3-232 敦化革赛螨 *Gamasellus dunhuaensis* Ma，2003 ♂
a. 腹面（venter） b. 头盖（tectum） c. 腹肛板（ventro-anal shield）
d. 螯肢（chelicera） e. 足 II（leg II）
（仿马立名，2003）

208. 峰革赛螨 *Gamasellus montanus* Willmann，1936

Gamasellus silvestris Halaskova，1958，Bei et Yin，1995，*Entomotaxonomia*，17（1）：64.

模式标本产地：德国。

雌螨（图 3 - 233）：体黄色，椭圆形，长 632～655，宽 414～471。前背板长 322～345，宽 356～402，刚毛 21 对，其中 F_1、D_1、D_3 和 M_2 密羽状，F_2 稀羽状，其余毛带状，较扁，末端与基部约等宽，光滑。M_3 短小，在板外表皮上。后背板长 276～299，宽 356～391，刚毛 18 对，其中 I_3、S_7、S_8 和 M_{11} 密羽状，S_8 短，其余毛带状。背表皮毛约 3 对，带状。胸前板 3 对。胸板具胸毛 4 对，第 3 对内移，第 1 对最长；隙孔 2 对，第 1 对位于 St_1 后内方。生殖板具生殖毛 1 对。腹肛板长短于宽，肛前毛 6 对，其中 1 对密羽状，1 对带状，其余 4 对很短，针状。Ad 位于肛孔前缘水平之后，稍短于肛孔，Pa 长于 Ad。腹表皮毛 2 对左右，带状。气门沟前端达到基节 I 外缘。头盖有很长的中突和 1 对很短的侧突，其后有若干小齿。颚基背面每侧具 3 横列小齿；颚角牛角状，伸向前外方；颚毛光滑，较短，外颚毛最短；颚沟齿 8 横列。螯钳动趾 3 齿，定趾 5 齿。须肢膝节 al_1 树枝状，al_2 刚毛状。叉毛 3 叉。

雄螨（图 3 - 234）：体长 609～689，宽 414～425。前背板长 322～356，宽 379～402；后背板长 264～310，宽 368～391。胸殖板具刚毛 5 对。腹肛板长短于宽，与胸殖板分开，与气门板相连。肛前毛 7 对，其中 1 对密羽状，2 对带状。螯钳动趾 1 齿，定趾有若干大小不同距离不等的小齿；导精趾细长，鞭状，有的标本较短。足 II 股节有 1 大距和 1 小距，膝节有 2 小距，胫节有 1 小距。

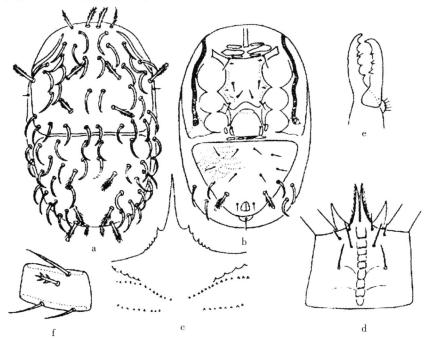

图 3 - 233　峰革赛螨 *Gamasellus montanus* Willmann，1936 ♀
a. 背面（dorsum）　b. 腹面（venter）　c. 头盖（tectum）　d. 颚体腹面（venter of gnathosoma）　e. 螯钳（chela）　f. 须肢膝节（genu of palp）
（仿马立名，2008）

分布：中国黑龙江省伊春市（带岭区凉水自然保护区），吉林省（长白山苔原土壤，栎桦土壤，云冷苔藓）；中欧地区，俄罗斯。

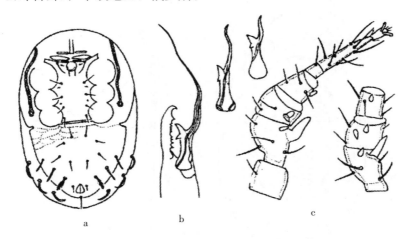

图 3 - 234　峰革赛螨 *Gamasellus montanus* Willmann，1936 ♂
a. 腹面 (venter)　b. 螯钳及导精趾变异 (chela and variation of
spermatophoral process)　c. 足Ⅱ (leg Ⅱ)

（仿马立名，2008）

209. 天目革赛螨 *Gamasellus tianmuensis* Liang et Ishikawa，1989

Gamasellus tianmuensis Liang et Ishikawa，1989，*Reports of Research Matsuyama Shinonome JR.*，COL. Vol. XX：143 - 152.

模式标本产地：中国浙江省（天目山）。

雌螨（图 3 - 235a～d）：体黄褐色。背板 2 块，前背板具网纹，具 21 对刚毛，3 对密羽状，其余毛光滑；后背板具网纹，着生 18 对刚毛，4 对密羽状且末端圆钝，其余毛光滑。胸叉发达，1 对多毛的叉丝长于胸叉基。胸前板由 4 对小板组成。胸板具刻点，足内板与其愈合，胸板具 4 对光滑刚毛，2 对隙孔。生殖板后缘平直，前端圆钝，着生 1 对光滑刚毛。生殖板和腹肛板间的盾间膜有 2 对长条小板。腹肛板具网纹，6 对肛前毛，3 根围肛毛，刚毛均光滑。气门位于基节Ⅳ前侧，气门沟延伸至基节Ⅰ水平，气门板延伸至基节Ⅳ后缘。头盖 3 分叉，中部延长顶端尖细，两侧短且每侧有时具 1～2 个小刺。须肢叉毛 3 叉，须肢膝节上的肩毛锯齿状。定趾 6 齿，动趾 3 齿。跗节Ⅰ有小爪和爪垫，跗节Ⅱ到Ⅳ具发达小爪和爪垫。

雄螨（图 3 - 235e～g）：体黄褐色，背部毛序和网纹和雌螨相似。胸殖板着生 5 对刚毛，部分与足内板愈合。生殖孔在板前侧，腹肛板有 8 对肛前毛，3 对围肛毛，部分与气门板和足内板愈合。定趾具 2 大齿 6 小齿，1 根钳齿毛。动趾具导精趾。股节Ⅱ具距状圆凸，膝节和胫节Ⅱ内侧有 1 小距。

分布：中国浙江省（天目山），辽宁省辽阳市（汤河水库）、本溪市桓仁县（老秃顶子自然保护区）。

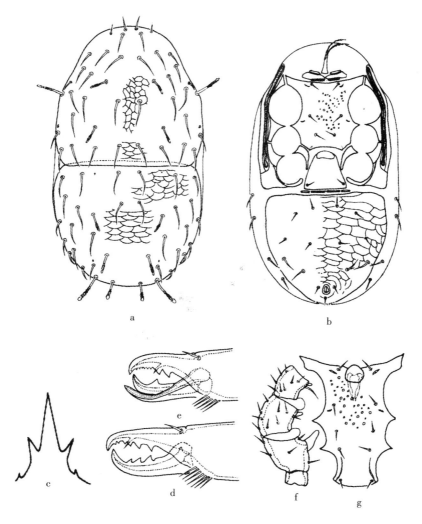

图 3-235　天目革赛螨 *Gamasellus tianmuensis* Liang et Ishikawa，1989，a～d ♀，e～g ♂
a. 背面（dorsum）　b. 腹面（venter）　c. 头盖（tectum）　d、e. 螯肢（chelicera）　f. 足Ⅱ股节、
膝节及胫节（femur, genu and tibia of legⅡ）　g. 胸殖板（sterniti-genital shield）
（仿梁来荣等，1989）

210. 毛真革赛螨 *Gamasellus vibrissatus* Emberson，1967

Bei et Yin，1995，*Entomotaxonomia*，17（1）：64.
模式标本产地：加拿大。

雌螨（图 3-236a～c）：背板长 700，宽 360。前背板具刚毛 21 对，其中 D_1、M_1 和
D_3 具分支。后背板具 17 对刚毛，其中 D_8、S_8、M_{11}、S_6 分叉。背板上具隐约网纹。具胸
前板 3 对，胸板发达，有网纹。生殖板下具一列 4 块小骨板。腹肛板宽，有纹饰，具 6 对
腹肛毛，最后 1 对分叉。气门板发达。螯肢动趾 3 齿，定趾具大小不同的齿 6 个。

雄螨（图 3-236d～e）：头盖具 3 尖突，中央突起细长尖锐，两侧较短。第 2 胸板具

齿 8 横列，颚角发达。导精趾与螯肢长几相等。胸殖板与腹肛板分开。

分布：中国吉林省（长白山自然保护区的朽木、苔藓、土壤中）；俄罗斯，加拿大。

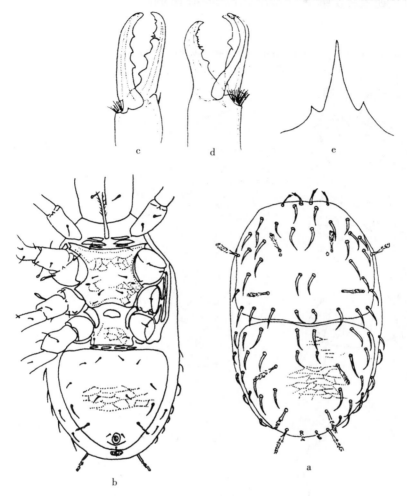

图 3 - 236　毛真革赛螨 *Gamasellus vibrissatus* Emberson，1967，a～c♀，d～e♂

a. 背面（dorsum）　b. 腹面（venter）　c、d. 螯钳（chela）　e. 头盖（tectum）

（仿 Emberson，1967）

（四十九）斑点枝厉螨属 *Punctodendrolaelaps* Hirschmann et Wisniewski，1982

模式种：*Punctodendrolaelaps fimetarius*（Karg，1965）。

背板分为 2 块，前背板上具 4 个角质化突起，F 毛 3 对。胸叉叉丝细长。胸前板与胸板愈合，具刚毛 4 对。生殖板近长方形，上具刚毛 1 对。腹肛板通常近方形，多数种类后缘与背侧相连，板上着生 4～6 对肛前毛及 3 根围肛毛。受精囊开口通常横裂，位于股节Ⅲ 的基部和末端。

1982 年 Hirschmann 和 Wisniewski 将两个亚属 *Punctodendrolaelaps* 和 *Sellnickidendrolaelaps* 提升为属。

该属全世界约有 15 种，我国未见报道。本书记述 1 新记录种。

211. 艾氏斑点枝厉螨 *Punctodendrolaelaps eichhorni*（Wisniewski，1980），**rec. nov.**（中国新记录种）

Punctodendrolaelaps eichhorni（Wisniewski，1980），1925，*Die Tierwelt Deutschlands*，59：352－359.

模式标本产地：德国。

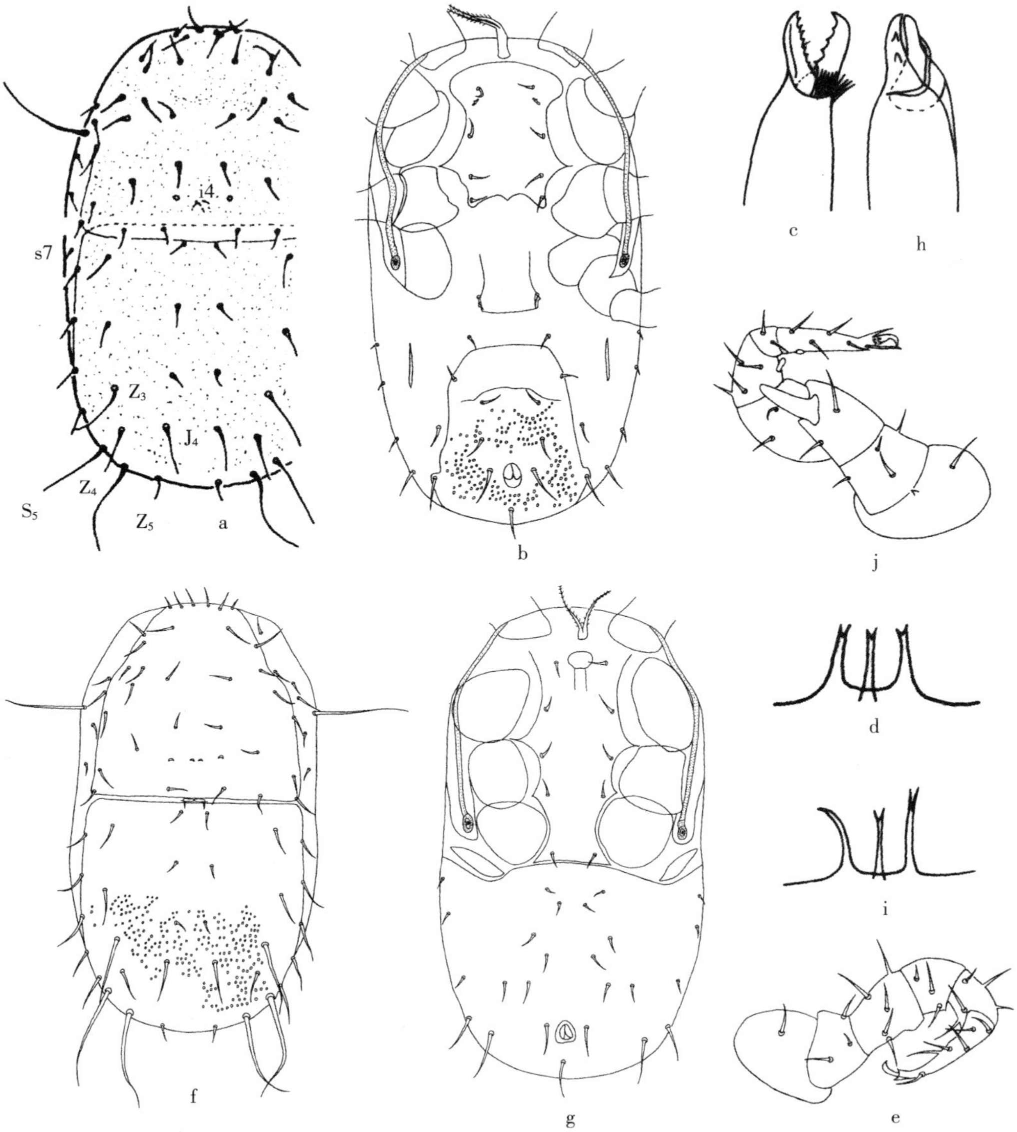

图 3－237　艾氏斑点枝厉螨 *Punctodendrolaelaps eichhorni*（Wisniewski，1980）a～e♀，f～j♂
a、f. 背面（dorsum）　b、g. 腹面（venter）　c、h. 螯肢（chelicera）　d、i. 头盖（tectum）　e、j. 足Ⅱ（legⅡ）
（a～c、f～h 仿 Wisniewski，1980；d、e、i、j 补充描图）

雌螨（图 3 - 237a～e）：体浅黄色，狭长椭圆形，两侧缘几乎平行，体长 453～469，宽 252～324。全身刚毛均光滑。背板 2 块，前背板长 204～212，宽 252～288，具刚毛 22 对，F 毛 3 对，具半圆形骨化构造 4 个，中间者小，两侧者大；后背板长 236～252，宽 248～324，上具小刻点，具刚毛 15 对，其中后缘 M_{11}（84～94）最长，M_{10}（78～80）、S_6（62～66）其次。气门板与背板之间表皮有刚毛 2 对。胸板后缘具 M 形缺刻，上具 4 对刚毛，St_1 在胸前区，St_2、St_3、Mst 在胸板上。生殖板上具刚毛 1 对。腹肛板前部近方形，后部略膨大，板上除围肛毛外有刚毛 5 对，Ad 位于肛孔中线稍前水平，长于肛孔，Pa 略短于 Ad。腹表皮毛 2 对。足后板细长。气门沟前端达到基节 I 位置。头盖 3 突，各具分叉。螯肢定趾具 5 个大齿及一排小齿，钳齿毛 1 根；动趾 4 齿。各足均具爪。

雄螨（图 3 - 237f～j）：体色与体形同雌螨，体长 550，宽 308。背板 2 块，前背板长 248，宽 292，具刚毛 22 对；后背板长 294，宽 308，具刚毛 15 对。胸殖板自前缘至后端长 244，St_2 水平处宽 92，其上具刚毛 5 对。腹肛板与后背板相连，肛前毛 11 对，长短不等，围肛毛及气门沟同雌螨。螯肢导精趾细长，定趾具 2 齿。头盖、颚毛同雌螨。足 II 股节具长距，指状；膝节具短距。

分布：中国吉林省（长白山自然保护区），辽宁省本溪市桓仁县（老秃顶子自然保护区）；德国。

（五十）仿胭螨属 *Rhodacarellus* Willmann, 1935

模式种：*Rhodacarellus subterraneus* Willmann, 1935。

前背板与后背板分离，在前背板 D_2 和 D_1 之间有 4 个轻折光结构。腹肛板独立，与生殖板和 IV 足外板分离较宽。气门板小，与足背板及足外板 IV 有或无狭的愈合；若有愈合，则在二者之间或在 IV 基节白后缘。胸后板与足内板 II、足内板 III 愈合。足内板缺如。刚毛 St_1 生于胸板前部有刻点的骨化区域或后端。雌螨肛板与后背板愈合，足后板增大。腹肛板宽，与胸殖板和气门板分离。

仿胭螨属分种检索表（雌螨）
Key to Species of *Rhodacarellus*（females）

1. 肛后毛长于肛侧毛 ·················· 西里西亚仿胭螨 *Rhodacarellus silesiacus* Willmann, 1936
   肛后毛短于肛侧毛或与肛侧毛近等长 ·· 2
2. 肛后毛短于肛侧毛；背板前部刚毛 18 对 ·········· 柳氏仿胭螨 *Rhodacarellus liuzhiyingi* Ma, 1995
   肛后毛与肛侧毛近等长；背板前部刚毛 21 对 ···
   ·················· 鸭绿江仿胭螨 *Rhodacarellus yalujiangensis* Ma, 2003

212. 柳氏仿胭螨 *Rhodacarellus liuzhiyingi* Ma, 1995

Rhodacarellus liuzhiyingi Ma, 1995, *Acta Arachnologica Sinica*, 4 (1)：50 - 55；Ma, 2005, *Acta Arachnologica Sinica*, 14 (1)：17 - 19.

模式标本产地：中国吉林省白城市。

雌螨（图 3 - 238）：体黄色，椭圆形，两侧缘几乎平行，长 609～666，宽 310～345。

前背板长 299～322，后部宽 264～287，前部与气门板相连，板上刚毛 18 对，F 毛 3 对。气门板上刚毛 2 对，板外表皮毛 2 对；角化孔状构造 4 个，均小，圆形。后背板长 310～345，最宽处 299～345，前缘有颗粒区，前中凹椭圆形，后侧缘延至腹面，板上刚毛 19 对，其中外侧 3 对稍粗短，亚刺形，随板移至腹面；前侧方板外有表皮毛 1 对。背毛长短不等。胸叉基部较长。胸板前缘波浪形，后缘圆凹；胸前有 1 对斜纹区；St_1 在胸板之前，St_2、St_3 和 Mst 在胸板上，其中 St_2 和 St_3 内移，稍粗，Mst 在后侧角上；板上隙孔 3 对，第 1 对位于板前缘。生殖板后侧角较尖，向外斜伸，后缘稍凸，呈斧形，生殖毛 1 对。腹肛板后部膨大呈圆形，肛前毛 3 对。Ad 位于肛孔前缘水平，长于肛孔，Pa 短于 Ad。腹肛板周围表皮毛 4 对，最后 1 对较长。足后板 1 对，香蕉形，前端有细支向前外方斜伸。气门沟前端达到基节 I 中部。受精囊后部分叉。头盖 3 突细长。螯钳 2 趾各有 1 列小齿。叉毛 2 叉。颚毛均针状，外颚毛很小。足 I 有爪。足 III 股节及膝节各有 1 根刺状毛；足 IV 股节有 2 根，膝节有 1 根刺状毛；足 III 和足 IV 跗节均有刺状毛。

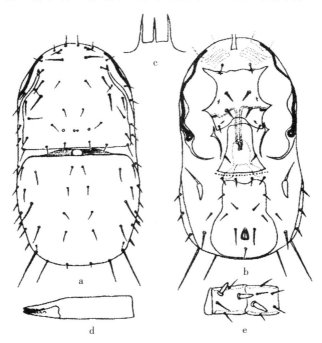

图 3-238　柳氏仿胭螨 *Rhodacarellus liuzhiyingi* Ma，1995♀
a. 背面（dorsum）　b. 腹面（venter）　c. 头盖（tectum）　d. 螯肢（chelicera）
e. 足 IV 股节及膝节（femur and genu of leg IV）
（仿马立名，2005）

雄螨（图 3-239）：体色同雌螨。长 517～563，宽 276～322。前背板长 276～299，刚毛 22 对。后背板长 241～264，刚毛 20 对，最外侧 3 对经常移至腹面。背毛长度与孔状骨化构造同雌螨。胸板上刚毛 3 对，隙孔 3 对，St_1 在胸前区，生殖毛位于胸板后端两侧 1 对三角形骨板上。腹肛板前凸三角形，肛前毛 7 对，最后 1 对较长。头盖 3 突细长。螯钳导精趾狭长，弯向后方，末端三角形。各足刚毛同雌螨，但足 II 股节、膝节、胫节、跗节均有距，股节距粗大，其余距很小。

分布：中国吉林省白城市（采自腐烂杨树皮下）。

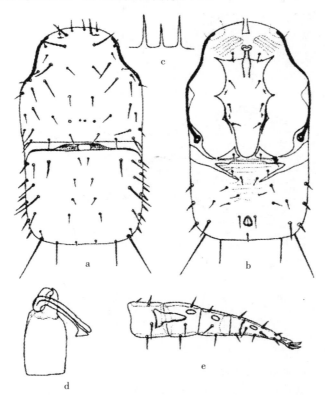

图 3 - 239　柳氏仿胭螨 *Rhodacarellus liuzhiyingi* Ma，1995 ♂

a. 背面（dorsum）　b. 腹面（venter）　c. 头盖（tectum）　d. 螯肢（chelicera）

e. 足Ⅱ（leg Ⅱ）

（仿马立名，2005）

213. 西里西亚仿胭螨 *Rhodacarellus silesiacus* Willmann，1936

Rhodacarellus silesiacus Willmann，1936，*Zool. Anz.*，113，11/12：273 - 290.

模式标本产地：俄罗斯。

雌螨（图 3 - 240）：背板长 285，宽 120，共分 2 块：前背板长 134，有刚毛 19 对，在 D_2 和 D_1 之间有 4 个元宝形的小亮点，板的后缘平直，稍骨化；后背板长 151，着生 18 对刚毛，在 D_8 与 D_7、D_8 与 S_8 之间均有似棒状的骨化结构。胸板具刚毛 3 对，St_1 生于胸板前部有刻点骨化区的后端。生殖板短，下缘有一条形骨化带。腹肛板方形，具 5 对腹肛毛，在板的中下部有 2 对增厚的部分。在腹肛板与生殖板之间有 4 根刚毛呈一横线排列；在此两旁近侧缘有 1 对披针形的刚毛。气门沟短，伸至足Ⅱ下部。各足均具爪。螯肢定趾具 4 大齿，动趾 3 齿。头盖 3 突。

分布：中国辽宁省沈阳市；俄罗斯。

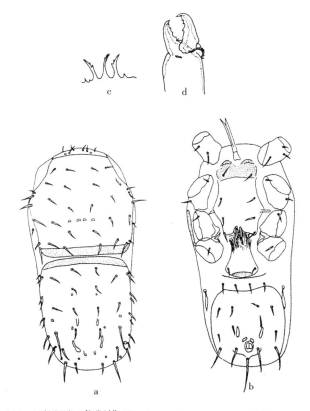

图 3-240　西里西亚仿胭螨 *Rhodacarellus silesiacus* Willmann，1936 ♀

a. 背面（dorsum）　b. 腹面（venter）　c. 头盖（tectum）　d. 螯肢（chelicera）

（仿 Willmann，1936）

214. 鸭绿江仿胭螨 *Rhodacarellus yalujiangensis* Ma，2003

Rhodacarellus yalujiangensis Ma，2003，*Acta Arachnologica Sinica*，12（2）：85-90.

模式标本产地：中国吉林省临江县。

雌螨（图 3-241）：体黄色，长椭圆形，长 586，宽 276。背板 2 块，几乎覆盖背面全部。前背板长 287，宽 276，刚毛 21 对，F 毛 3 对，均短，骨化构造 4 个，圆形。后背板长 287，宽 264，前缘中凹分叉，刚毛 19 对，S_7 和 S_8 最短，M_{10} 和 M_{11} 最长，约等长。背表皮毛 1 对。胸板之前有 1 对刻点区，骨化微弱；胸板长 103（不包括刻点区），St_2 水平宽 92，前缘中部凹陷；St_1 着生于刻点区内，St_2、St_3 和 Mst 着生在胸板上，St_3 内移。生殖板钟形，长 115，V_1 水平处宽 80，后侧角尖锐。腹肛板长 172，前部最宽处 126，肛孔水平处宽 103，侧缘在腹板与肛板相连处内凹；肛前毛 3 对；Ad 位于肛孔中横线水平，稍长于肛孔，Pa 约等于 Ad 长。足后板 1 对，长三角形，上段变细。腹肛板周围表皮毛 4 对。气门位于基节 IV 外侧，气门沟前端达到基节 I 前缘。头盖 3 突。叉毛 2 叉。颚毛针状。足 I 有爪和爪垫，跗节 II 末端有 4 根短钝刺，中部和基部有 3 根尖刺。

分布：中国吉林省临江县（采自腐烂树皮下）。

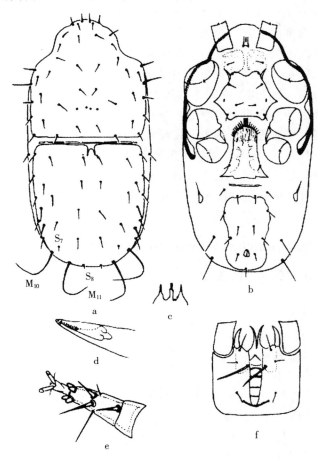

图 3 - 241　鸭绿江仿胭螨 *Rhodacarellus yalujiangensis* Ma，2003 ♀

a. 背面（dorsum）　b. 腹面（venter）　c. 头盖（tectum）　d. 螯肢（chelicera）

e. 足Ⅱ（leg Ⅱ）　f. 颚体（gnathosoma）

（仿马立名，2003）

（五十一）胭螨属 *Rhodacarus* Oudemans，1902

Rhodacarus Oudemans，*Tijdscbr. Ent.*，1902，45：50.

模式种： *Rhodacarus roscus* Oudemans，1902。

小型或中型螨类（雌螨体长 270～560，宽 130～300）。雌螨体长卵圆形，但从足Ⅳ开始较前部明显变窄。在表面上具有明显的角质化结构，常呈淡色、透明或淡褐色。前背板完整或在 D_1～T_2 水平线处具一条沟，有些种还具前侧板，中部具有 3 个或 4 个不大的角质化结构。前背板上具 12 对刚毛，板外有 1 对 M_1 刚毛，前缘常具 4 对刚毛，后背板上具刚毛 15 对，板外具刚毛 4 对，全部刚毛均针状。前背板的后缘和后背板的前缘常具密集的刻点，有的种类仅在前背板的后缘甚至到板的边缘不同区域具刻点。无胸前板，在其位置处即基节Ⅰ间平行处是胸板，在 St_1 位置前具有颗粒状刻点，在此板后缘具 1 个或 3

个具复杂结构的桨叶。胸板前缘部分具颗粒状刻点，胸后板与胸板愈合并形成后角。生殖板不大，呈圆形或具有尖的前突，有些种类特殊，其后缘平直或呈圆角形，生殖毛在板上。腹肛板大，占据腹部的大部或全部，卵形、圆形或五角形，上有 5～7 对刚毛，刚毛长短和板上的位置种间不同，但是肛后毛至少是肛侧毛长的 2 倍。气门板短，向前不超过基节 II 中部。足后板狭长。腹部所有板的边缘部分或多或少具有颗粒状结构。动趾具有 3 齿，定趾具有 4～6 齿，其中有 1 种例外，如 *R. denticulatus*，其两个趾上均具有大量小锯齿。足 II 的膝节和股节上具粗大的刚毛。雄螨胸殖板上具 5 对刚毛，St_1 位于颗粒刻点区；腹肛板大，上具 8 对刚毛，板的边缘具颗粒状刻点；螯肢巨大，动趾具 1 个大齿和弯钩状的导精趾，定趾具有 3～5 齿。成螨头盖通常具 3 突，中央突为侧突长的 2～5 倍，中突到端部间具有小刺。足 I 末端无爪和爪垫，足各节都具有粗大的刚毛和距突。

该属螨类可见于针叶树和落叶松树下树洞，偶见于鼠巢。该属全世界已知有 30 余种，分布于北美洲、非洲、大洋洲和欧洲。

215. 多齿胭螨 *Rhodacarus denticulatus* Berlese，1921

Rhodacarus denticulatus Berlese，1921：1977. Гиляров М. С. Иэд. Наука，*Ленинград*：266－268.

模式标本产地：意大利。

雌螨（图 3－242）：体长 250～320，宽 120～150。前背板上具沟，将其分成 2 部分，其沟位于 D_1～T_2 水平线处。后背板具 16 对刚毛，M_5 位于板上，位于 D_5 后邻近 S_4，I_3，板后缘具 2 对刚毛。胸板具 St 毛 3 对，其后缘具 3 个尖突。生殖板前端呈尖刺状，后缘呈圆形。腹肛板前缘平直，后部呈半卵圆形。头盖两侧突起仅为中央突起的 1/2，末端分成 2 叉，中央突末端 2 分叉，两侧具细齿。定趾具 5～10 齿，动趾具 2 个大齿和一系列小齿。

分布：中国吉林省长春市，辽宁省抚顺市清原县、锦州市北宁县、辽阳市（太子河）、铁岭市（龙首山）、沈阳市（东陵区）；南欧，北非，美国（佛罗里达半岛），印度尼西亚（爪哇岛），俄罗斯（沿海边区），乌克兰（南部）。

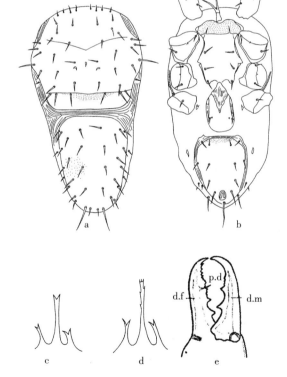

图 3－242 多齿胭螨 *Rhodacarus denticulatus* Berlese，1921 ♀

a. 背面（dorsum） b. 腹面（venter） c、d. 头盖（tectum）

e. 螯肢（chelicera）

（仿 Berlese，1921）

十五、维螨科
Veigaiaidae Oudemans，1939

Veigaiaidae Oudemans，1939，*Zool. Anz.*，126：20.

异名：Cyrtolaelaptidae Cooreman，1943，*Bull. Mus. R. Hist.*，*Belgique*，19（63）：10。

体长 800～1500，中等至大型种类，也有体长 300～500 的小型种类。体色淡黄至红褐。背板完全分裂为 2 块，或不完全分裂，于中央部分愈合。若为后者，两侧裂缝变化多样，或窄而短，或宽而长并向后深陷。背毛光滑或高度分支；颈毛、肩毛及前背板的背中毛可能膨大。胸后板发达。生殖板前缘有环状骨化结构，后缘两侧部与腹板愈合。须肢叉毛 3 叉并有透明的膜状叶。头盖通常 3 个突起，中间突起可缺如。足Ⅳ基节后侧具孔状器。

本科螨类多栖息于森林枯枝落叶层和腐殖质层以及堆肥和洞穴堆积物中，多为捕食性。

本书记述 2 属，维螨属 *Veigaia* Oudemans，革厉螨属 *Gamasolaelaps* Berlese。

维螨科分属检索表（雌螨）
Key to Genera of Veigaiaidae（females）

1. 内磨叶须状；生殖板正常；足Ⅱ～Ⅳ跗节爪垫分裂；头盖 3 个突起，中央突发达 ………………………………………………………… 维螨属 *Veigaia* Oudemans，1905

  内磨叶板状；生殖板退化或缺失；足Ⅱ～Ⅳ跗节爪垫完整；头盖 2 个突起，中央突缺如 …………………………………………………… 革厉螨属 *Gamasolaelaps* Berlese，1904

（五十二）革厉螨属 *Gamasolaelaps* Berlese，1904

Gamasolaelaps Berlese，1904，*Redia*，1：241.

异名：*Metaparasitus* Voigts et Oudemans，1904，*Zool. Ana.*，27：20 - 21；
Gorirossia Farrier，1957，*N. Carolina Agr. Exp. Sta. Bul.*，124：90。

模式种：*Gamasolaelaps excisus*（Koch，1879）。

雌成螨背板 2 块，或 1 块而两侧具深浅不一的缺口。胸板骨化较弱，着生刚毛 2～3 对（*Gamasolaelaps shealsi* Balogh 第 3 对毛着生于独立的小板上）。胸后毛着生于分离的小板上。腹殖板不发达，多呈烧瓶状的结构。足Ⅳ基节后缘具孔状器。肛板一般具围肛毛 3 根。内磨叶板状。头盖一般 2 个突起，中央突缺如。足Ⅱ～Ⅳ跗节爪垫完整。

该属螨类常发现于森林土壤表层和苔藓中。

216. 华氏革厉螨 *Gamasolaelaps whartoni*（Farrier，1957）

Gorirossia whartoni Farrier，1957，*N. Carolina Agr. Exp. Sta. Bul.*，124：90；
Gamasolaelaps whartoni，Hurlbutt，1983，*Acarologia*，24（2）：131 - 134.

异名：*Gamasolaelaps pygmaeus* Bregetova，1961，*Parasitol Sbornik Zool. Inst. Akad. Nauk SSSR*，20：99－100；

Gorirossia cooki Woodring，1964，*Proc. Louisiana Acad. Sci.*，27：5－8；

Gamasolaelaps ctenisetiger Ishikawa，1978，*Annot. Zool. Jap.*，51：100－102。

模式标本产地：美国。

雌螨（图3－243）：体卵圆形，淡黄色，长372～408，宽256～268。背板1块，前后背板中部融合，前背板上具刚毛16对，后背板上具光滑刚毛13对。胸板近长方形，前缘中部具一凹陷，板上具胸毛3对，在St_2与St_3之间具一裂痕。胸后板不规则形，上具刚毛1对。腹殖板具刚毛3对。隙孔3对。肛板近圆形，具围肛毛3根。头盖具2个突起，外侧缘具多个小齿。螯肢定趾与动趾长度相近，定趾5齿，动趾6齿。须肢腿节f_1毛末端弯曲，外侧具刷状分支；膝节g_1和g_2毛端部具细分支。

附记：Farrier（1957）报道 *Gorirossia whartoni* 的原始描记中前背板具刚毛14对，后背板具刚毛13对。Ishikawa（1978）报道的 *Gamasolaelaps ctenisetiger* 前背板具刚毛15对，后背板具刚毛12对。Henry W. Hurlbutt（1983）重新描记了 *Gamasolaelaps whartoni* 并认为前二者是同物异名，在记述中该螨前背板具刚毛16对，后背板具刚毛13对，其观察标本除了前后背板各多1对毛外其他特征与 *Gamasolaelaps ctenisetiger* Ishikawa，1978 的描记相符。本书按照 Henry W. Hurlbutt 的观点，记为 *Gamasolaelaps whartoni*（Farrier，1957）。

分布：中国台湾，辽宁省鞍山市（千山风景区）；美国（北卡罗来纳州），坦桑尼亚，日本（四国、九州），俄罗斯（圣彼得堡）。

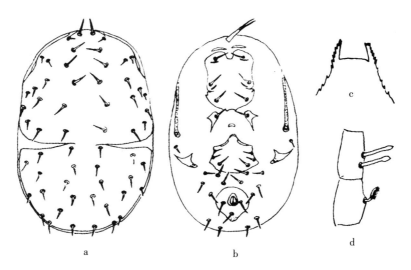

图3－243 华氏革厉螨 *Gamasolaelaps whartoni*（Farrier，1957）♀

a. 背面（dorsum） b. 腹面（venter） c. 头盖（tectum） d. 须肢股节、膝节

（femur and genu of palp）

（b～d仿 Ishikawa，1978）

（五十三）维螨属 *Veigaia* Oudemans，1905

Veigaia Oudemans，1905，*Ent. Berichten* 2：6（nom. nov. pro. *Cyrtolaelaps* Berlese，1892，non Berlese，1887）.

异名：*Cyrtolaelaps* Berlese，1892（not Berlese，1887），*Acari，Myriopoda et Scorpions hursque in Italia reperta*. fasc. 64 no. 3。

模式种：*Veigaia nemorensis*（C. L. Koch，1839）。

雌成螨背板 2 块，或 1 块而两侧具深浅不一的缺口。胸板前部最宽，前侧角伸达足 I 与足 II 基节之间，具刚毛 3 对；胸后毛着生于分离的小板上。腹板游离或与生殖板愈合，也有与足侧板或气门板愈合，或与二者均愈合。基节 IV 后缘具明显的隙孔（Porose areas/Punctiform organs）。生殖板上着生刚毛 3 对，生殖区发达。肛板具围肛毛 3 根（有的种类还具有 1 对附加的末体腹毛）。口下板小齿明显，通常具 8～11 列（很少 4 列）横向有多齿的齿沟。内磨叶须状膨大。头盖 3 个突起，中央突发达。雄螨背板完整或分裂，后部与肛板愈合，腹板与背板愈合。导精趾长（至少是动趾长 2 倍），内磨叶简单或具微毛。须肢趾节 3 叉。跗节 II～IV 通常端部显著延长，爪垫分裂。

该属螨类常发现于针叶林和落叶林的枯枝落叶层（litter layer）和苔藓中，多为捕食性（W. M. Till，1988）。

维螨属分种检索表（雌螨）

Key to Species of *Veigaia*（females）

1. 前后背板中部愈合；气门板不与腹板前侧角愈合 …………………………………………… 2
   前后背板完全分裂为 2 块；气门板与腹板前侧角愈合 …………………………………… 3
2. 前背板着生刚毛 22 对，后背板着生刚毛 21 对 ………… 上野维螨 *Veigaia uenoi* Ishikawa，1978
   前背板着生刚毛 21 对，后背板着生刚毛 18～20 对 ………………………………………
   ……………………………… 汤旺河维螨 *Veigaia tangwanghensis* Ma et Yin，1999
3. 胸前板 2 对 ………………………………… 奇型维螨 *Veigaia mirabilis* Bregetova，1961
   胸前板 1 对 …………………………………………………………………………………… 4
4. 后背板着生刚毛 14 对；螯肢动趾 3 齿 ………… 斯氏维螨 *Veigaia slonovi* Bregetova，1961
   后背板着生刚毛 18 对；螯肢动趾 2 齿 ………………… 楔形维螨 *Veigaia cuneata* Ma，1996

217. 楔形维螨 *Veigaia cuneata* Ma，1996

Veigaia cuneata Ma，1996，*Acta Zootaxonomica Sinica*，21（1）：45 - 47.

模式标本产地：中国吉林省大安县。

雌螨（图 3 - 244）：体卵圆形，长 862，宽 575。前背板长 506，宽 471，刚毛 22 对，F_1、V、D_1、D_3 和 M_2 最大，F_2、ET_1、ET_2 和 M_3 最小，其余毛中等。后背板长 287，宽 460，刚毛 18 对，后缘者稍长于其他毛。两侧裸露区刚毛长于背板毛，后部的 2 对刚毛较短。胸板长 172，宽 138（最狭处），前缘微凹，后缘较直。胸前板大，楔形。胸前板与基节 I 之间有 2 条细骨片。腹板上刚毛 5 对，其中最后 1 对刚毛长为 52，后缘微凹，与肛板距离为 57。基节 IV 与腹肛板之间具隙孔 12 个，小孔排成 1 列。腹板与肛板之间表皮上 1 对刚毛长为 11。肛板长 92，宽 138，三角形，前缘圆凸。Ad 位于肛孔中线稍后水平，约等于肛孔长，Pa 很小。气门板与腹板相连，气门沟前端达到颚体中部。足后板杆状。腹表皮毛 5 对。须肢股节 al 毛有小刺，须肢膝节 al$_1$ 有锯齿，al$_2$ 未看到齿。螯钳较长，动趾 2 齿。

分布：中国吉林省大安县安广镇〔黑线仓鼠（*Cricetulus barabensis* Pallas）巢内〕。

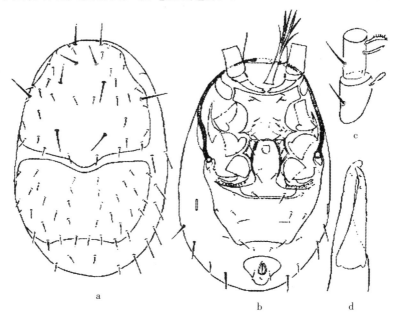

图 3-244　楔形维螨 *Veigaia cuneata* Ma，1996 ♀

a. 背面（dorsum）　b. 腹面（venter）　c. 须肢股节及膝节（femur and genu of palp）

d. 螯钳（chela）

（仿马立名，1996）

218. 奇型维螨 *Veigaia mirabilis* Bregetova，1961

Veigaia mirabilis Bregetova，1961，*Paraz. Sbornik Zool. Inst. Akad Nauk SSSR*，20：84.

模式标本产地：俄罗斯远东地区。

雌螨（图 3-245）：体卵圆形，淡黄色，长 810～920，宽 530～600。背板分为 2 块，具网状纹；前背板后缘中部微凸，板上具光滑刚毛 21 对（M$_3$ 在板外），F$_1$、D$_1$、D$_3$、M$_2$ 较其他毛明显粗长；后背板宽大于长，板上具光滑刚毛 19 对，长度相近。胸前板 2 对，不规则形。胸板具网纹，前缘平直，两侧角伸向基节 I、基节 II 间，板上具胸毛 3 对和隙孔 2 对。胸后板长条状，具刚毛 1 对。生殖板具刚毛 3 对，后侧角与腹板愈合。孔状器 2 列，22～24 对。腹板后缘平直，具刚毛 5 对。气门板与腹板前侧角愈合，具围气门刚毛 2 根。足后板 1 对，细条状。肛板三角形，后侧缘稍凹，具围肛毛 3 根；肛后毛短于肛孔长度。肛板与腹板间的刚毛略长于腹板最后 1 对刚毛长的 1/4，腹板与肛板上均具网纹。须肢腿节 f$_1$ 毛末端尖细，略具微毛；膝节 g$_1$ 毛和 g$_2$ 毛光裸，末端略膨大呈板状。头盖具 3 个突起，中央突末端 3 分叉呈丛枝状，中间分支略短；侧突外侧缘具小齿 3～4 个。螯肢定趾略长于动趾，定趾端部具 1 齿，动趾端部具 2 齿。

分布：中国吉林省（长白山自然保护区）；俄罗斯（远东地区）。

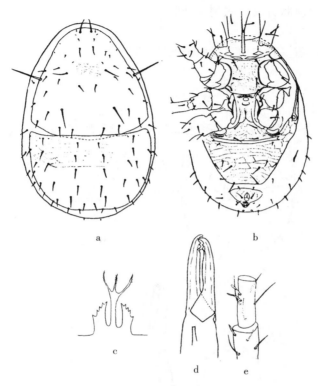

图 3 - 245　奇型维螨 *Veigaia mirabilis* Bregetova，1961 ♀

a. 背面（dorsum）　b. 腹面（venter）　c. 头盖（tectum）　d. 螯肢（chelicera）

e. 须肢股节、膝节（femur and genu of palp）

（a～c、e 仿 N. G. Bregetova，1961；d 仿陈万鹏等，2006）

219. 斯氏维螨 *Veigaia slonovi* Bregetova，1961

Veigaia slonovi Bregetova，1961，*Paraz. Sbornik Zool. Inst. Akad. Nauk SSSR*，20：88.

模式标本产地：俄罗斯。

雌螨（图 3 - 246）：体卵圆形，淡黄色，长 880～1 260，宽 610～820。背板分为 2 块，具网状纹；前背板长大于宽，板上具刚毛 22 对（M_3 在板上），F_1、V、D_1、D_3、M_2 较其他毛粗大；后背板宽大于长，前缘平直，板上具光滑刚毛 14 对，长度相当。胸前板 1 对，长条状，骨化强。胸板具网状纹，前缘平直，两侧角伸向基节 I、基节 II 间，板上具胸毛 3 对和隙孔 2 对；在 St_2 后具 3 个特别明显的网状长条格。胸后板长条状，上具刚毛 1 对。生殖板后缘近平直，后侧角与腹板愈合，具刚毛 3 对。孔状器 2 列，16～18 对。腹板宽阔，前后缘中部稍凹；板上具刚毛 5 对。气门板与腹板前侧角愈合，具围气门刚毛

1根，位于板的中部。肛板三角形，后侧缘稍凹，具围肛毛3根，肛后毛短于肛孔长度。肛板与腹板间的刚毛长约为腹板最后1对刚毛长的1/4。腹板与肛板上均具网纹。须肢腿节 f_1 毛末端尖细，略具微毛；膝节 g_1 毛末端具分支，g_2 毛光裸。头盖具3个突起，中央突末端略膨大，具小丛状分支；两侧突外侧缘具大齿2个。螯肢定趾2齿，中部和端部各一；动趾端部3齿。

分布：中国吉林省（长白山自然保护区）；俄罗斯（千岛群岛、沿海边区）。

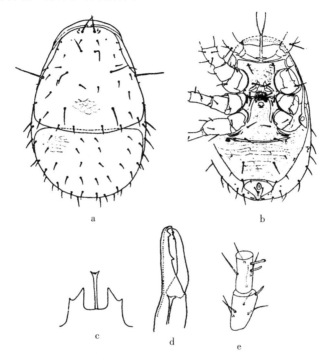

图3-246 斯氏维螨 *Veigaia slonovi* Bregetova，1961 ♀

a. 背面（dorsum） b. 腹面（venter） c. 头盖（tectum） d. 螯肢（chelicera）

e. 须肢股节、膝节（femur and genu of palp）

（a～c、e仿 N. G. Bregetova，1961；d仿陈万鹏等，2006）

220. 汤旺河维螨 *Veigaia tangwanghensis* Ma et Yin，1999

Veigaia tangwanghensis Ma et Yin，1999，*Entomotaxonomia*，21（2）：153-156.

模式标本产地：中国黑龙江省伊春市。

雌螨（图3-247）：体黄色，卵圆形，长689，宽517。背板长632，宽425，前后背板中部相连，侧切口末端微向后弯。前背板刚毛21对，F_1、M_2、D_1 和 D_3 最长，F_2、F_3、T_1、ET_1、ET_2 和 M_1 最短，其余中等长，D_4（46）稍短于 D_5（57），I_1（57）等于 D_5 长，M_3 在板外；后背板后缘直，有毛18～20对，约等长，末端均超过下位毛基部。背表皮毛9对左右。胸叉体狭长。胸前板2对，前1对近三角形，后1对狭长。胸板具胸毛3对，隙孔2对。胸后板上有1胸后毛和1隙孔。生殖板毛2对。孔状器有小孔10个左右，均小，约排成2列，孔状器内端有微毛1根。腹板侧缘有小凹，后缘直或凹，侧缘及后缘形状有变异；板上前 3 对毛短，后 2 对毛长。肛板前缘圆凸，后侧缘收缩，肛孔狭长；Ad 位于肛孔后缘之前，稍长于肛孔，Pa 很短。腹板与肛板之间有 1 对小毛，明显短于腹板后缘毛。气门板与腹板分离，气门旁毛在气门与腹板之间的表皮上，气门沟宽，前端达到 F_1 基部。足后板很细，不清楚。腹表皮毛 7 对左右，腹面毛较背毛稍粗短。头盖侧突翼状，外缘有小锯齿，中突分 2 长叉。螯钳很长，动趾和定趾近末端各有 2 小齿。须肢股节 al_1 毛刺状，须肢膝节 al_1 棒状、al_2 梳状。颚毛光滑。叉毛 3 叉。足毛常形。

分布：中国黑龙江省伊春市（带岭区凉水自然保护区）。

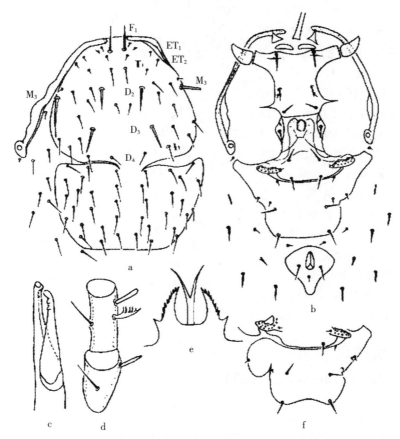

图 3-247　汤旺河维螨 *Veigaia tangwanghensis* Ma et Yin, 1999 ♀

a. 背面（dorsum）　b. 腹面（venter）　c. 螯钳（chela）　d. 须肢股节及膝节（femur and genu of palp）

e. 头盖（tectum）　f. 腹板变异（variation of ventral shield）

（仿马立名等，1999）

221. 上野维螨 *Veigaia uenoi* Ishikawa, 1978

Veigaia uenoi Ishikawa, 1978, *Annont. Zool. Jap.*, 51：105.

模式标本产地：日本。

雌螨（图 3-248）：体卵圆形，淡黄色，长 721～826，宽 429～543。背板 1 块，前后背板中部融合，具网状纹；前背板上具刚毛 22 对，F_1、D_1、D_3、M_2 较其他毛明显粗长且具微毛；后背板上具光滑刚毛21对，长度相近。胸前板2对，不规则形。胸板具网状纹，前缘平直，两侧角伸向基节Ⅰ、基节Ⅱ间，板上具胸毛3对和隙孔2对。胸后板长条状，具刚毛1对。生殖板具刚毛3对，后侧角与腹板愈合。孔状器具小孔12对。腹板后缘平直，具刚毛5对。气门板不与腹板前侧角愈合，具围气门刚毛1根，位于膜质区域。足后板1对，细条状。肛板三角形，后侧缘稍凹，具围肛毛3根；肛后毛短于肛孔长度。肛板与腹板间刚毛长约为腹板最后1对刚毛长的1/4。腹板与肛板上均具网纹。须肢腿节 f_1 毛末端尖细，略具微毛；膝节 g_1 毛光裸，g_2 毛端部前缘多分支。头盖具3个突起，中央突末端Y形分支；侧突外侧缘具多个小齿。螯肢定趾与动趾约等长，齿着生于趾的近端部。

分布：中国吉林省（长白山自然保护区）；日本（本州、四国）。

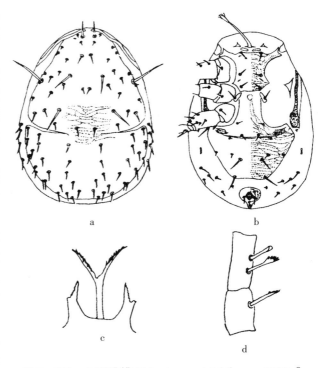

图3-248　上野维螨 *Veigaia uenoi* Ishikawa，1978 ♀
a. 背面（dorsum）　b. 腹面（venter）　c. 头盖（tectum）
d. 须肢股节、膝节（femur and genu of palp）
（a、b仿 Ishikawa，1978；c、d仿陈万鹏等，2006）

十六、蚖螨科
Zerconidae Canestrini，1891

Zerconidae Canestrini，1891.

淡黄色或褐色，通常体长为210～700。各个时期都具有2块背板，即前背板与后背板。背板边缘呈锯齿状，并具有一套固定的毛序，前背板上具6～7对刚毛，后背板上具7～8对刚毛。在后背板的近末端处具有4个大的或小的高度骨化的凹坑，成螨排成1列，但在若螨期则排成2列，不同的种区别不大。

成螨和若螨腹面具有大的腹肛板，呈豆形，须肢上具有2叉的叉毛。

雌雄两性形态特征较革螨的其他种类区别不明显。雄性的生殖孔位于胸殖板的前缘。雌螨胸板上具3对针状刚毛和3对（很少4对）孔。胸后板游离，其区别不大，三角形的生殖板上具1对刚毛，位于生殖板的两侧或它的后侧角，具有1对圆形的且各具有3个孔的副生殖板，其于 *Zercon* 属骨化强，于 *Prozercon* 属大大退化。气门板宽，其前缘与前背板愈合，且与中部的足侧板愈合，气门板后缘截形，呈圆锥状或斜切并具有延伸向后的延长部。气门板前部具有气门板刚毛 3 根或 4 根，其数目、形状着生位置具有重要的分类意义。气门沟短，不达基节 II，呈弧形并具 1 短的突起。后半体几乎全部被腹肛板占有，腹肛板后缘与后背板连接，雌雄相似，其上具有 7 对或 8 对肛前毛，1 对肛侧毛和 1 根肛后毛，除刚毛外还具有成对的 6 对圆形的孔，腹肛板上的肛前毛按位置分为腹中肛前毛（$Wm_1 \sim Wm_2$）、腹后肛前毛（$Vi_1 \sim Vi_3$）和腹侧肛前毛（$Vl_1 \sim Vl_2$）。

颚体具宽的颚基，并具有短的颚角，颚体边缘及顶部具齿，颚基上具 4 对刚毛，其中第 1 对和第 4 对较长并具细刺，第 2 胸板（齿沟）呈横列或消失。

螯肢在所有时期具同一结构。并不具有种属的特异性，定趾 4 齿，动趾具 3 齿（没有计算顶齿）。背刚毛简单，头盖边缘有 4 齿，有的具 2 齿或 3 齿，中部具有较大的 1～4 个突起。

背板：前背板 20 对刚毛，后背板具 22～23 对刚毛，分为四个系列，即 i-I 系列，z-Z 系列，s-S 系列，r-R 系列，前背板具 $i_1 \sim i_6$、$z_1 \sim z_2$、$s_1 \sim s_6$、$r_1 \sim r_6$，后背板 $I_1 \sim I_6$、$Z_1 \sim Z_5$、$S_1 \sim S_4$、$R_1 \sim R_8$，通常在背毛式（fromulae of dorsal setae）中，字母后数字代表刚毛之间的长度。除刚毛外板上还有孔，前背板 3 对，即 Po_1、Po_2、Po_3，后背板具

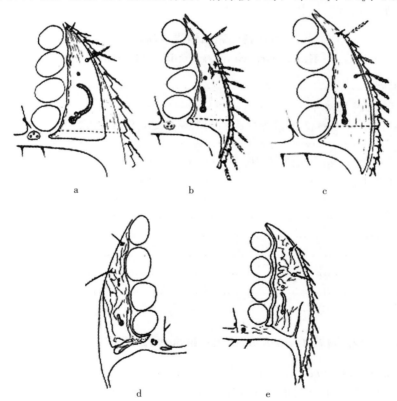

图 3-249 气门板（peritremal shield）

a. 蚖螨属 Zercon C. L. Koch　b. 副蚖螨属 Parazercon Trägårdh　c. 原蚖螨属 Prozercon
Sellnick　d. 后蚖螨属 Metazercon Blaszak　e. 客蚖螨属 Xenozercon Blaszak

（仿 Blaszak, 1975）

Po_1、Po_2、Po_3、Po_4，或仅有 Po_1、Po_2、Po_3，或 Po_2、Po_3。

雄螨：一般比雌螨小，后背板与腹肛板与雌螨相似，胸殖板一块，具 4～5 对刚毛，在中部具一雄性生殖孔。胸殖板后具有 1～2 对小板，有若干种气门板与腹肛板愈合，足与螯肢无性别上的差异。

幼螨：体长 170～250，具有 2 列的凹坑（4 个）。幼螨具前背板与后背板，后背板仅覆盖一部分末体或全部末体，背部的刚毛少于成螨，背刚毛 Z_5 与 S_4 位于腹面。胸板无，仅具肛板。

前若螨：体长 240～360，较长，与幼螨区别在于后半体具短的气门沟及气孔，前背板与后背板几乎覆盖体背全部，S_4 及 Z_5 位于背部，几乎所有的边缘毛缺如，2 对或 3 对缘毛，位于板上，前背板上具有 z 及 s 系列毛，后背板除 R 毛外具全部的其他刚毛，腹面具胸板及腹肛板。

后若螨：与成螨相比，背板上的刚毛在形状上与成螨有所不同。胸殖板上具 5 对刚毛，具腹肛板，在其前方有 1 对小板；气门沟达足 I，位于气门板内。

本科全世界共报道 39 属，218 种，本书记述 7 属。

蚖螨科各属气门板的形状如图 3－249。

蚖螨科分属检索表（雌螨）
Key to Genera of Zerconidae（females）

1. 气门板后缘截形 ·· 2
   气门板向后延伸超过 R_3 水平 ··· 3
2. 在气门板后缘有切口；生殖板与腹肛板之间生殖副板不发达，仅具 2 个骨片 ···············
   ·· 后蚖螨属 *Metazercon* Blaszak, 1975
   在气门板后缘无切口；具发达的生殖副板 ············· 蚖螨属 *Zercon* C. L. Koch, 1836
3. 前背板毛超过 50 对 ····················· 希蚖螨属 *Syskenozercon* Athias-Henriot, 1976
   前背板毛 22～23 对 ··· 4
4. 气门板上具 3 对刚毛 ························· 副蚖螨属 *Parazercon* Trägårdh, 1931
   气门板上具 2 对刚毛 ··· 5
5. R 系列毛约 15 对 ······························· 卡蚖螨属 *Caurozercon* Halaskova, 1977
   R 系列毛 7 对 ··· 6
6. 无开放的腺体 gv_2 ···························· 原蚖螨属 *Prozercon* Sellnich, 1943
   有开放的腺体 gv_2 ···························· 客蚖螨属 *Xenozercon* Blaszak, 1976

（五十四）卡蚖螨属 *Caurozercon* Halaskova, 1977

模式种：*Caurozercon duplex* Halaskova, 1977。

气门板与背板愈合于后三角区并延伸至 R_6～R_{10}，在气门板上具 2 根刚毛，P_1 短而光滑，P_2 长而具分叉，气门沟短直。前背板前端呈三角形，其上的前端刚毛位于体的腹面，与气门板合并，形成水平的梯形，位于颚体前方。在前端突出的两侧则具 1 对 i_1。头盖具 3 突，边缘具齿或仅具 1 个尖突。在躯体后端的凹坑很不明显，或仅具方格形网纹。后半体成对的边缘刚毛包括 17～21 对。R 系列毛约 15 对。Po_3 孔通常缺如。生殖板边缘的副生殖板不发达，具 1～2 对孔。腹肛板一般具 8 对肛前毛和 3 根围肛毛，可能具 5～6 对附加毛。腹肛板前缘具 2 对刚毛。腹肛孔很明显，肛瓣上无刚毛。

222. 拟重卡蚧螨 *Caurozercon duplexoideus* Ma, 2002

Caurozercon duplexoideus Ma, 2002, *Acta Zootaxonomica Sinica*, 27 (3): 479-482.

模式标本产地：中国吉林省敦化县。

雌螨（图 3-250）：体卵圆形，前部明显收缩，前端突出，后部宽圆，长 264～276，宽 167～184。前背板长 149～161，宽 167～184，布满凸起和凹坑。后背板长 126，宽 167～184。缘毛和前背板毛均短小光滑，r 列毛约 7 对，R 列毛约 15 对。后背板毛多羽状，但 z_4 光滑，z_5 和 J_6 同 R 列毛，J_4 末端达不到 J_5 基部，J_5 间距稍大于 J 列其他毛间距，但差别不甚明显。S 列和 Z 列毛排成一列。后背板毛长及毛间距见背毛式。Po_1 位于 z_1 和 J_1 之间，在中间或靠近 Z_1；Po_2 位于 z_2 基部外侧，紧靠 z_2 基部；无 Po_3。气门板后部向后延伸。气门板刚毛 2 对，P_1 短小光滑，P_2 粗长羽状。胸板与生殖板骨化很弱，看不清。腹肛板长短于宽，前缘微凹，表面有横纹，除围肛毛外具刚毛 13 对。头盖有一中突和若干侧齿，中突侧缘光滑，末端 2 分叉。螯钳动趾 3 齿，定趾约 4 齿。

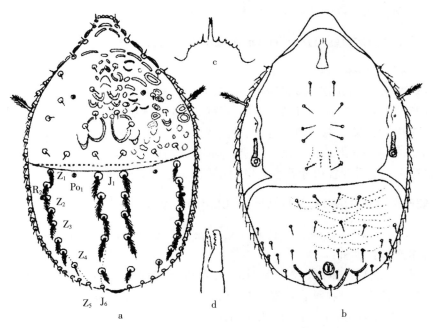

图 3-250 拟重卡蚧螨 *Caurozercon duplexoideus* Ma, 2002 ♀

a. 背面（dorsum） b. 腹面（venter） c. 头盖（tectum） d. 螯钳（chela）

（仿马立名，2002）

背毛式：

| Z_1 - 17 | J_1 - 29 | J_1 - 25 - J_1 |
| 17 | 23 | J_2 - 23 - J_2 |

$S_1 - 17$	$J_2 - 29$	$J_3 - 23 - J_3$
17	23	$J_4 - 23 - J_4$
$Z_2 - 17$	$J_3 - 29$	$J_5 - 29 - J_5$
17	23	$J_6 - 29 - J_6$
$S_2 - 17$	$J_4 - 29$	
17	34	
$Z_3 - 17$	$J_5 - 17$	
17	17	
$S_3 - 17$	$J_6 - 6$	
17		
$S_4 - 17$		
23		
$Z_4 - 17$		
29		
$Z_5 - 6$		

分布：中国吉林省敦化县（森林土壤）。

（五十五）后蚍螨属 *Metazercon* Blaszak，1975

Metazercon Blaszak，1975.

模式种：*Metazercon athiasae* Blaszak，1975。

气门板后缘截形，达第 4 对基节后部，气门板有 2 根刚毛，其中 P_1 光滑，P_2 长为 P_1 的 2 倍，有细微的分叉。气门沟仅达基节Ⅲ后缘。气门板的后缘侧面具特征性的切口。气门板与足侧板之间有骨化较弱的宽的裂缝。副生殖板具 2 个孔，在生殖板与腹肛板之间有 1 对较窄的骨片，在后背板边缘着生 8 根毛，腹肛板前缘着生刚毛 4 根。

223. 安氏后蚍螨 *Metazercon athiasae* Blaszak，1975

Metazercon athiasae Blaszak，1975，*Acarologia*，t. ⅩⅦ，fasc. 4：560 - 563.

模式标本产地：朝鲜。

雌螨（图 3 - 251）：体长 320，宽 220。在背板上 i 系列毛 6 根，光滑（毛长 18～24）；z 系列毛 2 根，等长；s 系列毛 6 根，其中 s_6 最长，达 45；r 系列毛 6 根，光滑（毛长 14～25）。后背板毛均光滑，I 系列毛中，I_1 达 I_2 基部，I_2 长的一半略超过 I_2～I_3 间距离，I_3 达 I_4 基部，I_5 很短，I_5 间距 96，I_6 间距 48，其中 I_6 与 I_2 最长；Z 系列毛中，Z_1 超过 Z_2 基部，Z_2 超过 Z_3 基部，Z_3 超过 Z_4 基部，其中 Z_4 最长；Z_5～I_7 间距离 17，S 系列中，除 S_1 较短外，其余毛等长；后背板毛中 S_2～S_4 最长。S 系列中，毛间距相等。后背板具边缘毛 8 根，长度大约为 27。后背板毛长及毛间距如下：

$S_1 - 50$	$Z_1 - 44$	$I_1 - 40$
42	36	38
$S_2 - 62$	$Z_2 - 44$	$I_2 - 55$

42	32	30
$S_3 - 62$	$Z_3 - 38$	$I_3 - 34$
42	28	32
$S_4 - 62$	$Z_4 - 56$	$I_4 - 22$
	56	28
	$Z_5 - 52$	$I_5 - 6$
		38
		$I_6 - 56$

前背板 Po_1 位于 s_1 与 i_3 连线下方，Po_2 位于 i_4 与 s_4 连线下方，Po_3 位于 z_1 与 s_5 连线下方。前背板具 5 对竖琴状结构。后背板 Po_1 位于 Z_1 与前背板末端之间，Po_2 位于 Z_2 与 I_2 连线上方，靠近 Z_2，Po_3 位于 I_5 与后背板边缘的连线上，距离 I_5 为 I_5 的直径长，Po_4 位于背部凹坑侧角下方，相距为它的直径长。后背板具 3 对竖琴状结构。

前背板前部到 s_4 毛水平处具清楚的瓦状图案，中间部分 $i_5 \sim z_1$ 之间由明亮的点构成精细的瓦状，$s_4 \sim i_5$ 之间无花纹，后部 $z_1 \sim i_6$ 之间也如是，z_1 下方具新月形的特殊表皮构造；后背板中部具精细的瓦状图案，直到 I_3 基部，两侧具清楚的瓦状图案，直到 Z_4，Z

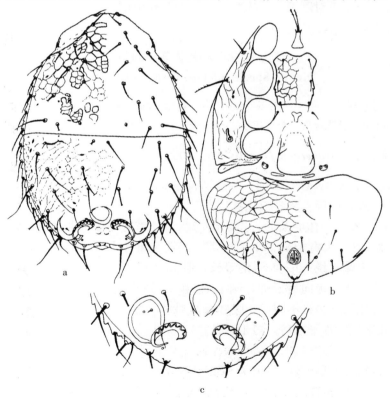

图 3 - 251　安氏后蚖螨 *Metazercon athiasae* Blaszak, 1975 ♀

a. 背面（dorsum）　b. 腹面（venter）　c. 后背板后缘（posterior part of opisthonotum）

（仿 Blaszak, 1975）

与 I 系列之间具清楚的特殊图形；后背板后部具 2 个大的凹坑，凹坑宽 35，间距 22，关于体轴对称，在凹坑区域有 3 个骨化的小丘，最小的不成对的 1 个位于 2 凹坑之间，另 2 个成对的较大的位于凹坑后角之后。

腹面气门板后缘截形，达基节 IV 后部，气门板有 2 根刚毛，其中 p_1 长 20，光滑，p_2 长为 p_1 的 2 倍，有细微的分叉。气门沟仅达基节 III 后缘。气门板的后缘侧面具特征性的切口。副生殖板具 2 个孔，在生殖板与腹肛板之间有 1 对较窄的骨片。腹肛板前缘着生毛 4 根，腹肛板具 9 对毛，VI_1 与 VI_2 有细微的分叉。孔 gv_3 位于肛侧毛下方较远处。

分布：中国辽宁省凤城市（凤凰山风景区）；朝鲜。

（五十六）副蚡螨属 *Parazercon* Trägårdh，1931

Parazercon Trägårdh，1931，*Zool. Faroes København*，2（49）：69.

模式种：*Parazercon sarekensis* Willmann，1931。

气门板上具 2 根短的光滑刚毛及 1 根长的羽状刚毛，气门板后侧角延伸向后达 R_4 水平线处。前背板的前端向下弯曲，I_1 位于弯曲部位，与气门板上的 Px 相距不远（光滑）。腹肛板的前缘部分具 1 对刚毛，1 对大的孔位于肛孔前端水平线两侧。副生殖板稍发达，全部背面刚毛羽状。

副蚡螨属分种检索表（雌螨）

Key to Species of *Parazercon* (females)

1. I 系列毛具附加毛 Ix ················· 锡霍特副蚡螨 *Parazercon sichotensis* Petrova，1977
   I 系列毛无附加毛，后背板具梅花状基环 ·············· 花副蚡螨 *Parazercon floralis* Ma，2002

224. 花副蚡螨 *Parazercon floralis* Ma，2002

Parazercon floralis Ma，2002，*Acta Zootaxonomica Sinica*，27（3）：479 - 480.

模式标本产地：中国吉林省敦化县。

雌螨（图 3 - 252）：体卵圆形，长 368，宽 276。背板布满弯曲线纹、乳突和凹坑；前背板长 207，宽 276；后背板长 172，宽 276。背毛密布羽枝，其中缘毛穗状，末端圆钝；其他背毛羽状，末端尖锐；J_6 与 S_4 约等长，但 J_6 较粗；后背板毛有梅花状基环，毛长与毛间距见背毛式。气门板向后延伸，刚毛 P_1 和 P_3 短小光滑，P_2 粗长羽状，Px 看不清。胸板和生殖板骨化弱，边缘不明显。腹肛板长 126，宽 184，布满弯曲线纹，肛前毛 7 对，Ad 位于肛门孔中横线水平之后，短于肛孔。

背毛式：

$S_1 - 34$	$Z_1 - 34$	$I_1 - 34$
34	34	34
$S_2 - 34$	$Z_2 - 34$	$I_2 - 34$
34	40	34
$S_3 - 34$	$Z_3 - 34$	$I_3 - 34$

44	34	34
$S_4 - 34$	$Z_4 - 34$	$I_4 - 34$
	40	34
	$Z_5 - 29$	$I_5 - 29$
		32
		$I_6 - 34$

分布：中国吉林省敦化县、长白山自然保护区。

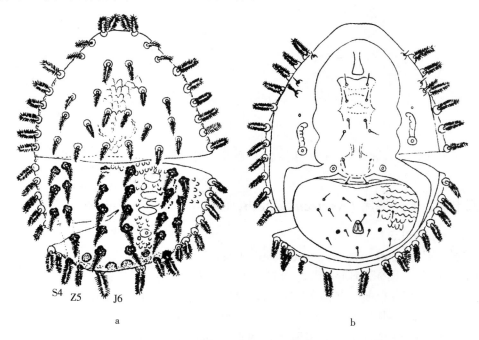

图 3-252　花副蛩螨 *Parazercon floralis* Ma，2002 ♀

a. 背面（dorsum）　b. 腹面（venter）

（仿马立名，2002）

225. 锡霍特副蛩螨 *Parazercon sichotensis* Petrova，1977

Parazercon sichotensis Petrova，1977，　Гиляров М. С. Изд. Наука，Ленинград：246-253.

模式标本产地：俄罗斯。

雌螨（图 3-253）：体长 340～360，宽 220～240，背部刚毛呈多种形状的羽状，呈弓形，叶片状边缘具齿，在后背板上中央的 I 毛除 6 根外还有 1 对附加毛 I_x。背毛羽状，缘毛末端圆钝；其他背毛末端尖锐；R_4～R_6 毛较其他的缘毛小，I 系列毛其端部超过下位列毛基部。后背板 Po_1 位于 Z_1 内侧上方，Po_3 位于 I_4～Z_4 连线上，稍靠近 Z_4。背板布满弯曲线纹、乳突和凹坑，前背板弯曲的线纹在 i_5～i_6 间形成环状，在 z_1 下方成半环状，后背板在 I 系列毛与 Z 系列毛间形成 5～6 个小的环状结构。

背毛式：

$S_1 - 24$	$Z_1 - 26$	$I_1 - 18$
46	40	24
$S_2 - 26$	$Z_2 - 26$	$I_2 - 36$
48	38	24
$S_3 - 12$	$Z_3 - 22$	$I_3 - 24$
12	20	20
$S_4 - 26$	$Z_4 - 20$	$I_4 - 28$
	18	24
	$Z_5 - 12$	$I_x - 24$
		14
		$I_5 - 22$
		16
		$I_6 - 28$

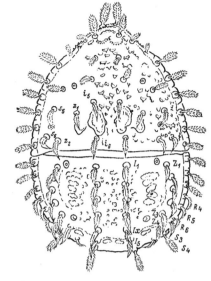

图 3 - 253　锡霍特副蚖螨 *Parazercon sichotensis* Petrova，1997 ♀　背面（dorsum）

（仿 Petrova，1997）

分布：中国吉林省（长白山自然保护区）；俄罗斯。

（五十七）原蚖螨属 *Prozercon* Sellnich，1943

Prozercon Sellnich，1943.

模式种：*Prozercon trigonus*（Berlese，1904）。

中小型螨类。躯体呈圆形，背部隆起。R 系列具 7 根毛，R 系列毛光滑或羽状。前背板上 i_5 毛光滑。前背板前缘向前下方弯曲，使得 i_1 毛可以在腹面看到。背部的凹坑有或很难看到。气门板具刚毛 2 根，光滑或 P_1 呈羽状。气门板向后延伸，有时与腹肛板愈合，气门沟短。在腹肛板的前缘有 2 根刚毛，腹肛板的孔位于 Ad 与 ul_2 毛的连线上或连线下方。

226. 长白原蚖螨 *Prozercon changbaiensis* Bei，Shi et Yin，2002

Prozercon changbaiensis Bei，Shi et Yin，2002，*Entomotaxonomia*，24（3）：223 -226.

模式标本产地：中国吉林省。

雌螨（图 3 - 254）：体呈卵圆形，长 316～332，宽 224～248。背板分为 2 块。前背板上具不规则网纹状结构，着生毛 19 对，其中 i_1～i_3 和 s_1～s_5 为羽状；i_4～i_6 和 z_1～z_2 光滑；r_1～r_7 为羽状且较其他毛粗长。后背板具毛 23 对，即 I_1～I_6、Z_1～Z_5、S_1～S_4 和 R_1～R_8，均为羽状，其中 S 毛系列与 Z 毛系列分为明显的 2 列；R_1～R_8 与 r_1～r_7 相同；I_1～I_4 较 I_5 及 S 毛和 Z 毛粗长。I_1～Z_1 之间的距离几乎相等；I 毛系列中，I_5 间距离最大，I_3 间的距离最小，但不小于其毛长本身，I_1 间、I_2 间及 I_4 间距离几乎相同，I_1～I_2、I_2～I_3 及 I_3～I_4 间距离相同且约等于其毛长；Z_1 与 X_2 接近，其间距等于或稍大于 Z_1 长度，Z_2～Z_3 间距离与 Z_3～Z_4 间距离相仿，大于 Z_3 长的 3 倍；S_1～S_2 间距离约为 S_2 毛长的 2 倍，S_2～S_3 间距离略大于 S_2 毛长的 2 倍，S_3～S_4 间距离较前二者均大。I_5 与 Z_4 毛

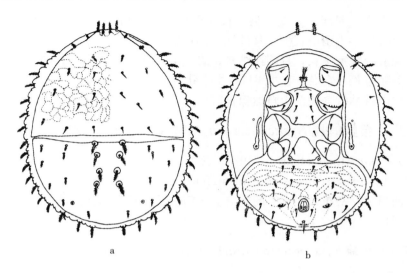

a
b

图 3 - 254　长白原蚖螨 *Prozercon changbaiensis* Bei，Shi et Yin，2002 ♀

a. 背面（dorsum）　b. 腹面（venter）

（仿贝纳新等，2002）

基的连线上方稍靠近 Z_4 处有 1 个孔 Po_3。

背毛式：

i_1：20～24	z_1：10～11	S_1：10～12	r_1：22～24
i_2：16～22	z_2：9～10	S_2：8～10	r_2：22～24
i_3：8～9		S_3：10～12	r_3：20～24
i_4：9～11		S_4：10～12	r_4：22～23
i_5：10～11		S_5：11～12	r_5：22～24
i_6：10～11			r_6：20～23
			r_7：18～24

I_1：20～21	Z_1：9～13	S_1：10～12	R_1：20～22
22～24	12～16	24～26	R_2：19～20
I_2：20～22	Z_2：11～12	S_2：12～14	R_3：20～22
21～22	40～42	32～42	R_4：19～20
I_3：23～24	Z_3：11～12	S_3：11～12	R_5：20～22
23～24	12～16	45～50	R_6：19～20
I_4：16～21	Z_4：10～17	S_4：8～13	R_7：20～22
44～52	12～16		R_8：19～20
I_5：14～18	Z_5：20～23		
22～26		I_6～I_6：48～50	
I_6：22～24		I_6～Z_5：24～26	

腹面气门沟板上着生 P_1 和 P_2 这 2 对毛，P_1 着生于明显突出的毛基上，呈羽状；P_2 光滑。气门沟短，不达足Ⅲ基节前缘，直或端部略弯，基部紧接气门口的上方稍有膨大。

胸叉基部长大于宽，端部多分支。胸板长大于宽，着生胸毛 3 对；胸后毛着生于盾间膜上。生殖板风铃形，生殖毛着生于其外缘中部；副生殖板小，具 1 个小孔，着生于生殖板后缘外角。腹肛板宽大于长，具网纹结构，着生毛 8 对；肛侧毛位于肛孔后侧角，肛后毛较其他毛显著粗且长。在 Ad 毛外侧具有 1 个孔状结构。

分布：中国吉林省（长白山自然保护区）。

（五十八）希蚖螨属 *Syskenozercon* Athias-Henriot，1976

Syskenozercon Athias-Henriot，1976，433.

模式种：*Syskenozercon kosiri* Athias-Henriot，1976。

背板表面粗糙，密布大小不等的圆突。气门板后端圆形，延伸至基节 IV 之后，板上刚毛粗短，具羽枝。

227. 考斯希蚖螨 *Syskenozercon kosiri* Athias-Henriot，1976

Syskenozercon kosiri Athias-Henriot，1976，*Bull. Soc. Zool. France*，101（3）：433.

模式标本产地：法国。

雌螨（图 3 - 255）：背板表面粗糙，密布大小不等的圆突。背毛较多，短小，有绒毛，基部在圆环上，毛数和位置有很大变异，排列不规则。胸叉体呈山字形，后侧角明显，有尖锐的前侧角。胸板退化，生殖板形状不规则。腹肛板表面具大小不等的圆突和凹陷，腹毛较多，细短光滑。气门板后端圆形，延伸至基节 IV 之后，板上刚毛粗短，具羽枝。

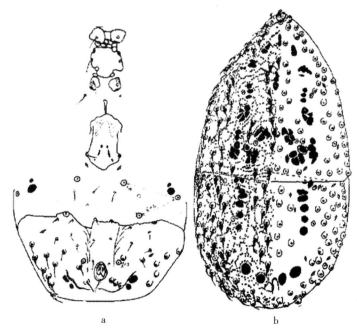

a   b

图 3 - 255　考斯希蚖螨 *Syskenozercon kosiri* Athias-Henriot，1976 ♀

a. 腹面（venter）　b. 背面（dorsum）

（仿 Athias-Henriot，1976）

分布：中国黑龙江伊春市（带岭区凉水自然保护区），吉林省敦化县（森林土壤）；法国，巴基斯坦，印度，尼泊尔，不丹。

（五十九）客蚖螨属 *Xenozercon* Blaszak，1976

Xenocercon Blaszak，1976.

模式种：*Xenocercon glaber* Blaszak，1976。

气门板向后延伸，超过 R_5 水平，气门板上具 2 根毛，第 1 根较短，光滑，第 2 根长，具细微的分叉，气门板具深的切口，达 r_6 水平，生殖副板缺如，仅具开放的腺体 gv_2。

228. 光滑客蚖螨 *Xenozercon glaber* Blaszak，1976

Xenozercon glaber Blaszak，1976，*Bull. Acad. Polsic.*，24 (1)：33 - 36.

模式标本产地：朝鲜。

雌螨（图 3 - 256）：体长 324，宽 251，卵圆形。缘毛呈分支状，末端达下位毛基部，背板其他毛皆短小，光滑。后背板边缘具 8 个小的隙孔，Po_1 位于 Z_1 内侧上方，Po_2 位于 $Z_1 \sim Z_2$ 连线中点内侧，Po_3 位于 $Z_3 \sim Z_4$ 连线上靠近 Z_4。前背板具明显的瓦状图案，后背板仅在 I 系列毛与 Z 系列毛间有 6～7 个小的环状纹，其他部分光滑。板向后延伸，超过 R_5 水平，板上具 2 根毛，第 1 根较短，光滑，第 2 根长，具细微的分叉，气门板具深的切口，达 r_6 水平。生殖副板缺如，仅具开放的腺体 gv_2。

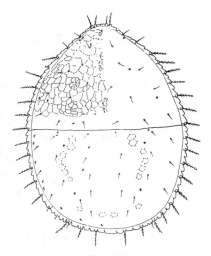

图 3 - 256 光滑客蚖螨 *Xenozercon glaber* Blaszak，1976♀ 背面（dorsum）（仿 Blaszak，1976）

背毛式：

$S_1 - 8$	$Z_1 - 10$	$I_1 - 8$
38	30	34
$S_2 - 10$	$Z_2 - 8$	$I_2 - 10$
42	44	26
$S_3 - 12$	$Z_3 - 6$	$I_3 - 8$
40	22	24
$S_4 - 10$	$Z_4 - 8$	$I_4 - 8$
	40	36
	$Z_5 - 18$	$I_5 - 8$
		24
		$I_6 - 24$

分布：中国吉林省长白山自然保护区、敦化县；朝鲜。

（六十）蚖螨属 *Zercon* C. L. Koch，1836

Zercon C. L. Koch，1836.

模式种：*Zercon triangularis* C. L. Koch，1836。

气门板上有 2 根刚毛，其中 P_1 光滑，P_2 为长的羽状刚毛或稍呈羽状或光滑，气门板的后缘截形，呈圆锥状。在生殖板的两侧的有很发达的生殖副板，具 2～4 孔。腹肛板的前部边缘具有 1～2 对刚毛，腹肛板上具 7～8 对肛前毛，大的孔位于腹肛板肛孔水平线之后，在绝大多数的已知种上其凹坑在体后部，角质化强。

蚨螨属分种检索表（雌螨）
Key to Species of *Zercon*（females）

1. 边缘毛短，无锯齿 ······················ 斯托克蚨螨 *Zercon storkani* Halašková，1970
   边缘毛长，具锯齿 ·· 2
2. J_6 和 S_4 特别长，中部单侧有羽枝，末端细丝状 ············ 吉林蚨螨 *Zercon jilinensis* Ma，2003
   J_6 和 S_4 较长，中部单侧有羽枝，末端粗 ·· 3
3. Po_2 位于 Z_2 旁（同一水平），Po_3 位于 Z_3 与 Z_4 连线中点内侧 ·······················
   ······················ 马拉维蚨螨 *Zercon moravicus* Halašková，1970
   Po_2 位于 Z_2 后外侧，Po_3 位于 Z_3 和 Z_4 连线内侧，接近 Z_4
   ······················ 小兴安岭蚨螨 *Zercon xiaoxinganlingensis* Ma et Yin，1999

229. 黑龙江蚨螨 *Zercon heilongjiangensis* Ma et Yin，1999

Zercon heilongjiangensis Ma et Yin，1999，*Entomotaxonomia*，21（3）：231.

模式标本产地：中国黑龙江省。

雄螨（图 3-257）：体长 368，宽 264。背板 2 块，具云朵状和鳞状网纹。背窝明显，纵轴与体轴平行。背毛序完整，前背板 i_1，s_3～s_6 和 r_3～r_6，后背板 J_5～J_6，Z_3～Z_4 和 S_1～S_4 羽状，其中 J_5～J_6，Z_4 和 S_2～S_4 在中段稍远处有单侧或双侧羽枝，末端纤细；R_1～R_7 光滑或有 1～2 个羽枝；其余毛光滑；r_1～r_2 短于而 r_3 长于其他缘毛，s_1～s_2 和 z_2 短于周围毛。后背板毛长及同列毛间距见背毛式。J_5 位于外窝之前，并远离外窝。Z_5 位于 J_6 腹侧，但不在同一突起上。小孔 Po_2 位于 S_2 与 Z_2 连线中点之前，Po_3 位于 Z_3 和 Z_4 连线内侧，接近 Z_4。腹面、头盖及螯钳如图 3-257b～d。

背毛式：

S_1 - 34	Z_1 - 11	J_1 - 11
40	34	23
S_2 - 69	Z_2 - 11	J_2 - 11
46	23	23
S_3 - 75	Z_3 - 57	J_3 - 11
52	46	17
S_4 - 92	Z_4 - 80	J_4 - 11
	57	23
	Z_5 - 46	J_5 - 115
		69
		J_6 - 115

分布：中国黑龙江省伊春市（带岭区凉水自然保护区）。

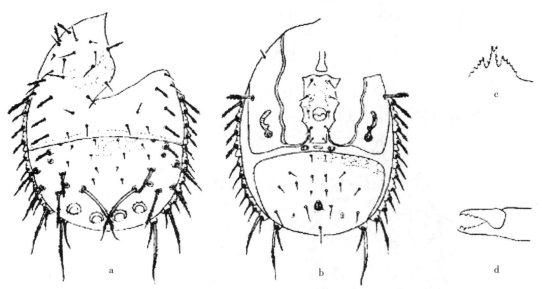

图 3-257　黑龙江蚊螨 *Zercon heilongjiangensis* Ma et Yin，1999 ♂
a. 背面（dorsum）　b. 腹面（venter）　c. 头盖（tectum）　d. 螯肢（chelicera）
（仿马立名等，1999）

230. 吉林蚊螨 *Zercon jilinensis* **Ma，2003**

Zercon jilinensis Ma，2003，*Entomotaxonomia*，25（1）：73.

模式标本产地：中国吉林省。

雌螨（图3-258）：体长414，宽333。背板有云朵状和鳞状网纹，背窝纵轴与体轴平行，背毛序完整。前背板 $i_1 \sim i_4$、$s_3 \sim s_6$ 和 $r_3 \sim r_6$ 有羽枝，其余毛光滑（有的可能有羽枝，但看不清），z_2 短于周围毛，$s_1 \sim s_2$ 短于同列其他毛，$r_1 \sim r_2$ 短于而 r_3 长于其他缘毛。后背板 $J_1 \sim J_3$ 和 $Z_1 \sim Z_2$ 微小光滑，$J_4 \sim J_5$ 和 $Z_3 \sim Z_4$ 脱落或折断，但从毛窝和残段看出这些毛粗长，$S_1 \sim S_3$ 粗长，有羽枝，S_1 长几乎等于 S_1 与 S_2 间距，J_6 和 S_4 特别长，中部单侧有羽枝，末端细丝状，Z_5 光滑，基部与 J_6 重叠；$R_1 \sim R_7$ 有少数羽枝，后背板毛长及同列毛间距见背毛式；小孔 Po_3 位于 Z_3 和 Z_4 连线内侧。胸板后缘较直。胸后毛在足内板内侧表皮上。生殖侧板1对。腹肛板前缘有1对毛。Ad 位于肛孔中横线水平之前，Ad 与 Pa 均长于肛孔，Ad 外侧有1对小孔。气门板毛 P_1 短小光滑，P_2 粗长羽状；气门沟短，弧形。头盖3突，中突较宽，顶端2叉，侧突狭窄，头盖边缘有许多小齿。

背毛式：

$S_1 - 57$	$Z_1 - 11$	$J_1 - 11$
46	34	34
$S_2 - 69$	$Z_2 - 11$	$J_2 - 11$
46	40	34
$S_3 - 80$	$Z_3 -$ 粗长	$J_3 - 11$

46	52	34
$S_4 - 92$	Z_4 -粗长	J_4 -粗长
	57	46
	$Z_5 - 46$	J_5 -粗长
		75
		$J_6 - 126$

分布：中国吉林省敦化县。

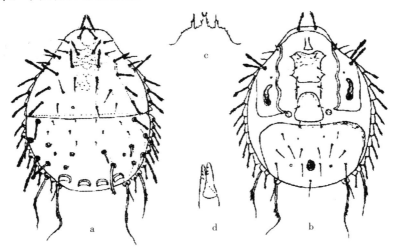

图 3 - 258 吉林蚑螨 *Zercon jilinensis* Ma，2003 ♀

a. 背面（dorsum） b. 腹面（venter） c. 头盖（tectum） d. 螯肢（chelicera）

（仿马立名，2003）

231. 马拉维蚑螨 *Zercon moravicus* Halašková，1970

Zercon moravicus Halašková，1970，*Acta Univ. Carolinae Biol.*，175 - 352.

模式标本产地：捷克。

雌螨（图 3 - 259）：体长 490～530，后背板刚毛 15 对，边缘毛 R 与 r 长，具锯齿，其端部达到或超过下位毛基部。I_1 与其他中部 I 毛粗、棘状。Z_1、Z_2 短，Z_3、Z_4、$S_2 \sim S_4$ 柳叶状具锯齿，Z_3 长超过 Z_3 与 Z_4 距离。Po_2 位于 Z_2 旁（同一水平），Po_3 位于 Z_3 与 Z_4 连线中点内侧，背板大部分具网状刻纹。凹坑 2 对，大小相同。前背板 Po_1 靠近 s_1，Po_2 位于 s_4 与 i_4 连线下方，Po_3 位于 s_5 与 z_1 连线下方；后背板 Po_1 位于后背板前沿与 Z_1 之间。整个前背板具有规则的网状刻纹，后背板网状刻纹达 Z_3 基部，剩余部分光滑。

背毛式：

$S_1 - 26$	$Z_1 - 10$	$I_1 - 20$
49	54	62
$S_2 - 64$	$Z_2 - 14$	$I_2 - 18$
70	34	48

$S_3 - 64$　　$Z_3 - 40$　　$I_3 - 16$
　70　　　　　66　　　　　36
$S_4 - 83$　　$Z_4 - 86$　　$I_4 - 16$
　　　　　　　64　　　　　46
　　　　　　$Z_5 - 26$　　$I_5 - 14$
　　　　　　　　　　　　　32
　　　　　　　　　　　　$I_6 - 100$

分布：中国吉林省（长白山自然保护区）；捷克。

232. 斯托克蚖螨 *Zercon storkani* Halašková, 1970

Zercon storkani Halašková , 1970，*Acta Univ. Carolinae Biol*.，175 - 352。

模式标本产地：捷克。

雌螨（图 3 - 260）：长 430～460，宽 300～330。后背板刚毛 15 对，边缘毛 R 与 r 短，没有锯齿，其顶端不达下列毛基部，I_5 与其他 I 毛相似，针状。Z_1、Z_2 短，Z_2 长度为 13～16，Z_3、Z_4、S_2～S_4 针状，Z_3 长为 24，Z_4 长为 76，S_4 长为 36，Z_3 长等于 Z_3 与 Z_4 的间距。Po_2 位于 Z_2 与 S_2 连线的中点，Po_3 位于 I_4 与 Z_4 连线上，靠近 Z_4，后背板的大部分光滑，光亮无装饰物。前背板 Po_1 靠近 s_1，Po_2 位于 s_4 与 i_4 连线下方，Po_3 位于 s_5 与 z_1 连线下方；后背板 Po_1 位于后背板前沿与 Z_1 之间。整个前背板具有规则的网状刻纹，后背板网状刻纹达 I_2 与 Z_2 下方，剩余部分光滑。

背毛式：

$S_1 - 32$　　$Z_1 - 18$　　$I_1 - 20$
　46　　　　　48　　　　　36
$S_2 - 55$　　$Z_2 - 16$　　$I_2 - 20$
　54　　　　　24　　　　　42
$S_3 - 24$　　$Z_3 - 24$　　$I_3 - 18$
　44　　　　　24　　　　　34
$S_4 - 36$　　$Z_4 - 76$　　$I_4 - 14$
　　　　　　　52　　　　　38

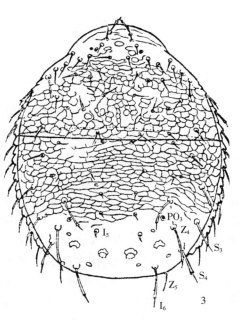

图 3 - 259　马拉维蚖螨 *Zercon moravicus*
Halašková, 1970 ♀
背面（dorsum）
（仿 Halašková, 1970）

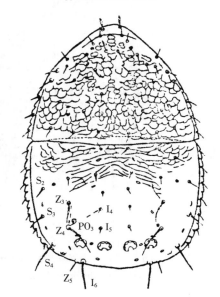

图 3 - 260　斯托克蚖螨 *Zercon storkani*
Halašková, 1970 ♀
背面（dorsum）
（仿 Halašková, 1970）

$$Z_5 - 36 \qquad I_5 - 12$$
$$50$$
$$I_6 - 68$$

分布：中国吉林省（长白山自然保护区）；捷克（朽木上）。

233. 小兴安岭蚖螨 *Zercon xiaoxinganlingensis* Ma et Yin，1999

Zercon xiaoxinganlingensis Ma et Yin，1999，*Entomotaxonomia*，21（3）：228.

模式标本产地：中国黑龙江省。

雄螨（图3-261）：体长391~414，宽310~345。背板2块，具云朵状和鳞状网纹。背窝发达，纵轴与体轴平行。背毛序完整，前背板 $i_1 \sim i_3$，$s_3 \sim s_6$ 和 $r_1 \sim r_6$，后背板 J_6，$Z_3 \sim Z_4$，$S_1 \sim S_4$ 和 $R_1 \sim R_7$ 有羽枝，其余毛光滑；$r_1 \sim r_2$ 稍短于其他缘毛，r_3 稍长于其他缘毛；$s_1 \sim s_2$ 短于同列其他毛，z_2 短于周围毛。后背板毛长及同列毛间距见背毛式1。J_5 位于内窝前外侧，个别标本位于内窝前方，或距内窝较远。小孔 Po_2 位于 Z_2 后外侧，个别标本位于 Z_2 外侧或前外侧；Po_3 位于 Z_3 和 Z_4 连线内侧，接近 Z_4，个别标本与 Z_3 和 Z_4 等距。胸殖板刚毛5对，生殖孔位于基节Ⅲ水平。生殖侧板1对，各有4小孔。气门板宽，刚毛 P_1 短小光滑，P_2 粗长羽状。气门沟弧形，前端达到基节Ⅲ前部水平。腹肛板宽大，肛前毛7对；Ad位于肛孔中线水平，长于肛孔，Pa等于Ad长；Ad外侧有1对小孔；肛瓣上有小毛1对。头盖如图3-261c。螯钳动趾3齿，定趾4或5齿。

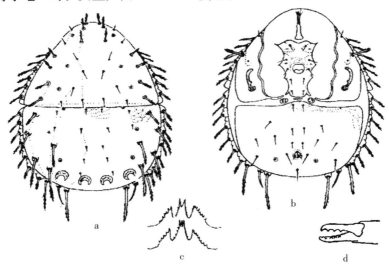

图3-261　小兴安岭蚖螨 *Zercon xiaoxinganlingensis* Ma et Yin，1999 ♂
a. 背面（dorsum）　b. 腹面（venter）　c. 头盖（tectum）　d. 螯肢（chelicera）
（仿马立名等，1999）

雌螨（图3-262）：体长460~540，宽425~471。背面同雄螨。后背板毛长及同列毛间距见背毛式2。$S_1 \sim S_4$，$Z_3 \sim Z_4$ 和 J_6 由于方向不同，其宽度亦不同。胸板近方形，后缘微凹，胸毛3对。胸后毛在足内板内侧表皮上。生殖板毛1对。腹肛板宽大，肛前毛7或8对，其中板前缘毛1或2对。

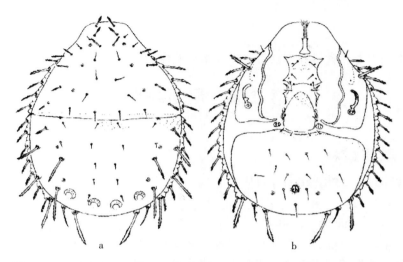

图 3 - 262　小兴安岭蚖螨 *Zercon xiaoxinganlingensis* Ma et Yin，1999 ♀

a. 背面（dorsum）　b. 腹面（venter）

（仿马立名等，1999）

背毛式 1：

S_1 - 34	Z_1 - 11	J_1 - 11
46	46	46
S_2 - 46～57（50）	Z_2 - 11	J_2 - 11
46～57（53）	23～34（30）	34～46（42）
S_3 - 57～69（65）	Z_3 - 57～69（59）	J_3 - 11
46～57（52）	46～57（54）	29～40（34）
S_4 - 69～92（79）	Z_4 - 69～92（87）	J_4 - 11
	46～57（48）	29～40（34）
	Z_5 - 34～46（36）	J_5 - 11
		34～46（38）
		J_6 - 80～103（90）

背毛式 2：

S_1 - 34～46（43）	Z_1 - 23	J_1 - 23
57～69（63）	57～69（64）	57
S_2 - 46～57（55）	Z_2 - 23	J_2 - 23
57～92（75）	34～57（43）	46～57（56）
S_3 - 57～86（77）	Z_3 - 69～92（76）	J_3 - 23
57～80（66）	69～80（75）	34～46（43）
S_4 - 69～92（83）	Z_4 - 69～103（88）	J_4 - 23
	57～80（70）	34～57（46）
	Z_5 - 34～57（45）	J_5 - 23

$$46 \sim 57 \ (54)$$
$$J_6 - 80 \sim 115 \ (102)$$

分布：中国黑龙江省伊春市（带岭区凉水自然保护区），吉林省敦化县。

第二节　尾足螨股

十七、糙尾螨科
Trachytidae Trägårdh，1938

Trachytidae Trägårdh，1938.

体多为三角形，有前突，常具有气门板，具臀板和缘板，全部背板上具有明显的角质化的网纹，腹面的板游离或愈合，基节Ⅰ一般远离，不掩盖第三胸板（胸叉），胸叉基部宽，叉丝呈树枝状，光滑或具齿，足窝在大多数情况下缺如。该科螨类生活于土壤或森林的草叶中。

全世界共报道 1 属，27 种，本书记述 1 属，糙尾螨属 *Trachytes* Michael。

（六十一）糙尾螨属 *Trachytes* Michael，1894

Trachytes Michael，1894.

模式种：*Trachytes aegrota*（C. L. Koch，1841）。

体三角形，具 1 前突，背板角质化。有气门板，气门板中部在 I_4 间具一薄片。腹板愈合或分开呈 X 形。雌性生殖板呈梯形。头盖狭长，末端尖，边缘具刺。螯肢定趾较动趾长，具伸直尖锐的突起，定趾具 1 齿。胸叉基部长方形，树枝部 4 分叉，两侧光滑，中部突起上具齿。口下板刚毛 C_1、C_2、C_3 光滑，C_4 粗短具刺。

该属螨类生活于森林的落叶及土壤内。

糙尾螨属分种检索表（雌螨）
Key to Species of *Trachytes*（females）

1. 前突周围薄片上具放射状条纹 ··· 2
   前突周围薄片上无条纹 ···························· 殷氏糙尾螨 *Trachytes yinsuigongi* Ma，2001
2. 腹面狭缝中无毛 ·· 3
   腹面狭缝中有毛 ······························ 病糙尾螨 *Trachytes aegrota*（C. L. Koch，1841）
3. 腹面生殖板前有倒漏斗状结构，生殖板两侧有角状突 ······ *Trachytes changbaiensis* Chen，Bei et Yin，2008
   ·· 长白糙尾螨 *Trachytes changbaiensis* Chen，Bei et Yin，2008
   腹面生殖板前无倒漏斗状结构，生殖板两侧无角状突 ······ 吉林糙尾螨 *Trachytes jilinensis* Ma，2001

234. 病糙尾螨 *Trachytes aegrota*（C. L. Koch，1841）

Celaeno aegrota C. L. Koch，1841. *Crust. Myr. Arachn. Deutsch.*，fasc. 32，t. 5.

模式标本产地：德国。

雌螨（图 3 - 263）：体长 670，宽 450，体前缘两侧围绕着角质化的放射状条纹，x_2 毛属于长毛。背面有背中板和臀板各 1 块及缘板 1 对，臀板中间有方形骨片。各板均有浓密蜂窝状网纹和圆圈。背毛柳叶状，透明。缘毛排列于体侧缘和后缘。背中板刚毛 14 对，臀板刚毛 3 对。均着生在大的毛基上。胸叉体矩形。基节 I 相距远，不遮盖胸叉。胸板刚毛 7 对，其中 2 对位于生殖板侧缘狭缝中。生殖板梯形，后缘直，侧缘微凹。腹侧板楔形，有浓密蜂窝状网纹，上有 1 根柳叶状毛。腹肛板菱形，肛前毛 6 对。肛侧毛 2 对，肛后毛 1 根，均柳叶状。各板间狭缝呈 X 形。气门沟前端达到基节 I 后缘。

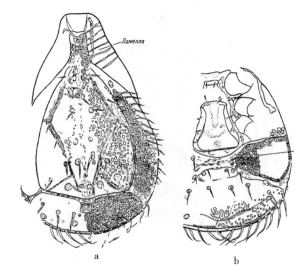

图 3 - 263　病糙尾螨 *Trachytes aegrota* (C. L. Koch, 1841) ♀

a. 背面 (dorsum)　b. 腹面 (venter)

(仿 C. L. Koch, 1841)

分布：中国吉林省（长白山自然保护区），山东省泰安市；俄罗斯（莫斯科），德国，拉脱维亚，东欧。

235. 长白糙尾螨 *Trachytes changbaiensis* Chen, Bei et Yin, 2008

Trachytes changbaiensis Chen，Bei et Yin，2008，*Acta Arachnologica Sinica*，17 (2)：101 - 102.

模式标本产地：中国吉林省。

雌螨（图 3 - 264）：体鲜黄色，宽梨形，长 790～812，宽 580～600，有前突，其周围薄片上有放射状条纹。背面有背中板和臀板各 1 块及缘板 1 对，臀板中间有方形骨片。各板有浓密蜂窝状网纹和圆圈。背毛柳叶状，透明。背中板刚毛 14 对，臀板刚毛 3 对。胸叉基部长方形。基节 I 远离，不遮盖胸叉。胸板刚毛 7 对，V_1 较粗，V_2～V_4 短，V_5 和 V_6 位于生殖板侧缘狭缝中，V_7 正常。生殖板梯形，长 152～164，前部宽 72～90，后部宽 130～140，侧缘及后缘微凹，前缘微凸，两侧有角状突。生殖板前有倒漏斗状结构。腹侧板楔形，各有 1 根柳叶状毛。腹肛板菱形，肛前毛 6 对，肛侧毛 2 对，肛后毛 1 根，均柳叶状。各板间狭缝呈 X 形。板上有蜂窝状网纹。气门沟前端达到基节 I 后缘。头盖狭长，末端尖，边缘有刺。螯肢动趾 1 齿，定趾远长于动趾，顶端细长。各足股节具 3 突起。

分布：中国吉林省（长白山自然保护区）。

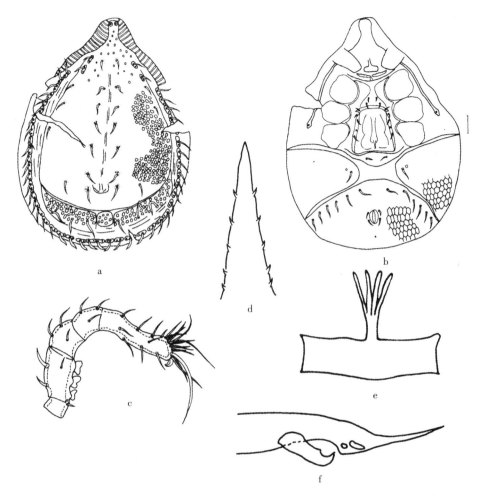

图 3 - 264　长白糙尾螨 *Trachytes changbaiensis* Chen，Bei et Yin，2008 ♀
a. 背面（dorsum）　b. 腹面（venter）　c. 足Ⅰ（leg Ⅰ）　d. 头盖（tectum）　e. 胸叉（tritosternum）
f. 螯肢（chelicera）
（仿陈万鹏等，2008）

236. 吉林糙尾螨 *Trachytes jilinensis* Ma，2001

Trachytes jilinensis Ma，2001，*Acta Zootaxonomica Sinica*，26（4）：496 - 497.
模式标本产地：中国吉林省舒兰市。

雌螨（图 3 - 265）：体暗黄色，狭梨形或宽梨形，长 666～689，宽 437～483，有前突，其周围薄片上有放射状条纹。背面有背中板和臀板各 1 块及缘板 1 对，臀板中间有方形骨片。各板有浓密蜂窝状网纹和圆圈。背毛柳叶状，透明。缘毛排列于体侧缘和后缘。背中板刚毛 14 对，臀板刚毛 3 对。胸叉体矩形，叉丝 4 支。基节Ⅰ相距远，不遮盖胸叉。胸板刚毛 7 对，其中 2 对位于生殖板侧缘狭缝中。生殖板梯形，长 149，前部宽 69，后部宽 103～126，前、后缘直，侧缘微凹。腹侧板楔形，各有 1 根柳叶状毛。腹肛板菱形，肛前毛6对。肛侧毛2对，肛后毛1根，均柳叶状。各板间狭缝呈X形。板上有蜂窝状网纹。气门沟前端达到基节Ⅰ后缘。头盖狭长，末端尖，边缘有刺。螯钳动趾1齿，定趾远长于动趾，顶端细长。颚毛Ⅰ最长，光滑；颚毛Ⅱ细短，光滑；颚毛Ⅲ较长，边缘不平，基部粗，末端细；颚毛Ⅳ粗短，有小刺。叉毛2叉。各足股节有3突起。跗节Ⅰ爪很小。

分布：中国吉林省舒兰市、长白山自然保护区。

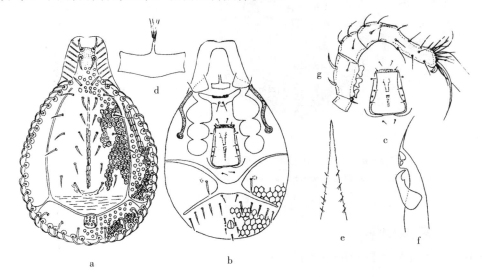

图3-265　吉林糙尾螨 *Trachytes jilinensis* Ma，2001 ♀

a. 背面（dorsum）　b. 腹面（venter）　c. 生殖板变异（variation of genital shield）

d. 胸叉（tritosternum）　e. 头盖（tectum）　f. 螯钳（chela）　g. 足Ⅰ（legⅠ）

（仿马立名，2001）

237. 殷氏糙尾螨 *Trachytes yinsuigongi* Ma，2001

Trachytes yinsuigongi Ma，2001，*Acta Zootaxonomica Sinica*，26（4）：497-499.

模式标本产地：中国吉林省舒兰市。

雌螨（图3-266）：体鲜黄色，宽梨形，长747～781，宽517～575。前突周围薄片无条纹。背面各板有浓密蜂窝状网纹和圆圈。背毛柳叶状。缘毛列各毛间有小骨片。背中板刚毛14对。臀板刚毛3对。缘板在靠近缘毛列处有4根毛。胸叉体矩形。胸板刚毛6对，其中1对位于生殖板侧缘狭缝中。生殖板长161～172，前部宽69～80，后部宽126～138。腹肛板与腹侧板融合，肛前毛7对，肛侧毛2对，肛后毛1根，均柳叶状，胸板与腹肛板间狭缝呈V形。气门沟前端达到基节Ⅰ后缘。头盖狭长，末端一尖，有刺。螯钳动趾1齿，定趾远长于动趾，顶端细长。颚毛Ⅰ长而光滑。颚毛Ⅱ短而光滑，颚毛Ⅲ基部粗而末端细，颚毛Ⅳ粗短有刺。叉毛2叉。各足股节有3突起。跗节Ⅰ爪很小。

分布：中国吉林省舒兰市、长白山自然保护区。

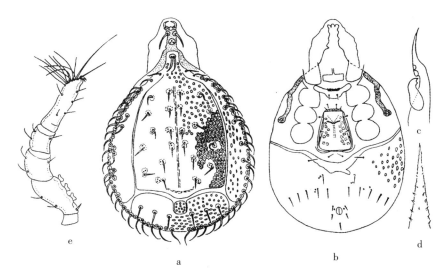

图 3-266　殷氏糙尾螨 *Trachytes yinsuigongi* Ma，2001 ♀

a. 背面（dorsum）　b. 腹面（venter）　c. 螯钳（chela）　d. 头盖（tectum）　e. 足Ⅰ（legⅠ）

（仿马立名，2001）

十八、多盾螨科

Polyaspididae Berlese，1913

Polyaspididae Berlese，1913.

体长椭圆形、卵圆形或圆形，有前突，具臀板，全部背板上具有明显的浓重图案。基节Ⅰ一般远离，不掩盖第三胸板，第三胸板基部宽，胸叉丝呈树枝状，光滑或具齿，足窝在大多数情况下缺如。该科螨虫生活于土壤、落叶、树洞及腐烂的木头中。

全世界共报道 4 属，本书记述 2 属，异多盾螨属 *Polyaspinus* Berlese，尾绥螨属 *Uroseius* Berlese。

多盾螨科分属检索表（雌螨）

Key to Genera of Polyaspididae（females）

1. 胸叉前、后侧角突出·· 异多盾螨属 *Polyaspinus* Berlese，1916

　胸叉前、后侧角不突出 ·· 尾绥螨属 *Uroseius* Berlese，1888

（六十二）异多盾螨属 *Polyaspinus* Berlese，1916

Polyaspinus Berlese，1916.

模式种：*Polyaspinus cylindricus* Berlese，1916。

体长椭圆形，有前突，背板长大，覆盖体躯约 2/3，背板上具有明显的浓重纵行图案，有两纵行背中毛。臀板完整或分裂，通常具 1～2 对刚毛。生殖板前部宽圆。头盖狭长，末端尖，边缘具刺。胸叉基部近长方形，前侧角及后侧角突出，叉丝末端常分支。螯钳动趾 1 齿，定趾长于动趾，末端圆钝。口下板刚毛 C_1、C_2、C_3 光滑，C_4 粗短具刺。

该属螨类生活于土壤、落叶、树洞及腐烂的木头中。

238. 贺氏异多盾螨 *Polyaspinus hejianguoi* Ma，2000

Polyaspinus hejianguoi Ma，2000，*Acta Arachnologica Sinica*，9（1）：41-42。

模式标本产地：中国吉林省舒兰市。

雌螨（图 3-267）：体黄色，长椭圆形，有前突，长 758，宽 402。背面有 2 块板，背板长 597，宽 264，具浓重纵行图案，刚毛常形；臀板长 103，宽 252，中部有盾形图案，两侧有 1 对宽毛。背板与臀板之间表皮上有 1 对常形毛。背表皮毛 2 列，宽阔，均在基骨片上。由于背面图案浓重，刚毛色淡，有的毛看不清。基节 I 相距较远。胸叉基近长方形，前侧角及后侧角均突出，叉丝末端分支。生殖板长 184，宽 138，前部宽圆。胸毛 5 对，细小，排列于生殖板之前及两侧。腹毛 6 对，其中后侧方 2 对粗大，余均细小。肛区有浓重图案围绕肛孔，围肛毛 5 根。气门与气门沟及头盖看不清。螯钳动趾 1 齿，定趾长于动趾，末端圆钝。叉毛 2 叉。各足侧缘具薄膜，有宽毛和常形毛。跗节 I 有爪，直接着生在跗节末端。

分布：中国吉林省舒兰市、长白山自然保护区。

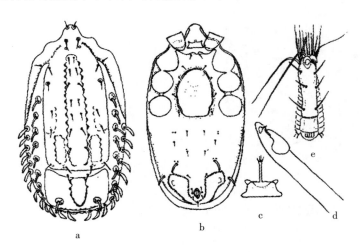

图 3-267 贺氏异多盾螨 *Polyaspinus hejianguoi* Ma，2000 ♀
面（dorsum） b. 腹面（venter） c. 胸叉（tritosternum） d. 螯肢（chelicera）
e. 足 II 跗节（tarsus II）
（仿马立名，2000）

239. 希氏异多盾螨 *Polyaspinus higginsi* Camin，1954

Polyaspinus higginsi Camin，1954，*Bulletin of the Chicago Academy of Sciences*，10（3）：35-41.

模式标本产地：美国。

后若螨（图3-268）：体黄色，长椭圆形，有前突，长624，宽348，背板与缘板在头顶愈合，背板长，除中部外具浓重图案，中背板毛粗短。臀板宽约为长的2倍，具1对宽阔短毛。背板与臀板之间具2对宽毛，着生在基骨片上。表皮毛两列，宽阔且长，均着生在基骨片上。基节Ⅰ相距较远。胸叉基近长方形，前侧角及后侧角均突出，叉丝末端分支。胸板倒三角形，不与内足板愈合，胸毛5对，常形，较短，V_4、V_5着生在非骨化区域。腹肛板梯形，与足后板分离，腹毛7对，其中后侧方3对粗大，余皆细小，有2对着生在骨化区，围肛毛2对。基节与基节间的内足板、胸板后缘、足后板及肛板具浓重图案。螯钳动趾1齿，定趾长于动趾，末端圆钝。跗节Ⅰ有爪，直接着生在跗节末端。

分布：中国吉林省（长白山自然保护区），辽宁省本溪市（桓仁县老秃顶子自然保护区）；美国，加拿大。

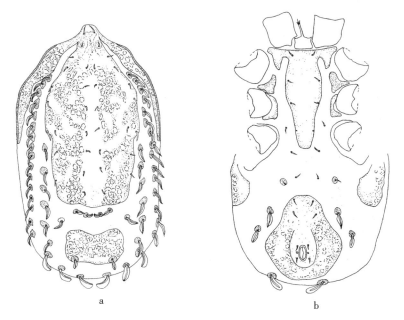

图3-268　希氏异多盾螨 *Polyaspinus higginsi* Camin，1954 后若螨（deutonymph）

a. 背面（dorsum）　b. 腹面（venter）

（仿 Camin，1954）

（六十三）尾绥螨属 *Uroseius* Berlese，1888

Uroseius Berlese，1888.

模式种：*Uroseius acuminata*（C. L. Koch，1897）。

体长卵形，阔卵形或圆形，缘毛、额外缘毛、一定数目的附加毛位于个别缘间板之上，在 *Apionoselus* 亚属具有臀板，而在 *Uriseius* 亚属则无此板。生殖板呈圆形，很少具有稍微尖的前缘，刚毛各种形状。定趾棍棒状，动趾具1大齿，无膜状结构。头盖基部宽，呈长方形或铃铛形或窄小呈带状，在 *Uroseius* 亚属的头盖基部远离前面长的尖端，具4~6个分叉，而 *Apionoseius* 的头盖仅具2~4个分叉。足Ⅰ具爪或无。口下板刚毛 C_1、C_2、C_3 光滑，C_4 粗短具刺。

该属螨类生活在森林土壤内。

240. 赫氏尾绥螨 *Uroseius hirschmanni* **Hiramatsu, 1977**

Uroseius（*Apionoseius*）*hirschmanni* Hiramatsu, 1977, *Acarologie*, 23：14 - 16.

模式标本产地：日本。

雌螨（图 3 - 269a～b）：体橙色，长卵圆形，前突蛇头状，长 689，宽 518。背板与缘板在头顶愈合，背板长 551，宽 251，覆盖体躯约 2/3，后方中央小板左右分歧。臀板分为 3 块小板。背板及臀板具颗粒状构造，刚毛光滑。背表皮毛 25 对以上，光滑，着生在基骨片上。胸叉基部近长方形，叉丝末端分 2 叉。胸板、腹肛板大部分平滑，部分具有颗粒状构造，胸毛 5 对。生殖板呈钝五角形，长 136，宽 102。气门位于基节 III 外侧，后突长达基节 IV 外侧。腹毛 6 对。头盖狭长，末端尖，边缘有刺。螯钳动趾 1 齿，定趾长于动趾，末端圆钝。口下板刚毛 C_1、C_2、C_3 光滑，C_4 粗短具刺。叉毛 2 叉。跗节 I 有爪，直接着生在跗节末端。

雄螨（图 3 - 269c）：体长 567，宽 373，后背板单一，长 405，宽 276，具颗粒状结构。生殖孔小，呈钝五角形，后缘增厚，位于基节 III 和基节 IV 之间。其余结构同雌螨。

分布：中国辽宁省辽阳市（汤河水库）；日本（本州、四国、九州）。

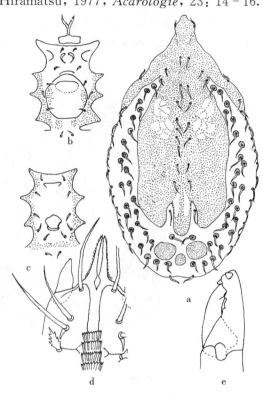

图 3 - 269　赫氏尾绥螨 *Uroseius hirschmanni* Hiramatsu, 1977a～b♀, c♂
a. 背面（dorsum） b、c. 腹面（venter）
d. 颚体（gnathosoma） e. 螯肢（chelicera）
（仿 Hiramatsu, 1980）

241. 末端尾绥螨 *Uroseius infirmus*（Berlese, 1887）

Uroseius（*Apionoseius*）*infirmus*（Berlese, 1887）.

异名：*Dithinozercon halberti* Berlese, 1916；

Apionoseius dubiosus Vitzthum, 1924, *Acari, Myriapoda et Scorpiones hucusque in Italia reperta. Portici et Padova*。

模式标本产地：意大利。

后若螨（图 3 - 270）：体橙色，长卵圆形，长 560，宽 360。背板单一，覆盖整个背部，具颗粒状构造，背毛光滑。胸叉基部近方形，叉丝 2 叉。胸板与内足板分离，前端具孔状结构，孔状结构四周增厚部分分裂为 4 瓣。胸毛 4 对，着生在胸板周围非骨化区域。肛板与足后板分离。腹部各板均具颗粒状结构。肛板前有 2 对圆形小板。腹毛 7 对。气门沟呈波浪状，后突较长。头盖狭长，末端尖，边缘有刺。螯钳动趾 1 齿，定趾长于动趾，末端圆钝。口下板刚毛 C_1、C_2、C_3 光滑，C_4 粗短具刺。

　　分布：中国辽宁省沈阳市（东陵）、鞍山市（千山风景区）、铁岭市（龙首山），黑龙江省伊春市（汤旺河自然保护区土壤）；意大利，俄罗斯及欧洲西部地区。

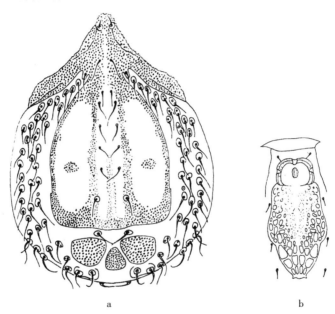

a   b

图 3-270　末端尾绥螨 Uroseius infirmus（Berlese，1887）后若螨（deutonymph）
a. 背面（dorsum）　b. 腹面（venter）
（仿 Karg，1986）

十九、孔洞螨科
Trematuridae Berlese，1917

Trematuridae Berlese，1917.

　　体近圆形，有前突。背毛数量多，针状或刺状。基节 I 靠近，遮盖第三胸板。该科螨类大多数生活在土壤、落叶中。

　　全世界共报道 2 属，96 种，本书记述 2 属，毛尾足螨属 Trichouropoda Berlese，内特螨属 Nenteria Oudemans。

孔洞螨科分属检索表（雌螨）
Key to Genera of Trematuridae（females）

1. 螯肢定趾与动趾约等长 ·························· 毛尾足螨属 Trichouropoda Berlese，1916
　 螯肢定趾长于动趾 ·························· 内特螨属 Nenteria Oudemans，1915

（六十四）毛尾足螨属 *Trichouropoda* Berlese，1916

Trichouropoda Berlese，1916.

模式种：*Trichouropoda longiseta*（Berlese，1888）。

体呈长卵形或宽卵形，背部刚毛针状或刺状，具不同长度和粗细。缘板有或缺如，前端部分与背板愈合或分离，其边缘内侧具齿或光滑，有些种数量较多。雌螨生殖板形状各异，前端变尖，具尖顶或变钝，或呈刀砍状。雄螨生殖孔呈圆形，其上的 V_2、V_3 相互靠近。螯肢的趾近等长，动趾 $3\sim4$ 齿，定趾 $4\sim5$ 齿，有的种趾上具较多的齿。胸叉基部长卵形或长方形，端部具锯齿，具 3 分叉，其中两侧的分叉在大多数情况下长而光滑，中央的分叉短具锯齿。足上多数情况没有凹坑，足 I 具爪。

该属螨类生活于枯枝落叶中。

毛尾足螨属分种检索表（雌螨）
Key to Species of *Trichouropoda*（females）

1. 背板位于 $i_5\sim I_3$ 之间具平行线条结构 ·····································
······················· 马刺毛尾足螨 *Trichouropoda calcarata* Hirschmann et Z. - Nicol，1961
背板位于 $i_5\sim I_3$ 之间无平行线条结构 ············ 贺氏毛尾足螨 *Trichouropoda hejianguoi* Ma，2003

242. 双毛毛尾足螨 *Trichouropoda bipilis*（Vitzthum，1920）

Trichouropoda bipilis（Vitzthum，1920），*Die Tierwelt Deutschlands*，67. Teil. 96.

模式标本产地：德国。

后若螨（图 3 - 271）：体黄色，卵圆形，有前突，长 583，宽 462。背毛细，针状，背板后部具平行线条结构。基节 I 紧相靠近。腹面边缘排列许多小骨片，每骨片上有 1 根刚毛。胸毛 5 对，V_4 毛后有 1 对圆形斑，胸板后部两侧缘不平行，胸板与腹肛板部分重叠。腹肛板扁圆形，其上刚毛 6 对，最后 1 对极长，约与身体等长。肛瓣有毛 2 对，肛孔有若螨柄伸出。足窝明显，有足后线。螯钳二趾近等长，动趾 2 齿，定趾约 3 齿。跗节 I 有爪。

分布：中国辽宁省沈阳市（沈阳农业大学）；德国，中欧。

243. 马刺毛尾足螨 *Trichouropoda calcarata* Hirschmann et Z. -Nicol，1961

Trichouropoda calcarata Hirschmann et Z. -

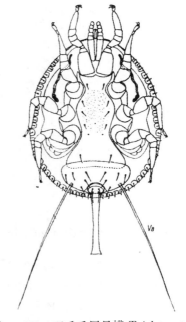

图 3 - 271　双毛毛尾足螨 *Trichouropoda bipilis*（Vitzthum，1920）后若螨（deutonymph）腹面（venter）（仿 Karg，1986）

Nicol，1961，*Acarologie*，4（4）：1－41.

模式标本产地：德国。

雌螨（图3－272）：体黄色，卵圆形，有前突，长648，宽470。背板和缘板前部愈合，缘板内缘无齿，背板及缘板毛细，针状，背面具发亮的圆斑，背板上 i_5～I_3 之间具平行线条结构。基节Ⅰ紧相靠近。生殖板长192，宽128，前端圆形，后端平直。生殖板周围有5对胸毛，V_1 前有1对裂隙。腹毛7对。围肛毛6根。胸毛、腹毛及围肛毛等长。腹面具发亮的圆斑。足窝明显，有足后线。气门沟前段有小弯。螯钳二趾近等长，动趾1齿，定趾约2齿。跗节Ⅰ有爪。

分布：中国吉林省（长白山自然保护区）；德国，法国。

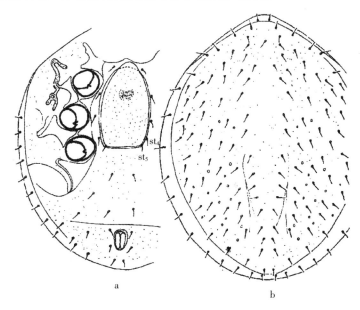

图3－272 马刺毛尾足螨 *Trichouropoda calcarata* Hirschmann et Z.－Nicol，1961♀

a. 腹面（venter） b. 背面（dorsum）

（仿 Karg，1986）

244. 贺氏毛尾足螨 *Trichouropoda hejianguoi* Ma，2003

Trichouropoda hejianguoi Ma，2003，*Entomotaxonomia*，25（2）：151－154.

模式标本产地：中国吉林省长岭县。

雌螨（图3－273）：体黄色，近圆形，有前突，长655，宽529。背板和缘板前部愈合，缘板内缘无齿。背毛多数已掉，从残存毛看，背毛极细，缘板毛短，背板毛较长。基节Ⅰ紧相靠近。生殖板长172，宽138，较宽，前端圆形，后缘微凹。腹面毛已掉。足窝明显，无足后线。气门沟前段有大弯。螯钳二趾近等长，动趾1齿，定趾约2齿。足Ⅱ～Ⅳ毛短。

分布：中国吉林省长岭县（太平川草原土壤）。

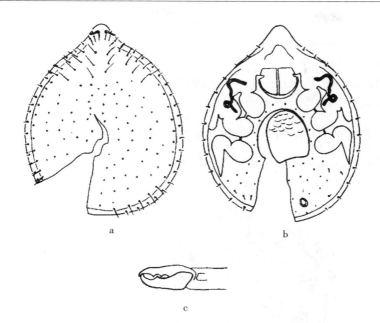

图 3 - 273 贺氏毛尾足螨 *Trichouropoda hejianguoi* Ma，2003 ♀

a. 背面（dorsum） b. 腹面（venter） c. 螯肢（chelicera）

（仿马立名，2003）

（六十五）内特螨属 *Nenteria* Oudemans，1915

Nenteria Oudemans，1915.

模式种：*Nenteria tropica*（Oudemans ，1905）。

体呈长卵形，背部和腹部刚毛针状、刺状或棍棒状，i_1 刺状。雌螨生殖板熨斗状，螯肢定趾较短，具2大齿，动趾具1～2齿，胸叉基部长方形，具3个或5个分叉，足的爪具3叉。

该属螨类生活于枯枝落叶中。

内特螨属分种检索表（雌螨）
Key to Species of *Nenteria*（females）

1. 背毛光滑 ·· 2

　背毛密羽状 ······································· 日本内特螨 *Nenteria japonensis* Hiramatsu，1979

2. 胸毛5对 ··· 拟鹿内特螨 *Nenteria quasikashimensis* Ma，2000

　胸毛6对 ··· 中华内特螨 *Nenteria sinica* Ma，1998

内特螨属分种检索表（后若螨）
Key to Species of *Nenteria*（Deutonymphs）

1. 胸板后部两侧缘近平行；胸板刚毛7～8对 ··· 2

　胸板后部两侧缘不平行；胸板刚毛5对 ··· 3

2. 腹肛板上刚毛7对 ······································· 中华内特螨 *Nenteria sinica* Ma，1998

腹肛板上刚毛 8 对 ……………………………………… 吉林内特螨 *Nenteria jilinensis* Ma，1998

3. 背毛具小刺 ………………………………………… 针形内特螨 *Nenteria stylifera*（Berlese，1904）

  背毛光滑 ………………………………………………………………………………… 4

4. 胸板后部与腹肛板接触 ……………… 短爪内特螨 *Nenteria breviunguiculata*（Willmann，1949）

  胸板后部与腹肛板不接触 ……………… 拟鹿内特螨 *Nenteria quasikashimensis* Ma，2000

245. 短爪内特螨 *Nenteria breviunguiculata*（Willmann，1949）

Nenteria breviunguiculata（Willmann，1949），*Die Tierwelt Deutschlands*；67. *Teil.* 108 - 114.

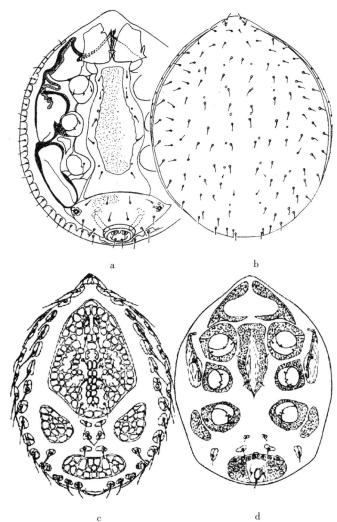

图 3 - 274　短爪内特螨 *Nenteria breviunguiculata*（Willmann，1949）

a～b 后若螨（deutonymph）、c～d 前若螨（protonymph）

b、c. 背面（dorsum）　a、d. 腹面（venter）

（仿 Karg，1986）

模式标本产地：德国。

后若螨（图 3 - 274a～b）：体黄色，近圆形，长 490～520，宽 472～509。背毛细小。基节 I 靠近，遮住胸叉体后半部。胸叉体椭圆形，末端分支，两侧有细毛。腹面边缘排列许多小骨片，每骨片上着生 1 根刚毛。胸板刚毛 5 对，在 V_1 与 V_2 之间，V_4 与 V_5 之间各有 1 对隙孔。胸板后部两侧缘不平行。肛板近菱形，其上刚毛 5 对，肛孔大，其内有 2 对毛，肛孔有 1 对棒状结构伸入肛板。肛板两侧有圆斑。气门沟前段呈弧形弯曲，中部弯成 U 字形。足窝明显，有足后线。螯肢细长，动趾 2 齿，定趾约 3 齿，定趾长于动趾。前 3 对颚毛光滑，第 4 对颚毛有羽枝。足 I 具爪。

前若螨（图 3 - 274c～d）：体浅黄，卵圆形，长 310～360，宽 270～316，背面各板有浓重网纹，背中板具刚毛 5 对，背侧板 1 对，具臀板。沿体缘有 2 列独立骨片，突起和骨片上各有 1 根粗壮刚毛；背中板与臀板之间有 3 对骨片，背侧板与臀板之间有 1 对骨片，各骨片上均有 1 根刚毛。胸板倒三角形，上面着生 3 对刚毛，末端达基节 III 水平。肛板具围肛毛 3 根。基节 IV 外侧有 1 对大的弯月形骨片。肛板周围有 3 对小骨片，每骨片上有 1 根刚毛。腹面各板有网纹。气门板狭长，气门沟前端达到基节 I 和基节 II 之间水平。

分布：中国吉林省（长白山自然保护区），辽宁省铁岭市（龙首山）、本溪市（桓仁县老秃顶子自然保护区）；德国，俄罗斯，拉脱维亚，北欧。

246. 日本内特螨 *Nenteria japonensis* Hiramatsu, 1979

Nenteria japonensis Hiramatsu, 1979, *Acarologie*, 25：99 - 101.

模式标本产地：日本。

雌螨（图 3 - 275a～b）：体浅黄色，卵圆形，有前突，长 583，宽 429。背面有背板和

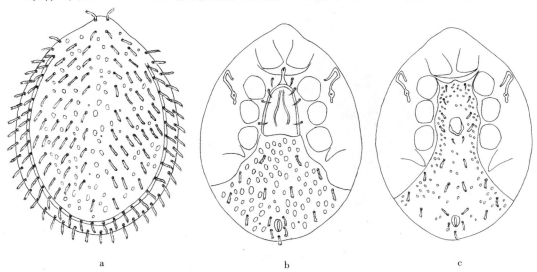

图 3 - 275　日本内特螨 *Nenteria japonensis* Hiramatsu, 1979，a～b ♀，c ♂
a. 背面（dorsum）　b、c. 腹面（venter）
（仿 Hiramatsu，1979）

缘板，背毛均密羽状，前端1对毛较长而直，背面具发亮的圆斑。腹面毛除胸毛外亦皆密羽状。基节Ⅰ靠近，遮住胸叉体后半部。胸叉体椭圆形，末端分支，两侧有细毛。生殖板长162，宽97，较狭长，前端有刺状突，不分叉或分2～3叉。生殖板侧方具4对胸毛。腹毛6对。围肛毛5根，第1对肛侧毛距肛孔较远。腹面除生殖板外具发亮的圆斑。气门沟折曲处向前延伸。足窝明显，有足后线。螯肢细长，动趾1齿，定趾2齿，定趾长于动趾。足Ⅰ具爪。

雄螨（图3-275c）：体色与体形同雌螨，生殖孔位于基节Ⅲ和基节Ⅳ之间水平。胸生殖区具5对刚毛，腹肛区具6对刚毛。其他构造同雌螨。

分布：中国辽宁省沈阳市（东陵区天柱山）、铁岭市（龙首山）、辽阳市（汤河水库）、本溪市（桓仁县老秃顶子自然保护区），吉林省长春市；日本。

247. 吉林内特螨 *Nenteria jilinensis* Ma, 1998

Nenteria jilinensis Ma, 1998, *Acta Zootaxonomica Sinica*, 23（4）：363-367.

模式标本产地：中国吉林省白城市。

后若螨（图3-276）：体棕黄色，近圆形，有前突，长859，宽632。背毛约50对，前部有1根不成对毛；多细长，光滑，基部弯向一侧；背板两侧缘长短毛相间。中部有许多小圆圈，有的标本有几根微毛。胸叉侧缘有长刺。胸板中部有2对圆形侧突，后部两侧

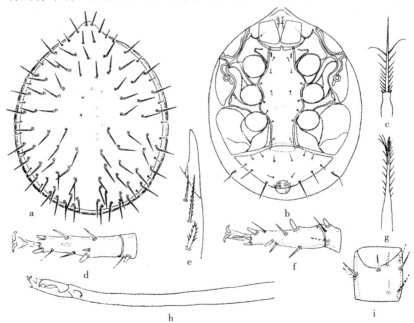

图3-276 吉林内特螨 *Nenteria jilinensis* Ma, 1998 后若螨（deutonymph）
a. 背面（dorsum） b. 腹面（venter） c. 胸叉（tritosternum） d. 足Ⅱ跗节（tarsus Ⅱ）
e. 颚体（gnathosoma） f. 足Ⅲ跗节（tarsus Ⅲ） g. 头盖（tectum） h. 螯肢（chelicera）
i. 膝节Ⅰ腹面（ventral view of genu Ⅰ）

（仿马立名，1998）

缘近平行。板上有8对细小毛，第1对胸毛前侧方有1裂隙。腹肛板近菱形，宽远大于长，侧角尖锐。板上刚毛7对，后侧缘2对最长。板后表皮有较长刚毛1对。肛瓣有毛2对。气门位于基节Ⅱ和基节Ⅲ之间水平，气门沟中部弯成U字形。足窝明显。头盖末端分支，侧缘有细刺。螯肢细长，动趾1齿，定趾远长于动趾。第1对颚毛未看到；第2对较长，未看到羽枝；第3对较长，有明显羽枝；第4对粗短，有较长羽枝。足Ⅰ有爪。膝节Ⅰ腹面中部1根毛，近外缘和内缘各1根毛，背面中部2根毛排成纵列，近外缘2根毛，近内缘1根毛。各足有短毛和短刺。

分布：中国吉林省白城市，辽宁省沈阳市（东陵）、丹东市宽甸县。

248. 拟鹿内特螨 *Nenteria quasikashimensis* Ma，2000

Nenteria quasikashimensis Ma，2000，*Entomotaxonomia*，22（1）：74-76.

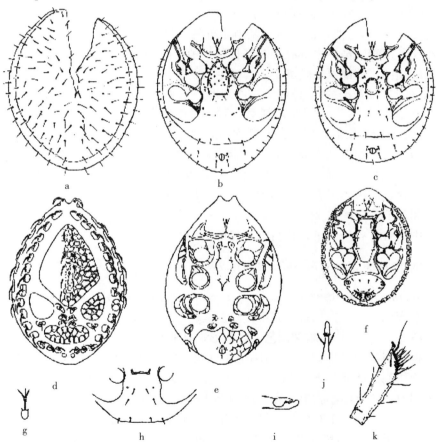

图3-277　拟鹿内特螨 *Nenteria quasikashimensis* Ma，2000，a～b，g～k♀；c♂，d～e前若螨（protonymph）；f后若螨（deutonymph）
a、d. 背面（dorsum）　b、c、e、f. 腹面（venter）　g. 胸叉（tritosternum）　h. 腹毛位置变异（variation of places of ventral setae）　i. 螯肢（chelicera）　j. 头盖（tectum）
k. 足Ⅰ跗节（tarsus Ⅰ）
（仿马立名，2000）

模式标本产地：中国吉林省舒兰市。

雌螨（图 3-277a～b，g～k）：体深黄色，宽短卵圆形，长 689～758，宽 575～643。背面有背板和缘板，背毛光滑。基节Ⅰ靠近，遮盖胸叉体。生殖板前端微凸。胸板有 5 对细小胸毛，前 4 对在生殖板侧方，后 1 对靠近生殖板后缘。腹肛区有毛 4 对，长于胸毛，围肛毛 5 根。足窝明显。气门沟呈膝状弯曲，前端呈钩状，达到体缘。颚体看不清。足Ⅰ爪很小。各足毛针状。膝节Ⅰ背腹面均为中间 1 根毛，靠外缘 2 根毛，靠内缘 1 根毛。

雄螨（图 3-277c）：体深黄色，圆或宽卵形，长 666～735，宽 540～609。生殖孔椭圆形，位于基节Ⅲ之间。生殖孔前及周围有 5 对细小胸毛。腹肛区有 5 对毛，长于胸毛。其余构造同雌螨。

后若螨（图 3-277f）：体黄色，卵圆形，长 529～597，宽 437～506。腹面边缘排列许多小骨片，每骨片有 1 根毛。胸生殖板长 287～310，宽 103～115，刚毛 5 对。腹肛板长 126～138，宽 207～230，近菱形，肛前毛 5 对。肛孔大，其内有 2 对毛。足窝明显。气门沟中部呈 U 字形弯曲，前端达到基节Ⅰ外缘。胸叉体被基节Ⅰ遮住，叉丝末端分 3 支。头盖细长，末端圆钝，中部有 1 对细长刺，稍前围一圈小刺。螯钳动趾 1 齿，定趾长于动趾，末端圆钝。前部颚毛较细，后部颚毛较粗。

前若螨（图 3-277d～e）：体浅黄，卵圆形，长 483～563，宽 345～425。背腹各板有浓重网纹。背中板长 287，宽 195，刚毛 5 对。背侧板 1 对，长 103，宽 69。臀板长 57，宽 138。背前端有 1 对突起，沿体缘有 2 列独立骨片，突起和骨片上各有 1 根粗壮弯曲刚毛；背中板与臀板之间有 3 对骨片，背侧板与臀板之间有 1 对骨片，各骨片上均有 1 根毛。胸板长 172，宽 69，刚毛 3 对。肛板长 92，宽 172，围肛毛 3 根。基节Ⅳ外侧有 1 对大的弯月形骨片。肛板周围有 4 对小骨片，每骨片上有 1 根毛。气门板狭长，气门沟前端达到基节Ⅰ和基节Ⅱ之间水平。

分布：中国吉林省舒兰市，长白山自然保护区。

249. 中华内特螨 *Nenteria sinica* Ma，1998

Nenteria sinica Ma，1998，*Acta Zootaxonomica Sinica*，23（4）：363-367.

模式标本产地：中国吉林省白城市。

雌螨（图 3-278a～i）：体深黄色，卵圆形，有前凸，长 632～712，宽 448～494。背毛细小，缘板有刚毛 50 根以上；背板刚毛 100 根以上，极细小，有些标本难以看清。基节Ⅰ靠近，遮住胸叉体后半部。胸叉末端分支，两侧有细毛。生殖板前端圆形，后缘微凹。生殖板侧方具 6 对细小胸毛。腹肛区刚毛 10 对，长于胸毛。后 1 对肛侧毛距离大于肛孔宽度。肛侧毛外侧有 1 对较长的纵行裂隙。气门位于基节Ⅱ和基节Ⅲ之间水平。气门沟前段弯成 U 字形，中间弯曲几成直角。足窝较明显。头盖狭长，末端分支，两侧缘排列有细刺。螯肢细长，动趾 1 齿，定趾远长于动趾，内缘小齿突 2 个。颚毛第 1 对最长，光滑；第 2 对较短，第 3 对较长，第 4 对最短，均有羽枝。足Ⅰ有爪。膝节Ⅰ腹面中部 1 根毛，近外缘和内缘各 1 根毛，背面中部 2 根毛排成纵列，近外缘亦有 2 根毛。各足有短毛和短刺。

雄螨（图 3-278j）：体深黄色，卵圆形，有前突，长 697，宽 502。背毛细小，缘板

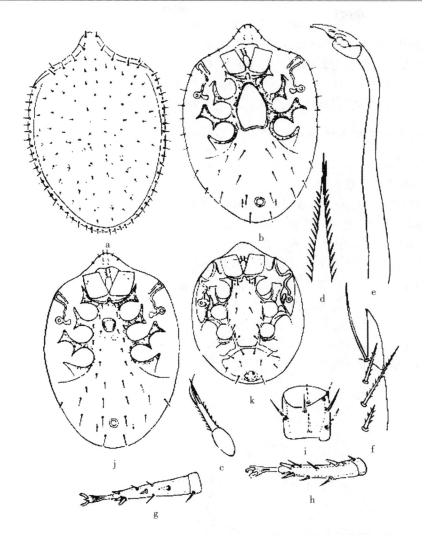

图 3-278　中华内特螨 *Nenteria sinica* Ma，1998，a～i ♀，j ♂，k 后若螨（deutonymph）
a. 背面（dorsum）　b、j、k. 腹面（venter）　c. 胸叉（tritosternum）　d. 头盖（tectum）　e. 螯肢
（chelicera）　f. 颚体（gnathosoma）　g. 足Ⅱ跗节（tarsus Ⅱ）　h. 足Ⅲ跗节（tarsus Ⅲ）　i. 足Ⅰ膝节（genu Ⅰ）
（仿马立名，1998）

有刚毛 50 根以上；背板刚毛 100 根以上，极细小。基节Ⅰ靠近，遮住胸叉体后半部。胸叉末端分支，两侧有细毛。生殖孔位于基节Ⅱ和基节Ⅲ之间水平。胸生殖区具 8 对细小毛。腹肛区约有 8 对较长毛。后 1 对肛侧毛距离大于肛孔宽度。肛侧毛外侧有 1 对较长的纵行裂隙。气门位于基节Ⅱ和基节Ⅲ之间水平处。气门沟前段弯成 U 字形，中间弯曲几成直角。足窝较明显。头盖狭长，末端分支，两侧缘排列有细刺。螯肢细长，动趾 1 齿，定趾远长于动趾，内缘小齿突 2 个。颚毛第 1 对最长，光滑；第 2 对较短，第 3 对较长，第 4 对最短，均有羽枝。足Ⅰ有爪。膝节Ⅰ腹面中部 1 根毛，近外缘和内缘各 1 根毛，背面中部 2 根毛排成纵列，近外缘亦有 2 根毛。各足有短毛和短刺。

后若螨（图 3-278k）：体浅黄色，体形同雌螨，长 494～563，宽 368～437。胸板侧缘在基节 Ⅱ 和基节 Ⅲ 之间有侧角，基节 Ⅲ 和基节 Ⅳ 之间有圆突。板上刚毛 7 对。第 1 对胸毛外侧有 1 裂隙。肛板近菱形，其上刚毛 5 对，最后 1 对最长，肛瓣有毛 2 对。气门沟前段呈弧形弯曲，中部弯成 U 字形。足窝明显。其他构造均同雌螨。

分布：中国吉林省白城市，辽宁省沈阳市（东陵区天柱山）。

250. 针形内特螨 *Nenteria stylifera* (Berlese，1904)

Nenteria stylifera (Berlese，1904)，*Acari nuovi，Redia*，1：299 - 474.

模式标本产地：意大利。

后若螨（图 3-279）：体黄色，卵圆形，有前突，长 440～500，宽 396～455，背毛具小刺，背部具发亮的圆斑。基节 Ⅰ 靠近，遮住胸叉体后半部。胸叉体椭圆形，胸叉末端分支，两侧有细毛。腹面边缘排列许多小骨片，每骨片上着生 1 根刚毛。胸板刚毛 5 对，后缘有部分增厚，两侧缘不平行。胸板与肛板不接触。肛板近菱形，其上刚毛 5 对，肛孔大，其内有 2 对毛，肛孔有 1 对棒状结构伸入肛板。肛板两侧有 1 对小骨片，上面着生 1 对刚毛。腹面各板密布发亮的圆斑。足窝明显。气门沟中部弯成 U 字形。螯肢细长，动趾 2 齿，定趾约 3 齿，定趾长于动趾。

分布：中国辽宁省鞍山市（千山风景区）、本溪市（桓仁县老秃顶子自然保护区），丹东市凤城市、铁岭市（龙首山）、辽阳市（汤河水库）、朝阳市北票市；意大利，保加利亚，南欧。

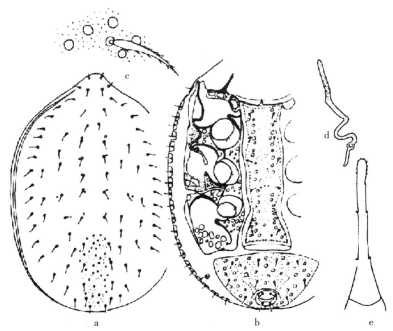

图 3-279　针形内特螨 *Nenteria stylifera* (Berlese，1904) 后若螨（deutonymph）
a. 背面（dorsum）　b. 腹面（venter）　c. 背毛（dorsal seta）　d. 气门沟（peritreme）　e. 头盖（tectum）
（仿 Karg，1986）

二十、尾双爪螨科
Urodinychidae Berlese, 1917

Urodinychidae Berlese, 1917.

体形多样，长纺锤形、卵圆形或圆形。具前突。胸叉体多为椭圆形，前端分叉具刺。螯肢动趾多1齿，定趾长于动趾。各足具明显的爪。该科螨类生活于土壤、落叶、土居动物上。

全世界共报道3属，本书记述2属，二爪螨属 Dinychus Kramer，尾卵螨属 Uroobovella Berlese。

尾双爪螨科分属检索表（雌螨）
Key to Genera of Urodinychidae（females）

1. 螯肢动趾无三角形齿，定趾末端圆钝 ·················· 二爪螨属 Dinychus Kramer, 1882
   螯肢动趾具三角形齿，定趾末端尖锐 ············· 尾卵螨属 Uroobovella Berlese, 1903

（六十六）二爪螨属 *Dinychus* Kramer, 1882

Dinychus Kramer, 1882.

模式种：*Dinychus perforatus* Kramer, 1882。

体呈长纺锤形或长铲形，其前端向前突出，缘板在前端与背板愈合。各种气门沟各异。雌螨生殖板向前变宽圆或收缩变窄。背板上刚毛 $I_2 \sim I_4$ 和 Z_5 羽状。雄螨的生殖板呈梯形或椭圆形。螯肢动趾具有1齿，具有膜状结构。第三胸板比较大，基部呈长圆形，4分支，其中两旁支光滑，中央两支则呈羽状。足上无凹坑，足 I 具爪。

该属寄生在苍蝇、腐败的植物和土居动物上。

二爪螨属分种检索表（雌螨）
Key to Species of *Dinychus*（females）

1. 气门沟长，全部屈膝形弯曲呈波浪状 ········· 波浪二爪螨 *Dinychus undulatus* Sellnick, 1945
   气门沟中段有 U 字形弯曲，末端达到基节 I 后部 ································ 2
2. 缘板后部4根毛膨大呈宽叶状·· 3
   缘板后部4根毛叶状狭窄 ········· 北方二爪螨 *Dinychus septentrionalis* (Trägårdh, 1943)
3. 生殖板前缘具齿 ································· 具齿二爪螨 *Dinychus dentatus* Ma, 2003
   生殖板前缘不具齿 ····························· 膨大二爪螨 *Dinychus dilatatus* Ma, 2000

251. 具齿二爪螨 *Dinychus dentatus* Ma, 2003

Dinychus dentatus Ma, 2003, *Acta Zootaxonomica Sinica*, 28（3）：464－468.

模式产地：中国吉林省敦化县。

雌螨（图3-280）：体卵圆形，前部收缩，有前突，后部宽圆，长735，宽483。背板布满小圆圈形刻纹，后部4根大毛具绒毛；缘板后部中间有4根宽短毛，两侧有1对较长毛和 1 对短毛，均具绒毛；其余背毛细而光滑。胸叉体椭圆形，叉丝末端分 4 支。生殖板长 172，最宽处 115，前缘拱形，具齿，有的齿又分出小齿。胸毛 4 对。腹毛 10 余对，最后 1 对有羽枝。围肛毛 5 根。无足窝。气门位于基节Ⅲ外侧，后突达到基节Ⅳ中横线水平，气门沟中部呈 U 字形弯曲，前端接近基节Ⅰ后缘。头盖细长，有刺，末端分支。螯钳定趾长于动趾，末端圆钝。前 3 对颚毛单侧具刺，第 1 对较粗长；第 2、3 对较细，稍短；第 4 对粗短，双侧具刺。须肢转节 1 根毛基部粗，具刺，末段细，呈羽状；另 1 根毛粗短具刺。足毛细而光滑，但跗节Ⅱ～Ⅳ末端毛呈亚刺形。

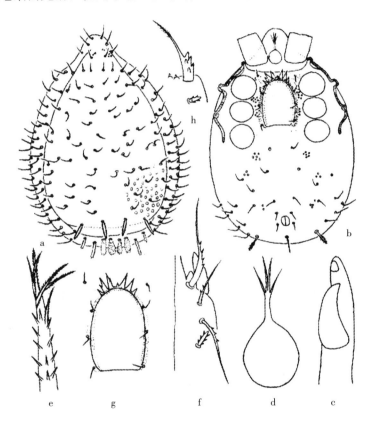

图 3 - 280　具齿二爪螨 *Dinychus dentatus* Ma，2003 ♀

a. 背面（dorsum）　b. 腹面（venter）　c. 螯肢（chelicera）　d. 胸叉（tritosternum）　e. 头盖（tectum）　f. 颚毛（gnathosomal setae）　g. 生殖板（genital shield）　h. 须肢转节毛（palptrochanteral setae）

（仿马立名，2003）

雄螨（图 3 - 281a～d）：体长 724～747，宽 517～540。生殖孔位于基节Ⅳ前部水平。胸毛 5 对。胸叉体近五角形。第 1 对颚毛基部很宽，单侧具刺，末段变细。

后若螨（图 3 - 281e～k）：体长 643～678，宽 425～460。背板长 620～655，宽 333～356，后部中间有 4 根大毛，两侧有 1 对末端圆钝和 1 对末端尖细的刚毛，均具绒毛，其余背毛光滑。无缘板，体缘表皮毛光滑，均着生在水滴状基骨片上。胸叉体近长五

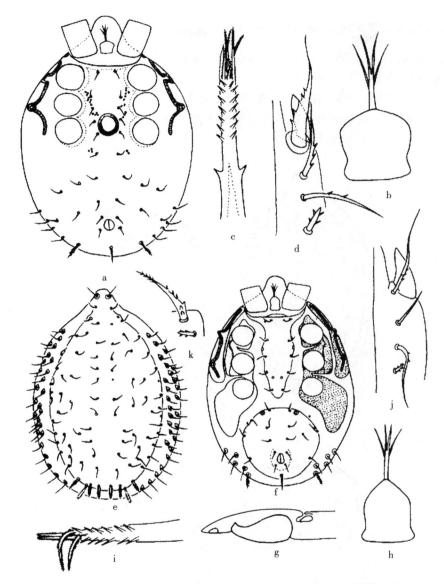

图 3 - 281　具齿二爪螨 *Dinychus dentatus* Ma，2003 a～d ♂，e～k 后若螨（deutonymph）

a、f. 腹面（venter）　b、h. 胸叉（tritosternum）　c、i. 头盖（tectum）

d、j. 颚毛（gnathosomal setae）　e. 背面（dorsum）　g. 螯肢（chelicera）　k. 须肢转节毛（palptrochanteral setae）

（仿马立名，2003）

角形。胸板长 264，最宽处宽 92，胸毛 5 对。肛板长宽均为 230，圆形，围肛毛 5 根，肛前毛 5 对，另有 2 根毛位置有变异。各基节板相连，第 4 基节板宽大。气门沟同雌螨，但气门后突达到基节Ⅲ后缘水平。足基节板和气门板密布刻点。腹表皮毛着生在圆形基骨片上，最后 1 对有羽枝。

分布：中国吉林省敦化县。

252. 膨大二爪螨 *Dinychus dilatatus* Ma, 2000

Dinychus dilatatus Ma，2000，*Entomotaxonomia*，22（4）：304－307。

模式标本产地：中国吉林省舒兰市。

雌螨（图3－282a～f）：体黄色，椭圆形，有前突，长655，宽356。背面有背板和缘板，背板后部横列4根毛密布小刺，缘板后部4根毛膨大呈宽叶状，边缘密布小刺，其余背毛均光滑。胸叉基部卵圆形，末端分4支。基节Ⅰ靠近且遮住胸叉基部。生殖板长

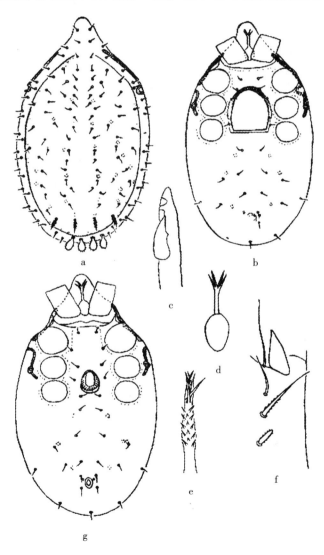

图3－282　膨大二爪螨 *Dinychus dilatatus* Ma，2000 a～f♀，g ♂

a. 背面（dorsum）　b、g. 腹面（venter）　c. 螯肢（chelicera）　d. 胸叉（tritosternum）

e. 头盖（tectum）　f. 颚体（gnathosoma）

（仿马立名，2000）

115，宽92，前端拱形，后缘直。胸毛4对，位于生殖板之前和两侧。腹毛7对，第1对远离生殖板。围肛毛5根，肛后毛远离肛孔。无足窝。气门位于基节Ⅲ外侧，后突达到基节Ⅰ后缘水平，气门沟中段有U字形弯曲，末端达到基节Ⅰ后部。头盖狭长，中段有刺，末端分支。螯钳动趾1齿，定趾长于动趾，末端圆钝。第1和第2颚毛长而光滑；第3颚毛基部粗，有小刺，末段细；第4颚毛粗短，有小刺。须肢转节毛有刺。叉毛2叉。各足均有发达的爪。足毛细而光滑，但各足跗节毛稍粗，呈亚刺形。

雄螨（图3-282g）：体黄色，椭圆形，有前突，长701，宽402。背面有背板和缘板，背板后部横列4根毛密布小刺，缘板后部4根毛膨大呈宽叶状，边缘密布小刺，其余背毛均光滑。基节Ⅰ靠近，遮住胸叉基部。胸叉基部卵圆形，末端分4支。生殖孔位于基节Ⅲ和基节Ⅳ的内侧。胸毛4对，位于生殖孔之前和两侧。腹毛8对。围肛毛5根，肛后

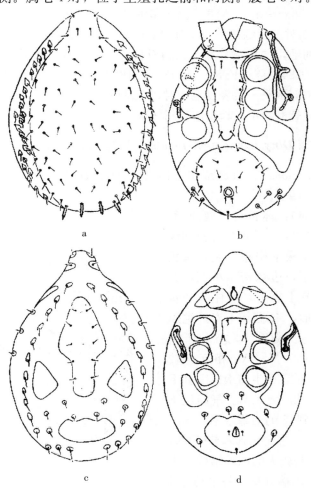

图3-283　膨大二爪螨 *Dinychus dilatatus* Ma，2000 a～b 后若螨
（deutonymph），c～d 前若螨（protonymph）
a、c. 背面（dorsum）　b、d. 腹面（venter）
（仿马立名，2000）

毛远离肛孔。无足窝。气门位于基节Ⅲ外侧，后突达到基节Ⅰ后缘水平，气门沟中段有U字形弯曲，末端达到基节Ⅰ后部。头盖狭长，中段有刺，末端分支。螯钳动趾1齿，定趾长于动趾，末端圆钝。第1和第2颚毛长而光滑；第3颚毛基部粗，有小刺，末段细；第4颚毛粗短，有小刺。须肢转节毛有刺。叉毛2叉。各足均有发达的爪。

后若螨（图3-283a～b）：体浅黄色，卵圆形，骨化弱，长586，宽414。背板长643，宽345，后部4根毛具小刺，其余毛光滑。背板外侧表皮上有许多小骨片，每骨片上有1根毛。胸板长253，宽80，胸毛5对。腹肛板长200，宽172，近圆形，肛前毛6对，围肛毛5根。各基节周围骨板相连，后部向外延伸。气门位于基节Ⅲ外侧，后突达到基节Ⅲ后缘水平，气门沟中部呈U字形弯曲，末端达到基节Ⅰ后部。腹表皮毛每侧3根或4根，在基骨片上。

前若螨（图3-283c～d）：体浅黄色，卵圆形，骨化弱，长575，宽402。背中板长287，宽138，刚毛5对。背侧板长69，宽46，三角形。臀板长46，宽126。各板间和周围有许多排列整齐的毛，均在基骨片上。胸板长161，宽57（第2对胸毛水平），胸毛3对。腹侧板长80，宽34。肛板长80，宽138，围肛毛3根。气门位于基节Ⅲ外侧，气门沟前端达到基节Ⅱ中部水平。腹表皮毛4对，在基骨片上。

分布：中国吉林省舒兰市，长白山自然保护区。

253. 北方二爪螨 *Dinychus septentrionalis* (Trägårdh, 1943)

Dinychus septentrionalis (Trägårdh, 1943), *Arc. Zool.*, 34, A21: 1-29.

模式标本产地：瑞士。

雌螨（图3-284）：体黄色，椭圆形，有前突，长540，宽300。背面有背板和缘板，背板后部横列4根毛密布小刺，缘板后部4根毛叶状狭窄，边缘密布小刺，其余背毛均光滑。基节Ⅰ靠近，遮住胸叉基部。胸叉基部卵圆形，末端分4支。生殖板前部拱形，后缘直。胸毛4对，位于生殖板之前和两侧，V_1、V_2、V_3相互比较近。腹毛7对，第1对靠近生殖板。围肛毛5根，肛后毛远离肛孔。无足窝。气门位于基节Ⅲ外侧，后突达到基节Ⅰ后缘水平，气门沟中段有U字形弯曲，末端达到基节Ⅰ后部，气孔后部窄，背板上具较大的凹陷结构。头盖狭长，中段有刺，末端分支。螯钳动趾1齿．定趾长于动趾，末端圆钝。第1和第2颚毛长而光滑；第3颚毛基部粗，有小刺，末段细；第4颚毛粗短，有小刺。叉毛2叉。各足均有发达的爪。

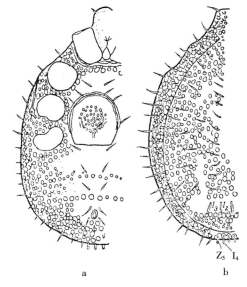

a   b

图3-284 北方二爪螨 *Dinychus septentrionalis* (Trägårdh, 1943) ♀

a. 腹面（venter） b. 背面（dorsum）

（仿 Bregetova，1977）

分布：中国吉林省（长白山自然保护区）；瑞士，俄罗斯（克拉斯诺达尔市）。

254. 波浪二爪螨 *Dinychus undulatus* Sellnick，1945

Dinychus undulatus Sellnick，1945，*Die Tierwelt Deutschlands.*，67. *Teil.* 117.

模式标本产地：法国。

雌螨（图 3 - 285）：体黄色，椭圆形，有前突，长 802，宽 567。背面有背板和缘板，背板后部横列 4 根刚毛，密布小刺，缘板后部 4 根小毛呈叶状，密布小刺，其余背毛均光滑，背面密布发亮的圆斑。基节 I 靠近，遮住胸叉体后半部。胸叉体卵圆形，胸叉末端分 4 支。生殖板长 160，宽 156，较大，宽大于长，前部弯曲呈圆形，后部截形，位于基节 II 与基节 III 的水平线外。胸毛 4 对，位于生殖板之前和两侧。腹毛 10 对。围肛毛 5 根，肛后毛远离肛孔。腹面密布发亮的圆斑。气门沟长，全部都屈膝形弯曲，呈波浪状，背板具凹形结构。螯钳动趾 1 齿，定趾长于动趾，末端圆钝。头盖狭长，中段有刺，末端分支。第 1 和第 2 颚毛长而光滑；第 3 颚毛基部粗，有小刺，末段细；第 4 颚毛粗短，有小刺。各足均有发达的爪。

分布：中国吉林省（长白山自然保护区）；法国，俄罗斯加里宁格勒。

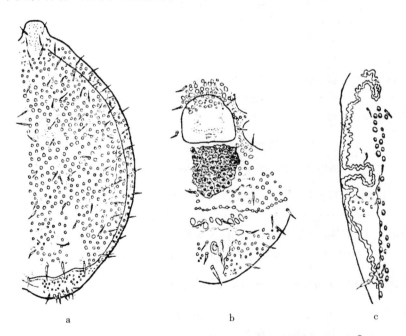

a b c

图 3 - 285　波浪二爪螨 *Dinychus undulatus* Sellnick，1945 ♀

a. 背面（dorsum）　b. 腹面（venter）　c. 气门沟（peritreme）

（仿 Bregetova，1977）

（六十七）尾卵螨属 *Uroobovella* Berlese，1903

Uroobovella Berlese，1903.

模式种：*Uroobovella obovata*（Canestrini et Berlese，1884）。

体形多样，从长卵形到圆形，肩部或多或少显现凹陷，缘板后部完整或分开，有些种具臀板和后缘板。背刚毛多样，长且纤细。生殖板具尖顶，有的可能尖顶变钝，有的锐利，或呈砍缺状，并伸长出 1、2 个或更多的顶端。定趾呈长的锤形，并延伸出较尖的端部，动趾具有 1 齿。第三胸板（胸叉）基部呈长卵形到长方形，上有 2、3、4 个分叉，其中中央的分叉更长，具更多的齿。

该属螨类生活于蜜饯、枯枝落叶和粪便中。

尾卵螨属分种检索表（雌螨）
Key to Species of *Uroobovella*（females）

1. 背板后缘具膨大的羽状刚毛 ……………………………………………………………………… 2
   背板刚毛均光滑细小 ……………………………………………………………………………… 4
2. 生殖板前端具短的顶头；腹毛 7 对；围肛毛 2 对，后 1 对长于前 1 对 …………………………
   …………………………… 双窝尾卵螨 *Uroobovella difoveolata* Hirschmann et Z. - Nicol，1962
   生殖板前端具 2 个齿状顶尖；腹毛 8 对；围肛毛 2 对，近等长 …………………………………… 3
3. 胸毛 5 对 …………………………… 边缘尾卵螨 *Uroobovella marginata*（C. L. Koch，1839）
   胸毛 6 对 ………………… 日本边缘尾卵螨 *Uroobovella japanomarginata* Hiramatsu，1980
4. 胸毛 4 对；腹毛 6 对 ………………………… 安氏尾卵螨 *Uroobovella anwenjui* Ma，2003
   胸毛 6 对；腹毛 4～5 对 …………………………………………………………………………… 6
5. 缘板末端 4 根毛细小，着生在基骨片上；腹毛 5 对 …………………………………………………
   …………………………… 巴氏尾卵螨 *Uroobovella baloghi* Hirschmann et Z. - Nicol，1962
   缘板刚毛等长；腹毛 4 对 …………………… 紫色尾卵螨 *Uroobovella vinicolora*（Vitzthum，1926）

尾卵螨属分种检索表（后若螨）
Key to Species of *Uroobovella*（deutonymphs）

1. 胸板与肛板不接触；胸板上刚毛 7 对；肛板上刚毛 5 对 ……………………………………………
   …………………………… 紫色尾卵螨 *Uroobovella vinicolora*（Vitzthum，1926）
   胸板与肛板部分重合；胸板上刚毛 8 对；肛板上刚毛 6 对 …………………………………………
   …………………………… 双窝尾卵螨 *Uroobovella difoveolata* Hirschmann et Z. - Nicol，1962

255. 安氏尾卵螨 *Uroobovella anwenjui* Ma，2003

Uroobovella anwenjui Ma，2003，*Acta Arachnologica Sinica*，12（1）：22 - 23.

模式标本产地：中国吉林省敦化县。

雌螨（图 3 - 286）：体宽卵形，长 586～666，宽 471～517。背腹面均布满小坑、突起和斑块。背板毛和缘板毛均光滑短小，有的难以看清。胸叉基部葫芦形，叉丝 6 支。生殖板长 138～149，宽 103，前缘拱形，有宽大的膜状突，边缘有锯齿，后缘较直。胸毛 4 对，腹毛 6 对，围肛毛 5 根。气门内侧具一圆突，气门沟中部呈直角弯曲。足沟明显。无足后线。头盖狭长，侧缘具刺。螯钳定趾长于动趾。足 I 转节和股节有瘤突，跗节顶端有 1 根长刚毛。

分布：中国吉林省敦化市、白城市。

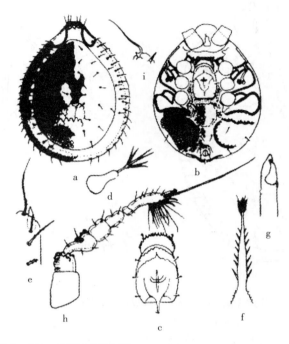

图 3-286 安氏尾卵螨 *Uroobovella anwenjui* Ma，2003 ♀

a. 背面（dorsum） b. 腹面（venter） c. 生殖板（genital shield） d. 胸叉

（tritosternum） e. 颚体（gnathosoma） f. 头盖（tectum） g. 螯肢（chelicera）

h. 足 I（leg I） i. 须肢转节毛（palptrochanteral setae）

（仿马立名，2003）

256. 巴氏尾卵螨 *Uroobovella baloghi* Hirschmann et Z.-Nicol, 1962, rec. nov. （中国新记录种）

Uroobovella baloghi Hirschmann et Z.-Nicol，1962，*Acarologie*，6（5）：57-80.

模式标本产地：保加利亚。

雌螨（图 3-287）：体褐色，卵圆形，有前突，长 664，宽 462。背部具有背板和缘板，背毛光滑，第 1 对毛较长，缘板末端 4 根毛细小，着生在基骨片上，背面具小的网状刻纹。基节 I 靠近，遮住胸叉基部。生殖板前端圆钝，具滴状角质化片，后缘平直，伸达基节 IV 前缘水平。胸毛 6 对，位于生殖板之前和两侧，V_1 和 V_6 毛侧缘各有 1 对裂隙，V_3 和 V_4 较短。腹毛 5 对，围肛毛 4 根，肛孔后有 1 排细小的毛。气门沟前段呈 U 字形弯曲。足窝明显，有足后线。头盖狭长，侧缘具刺。螯钳定趾长于动趾，动趾 1 齿，定趾约 2 齿，末端尖锐。第 1 对颚毛光滑细长，第 2、3 对颚毛细长具刺，第 4 对颚毛粗短具刺。各足均有发达的爪。

分布：中国辽宁省铁岭市（龙首山）、丹东市宽甸县；保加利亚。

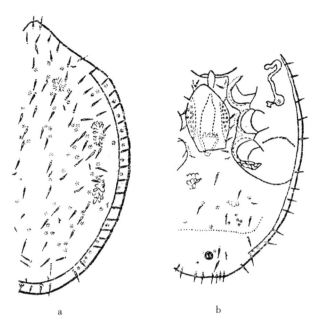

图 3 - 287　巴氏尾卵螨 *Uroobovella baloghi* Hirschmann et Z. - Nicol, 1962 ♀

a. 背面（dorsum）　b. 腹面（venter）

（仿 Bregetova, 1977）

257. 双窝尾卵螨 *Uroobovella difoveolata* Hirschmann et Z.-Nicol, 1962, rec. nov.（中国新记录种）

Uroobovella difoveolata Hirschmann et Z. - Nicol, 1962, *Acarologie*, 6 (5): 57 -80.

模式标本产地：德国。

雌螨（图 3 - 288a～b）：体黄色，卵圆形，有前突，长 1 160，宽 800，背部具有背板和缘板，背板后缘具 4 根膨大的羽状刚毛，其余背毛及缘毛均光滑，背面具发亮的圆斑。基节 I 靠近，遮住胸叉基部。胸叉基部椭圆形，前端分 3 叉，密布小刺。生殖板狭长，长 236，宽 140，前端具短的顶头，后缘平直，达基节 IV 前缘水平。胸毛 6 对，位于生殖板之前和两侧，V_1 和 V_6 毛侧缘各有 1 对裂隙。腹毛 7 对，长于胸毛。围肛毛 2 对，后 1 对长于前 1 对。腹面具发亮的圆斑。气门沟前端呈膝状弯曲。足窝明显，有足后线。头盖狭长，侧缘具刺。螯钳定趾长于动趾，动趾 1 齿，定趾约 2 齿，末端圆钝。第 1 对颚毛光滑细长，第 2、3 对颚毛细长具刺，第 4 对颚毛粗短具刺。各足均有发达的爪。

后若螨（图 3 - 288c～d）：体色与体形同雌螨，长 560，宽 455，背毛均光滑。背面及腹面各板具发亮的圆斑。胸板侧缘在基节 II 和基节 III 之间有侧角，在基节 III 和基节 IV 之间有圆突，后部两侧缘平行，板上刚毛 8 对。胸板与肛板部分重合。肛板扁菱形，其上刚毛 6 对，最后 1 对最长。肛瓣有毛 2 对。气门沟中部弯成 U 字形。其余结构同雌螨。

分布：中国辽宁省铁岭市（龙首山），丹东市宽甸县；德国，法国。

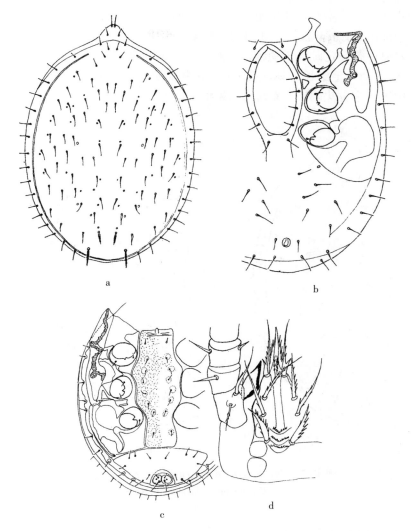

图 3-288　双窝尾卵螨 *Uroobovella difoveolata* Hirschmann et Z. - Nicol，
1962 a～b ♀，c～d 后若螨（deutonymph）
a. 背面（dorsum）　b、c. 腹面（venter）　d. 颚体（gnathosoma）
（仿 Karg，1986）

258. 埃朗根尾卵螨 *Uroobovella erlangensis* Hirschmann et Z. -Nicol，1962，rec. nov.
（中国新记录种）

Uroobovella erlangensis Hirschmann et Z. - Nicol，1962，*Acarologie*，6（5）：57 -80.
模式标本产地：德国。

雄螨（图 3-289）：体褐色，卵圆形，有前突，长 713～737，宽 510～543。背板分为背板和缘板，背毛第 1 对较长，其余背毛及缘毛均光滑短小，背板上有小的网状刻纹。基节 I 靠近，遮住胸叉基部。胸叉基部葫芦形，前端分叉，密布小刺。生殖孔位于基节 II 和基节Ⅲ之间水平，后缘增厚。在生殖孔后方有1对小圆斑。胸生殖区具8对细小毛。腹毛5对，较长。围肛毛4根，较长。气门沟前段呈U字形弯曲。足窝明显，有足后线。头盖狭长，侧缘具刺。螯钳定趾长于动趾，动趾1齿，定趾约2齿，末端尖锐。第1对颚毛光滑细长，第2、3对颚毛细长具刺，第4对颚毛粗短具刺。各足均有发达的爪。

分布：中国辽宁省沈阳市（东陵）；德国，法国。

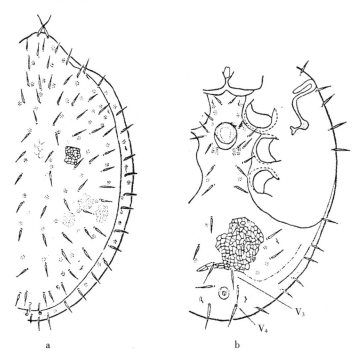

图3-289　埃朗根尾卵螨*Uroobovella erlangensis* Hirschmann et Z.-Nicol，1962 ♂

a. 背面（dorsum）　b. 腹面（venter）

（仿 Bregetova，1977）

259. 日本边缘尾卵螨*Uroobovella japanomarginata* **Hiramatsu，1979，rec. nov.** （中国新记录种）

Uroobovella japanomarginata Hiramatsu，1979：119.

模式标本产地：日本。

雌螨（图3-290a~d，f）：体褐色，卵圆形，有前突，末端略尖，长1 000~1 200，宽800~900。背部具有背板和缘板，背板末端有沟延伸到板的中部。板上具发亮的圆斑，后端具2对羽状毛；缘板在末端左右分离，末端具1对羽状毛；其余背毛及缘毛光滑。基节Ⅰ靠近，遮住胸叉基部。胸叉基部葫芦形，前端分3叉，密布小刺。生殖板前端具2个齿状顶尖，后缘平直，达基节Ⅳ前缘水平，生殖板内具齿状结构，与前端较接近。胸毛6对，分布在生殖板之前及两侧。腹毛8对。围肛毛4根。气门沟具末端U字形弯曲。足窝明显，有足后线。头盖狭长，侧缘具刺。螯钳定趾长于动趾，动趾1齿，定趾约2齿，末端尖锐。第1对颚毛最长，第3对颚毛较长，第2、4对颚毛短，均具刺。各足均有发达的爪。

雄螨（图3-290e）：体色及体形同雌螨，长990～1100，宽700～860，生殖孔位于基节Ⅲ之间水平处，后缘增厚。胸生殖区具6对刚毛，V_1、V_2、V_4短小。腹毛8对。围肛毛2对，后1对长于前1对。

分布：中国辽宁省丹东市宽甸县；日本（本州、四国、九州、奄美）。

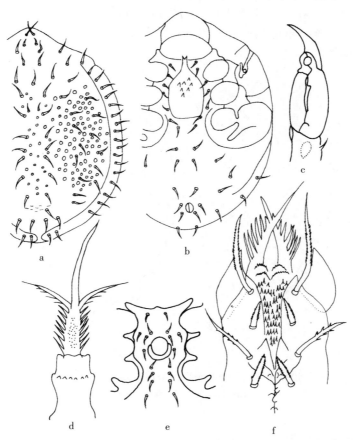

图3-290 日本边缘尾卵螨 *Uroobovella japanomarginata* Hiramatsu, 1979 a～d, f ♀, e ♂

a. 背面（dorsum） b、e. 腹面（venter） c. 螯肢（chelicera） d. 胸叉（tritosternum）

f. 颚体（gnathosoma）

（仿 Hiramatsu, 1980）

260. 边缘尾卵螨 *Uroobovella marginata* (C. L. Koch, 1839)，rec. nov. （中国新记录种）

Notaspis marginatus C. L. Koch, 1839;

Uroobovella marginata (C. L. Koch, 1839) sensu Hirschmann and Zirngiebl-Nicol (1962), 1967, *Zool. Jb. Syst.*, 94: 521-608.

模式标本产地：德国。

雌螨（图3-291）：体黄色，卵圆形，有前突，末端略尖，长1000，宽800。背部具有背板和缘板，缘板在末端左右分离，背板具发亮的圆斑，后端具3对羽状毛，缘板末端具1对羽状毛，其余背毛及缘毛光滑，背板末端有沟延伸到板的中部。基节Ⅰ靠近，遮住胸叉基部。胸叉基部葫芦形，前端分3叉，密布小刺。生殖板前端具2个齿状顶尖，后缘平直，达基节Ⅳ前缘水平，板内具齿状结构，远离前端。胸毛5对，分布在生殖板之前及两侧。腹毛8对。围肛毛4根。气门沟具末端U字形弯曲。足窝明显，有足后线。头盖狭长，侧缘具刺。螯钳定趾长于动趾，动趾1齿，定趾约2齿，末端尖锐。第1对颚毛最长，第3对颚毛较长，第2、4对颚毛短，均具刺。各足均有发达的爪。

分布：中国辽宁省丹东市宽甸县；德国，俄罗斯（圣彼得堡、莫斯科），拉脱维亚，立陶宛及欧洲南部地区。

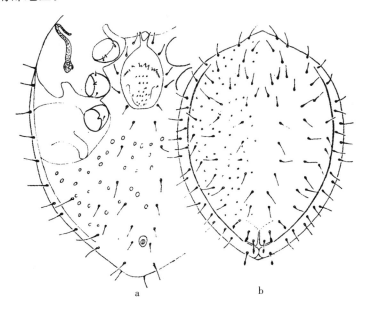

图3-291　边缘尾卵螨 *Uroobovella marginata*（C. L. Koch，1839）♀

a. 腹面（venter）　b. 背面（dorsum）

（仿 Karg，1986）

261. 紫色尾卵螨 *Uroobovella vinicolora*（Vitzthum，1926），rec. nov.（中国新记录种）

Uroobovella vinicolora（Vitzthum，1926），*Die Tierwelt Deutschlands*，67. *Teil*. 141 -145.

模式标本产地：德国。

雌螨（图3-292a～c）：体黄色，卵圆形，有前突，长664，宽470。背面分为背板和缘板，背毛及缘毛均光滑短小，有的难以看清。背板上有小网纹刻纹。基节Ⅰ靠近，遮住胸叉基部。胸叉基部葫芦形，前端分叉，密布小刺。生殖板长172，宽124，无尖顶，前端拱形，具滴状的几丁质附属物，后缘平直，位于基节Ⅳ水平。胸毛6对，位于生殖板之前和两侧。腹毛4对。围肛毛4根。气门沟具小沟状结构。足窝明显，有足后线。头盖狭长，侧缘具刺。螯钳定趾长于动趾，动趾1齿，定趾约2齿，末端圆钝。第1对颚毛光滑细长，第2、3对颚毛细长具刺，第4对颚毛粗短具刺。各足均有发达的爪。

雄螨（图 3 - 292d～e）：体色及体形同雌螨，长 713，宽 478。生殖孔位于基节Ⅱ和基节Ⅲ之间水平处，后缘增厚。在生殖孔后方有 1 对小圆斑。胸生殖区具 8 对细小毛。腹毛 6 对，较长。围肛毛 4 根，较长。

后若螨（图 3 - 292f）：体浅黄色，近圆形，有前突，长 551，宽 405。胸板侧缘在基节Ⅱ和基节Ⅲ之间有侧角，在基节Ⅲ和基节Ⅳ之间有圆突，板上刚毛 7 对。胸板与肛板不接触。肛板近菱形，其上刚毛 5 对，最后 1 对最长，在肛板两侧有 1 对圆孔。肛瓣有毛 2

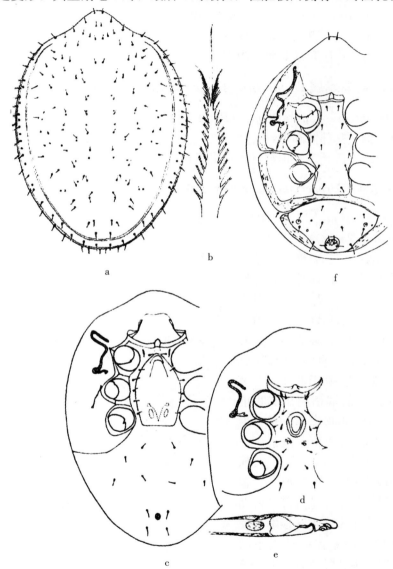

图 3 - 292　紫色尾卵螨 *Uroobovella vinicolora*（Vitzthum，1926）a～c ♀，d～e ♂，
f 后若螨（deutonymph）

a. 背面（dorsum）　b. 头盖（tectum）　c、d、f. 腹面（venter）　e. 螯肢（chelicera）

（仿 Karg，1986）

对。气门沟前段呈弧形弯曲，中部弯成 U 字形。其余结构同雌螨。

分布：中国辽宁省沈阳市（东陵区天柱山）、丹东市宽甸县；德国。

二十一、尾辐螨科
Uroactiniidae Hirschmann et Z. -Nicol，1964.

Uroactiniidae Hirschmann et Z. -Nicol，1964。

体卵圆形，胸叉基部椭圆形，叉丝分支。头盖宽大或狭长。螯钳 2 趾近等长，动趾 2 齿，定趾 3 或 4 齿，定趾顶端具膜状附属物，伞形，伞缘有一排极小的齿或光滑。

（六十八）尾辐螨属 Uroactinia Hirschmann et Z. -Nicol，1964

模式种：Uroactinia consanguinea（Berlese，1905）。

体卵圆形，胸叉基部椭圆形，叉丝分支。头盖宽大，前缘弧形。螯钳 2 趾近等长，动趾 2 齿，定趾 3 或 4 齿。定趾顶端具膜状附属物，伞形，伞缘有一排极小的齿。

262. 梭形尾辐螨 Uroactinia fusina Ma，2003

Uroactinia fusina Ma，2003，Entomotaxonomia，25（2）：151 - 154.

模式标本产地：中国吉林省长岭县。

雌螨（图 3 - 293）：体棕色，卵圆形，长 827～908，宽 597～632。背板和缘板前部愈合，缘板内缘光滑。背毛细小，但前缘毛较长，i_1 在腹面，J_4 和 J_5 粗长。基节 I 靠近。胸叉基部椭圆形，叉丝 3 分支。生殖板长 230，宽 126，狭长，梭形，前端稍超出胸板前缘，后缘微凹，板内有 2 条状构造，后端相连。胸毛及腹毛细小，围肛毛 5 根。足窝明显，有足后线。气门大而圆，气门沟前段弯曲呈 U 字形。头盖宽大，前缘弧形。螯钳 2 趾近等长，动趾 2 齿，定趾 3 或 4 齿。定趾顶端具膜状附属物，伞形，伞缘有一排极小的齿。颚角具 3 尖。须肢胫节有 1 根粗长羽状毛。足 II～IV 毛粗短或呈刺状，跗节 I 末端有 1 根长鞭状毛。

分布：中国吉林省长岭县（太平川草原土壤）。

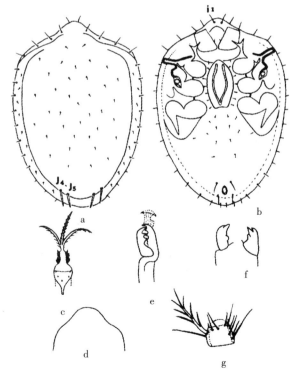

图 3 - 293　梭形尾辐螨 Uroactinia fusina Ma，2003 ♀
a. 背面（dorsum） b. 腹面（venter） c. 胸叉（tritosternum）
d. 头盖（tectum） e. 螯钳（chela） f. 颚角（corniculus）
g. 须肢胫节（tibia of palp）
（仿马立名，2003）

二十二、糙尾足螨科
Trachyuropodidae Berlese，1917

Trachyuropodidae Berlese，1917.

体形从卵圆形到圆形，刚毛针状、舌状、马刀状或柳叶状。螯肢定趾长于动趾。胸叉基呈袋状，其上具 4 或 6 个分叉。足 I 具爪。生活于土壤、落叶中。

本书记述 2 属，糙尾足螨属 *Trachyuropoda* Berlese，甲胄螨属 *Oplitis* Berlese。

糙尾足螨科分属检索表（雌螨）
Key to Genera of Trachyuropodidae（females）

1. 头盖前端只有 1 尖突 ·· 糙尾足螨属 *Trachyuropoda* Berlese，1888
   头盖前端具 3 尖突·· 甲胄螨属 *Oplitis* Berlese，1884

（六十九）糙尾足螨属 *Trachyuropoda* Berlese，1888

模式种：*Trachyuropoda festiva* Berlese，1888。

体卵形或长卵形，背部前端有凸突。背板上有明显刻痕结构，背毛呈铁锚状、针状或羽状。在边缘的刚毛排列成行或成簇。螯肢动趾具 1 齿，定趾的背面呈袋形，具 4 或 6 条胸叉丝，两侧的胸叉丝分开。足上具凹坑。足 I 具爪，其爪具有 2 分叉。

263. 凹糙尾足螨 *Trachyuropoda excavata*（Wasmann，1899）

Ma，2001，*Acta Arachnologica Sinica*，10（2）：23.

模式标本产地：未详。

雌螨（图 3 - 294）：体长 800，宽 530，背部前端有凸突。背毛呈铁锚状，背板花纹浓重，后半部有 2 对很大的圆突，圆突位于足 IV 水平线处，第 1 对圆突具分叉的几丁质腔，第 2 对圆突圆形，不分叉。在边缘上的刚毛排列成行。腹面具浓重花纹。生殖板很宽，前部圆形，后缘较直，位于足 IV 水平线前缘。气门沟具 2 个 U 形弯曲。足窝明显。螯肢动趾具 1 齿，定趾的背面呈袋形。足上具凹坑。足 I 具爪，其爪具有 2 分叉。

分布：中国吉林省长岭县（草原土壤）；西欧（栖于湿草地、阔叶林、蚁窝）。

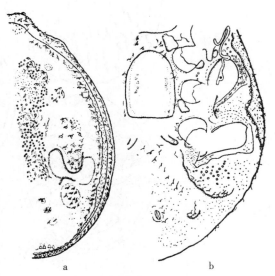

图 3 - 294 凹糙尾足螨 *Trachyuropoda excavata*
（Wasmann，1899）♀
a. 背面（dorsum）　b. 腹面（venter）
（仿 Bregetova，1977）

（七十）甲胄螨属 *Oplitis* Berlese，1884

Oplitis Berlese，1884.

模式种：*Oplitis paradoxa*（Canestrini et Berlese，1884）。

体呈宽卵形或圆形。缘板前端部与背板愈合，背刚毛针状或马刀状，少数抹刀状。背板上有许多的边缘毛。雌螨生殖板宽卵形、椭圆形甚至圆形。生殖板周围包绕着结构线。螯肢的两个趾末端呈钩状，动趾具1齿，定趾具长能活动的分叉的钳齿毛（pilus dutilis）。胸叉基部呈袋状，具4个胸叉丝，两侧的胸叉丝较中间的短。足上具凹坑，足I具爪。

该属螨类生活在土壤、落叶中。

甲胄螨属分种检索表（雌螨）
Key to Species of *Oplitis*（females）

1. 围殖板后缘齿缺距生殖板后缘较远；前2对胸毛在同一水平线上 ·· 2

　围殖板后缘齿缺距生殖板后缘较近；第1对胸毛在第2对胸毛水平线之前 ··
　·································· 吉林甲胄螨 *Oplitis jilinensis* Ma，2001

2. 围殖板前缘有齿缺7个；腹毛5对 ····· 铁岭甲胄螨 *Oplitis tielingensis* Chen，Bei，Gao et Yin，2008

　围殖板前缘有齿缺5个；腹毛3对 ························· 于氏甲胄螨 *Oplitis yuxini* Ma，2001

264. 吉林甲胄螨 *Oplitis jilinensis* Ma，2001

Oplitis jilinensis Ma，2001，*Entomotaxonomia*，23（4）：307-311.

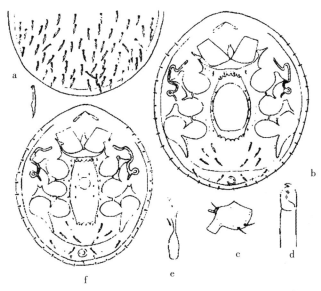

图3-295　吉林甲胄螨 *Oplitis jilinensis* Ma，2001 a～e♀，f♂
a. 背面及背毛（dorsum and dorsal setae）　b、f. 腹面（venter）　c. 足I股节（femur I）
d. 螯肢（chelicera）　e. 胸叉（tritosternum）
（仿马立名，2001）

模式标本产地：中国吉林省长岭县。

雌螨（图 3-295a～e）：体棕黄色，近圆形，长 437～483，宽 379～414。背毛弯刀形。基节 I 靠近。生殖板长 138，宽 103，前部圆形，后缘微凸。围殖板长 184，宽 115，前缘有齿缺 5 个，后缘有齿缺 7～8 个，距生殖板后缘较近。胸毛 8 对，微小，中部 4 对在围殖板上，前部第 1 对在第 2 对水平线之前。腹板与肛板由横线分开。腹毛约 4 对，肛板毛 1 对形状同背毛，肛后毛微小。足窝明显。头盖分 3 支，每支边缘布有细长毛。螯钳定趾与动趾几乎等长。股节 I 有指状突。

雄螨（图 3-295f）：体长 402，宽 345，围殖板长 184，宽 80，前缘有齿缺 5 个，后缘有齿缺 4 个，生殖孔位于基节 II 和基节 III 之间水平处。胸毛微小。其余结构同雌螨。

分布：中国吉林省长岭县（太平川）。

265. 铁岭甲胄螨 *Oplitis tielingensis* Chen, Bei, Gao et Yin, 2008

Oplitis tielingensis Chen, Bei, Gao et Yin, 2008, *Entomotaxonomia*，30（4）：309-312.

模式标本产地：中国辽宁省铁岭市。

雌螨（图 3-296a～b，d～e）：体黄色，近圆形，无前突，长 496，宽 456。背部具有

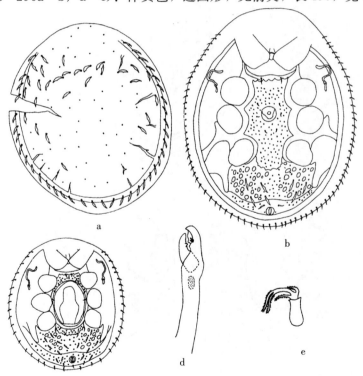

图 3-296　铁岭甲胄螨 *Oplitis tielingensis* Chen, Bei, Gao et Yin, 2008 a～b, d～e ♀, c ♂
a. 背面（dorsum）　b、c. 腹面（venter）　d. 螯肢（chelicera）　e. 胸叉（tritosternum）
（仿陈万鹏等，2008）

背板和缘板，缘板与背板在前端愈合。背刚毛马刀状，宽阔，背面具发亮的圆斑。基节Ⅰ靠近，遮住胸叉基部。胸叉基部袋状，端部分叉，密布小刺。生殖板长 200，宽 120，前部圆形，后部稍收缩，后缘微凸。围殖板前缘有齿缺 7 个，其后缘有齿缺 10 个，距生殖板后缘较远。胸毛 8 对，微小，前 2 对在同一水平线上，中部 4 对在围殖板上，后 2 对在围殖板后缘齿缺周围。围殖板具发亮的圆斑。腹板与肛板由横线分开。腹毛 5 对，形状同背毛。肛板毛 1 对和前对肛侧毛同背毛，后对肛侧毛和肛后毛微小。气门沟中部宽 U 字形弯曲。足窝明显，无足后线。螯钳定趾略长于动趾，动趾 1 齿。

　　雄螨（图 3-296c）：体色及体形同雌螨，体长 456，宽 352，围殖板前缘有齿缺 6 个，后缘有齿缺 7 个，生殖孔位于基节Ⅱ和基节Ⅲ之间水平。胸毛微小。腹毛一侧 4 对，一侧 3 对，马刀状。

　　分布：中国辽宁省铁岭市（龙首山）。

266. 于氏甲胄螨 *Oplitis yuxini* Ma, 2001

Oplitis yuxini Ma，2001，*Entomotaxonomia*，23（4）：307-311.

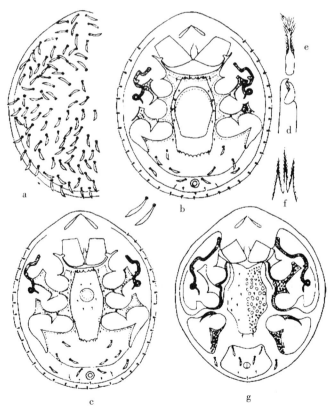

图 3-297　于氏甲胄螨 *Oplitis yuxini* Ma，2001 a～b，d～f ♀，c ♂，g 后若螨（deutonymph）
a. 背面及背毛（dorsum and dorsal seta）　b、c、g. 腹面（venter）　d. 螯肢（chelicera）
e. 胸叉（tritosternum）　f. 头盖（tectum）
（仿马立名，2001）

模式标本产地：中国吉林省长岭县。

雌螨（图 3-297a～b，d～f）：体棕黄色，近圆形，长 425～460，宽 356～479。背毛柳叶刀形。生殖板长 138，宽 103，前部圆形，后部稍收缩，后缘微凸。围殖板长 207，宽 115，前缘有齿缺 5 个，后缘有齿缺 7～10 个，距生殖板后缘较远。胸毛 8 对，微小，中部 4 对在围殖板上，前 2 对胸毛在同一水平线上。腹板与肛板由横线分开。腹毛 3 对，肛板毛 1 对和前对肛侧毛均同背毛，后对肛侧毛和肛后毛微小。足窝明显。

雄螨（图 3-297c）：体长 437，宽 345，围殖板长 195，宽 103，前后缘各有齿缺 5 个。生殖孔位于基节 II 和基节 III 之间水平。胸毛微小。其余结构同雌螨。

分布：中国吉林省长岭县（太平川）。

二十三、尾足螨科
Uropodidae Berlese，1900

Uropodidae Berlese，1900.

体卵圆形至圆形，背部具有背板和缘板，有的具臀板。螯肢动趾 1 齿，定趾长于动趾，末端圆钝。头盖狭长，前缘分叉，侧缘有刺。胸叉前端分 4 或 6 叉，边缘具刺。生活于土壤、粪肥、腐烂的植物中。

全世界共报道 2 属，60 余种，本书记述 2 属，尾足螨属 *Uropoda* Latreiller，尘盘尾螨属 *Discourella* Berlese。

尾足螨科分属检索表（雌螨）
Key to Genera of Uropodidae（females）

1. 背板无前突 ·· 尾足螨属 *Uropoda* Latreiller，1806
   背板具前突 ·· 尘盘尾螨属 *Discourella* Berlese，1910

（七十一）尾足螨属 *Uropoda* Latreiller，1806

Uropoda Latreiller，1806.

模式种：*Uropoda orbicularis*（Müller，1776）（＝*Discopoma romana* G. et R. Canestrini，1882）。

体卵圆形至圆形，前端变尖或呈圆形，背部表面具各种结构，其刚毛针状、匙状或具锯齿，或变得粗而长。缘毛位于缘板或附加的小板上，雌螨生殖板具不同形状。气门沟在大多情况下在气门后没有延伸部。动趾上具有 1 个齿。第三胸板基部宽，呈长方形，上有 3 个分叉，其中 1 个比较长，具有锯齿状的 3～6 分叉。

该属螨类寄生于苍蝇、腐败的植物上及森林、土壤内。

尾足螨属分种检索表（雌螨）
Key to Species of *Uropoda*（females）

1. 体型较大，体长大于 500；腹面较光滑 ···

·················· 巴氏尾足螨 *Uropoda baloghi* Hirschmann et Z. - Nicol, 1969

体型较小，体长小于 500；腹面具明显刻纹 ·············· 微小尾足螨 *Uropoda minima* Kramer，1882

267. 巴氏尾足螨 *Uropoda baloghi* Hirschmann et Z. -Nicol，1969

Uropoda baloghi Hirschmann et Z. - Nicol，1969，*Gangsystematik der Parasitiformes*，*Acarologie*，*Teile* 37 bis 73.

模式标本产地：匈牙利。

雌螨（图 3 - 298）：体卵圆形，前端呈圆形，长 510～550，宽 440～480。背毛短，末端达不到下位毛基部。背毛 I_4 和后对肛侧毛较粗长，刷状。生殖板椭圆形，前部有一尖突，胸毛较长。腹毛 7 对，较胸毛长。气门沟呈反 S 形。有足窝。动趾上具有 1 个齿。胸叉基部宽，呈长方形，上有 3 个分叉，其中 1 个比较长，具有锯齿状的 3～6 分叉。

分布：中国吉林省临江县；匈牙利，朝鲜，保加利亚。

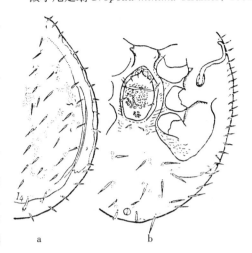

图 3 - 298　巴氏尾足螨 *Uropoda baloghi*
Hirschmann et Z.-Nicol，1969 ♀
a. 背面（dorsum）　b. 腹面（venter）
（仿 Bregetova，1977）

268. 微小尾足螨 *Uropoda minima* Kramer，1882

Uropoda minima Kramer，1882；Ma，2004，*Acta Arachnologica Sinica*，13（2）：88.

模式标本产地：瑞典。

雌螨（图 3 - 299）：体圆形，前端呈圆形，长 450～470，宽 340～360。背毛针状。边缘毛 S_4、S_5、Z_4、Z_5、I_5 位于小的角质片上。生殖板顶部位于 V_1 水平线处，胸毛短。腹面部分具明显刻纹，腹毛短。气门沟在大多情况下在气门后没有延伸部。动趾上具有 1 个齿。胸叉基部宽，呈长方形，上有 3 个分叉，其中 1 个比较长，具有锯齿状的 3～6 分叉。

分布：中国吉林省临江县；西欧，立陶宛（腐烂植物残渣、苔藓、土壤、

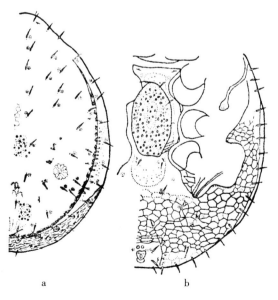

图 3 - 299　微小尾足螨 *Uropoda minima* Kramer，1882 ♀
a. 背面（dorsum）　b. 腹面（venter）
（仿 Bregetova，1977）

林中落叶层）。

269. 圆形尾足螨 *Uropoda orbicularis*（Müller，1776）

Uropoda orbicularis（Müller，1776），*Die Tierwelt Deutschlands*，67. *Teil*. 172.

模式标本产地：德国。

后若螨（图 3-300）：体黄色，近圆形，无前突，长 620～770，宽 601～753。背面分为背板和缘板，背毛及缘毛均光滑短小，有的难以看清。基节 I 靠近，遮住胸叉基部。胸叉基部梯形，前端 6 分叉，边缘密布小刺。胸板侧缘在基节 I 和基节 II 之间，基节 II 和基节 III 之间，基节 III 和基节 IV 之间，基节 IV 和肛板之间均有侧突。胸毛 5 对，细小，V_2、V_4 后各有 1 对隙孔，V_1 前有 1 对裂隙。肛板扁半圆形，与胸板有部分重叠，其上刚毛 5 对。肛瓣有毛 2 对，肛孔有 1 对棒状结构伸入肛板。气门沟微弯。足窝明显，有足后线。头盖狭长，前缘分叉，侧缘有刺。螯钳定趾长于动趾，末端圆钝，动趾 1 齿。第 1 对颚毛光滑细长，第 2、3 对颚毛具刺，第 4 对颚毛最短，具刺。

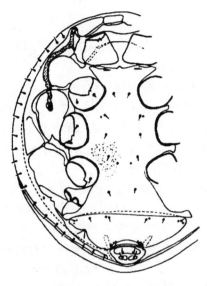

图 3-300　圆形尾足螨 *Uropoda orbicularis* （Müller，1776）后若螨 （deutonymph） 腹面（venter） （仿 Karg，1986）

分布：中国吉林省临江县，辽宁省丹东市（红房山）、铁岭市（龙首山）、凤城市、本溪市（桓仁县老秃顶子自然保护区）、辽阳市（汤河水库）、宽甸县；德国，俄罗斯（莫斯科），拉脱维亚，立陶宛以及欧洲南部和西部。

（七十二）尘盘尾螨属 *Discourella* Berlese，1910

Discourella Berlese，1910.

模式种：*Discourella modesta*（Leonardi，1899） ［＝*Trachyuropoda*（*Discourella*）*discopomoides* Berlese，1910］。

体卵形或宽卵形，背部具刻纹，气门板和臀板有或缺如。生殖板具有直的后缘，前缘圆形，突出尖形或具齿状。气门板弯曲。螯肢较小，定趾较动趾长。第三胸板基部呈长方形到宽条状，具 4、6 分支，具齿。足上凹坑大多数情况缺如。

该属螨类大多数生活于森林落叶草堆内。

尘盘尾螨属分种检索表（雌螨）
Key to Species of *Discourella*（females）

1. 具独立的臀板，生殖板后缘平直 ·················· 模糊尘盘尾螨 *Discourella dubiosa* Schweizer，1961

无独立的臀板，生殖板后缘呈圆形 ··· 2

2. 生殖板前缘无齿 ······················ 巴氏尘盘尾螨 *Discourella baloghi* Hirschmann et Z. - Nicol，1969

生殖板前缘具齿 ······················ 斯氏尘盘尾螨 *Discourella stammeri* Hirschmann et Z. - Nicol，1969

270. 巴氏尘盘尾螨 *Discourella baloghi* Hirschmann et Z. -Nicol，1969

Discourella baloghi Hirschmann et Z. - Nicol，1969，*Die Tierwelt Deutschlands*，67. *Teil*. 184.

模式标本产地：德国。

雌螨（图 3 - 301）：体褐色，卵圆形，有前突，长 490，宽 360。背部具有背板和缘板，缘板在前端与背板愈合，没有独立的臀板，缺少角质化的缘板，S_1、$S_2 \sim S_5$、$Z_2 \sim Z_5$ 及 I 毛分别位于角质化的卵形小片上，全部刚毛针状。生殖板后缘呈圆形，前缘不具齿，胸毛 5 对，分布于生殖板之前及两侧。生殖板与腹板上具有大的凹坑。头盖狭长，侧缘具刺，前端密布细长毛。第 1 对颚毛光滑细长，第 2、3、4 对颚毛较短，具刺。

分布：中国吉林省（长白山自然保护区）；德国。

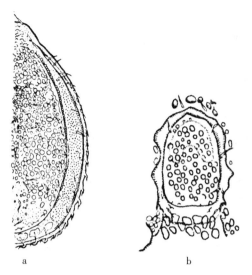

图 3 - 301　巴氏尘盘尾螨 *Discourella baloghi* Hirschmann et Z. -Nicol，1969 ♀

a. 背面（dorsum）　b. 腹面（venter）

（仿 Bregetova，1977）

271. 模糊尘盘尾螨 *Discourella dubiosa* Schweizer，1961

Discourella dubiosa Schweizer，1961，*Dentkschr. Schweiz. Naturf. Ges.*，Zürich，84：191；Ma，2004，*Acta Arachnologica Sinica*，13（2）：88.

模式标本产地：瑞士。

雌螨（图 3 - 302）：体褐色，卵圆形，有前突，长 440，宽 360。具独立的臀板，窄，叶状，没有刚毛，边缘毛位于圆形的角质片上。背部刚毛长、针状、基部膨大，躯体末端具部分羽状刚毛，V 刚毛位于围生殖板线上，I_4、I_5、S_6 位于基部膨大的卵形角质片上。胸毛 5 对，分布于生

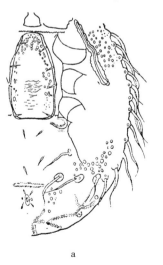

图 3 - 302　模糊尘盘尾螨 *Discourella dubiosa* Schweizer，1961 ♀

a. 腹面（venter）　b. 背面（dorsum）

（仿 Bregetova，1977）

殖板之前及两侧。生殖板的前缘平直，钝化。第 1 对颚毛光滑细长，第 2、3、4 对颚毛较短，具刺。

分布：中国吉林省（长白山自然保护区），山东省泰安市；俄罗斯（远东地区），瑞士，法国。

272. 朴实尘盘尾螨 *Discourella modesta* （Leonardi，1899）

Discourella modesta （Leonardi，1899），1983，*Acarologie*，437（30）：129 - 132.

模式标本产地：德国。

后若螨（图 3 - 303）：体浅黄色，卵圆形，有前突，长 859，宽 632。背毛长，端部膨大成小球状。背面密布发亮的圆斑，背部具有背板和缘板，缘毛同背毛，着生在基骨片上。胸毛 5 对，细小。肛板近圆形，肛毛 2 对，后对长于前对，围肛毛 5 根，肛后毛长于肛侧毛。胸板和肛板之间有刚毛 1 对，细小。肛板周围有毛 7 对，均光滑，较长。第 1 对颚毛光滑细长，第 2、3、4 对颚毛较短，具刺。

分布：中国吉林省（长白山自然保护区）；德国。

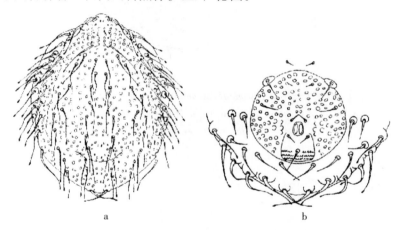

图 3 - 303　朴实尘盘尾螨 *Discourella modesta* （Leonardi，1889）后若螨（deutonymph）

a. 背面（dorsum）　b. 腹面（venter）

（仿 Karg，1986）

273. 斯氏尘盘尾螨 *Discourella stammeri* **Hirschmann et Z. -Nicol，1969，rec. nov.** （中国新记录种）

Discourella stammeri Hirschmann et Z. -Nicol，1969，*Gangsystematik der Parasitifromes*.

模式标本产地：西班牙。

雌螨（图 3 - 304）：体褐色，卵圆形，具前突，长 650，宽 520，没有独立的臀板，缺少角质化的缘板，S_1，$S_2 \sim S_5$，$Z_2 \sim Z_5$，I 毛分别位于角质化的卵形小片上，全部刚毛针状。背面和腹面各板密布小的圆形颗粒状纹饰。胸毛 5 对，分布于生殖板之前及两侧。生殖板后缘呈圆形，前缘具齿，生殖板与腹板上具有大的凹坑。第 1 对颚毛光滑细长，第

2、3、4 对颚毛较短，具刺。

    分布：中国吉林省（长白山自然保护区）；俄罗斯，西班牙。

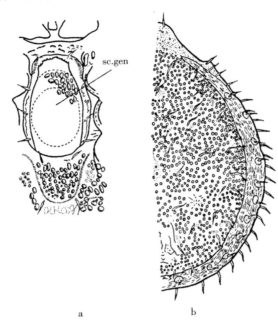

图 3 - 304　斯氏尘盘尾螨 *Discourella stammeri* Hirschmann et Z.-Nicol，1969 ♀

a. 腹面（venter）　b. 背面（dorsum）

（仿 Bregetova，1977）

白学礼，顾以铭，陈百芳．1991．常革螨属一新种（蜱螨亚纲：寄螨科）［J］．动物分类学报，16（1）：74－78．

白学礼，顾以铭．1993．宁夏血厉螨属和广厉螨属五新种（蜱螨亚纲：厉螨科）［J］．动物分类学报，18（1）：39－48．

白学礼，顾以铭．1993．拟厉螨属二新种和中国一新记录（蜱螨亚纲：厉螨科）［J］．动物分类学报，18（4）：438－441．

白学礼，顾以铭．1994．拟厉螨属一新种和中国一新记录（蜱螨亚纲：厉螨科）［J］．动物分类学报，19（2）：181－183．

白学礼，方磊，顾以铭．1994．宁夏真革螨属一新种（蜱螨亚纲：寄螨科）［J］．昆虫学报，37（4）：479－499．

白学礼，陈百芳，顾以铭．1994．宁夏下盾螨属三新种（蜱螨亚纲：厉螨科）［J］．昆虫分类学报，16（4）：295－301．

白学礼，方磊，殷绥公．1995．宁夏常革螨属一新种（蜱螨亚纲：寄螨科）［J］．动物分类学报，20（2）：182－184．

白学礼，顾以铭，王自存．1996．中国土厉螨属一新种（蜱螨亚纲：厉螨科）［J］．昆虫分类学报，18（1）：74－76．

贝纳新，殷绥公．1995．中国胭螨科一新种和五新记录种（蜱螨亚纲：胭螨科）［J］．昆虫分类学报，17（1）：63－66．

贝纳新，殷绥公．1995．毛绥螨属一新种和中国二新记录种（蜱螨亚纲：囊螨科）［J］．昆虫分类学报，17（2）：152－154．

贝纳新，殷绥公．2000．下盾螨属一新种（蜱螨亚纲：下盾螨科）［M］//张雅林，等．昆虫分类区系研究．北京：中国农业出版社：288－289．

贝纳新，石承民，殷绥公．2002．原虫穴 螨属一新种（蜱螨亚纲：虫穴 螨科）［J］．昆虫分类学报，24（3）：223－226．

贝纳新，石承民，殷绥公．2003．麦格氏巨须螨——中国新记录种［J］．昆虫分类学报，25（1）：34．

贝纳新，石承民，殷绥公．2003．中国下盾螨属一新种（蜱螨亚纲：厉螨科）（英）［J］．动物分类学报，28（4）：648－650．

贝纳新，顾丽嫱，殷绥公．2004．中国派伦螨属一新种（蜱螨亚纲，中气门亚目，派伦螨科）（英）［J］．动物分类学报，29（4）：708－710．

贝纳新，赵盈月，高萍，等．2007．中国厚厉螨属四新记录种［J］．昆虫分类学报，29（2）：157－160．

贝纳新，陈万鹏，赵盈月，等．2009．中国中气门螨类新记录［J］．昆虫分类学报，31（1）：64－67．

贝纳新，陈万鹏，吴元华．2010．中国厚绥螨属一新种（蜱螨亚纲，中气门亚目，厚厉螨科）［J］．动物分类学报，35（2）：269－272．

贝纳新，周雪，陈万鹏．2010．中国手绥螨属一新种和足角螨属一新记录种（蜱螨亚纲：中气门亚目：裂胸螨科，足角螨科）［J］．动物分类学报，35（2）：262－264．

贝纳新，李寒松，陈万鹏．2010．中国坚体螨属二新种（蜱螨亚纲：中气门亚目）［J］．动物分类学报，

35 (3)：273 - 276.

贝纳新，陈万鹏，殷绥公．2010. 尾足螨股中国三新记录种（蜱螨亚纲：中气门亚目）[J]. 动物分类学报，35 (3)：671 - 673.

贝纳新，李寒松，陈万鹏，等．2010. 尾足螨股中国四新记录种（蜱螨亚纲：中气门亚目）[J]. 昆虫分类学报，32 (2)：157 - 160.

贝纳新，周雪，陈万鹏，等．2011. 尾足螨股中国五新记录种（蜱螨亚纲：中气门亚目）[J]. 昆虫分类学报，33 (2)：156 - 160.

陈伟，郭宪国．1994. 贵州革板螨属 1 新种（蜱螨亚纲：派盾螨科）[J]. 蛛形学报，3 (1)：61 - 64.

陈万鹏，贝纳新，石承民，等．2006. 维螨科中国三新记录种 [J]. 昆虫分类学报，28 (3)：222 - 226.

陈万鹏，贝纳新，石承民，等．2008. 中国中气门螨新记录（蜱螨亚纲：革螨股）[J]. 蛛形学报，17 (1)：13 - 15.

陈万鹏，贝纳新，殷绥公．2008. 中国糙尾螨属 1 新种（蜱螨亚纲：尾足螨股）（英）[J]. 蛛形学报，17 (2)：101 - 102.

陈万鹏，贝纳新，高萍，等．2008. 中国甲胄螨一新种（蜱螨亚纲：尾足螨股）（英）[J]. 昆虫分类学报，30 (4)：309 - 312.

陈万鹏，贝纳新，高萍．2009. 中国厚厉螨二新种（蜱螨亚纲：中气门亚目）（英）[J]. 动物分类学报，34 (1)：25 - 27.

崔世全，张宏业，马立名．2002. 裂缝常革螨形态描述（蜱螨亚纲：革螨股：寄螨科）[J]. 华东昆虫学报，11 (1)：115 - 116.

邓国藩．1982. 中国厉螨科几新种和新记录（蜱螨亚纲：革螨股）[J]. 动物分类学报，7 (2)：160 - 165.

邓国藩．1989. 中国蜱螨概要 [M]. 北京：科学出版社．

邓国藩．1992. 中国下盾螨属一新种及一新纪录（蜱螨亚纲：厉螨科）[J]. 动物分类学报，17 (2)：196 - 198.

邓国藩，等．1993. 中国经济昆虫志：第四十册　蜱螨亚纲　皮刺螨总科 [M]. 北京：科学出版社．

顾以铭，王菊生，杨锡正，等．1987. 中国寄螨亚科记要及三新种（蜱螨目：寄螨科）[J]. 动物分类学报，12 (1)：40 - 47.

顾以铭，黄重安．1990. 真革螨属一新种（蜱螨亚纲：寄螨科）[J]. 动物分类学报，15 (3)：317 - 319.

顾以铭，段启祥．1990. 云南省厉螨科一新属新种（蜱螨亚纲：厉螨科）[J]. 动物分类学报，15 (4)：436 - 139.

顾以铭，白学礼．1991. 下盾螨属二新种（蜱螨亚纲：厉螨科）[J]. 动物分类学报，16 (2)：181 - 185.

顾以铭，黄重安，李富华．1991. 厚厉螨属四新种和一新记录（蜱螨亚纲：厚厉螨科）[J]. 动物分类学报，16 (4)：436 - 444.

顾以铭，白学礼．1991. 下盾螨属二新种（蜱螨亚纲：厉螨科）[J]. 动物分类学报，16 (2)：181 - 185.

顾以铭，白学礼．1992. 蚁巢下盾螨二新种（蜱螨亚纲：厉螨科）[J]. 动物分类学报，17 (2)：189 - 195.

顾以铭，黄重安．1993. 陕西省寄螨亚科记要及三新种（蜱螨亚纲：寄螨科）[J]. 动物分类学报，18 (2)：177 - 183.

顾以铭，郭宪国．1994. 毛绥螨属 2 新种（蜱螨亚纲：囊螨科）[J]. 蛛形学报，3 (2)：86 - 90.

顾以铭，刘寄瓯．1995. 革索螨属一新种（蜱螨亚纲：寄螨科）[J]. 动物分类学报，20 (1)：65 - 67.

顾以铭，白学礼．1995. 寄螨属一新种三新记录（蜱螨亚纲：寄螨科）[J]. 动物分类学报，20 (3)：318 - 322.

顾以铭，白学礼．1995. 我国厚厉螨属二新记录（蜱螨亚纲：厚厉螨科）[J]. 动物分类学报，20 (4)：450.

顾以铭，郭宪国．1997．常革螨属一新种（蜱螨亚纲：寄螨科）[J]．动物分类学报，22（2）：134－136．

顾以铭，郭宪国．1997．中国裸厉螨属一新种记述（蜱螨亚纲：厉螨科）[J]．动物分类学报，22（3）：246－248．

顾以铭，王菊生．2001．贵州革螨·恙螨 [M]．贵阳：贵州科学技术出版社．

郭宪国，顾以铭．1997．角绥螨属在中国首次发现及一新种记述（蜱螨亚纲：囊螨科）[J]．动物分类学报，22（4）：356－358．

何琦琛．2000．蜱螨亚目以上高分类阶的变迁沿革 [J]．中华昆虫特刊，第11号：125－128．

胡云，马立名．2003．江苏革螨4个新记录种 [J]．中国媒介生物学及控制杂志，14（2）：137．

李超，杨锡正，岳珊珑．1997．中国西部下盾螨属一新种（蜱螨亚纲：厉螨科）[J]．地方病通报，12（3）：60－61．

李超，杨锡正，陈洪舰．1999．革索螨属一新种（蜱螨亚纲：寄螨科）[J]．动物分类学报，24（2）：156－158．

梁来荣，等．1981．蜱螨分科手册 [M]．上海：上海科学技术出版社．

梁来荣．1993．中国足角螨属种类记述（蜱螨亚纲：足角螨科）[J]．动物分类学报，18（1）：54－62．

刘井元，马立名，丁百宝．2000．中国厉螨科二新种记述（蜱螨亚纲：厉螨科）[J]．动物分类学报，25（4）：380－384．

刘井元，马立名．2003．湖北西部革螨三新种 [J]．动物分类学报，28（4）：651－656．

罗益镇，崔景岳．1994．土壤昆虫学 [M]．北京：中国农业出版社．

马恩沛，等．1984．中国农业螨类 [M]．上海：上海科学技术出版社．

马立名．1985．青海甘肃厚厉螨属三新种记述 [J]．昆虫分类学报，7（4）：337－340．

马立名．1986．青藏高原北部寄螨亚科新种记述Ⅰ．寄螨属、角革螨属 [J]．动物分类学报，11（4）：379－388．

马立名．1987．青藏高原北部寄螨亚科新种记述Ⅱ．常革螨属（蜱螨目：寄螨科）[J]．动物分类学报，12（3）：271－285．

马立名．1990．吉林省寄螨亚科三新种（蜱螨目：寄螨科）[J]．昆虫分类学报，12（1）：61－68．

马立名．1995．广厉螨属一新种（蜱螨亚纲：厉螨科）[J]．动物分类学报，20（4）：432－434．

马立名．1995．吉林省寄螨亚科三新种记述（蜱螨亚纲：寄螨科）[J]．动物分类学报，20（4）：439－450．

马立名．1996．维螨科一新种和巨螯螨科一新种记录（蜱螨亚纲：中气门亚目）[J]．动物分类学报，21（1）：45－47．

马立名．1996．毛绥螨属二新种和手绥螨属一新种（蜱螨亚纲：中气门亚目：裂胸螨科）[J]．动物分类学报，21（3）：312－316．

马立名．1996．吉林省寄螨属一新种（蜱螨亚纲：寄螨科）[J]．动物分类学报，21（3）：317－320．

马立名．1996．吴氏手绥螨和长螯肛厉螨2新种记述（蜱螨亚纲：裂胸螨科）[J]．蛛形学报，5（1）：36－41．

马立名．1996．毛绥螨属1新种和囊螨属1新种（蜱螨亚纲：裂胸螨科，胭螨科）[J]．蛛形学报，5（1）：42－45．

马立名，王身荣．1996．寄螨科4新种和糙革螨属在中国首次发现（蜱螨亚纲：中气门亚目）[J]．蛛形学报，5（2）：81－87．

马立名．1997．土壤革螨3新种记述（蜱螨亚纲：厉螨科，寄螨科，厚厉螨科）[J]．蛛形学报，6（1）：31－35．

马立名．1997．犹伊螨科2新种和斯卡螨属在中国的发现（蜱螨亚纲：中气门亚目）[J]．蛛形学报，6（1）：37－41．

马立名,王成贵. 1997. 西藏厚厉螨属一新种和毛绥螨属一新种(蜱螨亚纲:厚厉螨科,裂胸螨科)[J]. 动物分类学报,22(1):29-31.

马立名. 1998. 派伦螨属2新种(蜱螨亚纲:革螨股:派伦螨科)[J]. 蛛形学报,7(2):81-85.

马立名,王身荣. 1998. 中国巨螯螨科1新种和3新记录(蜱螨亚纲:中气门亚目:巨螯螨科)[J]. 蛛形学报,7(2):90-93.

马立名,晏建章. 1998. 新革螨属二新种记述(蜱螨亚纲:革螨股:寄螨科)[J]. 动物学研究. 19(6):463-467.

马立名,殷秀琴. 1998. 革伊螨属一新种(蜱螨亚纲:土革螨科)[J]. 昆虫学报,41(3):319-322.

马立名,殷秀琴. 1998. 黑龙江下盾螨属二新种(蜱螨亚纲:革螨股:厉螨科)[J]. 昆虫分类学报,20(3):223-229.

马立名,殷秀琴. 1998. 似蚨螨属在中国的发现及二新种记述(蜱螨亚纲:革螨股:裂胸螨科)[J]. 昆虫分类学报,20(4):308-312.

马立名. 1998. 内特螨属在中国首次发现及二新种记述(蜱螨亚纲:尾足螨股)[J]. 昆虫分类学报,20(4):363-367.

马立名,刘井元. 1998. 鄂西北钝革螨属一新种(蜱螨亚纲:寄螨科)[J]. 动物分类学报,23(3):267-269.

马立名. 1999. 厚厉螨属一新种(蜱螨亚纲:革螨股)[J]. 动物分类学报,24(2):153-155.

马立名,叶瑞玉. 1999. 偏革螨亚科在中国首次记录并描述钝革螨属一新种(蜱螨亚纲:中气门亚目:寄螨科)[J]. 动物分类学报,24(3):291-294.

马立名,殷秀琴. 1999. 维螨属一新种(蜱螨亚纲:革螨股)[J]. 昆虫分类学报,21(2):153-156.

马立名,崔世全. 1999. 具刺新革螨在中国的首次发现及其雄螨的描述(蜱螨亚纲:革螨股:寄螨科)[J]. 蛛形学报,8(2):108-110.

马立名,殷秀琴. 1999. 裂胸螨科4新种和中国2新记录属(蜱螨亚纲:革螨股)[J]. 蛛形学报,8(1):1-5.

马立名,殷秀琴. 1999. 新革螨属一新种(蜱螨亚纲:寄螨科)[J]. 昆虫学报,42(4):428-430.

马立名,郑波益. 2000. 湖南下盾螨一新种记述(蜱螨亚纲:厉螨科)[J]. 动物分类学报,25(4):373-375.

马立名. 2000. 吉林省下盾螨属一新种(蜱螨亚纲:革螨股)[J]. 动物分类学报,25(4):384-385.

马立名,殷秀琴. 2000. 厚厉螨科二新种(蜱螨亚纲:革螨股)[J]. 昆虫学报,43(1):94-97.

93. 马立名. 2000. 内特螨属一新种(蜱螨亚纲:尾足螨股)[J]. 昆虫分类学报,22(1):74-76.

马立名. 2000. 长岭下盾螨新种记述(蜱螨亚纲:厉螨科)[J]. 昆虫分类学报,22(2):150-151.

马立名. 2000. 二爪螨属在中国首次记录并描述一新种(蜱螨亚纲:尾足螨股:前爪螨科)[J]. 昆虫分类学报,22(4):304-308.

马立名. 2000. 国外文献记载的我国革螨[J]. 蛛形学报,9(1):40-41.

马立名. 2000. 多盾螨科在中国首次记录及异多盾螨属1新种描述(蜱螨亚纲:尾足螨股)[J]. 蛛形学报,9(1):41-42.

马立名. 2001. 白氏枝厉螨雄螨及成螨前期描述(蜱螨亚纲:革螨股:胭螨科)[J]. 蛛形学报,10(1):13-15.

马立名. 2001. 中国北方寄螨属亲缘种团的螨类(蜱螨亚纲:革螨股:寄螨科)[J]. 蛛形学报,10(1):28-30.

马立名. 2001. 中国中气门螨新记录(蜱螨亚纲:革螨股:尾足螨股)[J]. 蛛形学报,10(2):21-24.

马立名,殷秀琴,陈鹏. 2001. 拟双毛派伦螨后若螨和勃氏派伦螨前若螨描述(蜱螨亚纲:革螨股:派盾螨科）[J].华东昆虫学报，10（2）：117－119.

马立名，殷秀琴，陈鹏．2001.胸前下盾螨和茅舍血厉螨若螨描述（蜱螨亚纲：革螨股：厉螨科）[J].华东昆虫学报，10（1）：118－119.

马立名．2001.糙尾螨属在中国首次记录并描述二新种（蜱螨亚纲：尾足螨股：多盾螨科）[J].动物分类学报，26（4）：496－500.

马立名．2001.枝厉螨属一新种（蜱螨亚纲：革螨股：胭螨科）[J].昆虫分类学报，23（3）：231－233.

马立名．2001.甲胄螨在中国的发现及二新种记述（蜱螨亚纲：尾足螨股：尾足螨科）[J].昆虫分类学报，23（4）：307－311.

马立名．2002.背刻螨属一新种及洮儿河美绥螨雄螨、后若螨描述（蜱螨亚纲：革螨股：美绥螨科）[J].昆虫分类学报，24（4）：308－311.

马立名．2002.虫穴螨属一新种和一已知种幼螨的描述（蜱螨亚纲：中气门亚目：虫穴螨科）[J].动物分类学报，27（1）：73－76.

马立名．2002.中国蚖螨科二新种记述（蜱螨亚纲：中气门亚目）[J].动物分类学报，27（3）：479－482.

马立名，刘井元，崔世全．2002.常革螨属一新种和下盾螨属一新种（蜱螨亚纲：革螨股：寄螨科，厉螨科）[J].动物分类学报，27（4）：735－739.

马立名，王身荣．2002.四川革螨采集记录（蜱螨亚纲）[J].四川动物，21（4）：231.

马立名，殷秀琴，陈鹏．2002.萎缩巨螯螨雄螨与后若螨描述及雌螨特征补充（蜱螨亚纲：革螨股：巨螯螨科）[J].华东昆虫学报，11（1）：113－114.

马立名，殷秀琴，陈鹏．2002.乌苏里土厉螨和维内土厉螨若螨描述（蜱螨亚纲：革螨股：厉螨科）[J].华东昆虫学报，11（1）：117－119.

马立名，崔世全．2002.朝鲜入境货物中的中气门螨及巴氏尾足螨雄螨描述（蜱螨亚纲）[J].蛛形学报，11（2）：83－84.

马立名．2003.中气门螨四新种记述（蜱螨亚纲，表刻螨科，胭螨科，寄螨科）[J].动物分类学报，28（1）：66－72.

马立名．2003.尾卵螨属在中国的发现并记述一新种（蜱螨亚纲：尾足螨股）[J].蛛形学报，12（1）：22－23.

马立名，张爱环，李云瑞．2003.昆虫携播螨一下盾螨属二新种和密卡螨属一新种（蜱螨亚纲：革螨股：厉螨科，裂胸螨科）[J].蛛形学报，12（2）：72－78.

马立名，刘井元，叶瑞玉．2003.枝厉螨属（胭螨科）和黑面螨属（黑面螨科）各一新种（蜱螨亚纲，中气门亚目）[J].动物分类学报，28（2）：252－255.

马立名．2003.二爪螨属和中虫穴螨属各一新种（蜱螨亚纲，前爪螨科，虫穴螨科）[J].动物分类学报，28（3）：464－468.

马立名，刘井元．2003.巨螯螨属二新种记述（蜱螨亚纲，革螨股，巨螯螨科）[J].动物分类学报，28（4）：657－661.

马立名．2003.尾辐螨属和毛尾足螨属在中国的发现与二新种描述（蜱螨亚纲：尾足螨股）[J].昆虫分类学报，25（2）：151－154.

马立名．2003.革赛螨属一新种（蜱螨亚纲：革螨股：胭螨科）[J].昆虫分类学报，25（4）：313－317.

马立名．2004.中国中气门螨新记录（2）（蜱螨亚纲：革螨股，尾足螨股）[J].蛛形学报，13（2）：86－92.

马立名．2004.革板螨属一新种和绒鼠革板螨雄螨及若螨描述（蜱螨亚纲：革螨股：派盾螨科）[J].昆虫分类学报，26（3）：227－233.

马立名. 2004. 钩形革伊螨新种记述和新美革伊螨特征补充（蜱螨亚纲：革螨股：土革螨科）[J]. 蛛形学报, 13 (1)：23 - 27.

马立名, 殷秀琴. 2004. 长春中气门螨采集及吉林省新记录, 并描述胸前下盾螨雄螨（蜱螨亚纲）[J]. 华东昆虫学报, 13 (1)：117 - 119.

马立名. 2005. 革赛螨属和囊螨属新种记述及囊螨属已知种补充描述（蜱螨亚纲, 中气门亚目, 胭螨科）[J]. 动物分类学报, 30 (3)：538 - 544.

马立名. 2005. 柳氏仿胭螨重新描述和鸭绿江仿胭螨及白氏枝厉螨特征补充（蜱螨亚纲：革螨股：胭螨科）[J]. 蛛形学报, 14 (1)：17 - 22.

马立名. 2005. 毛绥螨属新种记述和已知种再描述与更正（蜱螨亚纲：革螨股：裂胸螨科）[J]. 蛛形学报, 14 (1)：1 - 6.

马立名, 林坚贞. 2005. 寄螨科四新种记述（蜱螨亚纲, 革螨股）[J]. 动物分类学报, 30 (1)：73 - 80.

马立名, 林坚贞. 2005. 河南枝厉螨属二新种（蜱螨亚纲, 革螨股, 胭螨科）[J]. 动物分类学报, 30 (2)：350 - 354.

马立名, 殷秀琴. 2005. 克瓦厚厉螨雄螨及后若螨描述（蜱螨亚纲：革螨股：厚厉螨科）[J]. 华东昆虫学报, 14 (3)：287 - 288.

马立名, 殷秀琴, 陈鹏. 2005. 多变革板螨雄螨及后若螨描述（蜱螨亚纲：革螨股：派盾螨科）[J]. 华东昆虫学报, 14 (1)：82 - 83.

马立名, 林坚贞. 2006. 革板螨属 1 新种和浩伦螨属 1 新种（蜱螨亚纲：中气门亚目：派盾螨科）[J]. 蛛形学报, 15 (2)：75 - 77.

马立名, 殷秀琴. 2006. 亚洲革板螨雄螨和后若螨描述（蜱螨亚纲：中气门亚目：派盾螨科）[J]. 华东昆虫学报, 15 (2)：81 - 82.

马英, 宁刚, 魏有文. 2003. 青海下盾螨属一新种记述（蜱螨亚纲：厉螨科）[J]. 动物分类学报, 28 (2)：256 - 257.

马英, 白学礼. 2006. 毛绥螨属一新种（蜱螨亚纲, 裂胸螨科）[J]. 动物分类学报, 31 (3)：557 - 558.

孟阳春, 孙溱安. 1990. 巨螯螨属一新种（蜱螨亚纲：巨螯螨科）[J]. 动物分类学报, 15 (1)：61 - 63.

潘鎬文, 邓国藩. 1980. 中国经济昆虫志：蜱螨目 革螨股 [M]. 北京：科学出版社.

田庆云, 顾以铭. 1991. 革索螨属在我国首次发现及一新种记述（蜱螨亚纲：寄螨科）[J]. 动物分类学报, 16 (4)：432 - 435.

王炳兰, 崔世全, 马立名. 2003. 单角新革螨雌雄螨描述（蜱螨亚纲：革螨股：寄螨科）[J]. 华东昆虫学报, 12 (1)：115 - 118.

王东昌, 杨振玲, 张乃琴, 等. 2001. 我国土壤螨研究现状进展 [J]. 莱阳农学院学报, 18 (1)：61 - 65.

王庆林. 1999. 中国下盾螨初步名录 [J]. 承德医学院学报, 16 (1)：56 - 57.

王自存, 马立名. 1994. 季氏寄螨——中国新记录（蜱螨亚纲：寄螨科）[J]. 动物分类学报, 19 (3)：313.

王自存, 马立名. 1994. 中国寄螨属一新记录（蜱螨亚纲：寄螨科）[J]. 动物分类学报, 19 (3)：408.

温廷桓. 1965. 仓鼠窝中发现的一新足角螨 [J]. 动物分类学报, 2 (4)：354 - 356.

吴伟南. 1987. 中国东北地区植绥螨科新种和新纪录Ⅱ：钝绥螨属（蜱螨目）[J]. 动物分类学报, 12 (3)：260 - 270.

吴伟南. 1987. 蜱螨目：植绥螨科 [M] //章士美, 等. 西藏农业病虫及杂草：Ⅱ. 拉萨：西藏人民出版社：355 - 363.

吴伟南, 卢剑铨. 1988. 植绥螨研究新进展 [M]. 重庆：科学技术文献出版社重庆分社.

吴伟南. 1989. 中国钝绥螨属拉哥群种类记述（蜱螨亚纲：植绥螨科）[J]. 动物分类学报, 14 (4)：447 -

452.

吴伟南，梁来荣，蓝文明．1997. 中国经济昆虫志：第五十三册　蜱螨亚纲　植绥螨科［M］. 北京：科学出版社．

忻介六，沈兆鹏．1983. 贮藏食物与房舍的螨类［M］. 北京：农业出版社．

忻介六．1984. 蜱螨学纲要［M］. 北京：高等教育出版社．

杨铁嵘，赵丽华，马立名，等．2001. 吉林省革螨新记录（8）［J］. 中国媒介生物学及控制杂志，12 (5)：383.

叶瑞玉，马立名，陈欣如．1994. 巨螯螨属一新种记述（蜱螨亚纲：巨螯螨科）［J］. 动物分类学报，19 (3)：309 - 313.

叶瑞玉，马立名，沈义成．1995. 寄螨亚科二新种及中国三新种（蜱螨亚纲：寄螨科）［J］. 动物分类学报，21 (4)：412 - 416.

叶瑞玉，马立名．1996. 中国常革螨属一新种和新记录（蜱螨亚纲：中气门亚目：寄螨科）［J］. 动物分类学报，21 (2)：161 - 163.

殷绥公，郑智良，张家祺．1964. 东北地区巨螯螨科的初步调查及二新种描述［J］. 动物分类学报，1 (2)：320 - 324.

殷绥公，吕成军，蓝文海．1986. 厚绥螨属一新种和我国一新记录（蜱螨亚纲：厚厉螨科）［J］. 动物分类学报，11 (2)：191 - 193.

殷绥公，贝纳新．1990. 螨类作为粪食性害虫生物防治作用物的可行性及其抗药性筛选［J］. 除四害科技集刊 8：33 - 35.

殷绥公，贝纳新．1991. 长白山地区囊螨科二新种（蜱螨目：囊螨科）［J］. 昆虫分类学报，13 (3)：147 - 150.

殷绥公，贝纳新．1992. 中国伊绥螨属 2 新种（蜱螨目：植绥螨科）［J］. 沈阳农业大学学报，23 (4)：281 - 285.

殷绥公，贝纳新．1993. 中国派伦螨属二新种和四新记录（蜱螨目：派伦螨科）［J］. 动物分类学报，18 (4)：434 - 437.

尹文英，等．1992. 中国亚热带土壤动物［M］. 北京：科学出版社．

尹文英，等．1998. 中国土壤动物检索图鉴［M］. 北京：科学出版社．

尹文英，等．2000. 中国土壤动物［M］. 北京：科学出版社．

张芳，齐力，马立名．2004. 吉林省革螨新记录（12）［J］. 中国媒介生物学及控制杂志，15 (2)：140.

郑长英，李维炯，胡敦孝．2000. 农田施肥对不同食性土壤螨群落影响的研究［J］. 蛛形学报，9 (1)：52 - 56.

郑乐怡．1987. 动物分类原理与方法［M］. 北京：高等教育出版社．

中国昆虫学会蜱螨专业组．1985. 蜱螨名词及名称［M］. 北京：科学出版社．

中国昆虫学会蜱螨专业组．1994. 蜱螨名词及名称：增订本［M］. 北京：科学出版社．

朱弘复，邓国藩，谭娟杰，等．1978. 国际动物命名法规［M］. 北京：科学出版社．

周尧．1983. 拉丁文［M］. 杨凌：昆虫分类学报社．

江原昭三，等．1980. 日本ダニ类图鑑［M］. 东京：全国農村教育協會，1 - 562.

Adina C. 1997. *Zercon moldavicus* nov. sp. (Acari：Zerconidae). A new species of mite from Romamia ［J］. *Internat ional Journal of Acarology*，23 (4)：243 - 247.

Ainscough B D. 1981. Uropodine studies：I suprageneric classification in the cohort Uropodina Kramer, 1882 (Acari：Mesostigmata)［J］. *International Journal of Acarology*：7，47 - 56.

Alberti G. 1984. The contribution of comparative spermatology to the problems of acarine systematics

[M] // Basavanna G P C, Viraktamath C A. Progress in Acarology: vol. 1. New Delhi: Oxford & IBH Publishing: 197 - 204.

Athias-Binche F. 1997. Acarine biodiversity. I. A new database. Preliminary exampies of its use in statistical biosystematics [J]. *Acaologia*, 38 (4): 331 - 343.

Athias-Henriot C. 1961. Physallolaelaps ampulliger Berl. et Gamasodes (Parasitiformes: Laelaptidae, Parasitidae) [J]. *Acarologia*, 3 (3): 256 - 264.

Athias-Henriot C. 1961. Mesostigmates (Urop. excl.) édaphiques méditerranens (Acaromorpha, Anactinotrichida) Premi-ère Série [J]. *Acarologia*, 3 (4): 381 - 509.

Baker A S, Ostojá-Starzewski J C. 2002. New distributional records of the mite *Parasitus mycophinus* (Acari: Mesostigmata) with a redescription of the male and first description of the deutonymph [J]. *Systematic & Applied Acarology*, 7: 113 - 122.

Baker E W, Traub R, Evans T M. Indo-malayan Haemolaelaps, with discription of new species (Acarina: Laelaptidae) [J]. *Pacific Insect*, 4 (1): 91 - 100.

Bal D A, Özkan M. 2003. Investigations into *Discourella modesta* (Leonardi, 1899) (Acari: Mesostigmata: Uropodina), a new species for Turkey [J]. *Turkish Journal of Zoology*, 27: 7 - 13.

Bal D A, Özkan M. 2005. A New Viviparous Uropodid Mite (Acari: Gamasida: Uropodina) for the Turkish Fauna, *Macrodinychus* (*Monomacrodinychus*) *bregetovaae* Hirschmann, 1975 [J]. *Turkish Journal of Zoology*, 29: 125 -132.

Bal D. A, Özkan M. 2006. A new species of the genus *Oplitis* (Acarina, Mesostigmata, Uropodina) from Turkey [J]. *Biologia*, 61 (2): 121 - 124.

Balogh J. 1958. Neue Epicriiden aus Bulgarien (Acari, Mesostigmata) [J]. *Acta Zoologica*, Academiae Scientiarum Hungaricae: 1 - 2.

Banhawy E M, Borolossy M A, Sawaf B M, et al. 1997. Biological aspects and feeding behaviour of the predacious soil mite *Nenteria hypotrichus* (Uropodina: Uropodidae)[J]. *Acarologia*, 38 (4): 357 -360.

Berlese A. 1917. Intorno agli Uropodidae [J]. *Redia*: 13, 7 - 16.

Bhattacharyya S K. 1968. Studies on Indian mites (Acarina: Mesostigmata) Six records and descriptions of nine new species [J]. *Acarologia*, 10 (4): 527 - 549.

Birsfelden J S. 1961. Die landmilben der Schweiz (Mittelland, Jura und Alpen) Parasitiformes Reuter [M]. Denlschriften der Schweizerischen naturforschenden gesellschaft mémoires de la société helvétique des Sciences Naturelles. Band, 84.

Blaszak C. 1975. Arerision of the family Zerconidae (Acari: Mesostigmata): systematic studies on family Zerconidae Ⅰ [J]. *Acarologia*, 17 (4): 553 - 569.

Blaszak C. 1976. Systematic studies on Family Zerconidae Ⅱ. North Korean Zerconidae (Mesostigmata) [J]. *Acta Zoologica Cracoviensia*, 21 (16): 527 - 552.

Blommers L. 1973. Five new species of Phytoseiid mites (Acarina: Mesostigmata) from Southwest Madagascar [J]. *Bulletin Zoologisch Museum*, 3 (16): 110 - 117.

Blommers L. 1974. Species of the genus Amblyseius Berlese, 1914, from Tamatave, East Madagascar (Acarina: Phytoseiidae) [J]. *Bulletin Zoologisch Museum*, 3 (19): 143 - 155.

Bloszyk J, Halliday B. 2000. Observations on the genus *Polyaspinus* Berlese 1916 (Acari: Trachytidae) [J]. *Systematic and Applied Acarology Society*: 5, 47 - 64.

Bregetova N G. 1961. The veigaiaid mites (Gamasoidae, Veigaiaidae) in the USSR [J]. *Parosit. Sborn.*, *Zool. Inst. Aka. Nauk SSR*, 20: 10 - 107.

Bremen W C. 1953. Neue milben aus denöstlichen Alpen. Sitzungsberichte [J]. *D mathem-naturw kl Abt:* *I*, 162 (6): 450 – 498.

Bruin L P S, van de Geest, Sabelis. 1999. *Ecology and evolution of the Acari* [M]. Kluwer Academic Publishes.

Bühlmann A. 1980. Gangsystematische darstellung von *Uroobovella jerzyi* sp. n. (Acari: Uropodina) [J]. *International Journal of Acarology*, 6 (4): 301 – 308.

Camin J H. 1953. A revision of cohort Trachytina Trägårdh, 1938, with the description of *Dyscritaspis Whartoni*, a new genus and species of polyaspid mite from tree holes [J]. *Bulletin of the Chicago Academy of Sciences*, 9 (17): 335 – 385.

Camin J H. 1954. A new species of uropodine mite, *Polyaspinus Higginsi* (Mesostigmata: Trachytoidea: Trachytidae) [J]. *Bulletin of the Chicago Academy of Sciences*, 10 (3): 35 – 41.

Chant D A, Hansell R I C. 1971. The genus *Amblyseius* (Acarina: Phytoseiidae) in Canada and Alaska [J]. *Canadian Journal of Zoology*, 49: 703 – 758.

Chant D A, Yoshida S E. 1981. A world review of the convallis species group in the genus *Typhlodromus* Scheuten (Acarina: Phytoseiidae) [J]. *Canadian Journal of Zoology*, 39: 1251 – 1262.

Costa M. 1966. Descriptiona of the Juvenile stages of *Pachylaelaps hispani* Berlese (Acari: Mesostignata) [J]. *Acarologia*, 8 (1): 9 – 22.

Costa M. 1968. Little known and new litter-inhabiting Laelapine mites (Acari: Mesostigmata) from Israel [J]. *Israel Journal of Zoology*, 17: 1 – 30.

Cunliffe F, Baker E W. 1953. A guide to the predatory Phytoseiid mites of the United States [J]. *Pinellas Biological Laboratory*, 1 (28).

De Leon D. 1964. Two new *Podocinum* from the United States with distribution notes on the three described species (Acarina: Podocinidae) [J]. the Florida Entomologist, 47 (1): 39 – 44.

De Moraes G J, Mcmurtry J A. 1983. Phytoseiid mites (Acarina) of Northeastern Brazil with descriptions of four new species [J]. *International Journal of Acarology*, 9 (3): 131 – 145.

Donald de leon. 1967. Some mites of the Caribbean area [M]. Lawrence, Kansas, U. S. A.

Dusbábek F, Bukva. 1991. *Modern Acarology* [M]. *Academia Prague and SPB Academic Publishin*, bv The Hugue. 1: 5 – 16, 17 – 25, 373 – 383.

Ehara S, Yokogawa M. 1977. Two new Amblyseius from Japan with nospecies (Acarina: Phytoseiidae) [J]. *Report of the Japanese Society of Systematic Zoology*, 13: 50 – 58.

Ehara S. 1982. Two new Species of Phytoseiid mites from Japan (Acarina: Phytoseiidae) [J]. *Applied Entomology and Zoology*, . 17 (1): 40 – 45.

El-Banhawy E M, Carter N, Wynne R. 1993. Preliminary observation on the population development of anystid and free-living mesostigmatic mites in cereal field in Southern England [J]. *Experimental & Applied Acarology*, 17: 541 – 549.

El-Banhwy E M, et al. 1997. Biological aspects and feeding behaviour of the predacious soil mite *Nenteria hypotrichus* (Uropodina: Uropodidae) [J]. *Acarologia*, 38 (4): 357 – 360.

Elzinga R J. 1989. *Habeogula cauda* (Acari: Uropodina), a new genus and species of mite from the army ant *Labidus praedator* (F. Smith) [J]. *Acarologia*, 30 (4): 341 – 344.

Elzinga R J. 1995. Six new species of *Trichocylliba* (Acari: Uropodina) associated with army ants [J]. *Acarologia*, 36 (2): 107 – 115.

Evans G O. 1955. A collection of mesostigmatid mites from Alaska [J]. *The Bulletin of British Museum*

(*Natural History*), 2 (9): 287 – 307.

Evans G O. 1955. A revision of the family Epicriidae (Acarina, Mesostigmata) [J]. *Zoological Series*, 3 (4): 170 – 200.

Evans G O. 1957. A revision of the British Aceosjinae (Acarina: Mesostigmata) [J]. *Proceeding of the Zodogical Society of London*, 131: 177 – 229.

Evans G O, Hyatt K H. 1957. The genera *Podocinum* Berl. and *Podocinella* gen. nov. (Acarina: Mesostigmata) [J]. *Annals and Magazine of Natural History*, 12 (10): 913 – 932.

Evans G O, Hyatt K H. 1960. A revision of the Platyseiinae (Mesostigmata: Aceosejidae) Based on material in the collections of the British Museum (Natural History) [J]. *Zoology*, 6 (2) .

Evans G O, Sheals J G, Macfarlane D. 1961. *The terrestial Acari of the British Isles* [M]. Landon: British Museum (Natural History) .

Evans G O. 1972. Leg chaetotaxy and the classification of the Uropodina (Acari: Mesostigmata) [J] . *Journal of Zoology* (*London*). 167, 193 – 206.

Evans G O, Till W M. 1979. Mesostigmatic mites of Britain and Ireland (Chelicerata: Acari-Parasitiformes), an introduction to their external morphology and classification [J]. Transatctions of the Zoological Society of London, 35 (2): 139 – 270.

Ewing H E. 1910. New Acarina from India [J]. *Transactions of the Academy of Science of St. Louis*, 19 (8): 113 – 121.

Farrier M H. 1957. A revision of Veigaiidae [J]. *Technological Bullutin of North Carolina Agricultural Experiment Station*, 124: 103.

Gazaliyev N A. 1989. Microarthropods in typical Solonchaks of the Terek river and features of their distribution in the soil profile and by season [J]. *Soviet Soil Science*. 35 – 43.

Gwiazdowicz D J. 2003. Descripition of *Iphidozercon poststigmatus* sp n. (Acari: Ascidae) with a key to Palearctic species of the genus *Iphidozercon* [J]. *Biologia*, 58 (2): 151 – 154.

Halliday R B. 1996. Comments on the type species of the genus *Trigonuropoda* Trägårdh 1952 (Acarina: Uropodiae) [J]. *Acarologia*, 37 (2): 75 – 81.

Halliday R B. 1997. Revision of the genus *Zygoseius* Berlese (Acarina: Pachylaelapidae) [J]. *Acarologia*, 38 (1): 3 – 20.

Halliday R B, Walter D E, Lindquist E E. 1998. Revision of the Australian Ascidae (Acarina: Mesostigmata) [J]. *Invertebr Taxon*, 12 (1): 1 – 54.

Halaskova V. 1964. Prozercon Ornatus (Berlese, 1904) [J]. *Acta Soc Zool Bohemoslov*, 27 (1): 30 – 33.

Shôzô E. 1972. Some Phytoseiid mites from Japan, with descpiptions of thirteen species (Acarina: Mesostigmata) [J]. *Mushi*, 46 (12): 137 – 172.

Siepel H. 1995. Are some mites more ecologically exposed to pollution with lead than others [J]. *Experimental & Applied Acarology*, 19: 391 – 398.

Hennessey M K, Farrier M H. 1989. Mites of the family Parasitidae (Acari: Mesostigmata) inhabiting forest soils of north and south Carolina, USA [M]. Publications in Entomology-North Carolina States University.

Hiramatsu N. 1979. Gangsystematik der Parasitiformes Teil 330. Stadien von 4 neuen *Nenteria*-Arten aus Japan (Trichouropodini, Uropodinae) [J]. *Acarologia*, 25: 99 – 101.

Hiramatsu N. 1983. Drei neue *Oplitis*-Arten (Acarina, Uropodidae) aus Borneo, Kontyu [J]. *Tokyo*, 51 (3): 358 – 366.

Hirschmann W. 1991. Die Ganggattung *Oplitis* Berlese, 1881 - Arten-gruppen-Bestimmungstabellen-Diagnosen- (Trachyuropodini, Oplitinae) [J]. *Acarologia* (Nürnberg) , 38: 1 - 106.

Hunter P E, Davis R. 1962. Two new species of *Laelaspis* Mites (Acarina: Laelaptidae) [J]. *Proceedings of the Entomological Society of Washington*, 64 (4): 247 - 252.

Hunter P E, Mollin K. 1964. Mites associated with the passalus Bettle I. Life stages and seasonal aboundance of *Cosmolaelaps passali* n. sp. (Acarina: Laelaptidae) [J]. *Acarologia*, 6 (2): 247 - 256.

Hunter P E. 1964. Three new spcies of *Laelaspis* form North America (Acarina: Laelaptidae) [J]. *Journal of the Kansas Entomological Society*, 37 (4): 293 - 301.

Hunter J E, Farrier M H. 1976. Mites of the genus *Oplitis* Berlese (Acarina: Uropodidae) associated with ants (Hymenoptera: Formicidae) in the Southeastern United States. Part II [J]. *Acarologia*, 18 (1): 20 -50.

Hurlbutt H W. 1965. Systematics and biology of the Genus *Veigaia* (Acarina: Mesostigmata) form Maryland [J]. *Acarologia*, 7 (4): 598 - 623.

Hurlbutt H W. 1984. A study of north American *Veigia* (Acarina: Mesostigmata) with comparisions of habitats of unisexual and Bisexual forms [J]. *Acarologia*, 25 (3): 207 - 222.

Hurlbutt H W. 1988. The systematics and geographic distribution of east African Veigaiidae (Acarina: Mesostigmata) [J]. *Acarologia*, 29 (2): 129 - 143.

Hyatt K H. 1956. British Mites of the genus *Pachyseius* Berles, 1910 (Gamasina-Neoparasitidae) [J]. *Annals and Magazine of Natural History*, 12 (9): 1 - 6.

Hyatt K H. 1980. Mites of the subfamily Parasitinae (Mesostigmata: Parasitidae) in the British Isles [J]. *Bulletin of the National History Museum (Zoology)*, 38 (5): 237 - 378.

Ishikawa K. 1970. Studies on the Mesostigmata mite in Japan III. Family Podocinidae Berlese [J]. *Annals of the Zoology of Japan*, 43 (2): 112 - 122.

Ishikawa K. 1978. The Japanese mites of the family Veigiaiidae (Acari: Mesostigmata) . I. Discription of two new species [J]. *Annotationes Zoologicae Japanenses*, 51: 100 - 106.

Ishikava K. 1979. Taxonomic and Ecological studies in the family Parholaspidae (Acari, Mesostigmata) from Japan [J]. *Bulletin of the National Science Museum: Series A (Zoology)*, 5 (4): 156 - 161.

Jeppson Lee R, Keifer H H, Edward W. Baker. 1975. *Mites injourios to economic plant* [M]. University of California Press.

Johnston D E. 1961. A review of the lower Uropodoid mites (former Thinozerconoidea, Protodinychoidea and Trachytoidea) with notes on the Classification of the Uropodina (Acarina) [J]. *Acarololgia*, 3 (4): 522 - 545.

Karg W. 2003. Neue Raubmilbenarten aus dem tropischen Regenwald von Ecuador mit einem kritischen Beitrag zur Merkmalsevolution bei Gamasina (Acarina, Parasitiformes) [J]. Zoosystematic and Evolution, 79 (2): 229 - 251.

Karg W. 1925. Acari (Acarina), Milben. Parasitiformes (Anactinochaeta) . Cohort Gamasina Leach Raubmilben [J]. *Die Tierwelt Deutschlands*, 59: 1 - 523.

Karg W. 1965. Larvalsystematische und phylogenetische Untersuchung [J]. *Mitt Zool Mus* Berlin, 41 (2): 261 - 287.

Karg W. 1976. To the Knowledge of the Superfamily Phytoseioidea Karg, 1965 [J]. *Zool Jb Syst Bd*, 103 (S): 505 - 546.

Karg W. 1978. To the knowledge of the mite Genrea *Hypoaspis*, *Androlaelaps* and *Reticulolaelaps* (Acarina, Parasitiformes, Dermanyssidae) [J]. *Zool Jb Syst*, 105: 1 – 32.

Karg W. 1979. Die Gattung *Hypoaspis* Canestrini, 1884 (Acarina: Parastiformes) [J]. *Zool Jb Syst*, 106: 65 – 104.

Karg W. 1986. Vorkommen und Ernährang der Milbencohors Uropodina (Schildkrötenmilben) sowie ihre Eignung als Indikatoren in Agroökosystemen. VEB Gustav Fischer Verlag Jena [J]. *Pedobiologia*, 29: 285 – 295.

Karg W. 1986. Zur Kenntnis der Milbengattung Nenteria Oudemans, 1915 mit 2 neuen Arten (Acarina, Anactinochaeta, Uropodina) On the Mite-Genus Nenteria Oudemans, 1915 with 2 new species (Acarina, Anactinochaeta, Uropodina) [J]. *VEB Gustav Fischer Verlag Jena Zool Jb Syst*, 113: 203 – 212.

Karg W. 1989. Acari (Acarina), Milben. Unterordnung Parasitiformes (Anactinochaeta). Uropodina Kramer, Schildkrötenmilben [M]. *Die Tierwelt Deutschlands*, 67: 1 – 203.

Karg W. 1993. Acari (Acarina), Milben Parasitiformes (Anactinochaeta) Cohor Gamasia Leach [M]. Raubmilben. New York: Gustav Fischer Verlag Jena Stuttgart.

Karg W. 1998. Zur Kenntnis der Eugamasides Karg mit neuen Arten aus Regenwäldern von Ecuador (Acarina, Parasitiformes) [J]. *Mitt Mus Nat kd Berl Zool Reihe*, 74 (2): 185 – 214.

Knisley C B, Denmark H A. 1978. New Phytoseiid mites from Successional and Climax plant communities in new Jersey [J]. *The Florida Entomologist*, 61 (1): 5 – 17.

Kontschán J. 2003. Uropodina (Acari: Mesostigmata) fauna of Aggteleki National Park (NE Hungary) [J]. *Folia Historico Naturalia Musei Matraensis*, 27: 53 – 57.

Krantz G W. 1978. A manual of acarology [M]. 2nd ed. Corvallis: Oregon State University Book Stores.

Krantz G W, Whitaker J O Jr. 1988. Mites of the Genus *Macrocheles* (Acari: Macrochelidae) associated with small mammals in North America [J]. *Acarologia*, 24 (3): 225 – 259.

Leon D D. 1959. The genus Typhloromus in Mexico (Acarina: Phytoseiidae) [J]. *The Florida Entomologist*. 42 (3): 123 – 129.

Leon D D, Tennessee E. 1965. Ten New Species of Phytoseius (Pennaseius) from Mexico, Trinidad, and British Guiana with a Key to Species (Acarina: Phytoseiidae) [J]. *Entomological news*, 26: 11 – 21.

Lindquist E E. 1984. Current theories on the evolution of major groups of Acari and on their relationships with other groups of Arachnida, with consequent implications for their classification [M] // Griffiths D A, Bowman C E. Acrology VI: vol. 1. Chichester: Ellis Horwood: 28 – 62.

Lindquist E E, Moraza M L. 1998. Observations on homologies of idiosomal setae in Zerconidae (Acari: Mesostigmata), with modified notion for some posterior body setae [J]. *Acarologia*, 39 (3): 203 – 226.

Liang L R Ishikawa K. 1989. Occurrence of *Gamasellus* (Acarina, Gamasida, Ologamasidae) on Tian-mu Mountains in East China [J]. *Reports of research Matsuyama Shinonome*, 20: 143 – 152.

Libertina S. Une Nouvelle Espèce Du Genre *Hypoaspis* (Acari: Dermanyssidae) [J]. *Tran Mus Hist Nat G Antifaz*, 8 (2): 663 – 669.

Marais J F, Loots G C. 1980. Pseudourodiscella, a new genus of Uropodidae (Mesostigmata) from the Afrotropical Region [J]. *International Journal of Acardogy*, 6 (4): 57 – 62.

Mašán P. 1998. Description of the female of *Uropoda copridis* (Acarina, Mesostegmata, Uropodina) [J]. *Biologia*, 53 (5): 651 – 653.

Mašán P. 1999. New mite species of the cohort Uropodina (Acarina, Mesostigmata) from Slovakia [J]. *Biologia*, 54 (2): 121 – 133.

Mašán P. 1999. New species of the genera *Trachytes*, *Trichouropoda*, *Nenteria* and *Oplitis* (Acarina,

Mesostigmata, Uropodina) from Slovakia [J]. *Biologia*, 54 (5): 501 – 514.

Mašán P. 1999. Description of the deutonymph of *Trichocylliba comata* (Acarina, Mesostigmata, Uropodina) [J]. *Biologia*, 54 (5): 525 – 527.

Mašán P, Zubcováz. 2001. First record of macrochelid mites (Acari, Macrochelidae) [J]. *Biologia*, 56 (5): 577 – 578.

Mašán P. 2003. Identification key to Central European species of *Trachytes* (Acari: Uropodina) with redescriptions, ecology and distribution of Slovak species [J]. *European Journal of Entomology*, 100: 435 – 448.

McDaniel B, Bolen E G. 1980. A new species of the genus *Oplitis* (Acarina: Uropodidae) and a new distribution record for *Oplitis exopodi* [J]. *Annals of the Entomological Society of America*, 73 (1): 1 – 2.

Moraza M L. 1989. El genero *Trachytes* Michael, 1894 en Navarra (norte de espańa) y descripcion de la especie *Trachytes welbourni* sp. n. (Acari, Mesostigmata: Uropodides) [J] *Acarologia*, 30: 226 – 239.

Moraza M L. 1993. Two new species of *Pachyseius* Berlese, 1910 from Spain (Acari, Mesostigmata: Pachylaelapidae) [J]. *Acarologia*. 34 (2): 89 – 94.

Moraza M L, Lindquist E E. 1998. Coprozerconidae, a new family of zerconoid mites from North America (Acari: Mesostigmata: Zerconoidea) [J]. *Acarologia*, 39 (4): 291 – 313.

Nawar M S. 1995. *Macrocheles Zaheri*, a new species in the Glaber group (Acari: Macrochelidae) from Egypt [J]. *Acarologia*, 26 (2): 97 – 100.

O' Connor B M. 1984. Phylogenetic relationships among higher taxa in the Acariformes, with particular reference to the Astigmata [M] // Griffiths D A, Bowman C E. Acrology Ⅵ: vol. 1. Chichester: Ellis Horwood: 19 – 27.

Pecina P. 1970. Czechoslovak Uropodid mites of the Genus *Trachytes*. Michael, 1894 (Acari: Mesostigmata) [J]. *Acta Universitatis Carolinae-Biologica*: 39 – 59.

Pecina P. 1978. Additional data on several Czechoslovak members of the subfamily Trachyuropodinae Berlese, 1918 (Uropodidae, Mesostigmata) [J]. *Acta vniversitatis Carolinae-Biologica*: 357 – 388.

Perdue J C, Crossley Jr D A. 1990. Vertical ditribution of soil mites (Acari) in conventional and no-tillage agricultural system [J]. *Biology and Fertility of Soils*, 9: 135 – 138.

Perdue J C, Crossley Jr D A. 1989. Seasonal aboundance of soil mites (Acari) in experimental agroecosystem: Effects of drought in no-tillage and conventional tillage [J]. *Soil & Tillage Resaerch*, 15: 117 –124.

Peter W. 1999. Evolution and systematics of the Chelicerata [M] //Bruin J, van der Geest and Sabelis M W. Ecology and evolution of Acari. Kluwer Academic Publishes: 1 – 14.

Pike D, Jarroll E. 1977. Three new species of *Veigaia* (Acarina) from west Virginia [J]. *Acarologia*, 18 (3): 393 – 403.

Prasad V. 1982. *History of acarology* [M]. Indria Publishing House.

Pritchard A E, Baker E W. 1962. Mites of the family Phytoseiidae from central Africa, with remarks on the Genera of the world [J]. *Hilgardia*, 33 (7): 206 – 209.

Radinovsky S. 1965. The biology and ecology of granary mites of Pacific Northwest. Ⅲ. Life history and development of *Leiodinychus krameri* (Acarina: Uropodidae) [J]. *Annals of the Entomological Society of America*, 58 (3): 59 – 267.

Radinovsky S. 1965. The biology and ecology of granary mites of Pacific Northwest. Ⅳ. Various aspects of reproductive behavior of *Leiodinychus Krameri* (Acarina: Uropodidae) [J]. *Annals of the Entomologi-

cal Society of America, 58 (3): 267 - 272.

Ryke P A J. 1962. Memoirs of the entomological society of Southern Africa [J]. *Mem. ent. Soc. S. Afr.* 7: 1 - 59.

Sardar M A, Murphy P W. 1987. Feeding tests of grassland soil-inhabiting Gamasine predators [J]. *Acarologia*, 28 (2): 117 - 121.

Schicha E. 1977. Two new species of Phytoseius Ribaga from Australia (Acarina: Phytoseiidae) [J]. *The Florida Entomologist*, 60 (2): 123 - 127.

Schicha E. 1979. Three new species of *Amblyseius* Berlese from New Caledonia and Australia (Acarina: Phytoseiidae) [J]. *Australian Entomologist Magazine*, 6 (3): 42 - 48.

Schicha E. 1979. Three new species of *Amblyseius* Berlese (Acarina: Phytoseiidae) from Australia [J]. *Proceedings of the linnean Society of New South Wales*, 103 (4): 217 - 226.

Schicha E. 1980. Two new species of Phytoseiid mites from Australla and Redescription of Six from new Zealand and Japan [J]. *Genetic and Applied Entomology*, 12: 16 - 31.

Schicha E. 1981. A new species of *Amblyseius* (Acari: Phytoseiidae) from Australia compared with ten closely related species from Asia, America & Africa [J]. *International Journal of Acarology*, 7: 203 - 213.

Schicha E. 1981. Five known and new species of Phytoseiid mites from Australia and the South Pacific [J]. *Genetic and Applied Entomology*, 13: 29 - 46.

Schiltz F W. 1972. Three new species of the family Phytoseiidae (Acari: Mesostigmata) from South Africa [J]. *Phytophylactica*. 4: 13 - 18.

Schweizer J. 1961. Die Landmilben der Schweiz (Mittelland, Jura und Alpen). Parasitiformes Reuter [J]. *Denkschr schweiz Naturf Ges Zürich*, 84: 173 - 196.

Sellnick M. 1957. Die familie Zerconidae Berlese [J]. *Acta Zoologica Hungarica*, 3: 313 - 368.

Sellnick M. 1960. Zercon hammerae. Nov. spec. eine neue Milbenart aus Ost-Grönland (Acari: Zerconidae) [J]. *Entomologiske Meddelelser*, 29: 216 - 220.

Skorupski M, Luxton M. 1996. Mites of the family Zerconidae Canestrini, 1891 (Acari: Parasitifromes) from the British Isles, with descriptions of two new species [J]. *Journal of National History*, 30 (12): 1815 - 1832.

Stanislava K. 1993. *Veigaia inexpectata* sp. n. (Acarina, Veigaiaidae) a new gamasid mite from Slovak Republic [J]. *Biológia*, 48 (5): 507 - 510.

Till W M. 1988. A new species of mite (Acari: Laelaptidae) parasitic of the Sikkim large-clawed Shrew in west Nepal [J]. *Acarologia*, 29 (2): 113 - 117.

Till W M. 1988. Addition to the British and Irish Mites of the Genus *Veigaia* (Acari: Veigaiidae) [J]. *Acarologia*, 29 (1): 3 - 12.

Tseng Y H. 1994. Taxonomic study on free-living Gamasine mite family Veigaiidae Oudemand (Acari: Mesostigmata) from Taiwan [J]. *Chinese Journal of Entomology*, 14: 501 - 528.

Urhan R, Ayyildiz N. 1994. Two new species of the genus *Zercon* Koch (Acari: Zerconidae) from Turkey [J]. *International Journal of Acarology*, 19 (4): 335 - 339.

Urhan R, Ayyildiz N. 1996. Three new species of the genus *Prozercon* Sellnick (Acari, Zerconidae) from Turkey [J]. *Acarologia*, 37 (4): 259 - 267.

Urhan R, Ayyilidiz N. 1996. Two new species of *Prozercon* (Plumatozercon) (Acari: Mesostigmata: Zerconidae) from Turkey [J]. *Journal of National History*, 30 (6): 795 - 802.

Urhan R. 1998. New species of the genus *Prozercon* (Plumatozercon) (Acari, Zerconidae) from Turkey [J]. *Acarologia*, 39 (1): 3 - 9.

Urhan R. 1998. Some new species of the family Zerconidae (Acari: Mesostigmata) from Turkey [J]. *Journal of National History*, 32 (4): 533 - 543.

Urhan R. 1998. New species of the genus *Prozercon* (Acari: Zerconidae) from Turkey [J]. *Acarologia*, 29 (1): 3 - 9.

Urhan R. 2002. New zerconid mites (Acari: Gamasida: Zerconidae) from Turkey [J]. *Journal of National History*, 36 (17): 2127 - 2138.

Usher M B, Davis P R. 1983. The biology of *Hypoaspis aculeifer* (Cinestrini) (Mesostigmata): Is there a tendency towards social behaviour [J]. *Acarologia*, 24 (3): 243 - 205.

Valle A. 1958. Contributo alla conoscenza degli acari foristi e parassiti del ratto di chiavica [J]. *Estratto dagli Atti della Societá Italiana di Scienze Naturali e del Museo Civico di Storia Naturale in Milano*, 107 (3): 192 - 193.

Walter D E, Krantz G W 1986. A review of Glaber-group (s. str.) species of the Genus *Macrocheles* (Acari: Macrochelidae), and a discussion of species complexes [J]. *Acarologia*, 27 (4): 277 - 294.

Walter D E, Lindquist E E. 1997. Australian species of *Lasioseius* (Acari: Mesostigmata: Ascidae): the porulosus group and other species from rainforest canopies [J]. *Invertebr Taxton*, 11 (4): 525 - 547.

Walter D E, Proctor H C. 1999. Mites: ecology, evolution and behaviour [M]. CABI publishing.

Weis-Fogh T. 1948. Ecological investigations on mites and collemboles in the soil [J]. *Natura Jutlandica*, 1: 139 - 270.

Wiśniewski J. 1980. Stadiun einer neuen mit *Oplitis testigosensis* (Sellnick, 1963) verwandten Art aus Daressalam (Trachyuropodini, Oplitinae) [J]. *Acarologia* (Nürnberg), 27: 15 - 16.

Wiśniewski J, Hirschmann W. 1986. Gangsystematik der Parasitiformes teil 490 deutonymphe einer neuen *Nenteria*-Art aus äquatorialafrika (Trichouropodini, Uropodinae) [J]. *Acarologia*, 27 (3): 221 - 227.

Wiśniewski J, Hirschmann W. 1988. G angsystematik der Parasitiformes teil 499 zwei neue *Nenteria*-Arten aus neuguinea und Uruguay (Trichouropodini, Uropodinae) [J]. *Acarologia*, 29 (1): 19 - 34.

Wiśniewski J, Hirschmann W. 1990. *Uropoda* (*Cilliba*) *sopronensis* sp. n. aus Ungarn (Acarina, Uropodina) [J]. *Acta Zoologica Hungarica*, 36 (1 - 2): 157 - 161.

Wiśniewski J, Hirschmann W. 1990. Ergänzungsbeschreibung von *Nenteria pandioni* Wiśniewski et Hirschmann, 1985 (Acarina, Uropodina) aus Polen [J]. *Annales Zoologici*, 15 (3): 259 - 269.

Wiśniewski J, Hirschmann W. 1990. Neue *Nenteria*-Arten (Acarina, Uropodina) aus Kamerun, Kuba, Neuguinea und Polen [J]. *Annales Zoologici*, 31 (12): 441 - 460.

Wiśniewski J, Hirschmann W. 1991. *Multidenturopoda* nov. gen. *camerunis* nov. spec. (Acarina, Uropodina) aus Kamerun [J]. *Acarologia*, 32 (4): 303 - 309.

Wiśniewski J, Hirschmann W. 1991. Vier neue *Cyllibula*-Arten (Acarina, Uropodina) [J]. *Zoologie*, 39 (1): 109 - 118.

Wiśniewski J, Hirschmann W. 1991. Neue *Dendrolaelaps*-Arten (*Trichopygidiina*) aus Polen, CHINA und RUMÄNIEN [J]. *Acarologia*, 32 (3): 223 - 231.

Wiśniewski J, Hirschmann W. 1992. Die deutonymphe von *Trachyuropoda formicaria* (Lubbock 1881) und stadien von *T. myrmecophila* nov. spec. (Acarina, Uropodina) aus polen [J]. *Acarologia*, 33 (1): 5 - 15.

Wiśniewski J, Hirschmann W. 1992. Vier neue *Trichouropoda*-Arten (Acarina, Uropodina) [J]. *Acaro-*

logia, 33 (2): 117 - 125.

Wiśniewski J, Hirschmann W, Hiramatsu N. 1992. Neue Centrouropoda-Arten (Uroactiniinae, Uropodina) aus den Philippinen, aus Brasilien und Mittelafrika [J]. *Acarologia*, 33 (4): 313 - 320.

Wiśniewski J, Hirschmann W. 1992. *Euzerconiella* nov. gen. *ghanae* nov. spec. aus Ghana (*Acarina*, *Celaenopsoidea*, *Euzerconidae*) [J]. *Zoologie*, 40 (3): 219 - 223.

Wiśniewski J, Hirschmann W. 1993. Neue *Nenteria*-Arten aus der Ukraine, aus Kambodscha, aus den USA, von der Elfenbeinküste und aus Peru (Trichouropodini, Uropodinae) [J]. *Acarologia*, 34 (4): 313 - 322.

Wiśniewski J, Hirschmann W. 1993. Eine neue *Dendrolaelaps*-Art (*Acarina*, *Trichopygidiina*) aus Kuba [J]. *Bulletin of the Polish academy of science and biological sciences*, 41 (1): 76 - 84.

Wiśniewski J, Hirschmann W. 1993. Neue *Uropodina*-Arten (*Acarina*) aus Kuba [J]. *Zoologie*, 41 (1): 57 - 74.

Wiśniewski J, Hirschmann W. 1993. Stadien von drei neuen *Uroseius* (*Apionoseius*) -Arten (*Acarina*, *Uropodina*) auf *Trox*-Arten (*Coleoptera*, *Scarabaeidae*) aus USA und Brasilien [J]. *Zoologie*, 41 (1): 85 - 97.

Wiśniewski J, Hirschmann W. 1994. Neue Uropodina-Arten (*Acarina*) aus USA [J]. *Acarologia*, 35 (2): 83 -96.

Wiśniewski J. 1995. *Hildaehirschmannia* nov. gen. *coleopterophila* nov. spec. aus Laos (*Dinychini*, *Uropodinae*) [J]. *Acarologia*, 36 (1): 21 - 24.

Wiśniewski J, Hirschmann W. 1995. Drei neue Oplitis-Arten (Acarina, Uropodina) aus Ungarn und Indien [J]. *Folia Entomologica Hungarica Rovartani Közlemények*, 56: 215 - 222.

Wiśniewski J, Hirschmann W. 1996. Neue mit *Uropoda heliocopridis* (Oudemans, 1901) (Acarina, Uropodina) verwandte arten aus Asien, Amerika und Europa [J]. *Acarologia*, 37 (4): 269 - 274.

Wiśniewski J. 1996. *Uropodina* (*Acari*) w parkach narodowych Polski. *Parki Narodowei Rezerwaty Przyrody*, 15 (1): 87 - 94.

Wiśniewski J. 1996. The Uropodina fauna (Acarina) from the bükk national park (N Hungary) [J]. *The Fauna of the Bükk National Park*, 485 - 486.

Wiśniewski J. 1998. Stand der Uropodiden-Forschung bis ende 1993 [J]. *Acarologia*, 39 (3): 227 - 231.

Womersley H. 1956. Some additions to the Acarina-Mesostigmata of Australia [J]. *Transactions of Royal Society of South Australia*, 79: 104 - 120.

Womersley H 1956. On some new Acarina-Mesostigmata from Australia, New Zealand and New Guinea [J]. *Linnean society's Journal-Zoology*, 42 (288): 505 - 599.

Xu Xuenong and Liang Lairong. 1996. Four new species of the *Hypoaspinae* (Acari: Laelapidae) from moss in China [J]. *Systematic and Applied Acarology*, 1: 189 - 197.

Yastrebtsov A. 1992. Embryonic development of gamasid mites (Parasitiformes: Parasitidae) [J]. *International Journal of Acarology*, 18 (2): 121 - 141.

Брегетова Н Г. 1956. Гамаэовые клеще (Gamasoidea). Краткий Определитель. Иэдательство Акадмии Наука СССР [M]. *Москва-Ленинград*: 1 - 245.

Гиляров М С. 1977. Определитель обитающих в почве клещей, Mesostigma-ta [M]. *Иэд. Наука, Ленинград*: 1 -718.

A

阿穆尔新革螨　192
阿氏角绥螨　71
阿氏派伦螨　177
埃朗根尾卵螨　325
矮肛厉螨　54，57
艾氏斑点枝厉螨　264
鞍山派伦螨　177，178
安氏后蚧螨　282
安氏囊螨　242
安氏尾卵螨　322
凹糙尾足螨　331
凹卡盾螨　172
奥地利裸厉螨　112
澳亚异肢螨　216，217

B

巴氏尘盘尾螨　338
巴氏拟厉螨　114，116
巴氏尾卵螨　322，323
巴氏尾足螨　336
白城雕盾螨　137，138
白城殖厉螨　100，102
白氏枝厉螨　248，249
斑点枝厉螨属　263
半裂北绥螨　23，24
北方二爪螨　315，320
北绥螨属　22，23
北手绥螨　28，29
背刻螨属　63
边缘尾卵螨　322，327
表刻螨科　72
表刻螨属　72
兵广厉螨　91，94
病糙尾螨　296

波浪二爪螨　315，321
勃氏派伦螨　176，179
布氏革板螨　166，168
布氏厚厉螨　150

C

长螯肛厉螨　54，55
长白糙尾螨　296，297
长白革赛螨　256，257
长白厚厉螨　150，151
长白滑绥螨　51，52
长白山钝绥螨　227，228
长白原蚧螨　286
长春足角螨　238，240
长岭手绥螨　28，31
长岭殖厉螨　101，103
长毛滑绥螨　51，52
长毛鞘厉螨　88
长毛殖厉螨　106
长囊常革螨　220，221
常革螨属　190，220
糙尾螨科　296
糙尾螨属　296
糙尾足螨科　331
糙尾足螨属　331
陈氏厚绥螨　160，161
陈氏毛绥螨　42
陈氏讷派螨　174
齿蠊螨　25
杵状肛厉螨　54，56
春巨螯螨　123，135
崔氏美绥螨　65，66

D

达氏异肢螨　216，218
大安毛绥螨　41，44

大黑殖厉螨　100，105
大连犹伊螨　79
带岭殖厉螨　101，104
丹东派伦螨　176，181
单角新革螨　191，197
邓氏寄螨　200，212
蒂氏鞘厉螨　88，89
地下异肢螨　216，219
雕盾螨属　122，136
东北常革螨　220
东方钝绥螨　227，231
东方厚厉螨　150，155
东方厚绥螨　160，163
东方派伦螨　177，185
东方殖厉螨　100，108
短胸异伊螨　77
短爪内特螨　308
敦化革赛螨　256，258
钝绥螨属　226，227
多齿胭螨　270
多盾螨科　300
多弯似蚧螨　58，61

E

二刺寄螨　200，201
二爪螨属　315

F

仿胭螨属　242，265
肺厉螨属　86，119
粪堆寄螨　200，204
粪巨螯螨　123，129
峰革赛螨　257，259
凤凰手绥螨　28，33
副变革板螨　166，169
副蚧螨属　280，284

跗蠊螨　25，27
富生寄螨　199，204

G

肛厉螨属　22，54
高山钝绥螨　227
革板螨属　165，166
革厉螨属　271
革赛螨属　242，256
革伊螨属　145
钩形革伊螨　145
顾氏美绥螨　65，69
顾氏斯卡螨　84
光滑厚厉螨　150，155
光滑巨螯螨　123，124
光滑客蚍螨　289
广厉螨属　86，91

H

贺氏表刻螨　73，74
贺氏毛尾足螨　305，306
贺氏异多盾螨　301
赫氏尾绥螨　303
黑龙江表刻螨　73
黑龙江似蚍螨　58，59
黑龙江蚍螨　290
厚厉螨科　149
厚厉螨属　149
厚绥螨属　149，160
后蚍螨属　280，282
忽视雕盾螨　137，140
花副蚍螨　284
华氏革厉螨　271
滑绥螨属　22，51
桓仁厚绥螨　160，161
混毛绥螨　41，43

J

基氏蠊螨　25，26
吉林背刻螨　64
吉林糙尾螨　296，298
吉林甲胄螨　332

吉林毛绥螨　42，44
吉林内特螨　308，310
吉林拟厉螨　114
吉林伪寄螨　121
吉林蚍螨　290，291
寄螨科　189
寄螨属　190，199
家蝇巨螯螨　123，130
甲虫寄螨　199，202
甲胄螨属　331，332
肩毛绥螨　42，47
尖背广厉螨　91
尖狭殖厉螨　101
坚体螨属　77，80
角革螨属　190
角绥螨科　71
角绥螨属　71
矩形异寄螨　86
巨螯螨科　121
巨螯螨属　122
巨腹派伦螨　177，188
巨肛伊蚍螨　38，39
具齿二爪螨　315
具刺新革螨　194

K

卡盾螨属　162，172
卡拉毕异肢螨　216，217
卡氏肺厉螨　120
卡蚍螨属　280
考斯希蚍螨　288
柯氏巨螯螨　123，126
克瓦厚厉螨　150，152
客蚍螨属　280，289
空洞广厉螨　91，98
孔洞螨科　304
宽沟手绥螨　28，30

L

拉德马赫钝绥螨　227，232
丽革伊螨　145，148
李氏巨螯螨　123，127

里新约螨　53
力氏广厉螨　91，92
蠊螨属　23，25
链格足角螨　238，239
辽宁坚体螨　81，82
辽宁派伦螨　176，183
廖氏毛绥螨　42，45
裂缝常革螨　220，222
裂胸螨科　22
溜殖厉螨　100，107
刘氏下盾螨　113
柳氏仿胭螨　265
裸厉螨属　86，111

M

马拉维蚍螨　290，292
马刺毛尾足螨　305
马氏厚绥螨　160，162
马特巨螯螨　123，128
埋㟃异肢螨　217，218
毛绥螨属　23，41
毛尾足螨属　304，305
毛真革赛螨　257，262
美国雕盾螨　137
美绥螨科　63
美绥螨属　65
米氏似蚍螨　58，61
模糊尘盘尾螨　337，338
末端尾绥螨　303
莫岛巨螯螨　123，130

N

那塔利巨螯螨　123，131
囊螨属　242
囊形新革螨　191，193
讷派螨属　165，174
内特螨属　304，307
拟脆寄螨　200，206
拟海南钝绥螨　227，235
拟巨囊螨　242，247
拟厉螨属　86，114
拟鹿内特螨　307，308，311

拟前胸殖厉螨　101，109
拟双毛派伦螨　177，189
拟楔广厉螨　91，95
拟重卡蚧螨　281
宁夏拟厉螨　114，115

P

派伦螨科　165
派伦螨属　165，176
膨大二爪螨　315，318
皮下伊蚧螨　38，39
偏心派伦螨　117，182
朴实尘盘尾螨　339

Q

奇坚体螨　81
奇型维螨　273，274
千山派伦螨　176，187
前郭常革螨　220，224
鞘厉螨属　86，87
亲缘寄螨　199，203
青木足角螨　238
曲美绥螨　65，67

R

日本边缘尾卵螨　322，326
日本内特螨　307，309
绒腹雕盾螨　137，140
柔弱殖厉螨　101，105
乳突寄螨　199，207

S

沙生枝厉螨　248，249
上野维螨　273，277
沈阳坚体螨　81，83
石锤钝绥螨　227，230
十桨毛似蚧螨　58，59
饰样小全盾螨　143
手绥螨属　23，28
疏毛北绥螨　23
梳状厚厉螨　150，156
双毛毛尾足螨　305

双窝尾卵螨　322，324
斯卡螨属　77，83
斯氏尘盘尾螨　338，339
斯氏维螨　273，275
斯氏枝厉螨　248，252
斯托克蚧螨　290，293
似阿氏派伦螨　176，187
似蚧螨属　23，58
似蚜囊螨　242，244
四毛寄螨　211
四条枝厉螨　248，251
松江广厉螨　91，97
苏格瓦里毛绥螨　42，48
梭形尾辐螨　330

T

汤旺河维螨　273，276
洮儿河美绥螨　65，69
洮安手绥螨　28，35
天目革赛螨　256，261
天山厚厉螨　150，159
甜菜寄螨　200
条纹钝绥螨　227，234
铁岭甲胄螨　333
通榆鞘厉螨　88，90
透明寄螨　200，205
土革螨科　144
土厉螨属　86，117
褪色巨螯螨　123
陀螺新革螨　192，197

W

外贝加尔巨螯螨　123，134
王氏寄螨　199，213
王氏毛绥螨　41，49
王氏伊绥螨　236
王氏枝厉螨　248，254
网纹广厉螨　91，96
微小派伦螨　177，184
微小尾足螨　336
微小伊蚧螨　38，40
维螨科　271

维螨属　271，273
维内土厉螨　117，118
唯一讷派螨　174，175
伪寄螨属　86，120
萎缩巨螯螨　123，133
尾辐螨科　330
尾辐螨属　330
尾卵螨属　315，321，322
尾双爪螨科　315
尾绥螨属　300，302
尾足螨科　335
尾足螨属　335
温氏寄螨　200，215
乌苏里土厉螨　117
吴氏雕盾螨　137，141
吴氏手绥螨　28，37

X

西奥克斯钝绥螨　227，233
西里西亚仿胭螨　265，267
西西里厚厉螨　150，158
锡霍特副蚧螨　284，285
希氏异多盾螨　301
希蚧螨属　280，288
细孔毛绥螨　42，46
狭腹新革螨　191，196
狭沟手绥螨　28
下盾螨科　85
下盾螨属　86，112
小板巨螯螨　123，132
小坑枝厉螨　248，251
小全盾螨属　122，143
小虫枝厉螨　248，253
小兴安岭蚧螨　290，294
楔形维螨　273
新革螨属　190，191
新美革伊螨　145，146
新囊螨　242，245
新梳厚厉螨　150，154
新约螨属　23，53
新月角革螨　190
星形背刻螨　63，64，65

星状表刻螨　73，76
胸前殖厉螨　101，110
蚖螨科　278，280
蚖螨属　280，289，290

Y

鸭绿江仿胭螨　265，268
亚洲革板螨　166
胭螨科　241，242
胭螨属　242，269
叶氏广厉螨　91，99
伊春似蚖螨　58，62
伊绥螨属　226，236
伊蚖螨属　22，38
易变革板螨　166，171
异常巨螯螨　123，126
异多盾螨属　300
异寄螨属　86

异伊螨属　77
异肢螨属　190，216
殷氏糙尾螨　296，299
圆肛手绥螨　28，32
圆肛异伊螨　78
圆形尾足螨　337
原蚖螨属　280，286
尤氏毛绥螨　41，50
犹伊螨科　76
犹伊螨属　77，79
有爪手绥螨　28，36
鼬寄螨　199，209
于氏甲胄螨　332，334
云囊螨　242，246

Z

杂草钝绥螨　227，229

针形内特螨　308，314
枝沟厚厉螨　150，157
枝厉螨属　242，248
殖厉螨属　86，100
植囊螨　242，246
植绥螨科　225，226
中国革板螨　166，170
中国厚绥螨　160，164
中国毛绥螨　41，48
中国手绥螨　28，34
中华内特螨　307，312
周氏殖厉螨　100，111
皱形新革螨　192，195
紫色尾卵螨　322，328
足角螨科　237
足角螨属　238

拉丁学名索引

Aceosejidae 22

Alliphis 77

Alliphis brevisternalis 77

Alliphis rotundianalis 78

Alloparasitus 86

Alloparasitus oblonga 86

Amblyseius 226，227

Amblyseius alpigenus 227

Amblyseius changbaiensis 227，228

Amblyseius gramineous 227，229

Amblyseius ishizuchiensis 227，230

Amblyseius orientalis 227，231

Amblyseius rademacheri 227，232

Amblyseius sioux 227，233

Amblyseius striatus 227，234

Amblyseius subhainensis 227，235

Ameroseiidae 63

Ameroseius 63，65

Ameroseius cuigisheni 65，66

Ameroseius curvatus 65，67

Ameroseius guyimingi 65，69

Ameroseius taoerhensis 65，69

Antennoseiidae 71

Antennoseius 71

Antennoseius alexandrovi 71

Arctoseius 22，23

Arctoseius oligotrichus 23

Arctoseius semiscissus 23，24

Asca 242

Asca anwenjui 242

Asca aphidioides 242，244

Asca nova 242，245

Asca nubes 242，246

Asca plantaria 242，264

Asca submajor 242，247

Blattisocius 23，25

Blattisocius dentriticus 25

Blattisocius keegani 25，26

Blattisocius tarsalis 25，27

Caurozercon 280

Caurozercon duplexoideus 281

Cheiroseius 22，28

Cheiroseius angustiperitrematus 28

Cheiroseius borealis 28，29

Cheiroseius capacoperitrematus 28，30

Cheiroseius changlingensis 28，31

Cheiroseius cyclanalis 28，32

Cheiroseius fenghuangensis 28，33

Cheiroseius sinicus 28，34

Cheiroseius taoanensis 28，35

Cheiroseius unguiculatus 28，36

Cheiroseius wuwenzheni 28，37

Coleolaelaps 86，87

Coleolaelaps longisetatus 88

Coleolaelaps tillae 88，89

Coleolaelaps tongyuensis 88，90

Cornigamasus 190

Cornigamasus lunaris 190

Cosmolaelaps 86，91

Cosmolaelaps acutiscutus 91

Cosmolaelaps hrdyi 91，92

Cosmolaelaps miles 91，94

Cosmolaelaps paracuneifer 91，95

Cosmolaelaps reticulatus 91，96

Cosmolaelaps sungaris 91，97

Cosmolaelaps vacua 91，98

Cosmolaelaps yeruiyuae 91，99

Dendrolaelaps 242，248

Dendrolaelaps arenarius 248，249

Dendrolaelaps baixuelii 249，249

Dendrolaelaps foveolatus 245，251

Dendrolaelaps fukikoae 248，251

Dendrolaelaps stammeri　248，252

Dendrolaelaps vermicularis　248，253

Dendrolaelaps wangfengzheni　248，254

Dinychus　315

Dinychus dentatus　315

Dinychus dilatatus　315，318

Dinychus septentrionalis　315，320

Dinychus undulates　315，321

Discourella　335，337

Discourella baloghi　338

Discourella dubiosa　337，338

Discourella modesta　339

Discourella stammeri　338，339

Epicriidae　72

Epicriopsis　63

Epicriopsis jilinensis　64

Epicriopsis stellata　63，64

Epicrius　73

Epicrius heilongjiangensis　73

Epicrius hejianguoi　73，74

Epicrius stellatus　73，76

Eviphididae　76

Eviphis　77，79

Eviphis dalianensis　79

Gamasellus　242，256

Gamasellus changbaiensis　256，257

Gamasellus dunhuaensis　256，258

Gamasellus montanus　257，259

Gamasellus tianmuensis　256，261

Gamasellus vibrissatus　257，262

Gamasholaspis　165，166

Gamasholaspis asiaticus　166

Gamasholaspis browningi　166，168

Gamasholaspis paravariabilis　166，169

Gamasholaspis sinicus　166，170

Gamasholaspis varibilis　166，171

Gamasiphis　145

Gamasiphis aduncus　145

Gamasiphis novipulchellus　145，146

Gamasiphis pulchellus　145，148

Gamasolaelaps　271

Gamasolaelaps whartoni　271

Geolaelaps　86，100

Geolaelaps aculeifer　101

Geolaelaps baichengensis　100，102

Geolaelaps changlingensis　101，103

Geolaelaps dailingensis　101，104

Geolaelaps debilis　101，105

Geolaelaps diomphali　100，105

Geolaelaps longichaetus　100，106

Geolaelaps lubrica　100，107

Geolaelaps orientalis　100，108

Geolaelaps praesternaliodes　101，109

Geolaelaps praesternalis　101，110

Geolaelaps zhoumanshuae　100，111

Glypholaspis　122，136，137

Glypholaspis americana　137

Glypholaspis baichengensis　137，138

Glypholaspis neglectus　137，140

Glypholaspis confuse　137，140

Glypholaspis wuhouyongi　137，141

Gymnolaelaps　86，111

Gymnolaelaps austriacus　112

Holostaspella　122，143

Holostaspella ornate　143

Hypoaspidae　85

Hypoaspis　86，112

Hypoaspis liui　113

Iphidosoma　77，80

Iphidosoma insolentis　81

Iphidosoma liaoningensis　81，82

Iphidosoma shenyangensis　81，83

Iphidozercon　22，38

Iphidozercon corticalis　38

Iphidozercon magnanalis　38，39

Iphidozercon minutus　38，40

Iphiseius　226，236

Iphiseius wangi　236

Krantzholaspis　165，172

Krantzholaspis concavus　172

Laelaspis　86，114

Laelaspis kirinensis　114

Laelaspis ningxiaensis　114，115

Laelaspis pavlovskii　114，116

Lasioseius 23，41

Lasioseius chenpengi 42

Lasioseius confuses 41，43

Lasioseius daanensis 41，44

Lasioseius jilinensis 42，44

Lasioseius liaohaorongae 42，45

Lasioseius porulosus 42，46

Lasioseius scapulatus 42，47

Lasioseius sinensis 41，48

Lasioseius sugawari 42，48

Lasioseius wangi 41，49

Lasioseius youcefi 41，50

Leioseius 22，51

Leioseius changbaiensis 51

Leioseius dolichotrichus 51，52

Macrocheles 122

Macrocheles decoloratus 123

Macrocheles glaber 123，124

Macrocheles insignitus 126

Macrocheles kolpakovae 123，126

Macrocheles liguizhenae 123，127

Macrocheles matrius 123，128

Macrocheles merdarius 123，129

Macrocheles moneronicus 123，130

Macrocheles muscaedomesticae 123，130

Macrocheles nataliae 123，131

Macrocheles plateculus 123，132

Macrocheles reductus 123，133

Macrocheles transbaicalicus 123，134

Macrocheles vernalis 123，135

Macrochelidae 121，122

Metazercon 280，282

Metazercon athiasae 282

Nenteria 304，307

Nenteria breviunguiculata 308

Nenteria japonensis 307，309

Nenteria jilinensis 308，310

Nenteria quasikashimensis 307，308，311

Nenteria sinica 307，312

Nenteria stylifera 308，314

Neogamasus 190，191

Neogamasus amurensis 192

Neogamasus ascidiformis 191，193

Neogamasus belemnophorus 194

Neogamasus crispus 192，195

Neogamasus stenoventralis 191，196

Neogamasus turbinatus 192，197

Neogamasus unicornutus 191，197

Neojordensia 23，53

Neojordensia levis 53

Neparholaspis 165，174

Neparholaspis chenpengi 174

Neparholaspis unicus 174，175

Ologamasidae 144

Ololaelaps 86，117

Ololaelaps ussuriensis 117

Ololaelaps veneta 117，118

Oplitis 331，332

Oplitis jilinensis 332

Oplitis tielingensis 332，333

Oplitis yuxini 332，334

Pachylaelapidae 149

Pachylaelaps 149

Pachylaelaps buyakovae 150

Pachylaelaps changbaiensis 150，151

Pachylaelaps kievati 150，152

Pachylaelaps neoxenillitus 150，154

Pachylaelaps nuditectus 150，155

Pachylaelaps orientalis 150，155

Pachylaelaps pectinifer 150，156

Pachylaelaps ramoperitrematus 150，157

Pachylaelaps siculus 150，158

Pachylaelaps tianschanicus 150，159

Pachyseius 149，160

Pachyseius chenpengi 160，161

Pachyseius huanrenensis 160，161

Pachyseius malimingi 160，162

Pachyseius orientalis 160，163

Pachyseius sinicus 160，164

Parasitidae 189，190

Parasitus 190，199

Parasitus beta 200

Parasitus bispinatus 200，201

Parasitus coleoptratorum 199，202

Parasitus consanguineus　199，203

Parasitus diviortus　199，204

Parasitus fimetorum　200，204

Parasitus hyalinus　200，205

Parasitus imitofragilis　200，206

Parasitus mammillatus　199，207

Parasitus mustelarum　199，209

Parasitus quadrichaetus　211

Parasitus tengkuofani　200，212

Parasitus wangdunqingi　199，213

Parasitus wentinghuani　200，215

Parazercon　280，284

Parazercon floralis　284

Parazercon sichotensis　284，285

Parholaspidae　165

Parholaspulus　165，176

Parholaspulus alstoni　177

Parholaspulus anshanensis　177，178

Parholaspulus bregetovae　176，179

Parholaspulus dandongensis　176，181

Parholaspulus excentricus　177，182

Parholaspulus liaoningensis　176，183

Parholaspulus minutus　177，184

Parholaspulus orientalis　177，185

Parholaspulus paradichaetes　177，186

Parholaspulus paralstoni　176，187

Parholaspulus qianshanensis　176，187

Parholaspulus ventricosus　177，188

Phytoseiidae　225，226

Pneumolaelaps　86，119

Pneumolaelaps karawaiewi　120

Podocinidae　237

Podocinum　238

Podocinum aokii　238

Podocinum catenum　238，239

Podocinum changchunense　238，240

Poecilochirus　190，216

Poecilochirus austroasiaticus　216，217

Poecilochirus carabi　216，217

Poecilochirus davydovae　216，218

Poecilochirus necrophori　217，218

Poecilochirus subterraneus　216，219

Polyaspididae　300

Polyaspinus　300

Polyaspinus hejianguoi　301

Polyaspinus higginsi　301

Proctolaelaps　22，54

Proctolaelaps longichelicerae　54

Proctolaelaps pistilli　54，56

Proctolaelaps pygmaeus　54，57

Prozercon　280，286

Prozercon changbaiensis　286

Pseudoparasitus　86，120

Pseudoparasitus jilinensis　121

Punctodendrolaelaps　242，263

Punctodendrolaelaps eichhorni　264

Rhodacaridae　241，242

Rhodacarellus　242，265

Rhodacarellus liuzhiyingi　265

Rhodacarellus silesiacus　265，267

Rhodacarellus yalujiangensis　265，268

Rhodacarus　242，269

Rhodacarus denticulatus　270

Scamaphis　77，83

Scamaphis guyimingi　84

Syskenozercon　280，288

Syskenozercon kosiri　288

Trachytes　296

Trachytes aegrota　296

Trachytes changbaiensis　296，297

Trachytes jilinensis　296，298

Trachytes yinsuigongi　296，299

Trachytidae　296

Trachyuropoda　331

Trachyuropoda excavata　331

Trachyuropodidae　331

Trematuridae　304

Trichouropoda　304，305

Trichouropoda bipilis　305

Trichouropoda calcarata　305

Trichouropoda hejianguoi　305，306

Uroactinia　330

Uroactinia fusina　330

Uroactiniidae　330

Urodinychidae　315

Uroobovella　315，321，322

Uroobovella anwenjui　322

Uroobovella baloghi　322，323

Uroobovella difoveolata　322，324

Uroobovella erlangensis　325

Uroobovella japanomarginata　322，326

Uroobovella marginata　322，327

Uroobovella vinicolora　322，328

Uropoda　335

Uropoda baloghi　336

Uropoda minima　336

Uropoda orbicularis　337

Uropodidae　335

Uroseius　300，302

Uroseius hirschmanni　303

Uroseius infirmus　303

Veigaia　271，273

Veigaia cuneata　273

Veigaia mirabilis　273，274

Veigaia slonovi　273，275

Veigaia tangwanghensis　273，276

Veigaia uenoi　273，277

Veigaiaidae　271

Vulgarogamasus　190，220

Vulgarogamasus dongbei　220

Vulgarogamasus longascidiformis　220，221

Vulgarogamasus lyriformis　220，222

Vulgarogamasus qiangorlosana　220，224

Xenozercon　280，289

Xenozercon glaber　289

Zercon　280，289，290

Zercon heilongjiangensis　290

Zercon jilinensis　290，291

Zercon moravicus　290，292

Zercon storkani　290，293

Zercon xiaoxinganlingensis　290，294

Zerconidae　278，280

Zerconopsis　23，58

Zerconopsis decemremiger　58

Zerconopsis heilongjiangensis　58，59

Zerconopsis michaeli　58，61

Zerconopsis sinuata　58，61

Zerconopsis yichunensis　58，62

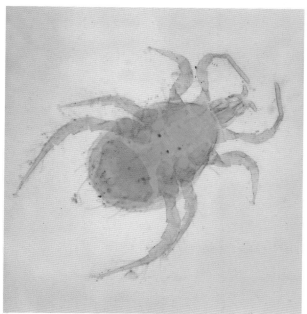

毛绥螨属 *Lasioseius* sp.

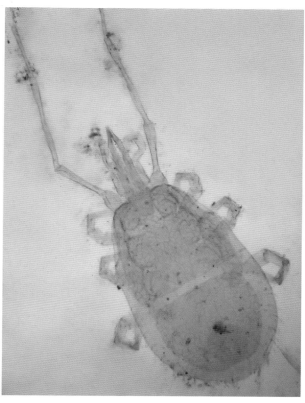

角绥螨属 *Antennoseius* sp.

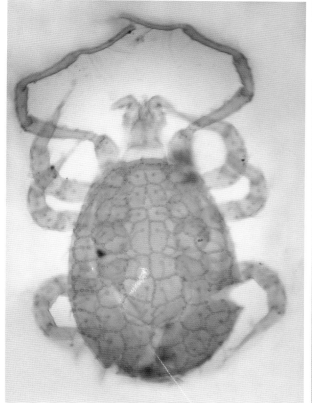

表刻螨属 *Epicrius* sp.

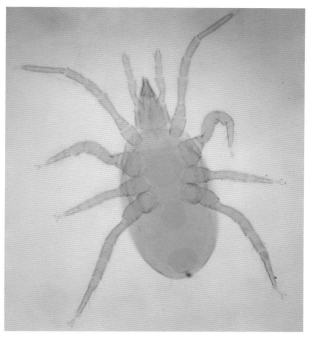

殖厉螨属 *Geolaelaps* sp.

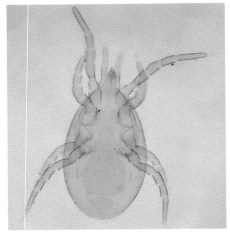

下盾螨属 *Hypoaspis* sp.

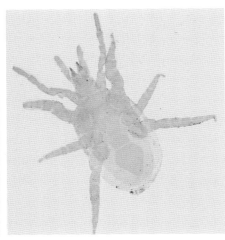

巨螯螨属 *Macrocheles* sp.

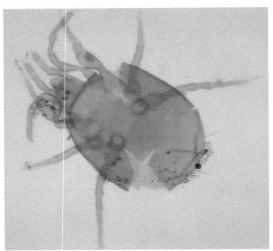

革伊螨属 *Gamasiphis* sp.

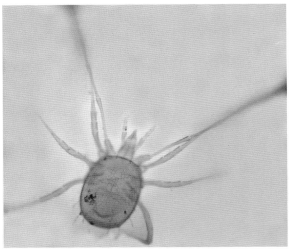

足角螨属 *Podocinum* sp.

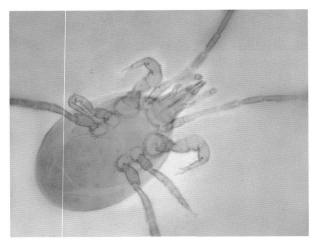

厚厉螨属 *Pachylaelaps* sp.

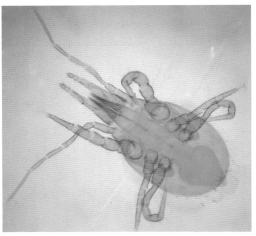

派伦螨属 *Parholaspulus* sp.

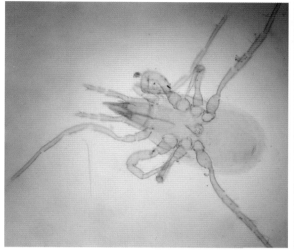

寄螨属 *Parasitus* sp.

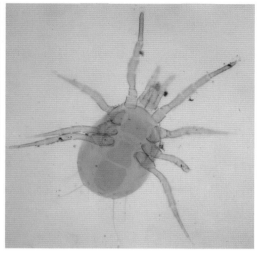

钝绥螨属 *Amblyseius* sp.

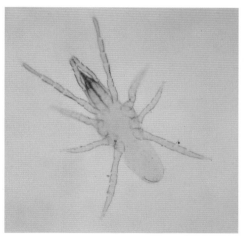

胭螨属 *Rhodacarus* sp.

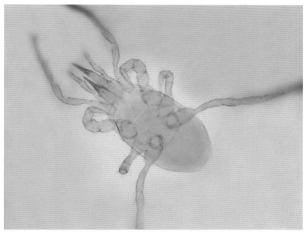

维螨属 *Veigaia* sp.

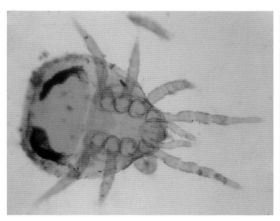

蚧螨属 *Zercon* sp.

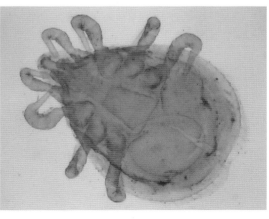

糙尾螨属 *Trachytes* sp.

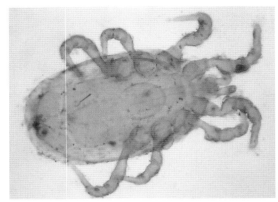

异多盾螨属 *Polyaspinus* sp.

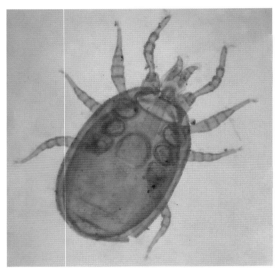

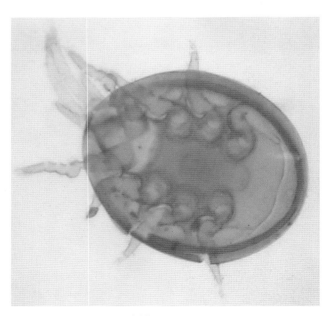

内特螨属 *Nenteria* sp.

二爪螨属 *Dinychus* sp.

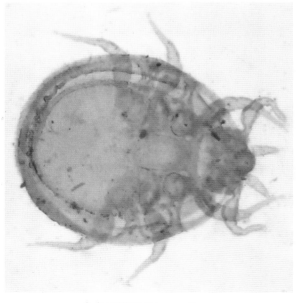

甲胄螨属 *Oplitis* sp.

尘盘尾螨属 *Discourella* sp.